高等职业教育建筑电气技术系列教材

建筑电气控制技术

主　编　侯进旺

参　编　屈保中　杨晓青　冯　硕

主　审　潘天任

机 械 工 业 出 版 社

本书主要讲述现代建筑中的电气控制技术，分为两大部分——现代建筑中传统的继电器接触器控制技术和新型的可编程序控制器控制技术。全书共有八章，主要包括建筑中常用的电器元件、继电器接触器控制的基本控制电路、建筑电气控制技术的设计、建筑中常用的电气设备的控制原理、电梯的电气控制技术、可编程序控制器的基本工作原理及其在建筑中的应用、建筑电气控制技术实验。本书配有适量的思考题和习题，方便学生自学和教师施教。

该书基本概念清楚，内容通俗易懂，具有较强的实用性和先进性，可作为高等职业技术学院建筑电气专业以及建筑学院非电类专业教材，同时也适用于职工大学、业余大学、中专学校的相应专业，本书对有关建筑电气工程技术人员也有一定的参考价值。

为方便教师教学，本书配有免费电子课件，凡选用本书作为授课用书的学校，均可来电。咨询电话：010－88379375；E－mail：wangzongf@163. com。

图书在版编目（CIP）数据

建筑电气控制技术/侯进旺主编．—北京：机械工业出版社，2003. 6
（2025. 1 重印）
（高等职业教育建筑电气技术系列教材）
ISBN 978－7－111－12156－5

Ⅰ. 建…　Ⅱ. 侯…　Ⅲ. 房屋建筑设备－电气控制－高等学校：技术学校－教材　Ⅳ. TU85

中国版本图书馆 CIP 数据核字（2003）第 036065 号

机械工业出版社（北京市百万庄大街 22 号　邮政编码 100037）
策划编辑：贡克勤
责任编辑：王宗锋　王保家　版式设计：张世琴　责任校对：韩　晶
封面设计：张　静　　　　　责任印制：刘　媛
涿州市般润文化传播有限公司印刷
2025 年 1 月第 1 版 · 第 14 次印刷
184mm×260mm · 16. 25 印张 · 399 千字
标准书号：ISBN 978－7－111－12156－5
定价：49. 80 元

电话服务　　　　　　　　　网络服务
客服电话：010-88361066　　机　工　官　网：www. cmpbook. com
　　　　　010-88379833　　机　工　官　博：weibo. com/cmp1952
　　　　　010-68326294　　金　　书　　网：www. golden-book. com
封底无防伪标均为盗版　　机工教育服务网：www. cmpedu. com

高等职业教育建筑电气技术系列教材编审委员会

前　言

本书是根据2001年6月全国建筑电气自动化专业教材编审工作会议上制定的编写大纲进行编写的。

随着现代化建设的发展，电气自动化技术在现代建筑中起的作用越来越重要。从传统的继电－接触器控制到现代的计算机控制，各种控制方式的控制系统都得到了广泛应用。因此全国有许多大专院校，特别是目前在我国蓬勃发展的高等职业技术学院相继开设了建筑电气自动化专业，为满足该专业的教学需要，我们编写了此教材。

本书主要讲述现代建筑中的电气控制技术，包括两大部分——传统的继电－接触器控制技术和现代的可编程序控制器控制技术。传统的继电－接触器控制技术主要介绍常用的建筑电器元件的结构、原理、型号及选用方法；继电－接触器控制的基本控制规律、典型控制线路；建筑电气控制技术的设计方法；现代建筑中常用的电气设备的控制原理分析；电梯的电气控制技术。由于可编程序控制器作为新型的控制器在建筑领域中的应用迅速发展，为此，本书的第二部分以欧姆龙小型机为主（同时也介绍三菱电机、松下电工的产品）介绍了可编程序控制器的基本结构、工作原理、指令系统；可编程序控制器在建筑中的应用。为了便于教学，本书还编写了建筑电气控制技术实验指导。本书配有适量的思考题和习题，方便学生自学和教师施教。

本书具有很强的实用性，可作为建筑电气自动化专业的教材，还可以作为从事建筑电气控制的工程技术人员以及相关人员的参考书。

本书由佛山职业技术学院的侯进旺、杨晓青和河南工业职业技术学院的屈保中、冯硕共同编写，主编为侯进旺。前言及第二章的第一、二、三节，第四章由侯进旺编写；第一章及第二章的第四、五、六节由杨晓青编写；第五章及第六章的第一、二、三节由屈保中编写；第三章和第八章由冯硕编写；第七章由侯进旺、屈保中两人编写。

原机械工业部深圳设计研究院潘天任研究员级高级工程师担任本书的主审，他对本书提供了非常珍贵的修改意见，在此特向他表示衷心感谢。本书在编写期间，参考了有关文献和教材，在此也向这些作者表示诚挚的感谢。

由于作者水平有限，书中难免有错漏之处，恳请各位读者给予批评指正。

编　者

目　录

第一章　常用低压电器

第一节　低压电器的作用、分类和基本原理

一、低压电器的作用和分类

（一）低压电器的作用与建筑电气控制系统

1. 电器、低压电器及其作用

所谓电器就是能对电能的产生、输送、分配和应用起控制、调节、检测和保护等作用的电气设备（元件）的总称。电器一般以工作电压直流 1200V、交流 1000V 为界划分为低压电器和高压电器。按其作用电器有配电电器和控制电器之分，控制电器的基本作用就是接通和断开电路。

2. 电气控制技术及系统

电气控制技术就是利用控制装置，对被控对象的运动方式或工作状态实施自动控制的综合技术。而电气控制系统则是利用电气控制技术使被控对象完成规定目标的所有相互关联单元的组合的统称。

通常电气控制系统包括控制装置和被控对象两部分。电器是组成控制装置的重要部件，一般也把这种电器称为控制电器，常用的控制电器有开关、按钮、接触器、继电器等。如果系统的控制装置是由开关、按钮、接触器、继电器等控制电器组成，所组成的控制系统称为继电－接触器控制系统。由于继电器、接触器等电器只有“通”、“断”两种状态，系统中各控制信号是断续的，因此继电－接触器控制系统也称为断续控制系统。

3. 建筑电气控制技术及系统

建筑电气控制技术就是在建筑领域中应用的电气控制技术。实现这种应用的电气控制系统称为建筑电气控制系统，如生活供水泵、消防泵、电梯、空调的电气控制系统等。通常这类控制传统采用继电－接触器控制，但随着微型计算机及半导体技术的发展，在建筑领域中越来越多地采用计算机控制系统，如专用的单片机控制系统、可编程序控制器（PLC）控制系统等。本书主要讲述传统的继电－接触器控制系统，并用适当的篇幅介绍 PLC 在建筑中的应用。

（二）低压电器的分类

低压电器种类繁多，结构各异，作用不同，使用的场合也不一样，本章主要介绍建筑领域电力拖动及控制系统中的低压电器。

低压电器除可分为低压配电电器（常用的有刀开关、转换开关、熔断器、低压断路器等）和低压控制电器（常用的有继电器、接触器、按钮等）外，还可以按操作方式的不同，分为非自动电器和自动电器两类。例如，刀开关、按钮由人力直接操作，属于非自动电器；接触器、继电器是由电磁力或某个物理量的变化自动进行操作的，属于自动电器。

按电器的输出形式的不同，可分为：

有触头控制电器——电器通断电路的功能由触头来实现，如刀开关、按钮、接触器、继电器等。

无触头控制电器——电器通断电路的功能不是通过触头的接触，而是根据输出信号的高低电平来实现的，如晶闸管、晶体管的导通与阻断或截止等。

另外，按使用的场合分类，可以分为一般工业用电器、特殊工矿用电器、农用电器、船舶用电器、航空用电器等。

二、电磁式低压电器基本原理

低压控制电器中的继电器、接触器大多数是电磁式的。电磁式低压电器主要由三部分组成：电磁机构、触头系统和灭弧装置。如图 1－1 所示。它主要是利用电磁吸力，通过机械联动机构，使其触头系统接通或断开电路，完成对被控对象的控制。

（一）电磁机构

1. 电磁机构的结构型式

如图 1－2 所示，电磁机构主要由吸引线圈、静铁心、动铁心和气隙四部分组成。其中铁心的结构形式有单 E 形、双 E 形、U 形和甲壳螺管形，动作形式有直动式和转动式。其原理是：当吸引线圈通入电流后，产生磁场，磁通经静铁心、动铁心（也称为衔铁）和工作气隙形成闭合回路，产生电磁吸力，该电磁吸力克服作用在动铁心上弹簧的反作用拉力，将动铁心吸向静铁心，动铁芯带动触头动作。

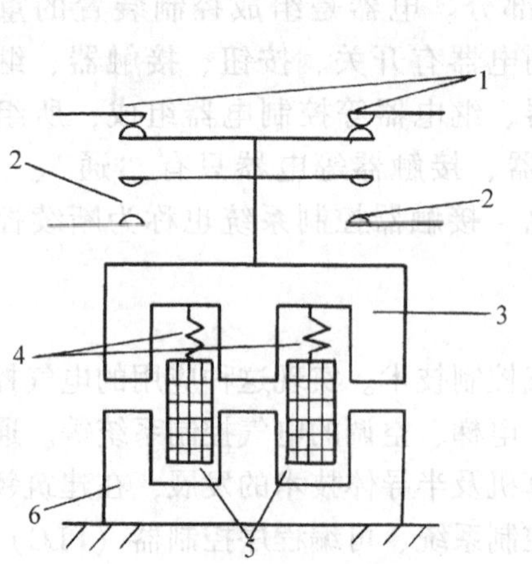

图 1－1　电磁式低压电器的结构

1—常闭触头　2—常开触头　3—动铁心　4—反力弹簧　5—线圈　6—静铁心

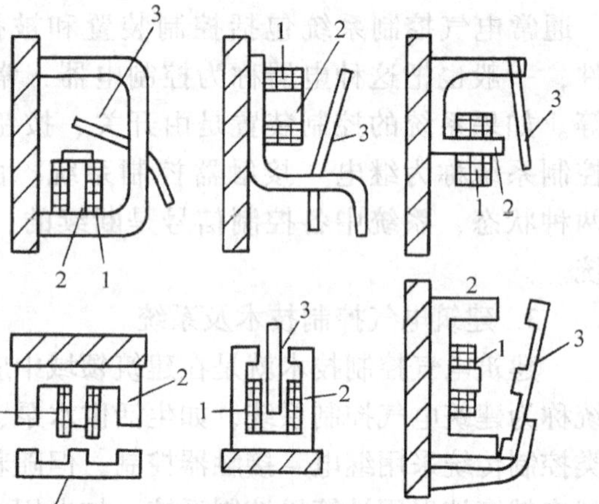

图 1－2　常用电磁机构的形式

1—线圈　2—静铁心　3—动铁心

2. 电磁机构的特性

电磁机构的工作情况常用吸力特性和反力特性来表征。电磁吸力与气隙长度的关系称为吸力特性；电磁机构运动部分的静阻力与气隙长度的关系称为反力特性。静阻力的大小与反力弹簧、摩擦力及衔铁的重量有关。

（1）电磁机构的吸力特性　线圈通电时，磁路中产生磁动势（$F = IN$），在此磁动势的作用下，磁路中会产生磁通（$\Phi = IN/R_m$），由麦克斯韦公式可近似求出此磁通产生的电磁吸力 F_x：

$$F_x = \frac{B^2 S}{2\mu_0} = \frac{\Phi^2}{2\mu_0 S} \tag{1-1}$$

式中 B——气隙的磁感应强度（T），$B = \frac{\Phi}{S}$

Φ——气隙磁通（Wb）；

S——气隙截面积（m^2）；

μ_0——真空磁导率，$\mu_0 = 4\pi \times 10^{-7}$H/m；

F_x——电磁吸力（N）。

对于已制造好的电磁机构，S = 常数，即 $F_x \propto \Phi^2$。

由磁路欧姆定律：

$$\Phi = \frac{IN}{R_m} = \frac{IN}{\delta}\mu_0 S \tag{1-2}$$

将式（1-2）代入式（1-1）得：

$$F_x = \frac{(IN)^2 \mu_0 S}{2\delta^2} \tag{1-3}$$

式中 δ——气隙长度（mm）；

N——线圈的匝数。

讨论：

1）直流电磁机构：对于直流电磁机构，由直流电流励磁，当外加电压一定，稳态时磁路对电路无影响，所以励磁电流不受气隙变化的影响，电流 $I = U/R$ = 常数，此时

$$F_x = \frac{(IN)^2 \mu_0 S}{2} \cdot \frac{1}{\delta^2} \propto \frac{1}{\delta^2}$$

即直流电磁机构的电磁吸力 F_x 与气隙长度 δ 的二次方成反比，F_x 与 δ 是双曲线关系，吸力特性如图 1-3 所示。它表明衔铁闭合前后吸力变化很大，电磁线圈接通电源初始，由于气隙比较大，电磁吸力比较小，在衔铁吸合过程中，随着气隙的减小电磁吸力在增加。

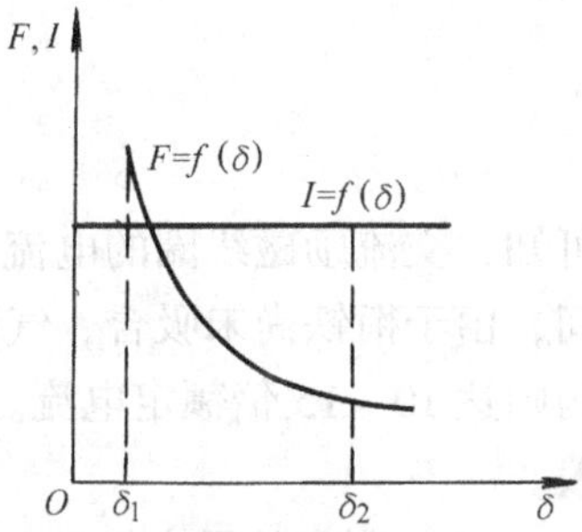

图 1-3 直流电磁机构的吸力特性

由于衔铁闭合前后励磁线圈中的电流不变，所以直流电磁机构适用于动作频繁的场合，且吸合后电磁吸力大，工作可靠性好。

需要指出的是，当直流电磁机构的线圈断电时，磁动势（IN）急剧降为接近于零，磁路中的磁通也发生急剧变化，因此在线圈两端会产生很大的感应电动势，该感应电动势可达线圈额定电压的 10~20 倍，如果不采取措施，易使线圈因过电压而损坏。此时，可以给线圈提供一个放电回路，这也是为什么通常在直流电磁机构的励磁线圈两端并一个二极管的原因。如图 1-4 所示，正常工作时由于二极管两端加的是反向电压，故二极管不导通，放电回路不通；线圈断电时，线圈中的磁场能量通过二极管得到释放，通常放电电阻 R 可取线

圈电阻的6~8倍。

2）交流电磁机构：交流电磁机构励磁线圈的阻抗主要取决于线圈的电抗（电阻很小）。

$$U \approx E = 4.44 f \Phi N \qquad (1-4)$$

$$\Phi = \frac{U}{4.44 f N} \qquad (1-5)$$

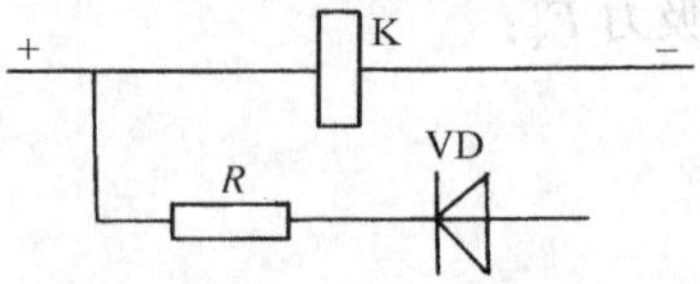

图1-4　直流线圈的放电电路

式中　U——线圈电压（V）；

E——线圈感应电动势（V）；

f——线圈外加电压的频率（Hz）；

Φ——气隙磁通（Wb）；

N——线圈匝数。

对于一个制造好的线圈，匝数N是一个常数，外加交流电压U和频率f不变时，由式（1-5）可知，磁通Φ也为常数，由式（1-1）知，此时电磁吸力F_x为常数（因为交流励磁，电压、磁通都随时间作周期性变化，其电磁吸力也作周期性变化。此处F_x为常数是指电磁吸力的幅值不变）。由于外加电压U与气隙δ的变化无关，所以其吸力F_x亦与气隙δ的大小无关。实际上，考虑到漏磁通的影响，吸力F_x随气隙δ的减小略有增加。其吸力特性如图1-5所示。

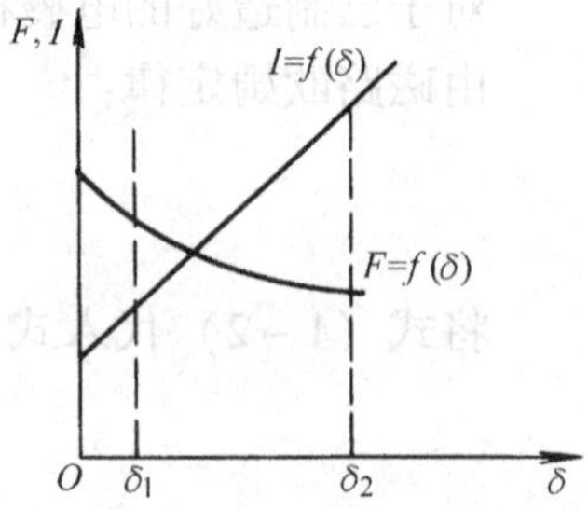

图1-5　交流电磁机构的吸力特性

虽然交流电磁机构的气隙磁通Φ近似不变，但气隙磁阻R_m随气隙δ的长度而改变。根据磁路定律：

$$\Phi = \frac{IN}{R_m} = \frac{IN}{\dfrac{\delta}{\mu_0 S}} = \frac{(IN)\ (\mu_0 S)}{\delta} \qquad (1-6)$$

可知，交流励磁线圈的电流I与气隙δ成正比。一般U形交流电磁机构，励磁线圈通电瞬间，由于衔铁尚未吸合，气隙δ较大，其电流可达到吸合后额定电流的5~6倍；E形电磁机构则达10~15倍额定电流。如果衔铁卡住吸合不上或者频繁动作，交流励磁线圈很可能烧毁。

（2）剩磁的吸力特性　由于铁磁物质有剩磁，它使电磁机构在励磁线圈断电后仍然保持一定的磁性吸力。剩磁的吸力随气隙δ的增大而减小。剩磁的吸力特性如图1-6中曲线4所示。

（3）反力特性　电磁机构使衔铁释放的力一般有两种：一种是利用弹簧的反力；一种是利用衔铁的自身重力。

弹簧的反力与其形变的位移X成正比，其反力特性可写成：

$$F_{f1} = K_1 X$$

自身的重力与气隙δ的大小无关，如果气隙的方向与重力一致，其反力特性可写成：

$$F_{f2} = K_2$$

考虑到常开触头闭合时超行程机构的弹力作用，上述两种反力特性曲线如图1-6中曲线3所示。其中δ_1为电磁机构气隙的初始值；δ_2为动静触头开始接触时的气隙长度。由于超行程机构的弹力作用，反力特性在 δ_2 处有一突变。

(4) 吸力特性与反力特性的配合　电磁机构欲使衔铁吸合，在整个吸合过程中，吸力都必须大于反力，但也不能过大，否则会影响电器的机械寿命；当电磁机构的励磁线圈断电后，衔铁要想完全获得释放，反力必须大于剩磁吸力。从特性图上看，就是吸力特性（图1-6中曲线1、2）要在反力特性（图1-6中曲线3）的上方，反力特性位于电磁吸力特性和剩磁吸力特性之间，如图1-6中各曲线所示。

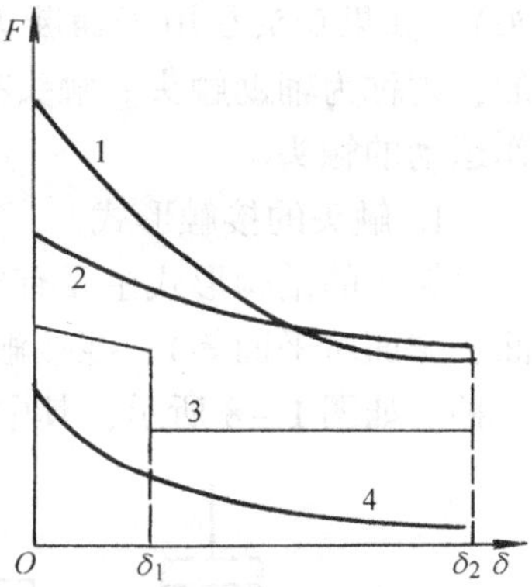

图1-6　剩磁的吸力特性、反力特性

1—直流吸力特性
2—交流吸力特性
3—反力特性
4—剩磁吸力特性

(5) 短路环的作用　实际中，在单相交流电磁机构的铁心端面安装一个铜环——通常称作短路环。对于单相电磁机构，由于交流磁通过零时，其电磁吸力也为零，吸合后的衔铁在反力的作用下将有被拉开的趋势，当磁通过零后，电磁吸力迅速增大，当吸力大于反力时，衔铁又被吸合。这样在交流电每个周期内电磁吸力两次过零，就会使衔铁产生强烈的振动和噪声，严重时会使铁心松散。为避免衔铁振动，在铁心端面安装一个铜制短路环（也叫分磁环）。其原理是：如图1-7所示，当交流电磁机构中的磁通穿过短路环所包围的截面时，就会在短路环中产生感应电流，该感应电流产生的磁通阻止原磁通的变化，使通过短路环内的合成磁通 Φ_1 在相位上滞后于短路环外铁心中的磁通 Φ_2。这样，铁心中有两个相位不同的磁通 Φ_1 和 Φ_2，电磁机构的电磁吸力为它们产生的吸力 F_1 和 F_2 之和。只要此合力始终大于反力，衔铁的振动现象就被消除了。

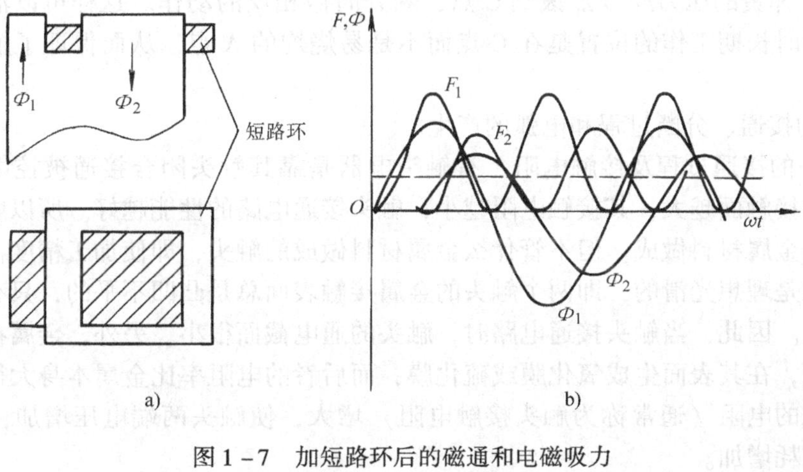

图1-7　加短路环后的磁通和电磁吸力

（二）触头系统

触头是一切有触头电器的执行部件，这些电器就是通过触头的动作来接通或分断电路的。根据触头所处的状态及其作用，可分为常开触头、常闭触头、主触头和辅助触头等。所谓常开和常闭触头是以该电器的电磁机构未动作前触头所在的状态是分断的或是接通的来命名的。如果电器的电磁机构未动作前触头是断开的，则该触头称为常开触头（也称为动合触头）；如果电器的电磁机构未动作前触头是闭合的，则该触头称为常闭触头（也称为动断触头）。如果触头是用于通断大电流电路的，称为主触头；如果触头是用于通断小电流电路的，则称为辅助触头。触头有动触头和静触头。动触头是随衔铁而动作的触头；静触头是不作运动的触头。

1. 触头的接触形式

触头的结构形式主要有球面、平面和圆柱形。触头的接触形式有点接触（如球面对球面、球面对平面等）、线接触（如圆柱对平面、圆柱对圆柱等）和面接触（如平面对平面）三种。如图 1-8 所示，其中图 a 是点接触；图 b 是线接触；图 c 是面接触。

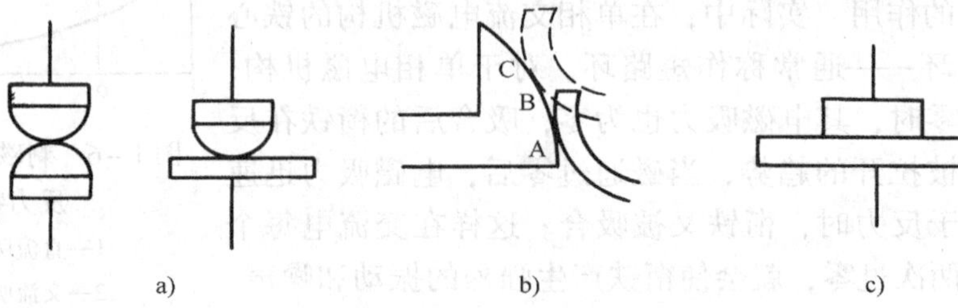

图 1-8　触头的接触形式
a）点接触　b）线接触　c）面接触

三种形式中，点接触的动静触头接触点数量少，用于控制小电流电路的电器中，如接触器的辅助触头和继电器的触头。面接触的接触头多，用于控制较大电流电路的电器中，如接触器的主触头，这种触头的表面一般镶有合金，以减小接触面的接触电阻和提高其耐磨性。线接触的接触区域是一条直线，用于控制中小电流电路的电器中，如中等容量接触器的主触头，这种触头在接触或分断过程中都有滚动动作，如图 1-8b 所示。开始接触时，触头接触点在 A 点，靠弹簧的压力经 B 点滚到 C 点；断开时做相反的动作。这样可以清除触头表面的氧化膜，同时长期工作的位置是在 C 点而不是易烧灼的 A 点，从而保证了触头的良好接触。

2. 触头的接通、分断过程和电弧的产生

（1）触头的接通过程及接触电阻　有触头电器是靠其触头闭合接通被控电路的。一般来讲，触头的接触面越大，其接触电阻越小，触头接通电路的性能越好。所以触头一般都选用电导率高的金属材料做成。但不管什么金属材料做成的触头，即使加工精度再高，触头的表面也不可能是理想光滑的，即两个触头的金属接触表面总是凸凹不平的，只有少数的点才能真正接触上。因此，当触头接通电路时，触头的通电截面很小。另外，金属在空气中难免被氧化或硫化，在其表面生成氧化膜或硫化膜，而后者的电阻率比金属本身大得多，这都会使触头接触处的电阻（通常称为触头接触电阻）增大，使触头两端电压增加，触头通过电流时发热，损耗增加。

接触电阻的大小与触头的接触形式、接触压力、触头材料电阻率、力学性能、表面状况有关。

减小接触电阻常用的方法之一是在触头之间加一定的压力，为此在动触头处安装一个触头弹簧，如图 1-9 所示。触头弹簧在安装时已被预先压缩一段，因而在动触头与静触头刚接触时就有一个初始压力 F_1，触头闭合后由于弹簧在超行程内继续变形而产生一个终压力 F_2。弹簧压缩的距离称为触头的超行程，此超行程使得触头即使在磨损情况下仍具有一定的压力，从而使触头接触可靠，接触面积增大，接触电阻减小。若触头磨损严重应予以更换。

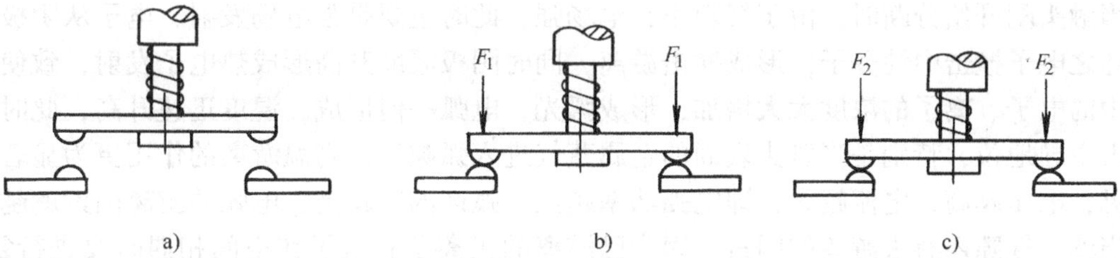

图 1－9 双断点桥式触头

a）最终断开位置 b）刚刚接触位置 c）最终闭合位置

采用电阻率小的触头材料也可以减小接触电阻。在金属材料中，银的电阻率最小，因此，常采用铜触头上镀银或镶银的方法来减小接触电阻。

另外，采用“指形触头”可以有效减小接触电阻。“指形触头”在接触过程中一般都有一个滚动动作，如图 1－8b）所示，可以清除触头表面的氧化膜，改善触头的接触状况，减小接触电阻。

（2）触头的分断过程 如前所述，触头接通从本质上讲实际是许多点的接触。因此，在两个触头分开时，势必最终要出现只有一个点在接触的现象。如果原先触头处于闭合状态，触头有电流通过，此时该点处的电流密度就会非常大，致使触头金属熔化，并随着触头的互相分离形成熔化的高温金属液桥。一旦金属液桥被拉断，触头就会完全分开，而在断口处立即产生电弧。如果随着触头的分离，电弧被熄灭，则相应的电路才会被断开。

（3）电弧的产生 电器的触头在分断电路时，当触头间的电压达到 10～12V、电流达到 80～100mA 时，在触头分离瞬间，就会产生电弧。电弧实际上是一种气体放电现象，即气体中有大量的带电质点作定向运动。在触头分离瞬间，动、静触头的间隙很小，电路电压几乎全部降落在触头之间，在触头间形成很高的电场强度，在此强电场的作用下，气体被游离，产生大量的电离子，气体由绝缘体变为导体，形成放电回路。电流在通过这个游离区时所消耗的电能变为热能和光能，产生光电效应——电弧。

电弧的产生，由于能生成很高的温度，一方面要烧灼甚至熔化触头，减少电器寿命，降低电器的工作可靠性；另一方面还延迟了电路的切断时间，不能及时分断电路。此外，电弧向四周喷射还会导致电器和周围物质烧蚀，甚至造成相间短路、引起火灾和爆炸事故。

触头间产生大量的电子和离子的原因主要有 4 个：

①强电场发射：触头开始分离时，电路电压几乎全部加在触头的气隙间，因而气隙的场强很高，此强电场将阴极表面的电子拉出形成强电场发射。

②撞击游离：触头间隙间的自由电子在电场力的作用下，加速向正极运动，获得一定的动能后，撞击中性分子，使其外层游离，成为带负电的电子和带正电的离子，进一步增强了触头间的离子浓度。

③热电子发射：撞击游离中，产生的正离子向阴极运动，撞击在阴极上，使阴极的温度升高，一部分电子从阴极逸出参与撞击游离（这种由温度升高引起的电子逸出称为热电子发射），增加了间隙中的离子、电子的浓度，从而产生弧光。

④高温游离：当触头间隙中气体温度升高到 8000～10000K 以上时，气体分子强烈的热运动造成碰撞，使中性分子游离成离子和电子。

当触头刚开始分断时，由于气隙小，电场强，此时主要是强电场发射，电子从阴极被拉出，随之电子撞击中性分子，形成撞击游离，同时阴极温度升高形成热电子发射，致使触头间隙中的电子、离子的浓度大大增加，形成弧光，电弧一但形成，温度迅速升高，此时高温游离占主导地位，特别是当触头表面的金属蒸气进入弧隙后，高温游离的作用更为显著。由此可见，电压越高，电流越大，即电弧功率越大，弧区温度越高，电弧的游离因素就越强。

当然，气隙还有去游离的因素，因为已游离的正离子和电子在空间相遇时要进行复合，重新形成中性的气体分子，同时高度密集的高温离子和电子，要向周围密度小、温度低的介质方面扩散，使弧隙内的离子和电子浓度降低，电弧电阻增加，电弧电流减小，热游离大为消弱。

所以，电弧是游离和去游离的统一体，触头分断是切断电流，应使电弧尽快熄灭。为此，应抑制游离因素而加强去游离因素，若去游离因素处于主导地位，就能使电弧熄灭。

3. 灭弧方法和灭弧装置

为使电弧熄灭，可采用将电弧拉长、使弧柱降温、将电弧分段等方法。灭弧装置就是基于这些原理来设计的。

（1）电动力吹弧　图 1－10 是一种双断口触头系统。所谓双断口就是在一个回路中有两个产生和断开的间隙。当触头断开电路时，在断口处产生电弧。静触头 1 和动触头 2 在弧区内产生图中所示的磁场，根据左手定则，电弧电流将受到均指向外侧方向的电磁力 F 的作用而使电弧向外侧方向移动，一方面使电弧拉长，另一方面使电弧温度降低，有助于电弧熄灭。

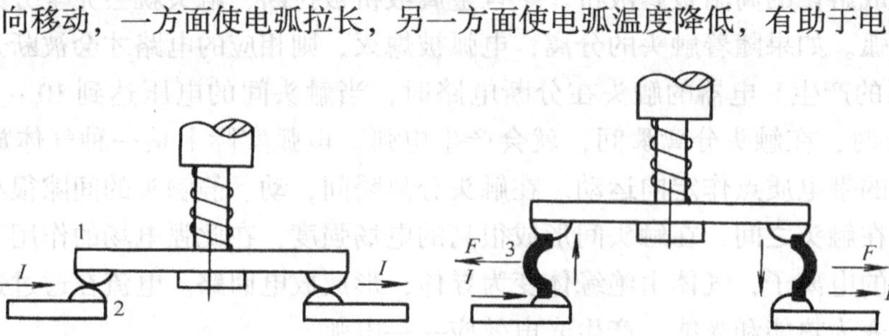

图 1－10　双断口结构的电动力吹弧

1—静触头　2—动触头　3—电弧

这种灭弧方法简单，无需专门的灭弧装置。一般用于交流电器，同时由于交流电流有自动过零，此时电弧更容易熄灭。

（2）金属栅片灭弧装置　这种灭弧装置的原理如图 1－11a 所示。灭弧室 4 内部装有许多间距为 2～3mm 钢板冲成的金属栅片 3，栅片外表面镀铜，以增大传热能力和防止生锈，每个栅片上冲有三角形的缺口。安装时，将上下栅片的缺口错开，如图 1－11b 所示。当发生电弧时，电弧周围产生磁场，导磁钢片的磁阻由于较空气小得多，在栅片下部磁场较强，所以磁场将电弧吹进栅片，电弧被栅片分割成许多串联的小电弧，如图 1－11c 所示。当交流电流过零时，电弧自然熄灭。只有两栅片间有 150～200V 的电压时，电弧才能重燃。一方面电源电压不足以使电弧重燃，另一方面由于栅片的散热作用，电弧自然熄灭后很难重燃。这是一种常见的交流电器的灭弧装置。

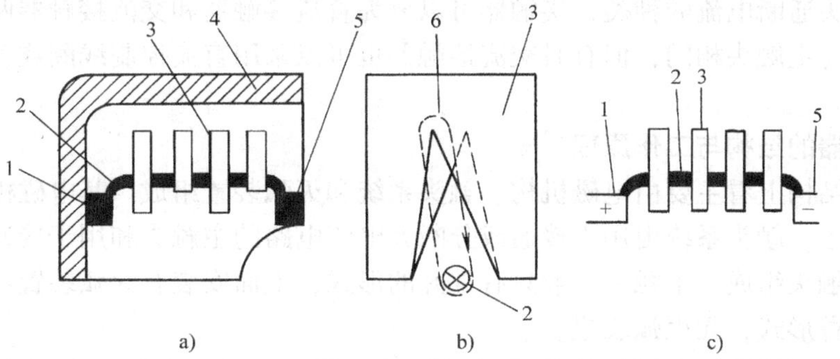

图 1-11　金属栅片灭弧装置

a）灭弧装置的原理结构　b）栅片形状　c）栅片将电弧分成短弧

1—动触头　2—电弧　3—金属栅片　4—灭弧室　5—静触头　6—磁通

（3）灭弧罩　采用陶土和石棉水泥烧制而成的耐高温的灭弧罩来降温和隔弧，可用于直流和交流灭弧。

（4）磁吹式灭弧装置　磁吹灭弧也是利用电弧电流本身产生的磁场将电弧吹向灭弧罩。为了增大弧区内的磁场强度，以获得较大的电弧运动速度，安装一个与触头相串联或并联的线圈（也称为磁吹线圈），使电弧电流通过线圈以产生足够的磁场，如图 1-12 所示。由图可知，磁吹线圈产生的磁场集中经过铁心和导磁夹板进入电弧空间。于是电弧在磁场力的作用下在灭弧罩内部迅速向上运动并在引弧角附近拉到最长。在电弧的运动过程中，一方面拉长，另一方面又被冷却，致使电弧迅速熄灭。引弧角除有引导电弧运动的作用外，还有保护触头的作用。

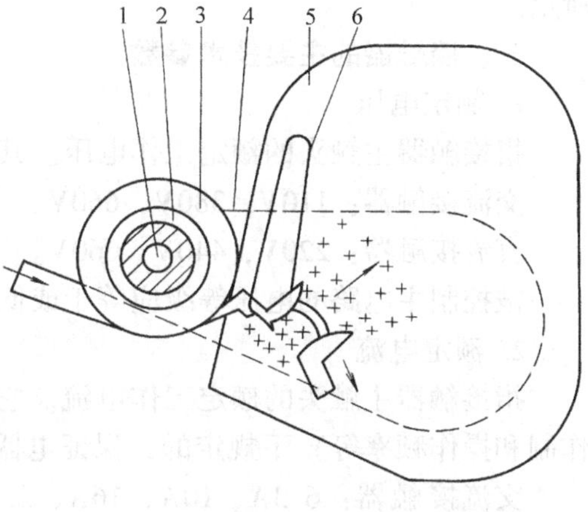

图 1-12　磁吹灭弧装置的工作原理

1—铁心　2—绝缘管　3—磁吹线圈

4—导磁夹板　5—灭弧罩　6—引弧角

应当注意，当线圈与触头是串联连接时，磁吹力的方向与电流的方向无关；当线圈与触头是并联连接时，如果触头的电流方向改变，为了防止电弧被反向磁吹，此时应使磁吹线圈的极性同时改变。否则磁吹力反向，造成电弧不易熄灭，甚至损害电器。磁吹灭弧装置多用于直流电器中。

第二节　接　触　器

一、接触器的作用与分类

接触器是用来远距离频繁接通或切断较大负载电流电路的一种电磁式控制电器。其主要控制对象是电动机，也可用于控制其它电力负载如电热器、照明负载、电焊机、电容器组等。其特点是控制容量大、操作频率高、使用寿命长、工作可靠、性能稳定、维护简便，是一种用途非常广泛的电器。接触器具有比工作电流大数倍乃至十几倍的接通和分断能力，但不能用于分断短路电流。

按其主触头通断电流的种类，接触器可以分为直流接触器和交流接触器两种，其线圈电流的种类一般与主触头相同，但有时交流接触器也可以采用直流控制线圈或直流接触器采用交流控制线圈。

二、接触器的结构与工作原理

接触器从结构上看主要由电磁机构、触头系统和灭弧装置组成。其电磁机构和灭弧装置参照上一节内容，触头系统由用于接通或分断大电流电路的主触头和用于接通或分断较小电流电路的辅助触头组成。主触头一般只有常开的形式，上面安装有灭弧装置；辅助触头具有常开和常闭两种形式，无灭弧装置。

接触器的工作原理：电磁机构的励磁线圈与电源接通后，在铁心中产生磁通和电磁吸力。此电磁吸力克服弹簧的反作用力使得衔铁吸合，带动触头机构动作，使常闭触头打开，常开触头闭合。当励磁线圈断电后，电磁吸力小于弹簧的反作用力而吸合不住衔铁，使得衔铁释放，触头机构复位，即常开和常闭触头仍然保持其原始（线圈不通电时）状态。

接触器在电路中的电气图形符号和文字符号如图 1－13 所示。

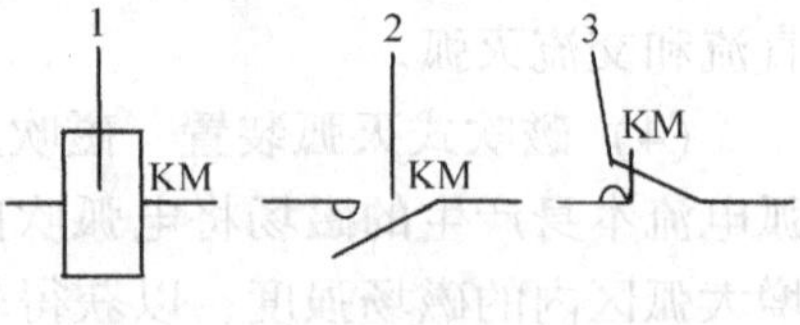

图 1－13　接触器的电气图形符号和文字符号

1—线圈　2—常开触头　3—常闭触头

三、接触器的主要技术参数

1. 额定电压

指接触器主触头的额定工作电压。其电压等级：

交流接触器：110V，380V，660V。

直流接触器：220V，440V，660V。

被控制主电路的电压等级应等于或低于接触器的额定电压。

2. 额定电流

指接触器主触头的额定工作电流。它是在一定的条件（额定电压、使用类别、额定工作制和操作频率等）下规定的，保证电器正常工作的电流值。一般接触器的电流等级：

交流接触器：6.3A、10A、16A、25A、32A、40A、63A、100A、160A、250A、400A、630A 等。

直流接触器：25A、40A、100A、150A、250A、400A、600A 等。

现在已有额定电流达 4000A 的接触器。上述额定电流是指接触器安装在敞开式控制屏上；触头工作不超过额定温升；负载为间断长期工作时的电流值。所谓间断长期工作制是指接触器连续通电时间不超过 8h。若超过 8h，必须空载开闭触头三次，以消除表面氧化膜。如果上述条件改变了，就要相应修正其电流值。具体如下：

当接触器安装在箱柜内，由于冷却条件变差，要降低电流 10%～20% 使用；

当接触器工作在长期工作制，安装是敞开式，降低电流 20%～25% 使用；安装在箱柜内，降低电流 25%～35% 使用；

当接触器工作于重复短时工作制，而且通电持续率不超过 40%，敞开安装时，电流允许提高 10%～25%；箱柜安装时，允许提高 5%～10% 使用。

3. 励磁线圈的额定电压

是指为保证接触器可靠工作在励磁线圈上所加的电压值。其电压等级：

直流线圈：24V、48V、220V、440V 等。

交流线圈：36V、127V、220V、380V 等。

4. 接通与分断能力

指接触器主触头在规定的条件下能可靠地接通和分断的电流值。在此电流值下，接通和分断时，不应发生熔焊、飞弧和过度磨损等。一般接通电流大于分断电流。在低压电器标准中，按接触器的用途分类规定了它的通断能力。

5. 额定操作频率

额定操作频率是指每小时接通和分断的次数。交流接触器有 30 次/h、150 次/h、600 次/h、1200 次/h 四个等级。

6. 机械寿命和电气寿命

机械寿命是指接触器在不需要修理或更换机械零件条件下，能承受的无载操作次数。

电气寿命（简称电寿命）是指接触器在规定的条件下，不需修理或更换机械零件而能承受的负载操作次数。

7. 额定工作制

是指接触器的工作方式。通常接触器分为四种工作制：长期工作制、间断长期工作制、短时工作制、反复短时工作制。

另外，接触器还有主触头的极数、主触头的形式、辅助触头的额定电压和额定电流等数据。

四、接触器的常用型号

常用的交流接触器有 CJ20、CKJ、CJX1、CJX2、CJ12、B、3TB 等系列；直流接触器有 CZ0、CZ18、CZ21、CZ22 等系列。

CJ20 系列交流接触器是全国统一设计的新型接触器。表 1－1、表 1－2、表 1－3 为 CJ20 系列交流接触器主要技术数据。CJ20 为开启式，结构型式为直动式、立体布置、双断点结构。

近年来，从国外引进的产品有德国的 B 系列、3TB 系列，法国的 LC1－D、LC2－D 系列接触器。它们符合国际标准，具有许多特点。如 B 系列具有通用部件多和附件多的特点，这种接触器除触头系统外，其余零部件均可通用。临时装配的附件有辅助触头（多达 8 对）、气囊式延时器、机械联锁、自锁继电器，以及对主触头进行串、并联改接用的接线板等。其安装方式有螺钉固定式和卡轨式两种。此外，还有“倒装式”，这种结构的接触器的磁系统位于前面，而主触头系统则紧靠安装面。这便于更换线圈并缩短主触头的连接导线。国产的 CJX1 和 CJX2 系列交流接触器也有这些特点。

表 1－1　GJ20 系列交流接触器基本技术资料

型号	额定绝缘电压/V	额定工作电压/V	额定发热电流/A	断续周期工作制下的额定电流/A				AC—3 类工作制下的控制功率/kW	机械寿命/万次	电寿命（AC—3 时）/万次
				AC—1	AC—2	AC—3	AC—4			
CJ20—6.3	690	220	10	10	—	6.3	6.3	1.5	1000	100
		380						2.2		
		660				3.6	3.6	3		
CJ20—10		220	10	10	—	5.2	5.2	2.2		
		380						4		
		660				10	10	4		

（续）

型号	额定绝缘电压/V	额定工作电压/V	额定发热电流/A	断续周期工作制下的额定电流/A AC—1	AC—2	AC—3	AC—4	AC—3类工作制下的控制功率/kW	机械寿命/万次	电寿命（AC－3时）/万次
CJ20—16	690	220	16	16	—	16	16	4.5	1000	100
		380						7.5		
		660				13	13	11		
CJ20—25		220	32	32	—	25	25	5.5		
		380						11		
		660				14.5	14.5	13		
CJ20—32		220	32	32	—	32	32	7.5		
		380						15		
		660				18.5	18.5	15		
CJ20—40		220	55	55	—	40	40	11		
		380						22		
		660				25	25	22		
CJ20—63		220	80	80	63	63	63	18	600	120
		380						30		
		660			40	40	40	35		
CJ20—100		220	125	125	100	100	100	28		
		380						50		
		660			63	63	63	50		
CJ20—160		220	200	200	160	160	160	48		
		380						85		
		660			100	100	80	85		
CJ20—160/11	1140	1140	200	200	80	80	80	85	300	60～80
CJ20—250	690	220	315	315	250	250	250	80		
		380						132		
CJ20—400		220	400	400	400	400	400	115		
		380						200		
CJ20—630		220	630		630		500	175		
		380						300		
		660			400		320	350		

表1-2　CJ20交流接触器辅助触头基本参数

I_{th}/A	U_i/V	U_e/V		I_e/A		额定控制容量		触头种类与数量						配用产品基本规格/A
		交流	直流	交流	直流	交流/VA	直流/W							
10	690	36	—	2.8	—	100	30	常开	4	3	2	1	0	6.3、10
		127	48	0.8	0.63			常闭	0	1	2	3	4	
		220	110	0.45	0.27			2常开，2常闭						16~40
		380	220	0.26	0.14									
10	690	36	—	8.5	—	300	60	常开	4	3	2	—	2	63~160
		127	48	2.4	1.3									
		220	110	1.4	0.6			常闭	2	3	4	—	2	
		380	220	0.8	0.27									
16	690	36	—	14	—	500	60	常开	4	3	2	—	—	250~630
		127	48	4.0	1.3									
		220	110	2.3	0.6			常闭	2	3	4	—	—	
		380	220	1.3	0.27									

表1-3　CJ20交流接触器接通与分断能力

使用类别	I_e/A	接通				接通与分断（通断）			
		I/I_e	U/U_e	$\cos\varphi$	间隔时间/s	I_c/I_e	U_r/U_e	$\cos\varphi$	f/kHz
AC—4	≤100	12①	1.05	0.45	10	10①	1.05	0.45	$2000I_c \times U_e^{-0.8}$ ±10%
	>100			0.35				0.35	

① 规定630在380V时的通断电流为5040A，接通为6300A

表1-4、表1-5分别是CKJ系列和B系列交流接触器主要技术数据；表1-6是CZ0系列直流接触器的主要技术数据。

表1-4　CKJ系列交流接触器基本技术参数

型号	额定电流/A	额定电压/V	极数	极限分断能力	允许操作次数AC—3时/（次/h）	主回路热稳定电流		机械寿命/万次	电寿命AC—3时/万次
						电流/A	时间/s		
CKJ—100	100	600或1140	3	2500A 3次	300	1000	10	300	30
CKJ—125	125								
CKJ1—160	160			4500A 3次	—	—	—	250	—
CKJ1—250	250								
CKJ1—300	300								
CKJ5-250	250			6500A 3次	300	2000	10	300	60
CKJ5-400	400					3200	10		
CKJ5-600	600					4800	10	300	60
CKJ5-600/1	600		1			—	—		

表 1－5　B 系列交流接触器基本技术参数

型号	极数	被控三相电动机（最大电流/A）/（功率/kW）		380V 时接通能力/A	380V 时分断能力/A	辅助触头最多数量	机械寿命/百万次	电寿命（AC—3）/百万次
		~380V	~660V					
B9	3 或 4①	8.5/4	3.5/3			5/4	10	—
B12		11.5/5.5	4.9/4					—
B16		15.5/7.5	6.7/5.5	190	155	5		4
B25		22./11	13./11	270	220			
B37		37/18.5	21/18.5	445	370	8	5	
B45		44/22	25/22	540	450			
B65		65/33	45/40	780	650			
B85		85/45	55/50	1020	850			
B105		105/55	82/75	1260	1050		3	
B170		170/90	118/110	2040	1700			3
B250		245/132	170/160	3000	2500			
B370		370/200	268/250	4450	3700			
B460		475/250	337/315	5700	4750		—	1

① 当需要主极数为 4 时，需在订货是指明，此时将少一个辅助触头，辅助触头的常开常闭可根据需要进行组合。

表 1－6　CZ0 系列直流接触器基本技术参数

型号	额定电压/V	额定电流/V	额定操作频率/（次/h）	主触头数量 常开	主触头数量 常闭	分断电流/A	辅助触头数量 常开	辅助触头数量 常闭	吸引线圈电压/V
CZ0—40/20	440	40	1200	2	—	160	2	2	24，48，110，220，440
CZ0—40/02			600	—	2	100	2	2	
CZ0—100/10		100	1200	1	—	400	2	2	
CZ0—100/01			600	—	1	250	2	1	
CZ0—100/20			1200	2	—	400	2	2	
CZ0—150/10		150	1200	1	—	600	2	2	
CZ0—150/01			600	—	1	375	2	1	
CZ0—150/20			1200	2	—	600	2	2	
CZ0—250/10		250	600	1	—	1000	5（其中 1 对固定常开，其余 4 对可任意组合为常开或常闭）		
CZ0—250/20				2	—	1000			
CZ0—400/10		400		1	—	1600			
CZ0—400/20				2	—	1600			
CZ0—600/10		600		1	—	2400			

五、接触器的选择

（一）接触器的使用类别

根据 GB14084.4—1993《低压开关设备和控制设备－低压机电式接触器和电动机起动

器》将接触器分为四种使用类别：

1）AC—1：表示用接触器控制电阻性负载。当接触器释放时，接触器主触头只需断开负载电流。

2）AC—2：表示用接触器控制绕线转子异步电动机按重复短时工作制工作。接触器要频繁工作，常常在电动机刚起动时就分断。这样接触器的主触头要接通和断开 2.5 倍电动机的额定电流。

3）AC—3：表示用接触器控制笼型异步电动机按连续工作制工作。接触器工作不频繁。接触器主触头要接通 6 倍电动机的额定电流，而断开电动机的额定电流。

4）AC—4：表示用接触器控制笼型异步电动机频繁的点动与反接制动，这时电动机主要是接通和断开 6 倍电动机的额定电流。

（二）接触器的选择：

选择接触器应以接触器工作条件为依据，主要考虑以下因素：

1）控制交流负载应选用交流接触器，控制直流负载则选用直流接触器。

2）接触器的使用类别应与负载性质相一致。应先将负载按上述接触器使用类别进行划分，再根据工作类别选择接触器系列。

3）接触器主触头的额定工作电压应大于或等于负载电路的电压。

4）接触器主触头的额定工作电流应大于或等于负载电路的电流。应注意，当所选择的接触器的使用类别与负载不一致时，若接触器的类别比负载类别低，接触器应降低一级容量使用。

5）接触器吸引线圈的额定电压应与控制回路电压相一致，以保证接触器能可靠地工作。

6）还应考虑接触器的主触头、辅助触头的数量必须满足控制要求。

六、交流接触器节电器

交流接触器的电磁机构中的励磁线圈一般采用交流电励磁。我国现在生产的额定电流在 100A 以上的大中容量交流接触器，电磁机构消耗的有功功率在数十瓦至一百多瓦之间，功率分配大致为：铁心消耗功率占 65% ~75%；短路环占 25% ~30%；线圈占 3% ~5%。大中容量交流接触器加装无声节电器后，即将电磁机构由原设计的交流吸持改为直流吸持，则可节省铁心和短路环中绝大部分的损耗功率，从而取得较高的节电效益，同时还可以降低电磁铁的噪声和线圈的温升。

无声节电器可以是一个单独的产品，供交流接触器匹配使用。还有将交流接触器的电磁机构采用无声节电技术进行更改设计和改造的节电型交流接触器。

无声节电器按工作原理可以分为电容式、变压器式、电流互感器式等。现仅介绍两种电容式无声节电器。

图 1-14 为电容式无声节电器的电路图。图 a 中，按下起动按钮 SB2，交流接触器电磁线圈 KM 在交流电源电压下激励起动，常开辅助触头 KM 闭合。放开按钮 SB2，电容器 C 和二极管 VD（称为续流二极管）先后接入，转变成向线圈 KM 供给脉动直流的吸持电流，即转入无声节电运行。

图 1-14b 中，按下起动按钮 SB2，电源电压为正时，二极管 VD1、VD2 导通，VD3 截止，电源向接触器线圈供电。电源电压为负时，VD3、VD2 构成续流回路，经过几个周期后，接触器吸合，常辅助触头 KM 闭合，此后应松开 SB2，电容 C 串入产生压降，电路进

入直流吸持无声节电运行状态。

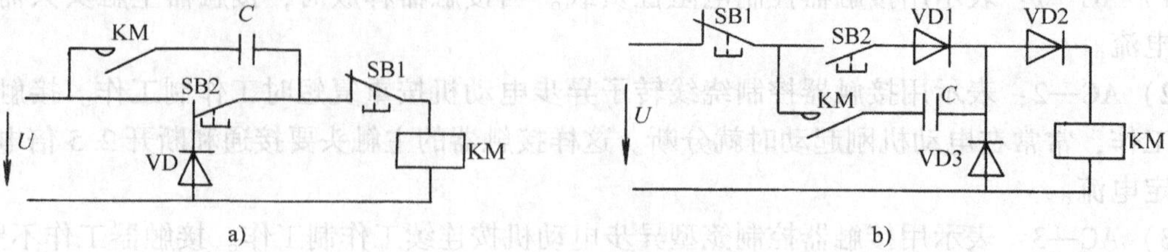

图 1－14　电容式无声节电器电路图

节电器节电率分有功功率节电率和无功功率节电率，其计算公式为：

$$\Delta P = \frac{P_1 - P_2}{P_1} \times 100\%$$

$$\Delta Q = \frac{Q_1 - Q_2}{Q_1} \times 100\%$$

式中　ΔP、ΔQ——有功功率节电率和无功功率节电率；

P_1、Q_1——不加节电器时消耗的有功功率和无功功率；

P_2、Q_2——在节电器输入端测得的所消耗的有功功率和无功功率。

一般 ΔP 为 90% 左右，由于电容式节电器具有无功功率输出，故 ΔQ 可超过 100%。

第三节　继　电　器

继电器是被用来控制其它电器的动作或在电路中作保护作用的自动电器。继电器的输入量可以是电压、电流等电量，也可以是一些非电量，如温度、压力、速度等，所以继电器种类繁多，本节主要介绍几种控制电路中常用的继电器。

一、电磁式继电器

（一）电磁式继电器的结构与原理

电磁式继电器的结构与接触器类似，由电磁机构、触头系统和释放弹簧等部分组成，由于继电器触头系统主要是接通与分断控制电路，触头通过的电流较小，故继电器不需要专门的灭弧装置，如图 1－15 所示。

电磁式继电器的工作原理（吸力特性、反力特性）与接触器类似，它是根据外来电压或电流信号利用电磁原理使衔铁产生闭合动作，从而带动触头动作，接通或断开控制电路。调整释放弹簧的松紧或非磁性垫片的厚度，可以改变继电器的动作参数（吸合值和释放值）。

常用的电磁式继电器有电压继电器、电流继电器、中间继电器和时间继电器。电压（电流）继电器可以分为过电压（电流）继电器和欠电压（电流）继电器；中间继电器实际上也是一种电压继电器，只是其触头数量较多，触头容量较大，起触头容量扩大和触头数量扩展的作用。

（二）电磁式继电器的特性与主要技术参数

1. 电磁式继电器的特性

继电器的特性主要是输入—输出特性。当改变继电器的输入量的大小时，其触头只具有“通”和“断”两种状态，故继电器的输出也只有“有”和“无”两个量。故此可以得出继电器的输入—输出特性，如图 1-16 所示。其中 X 表示输入量，Y 表示输出量。当输入量 X 增加时，在 $X<X_x$ 时，输出量 Y 等于零；在 $X \geqslant X_x$ 时，衔铁吸合，触头闭合，输出量为 Y_1。当输入量 X 减小，使得 $X \leqslant X_f$ 时，衔铁释放，触头断开，输出量 Y 等于零。这里，X_x 称为继电器的吸合值（也称动作值），X_f 称为继电器的释放值（即返回值）。一般情况下，吸合值 X_x 与释放值 X_f 不相等，且 $X_x>X_f$，即继电器的输入—输出特性具有一个回环，称为继电环，该特性也称为继电特性；当吸合值 X_x 与释放值 X_f 相等时，则称为理想继电特性。

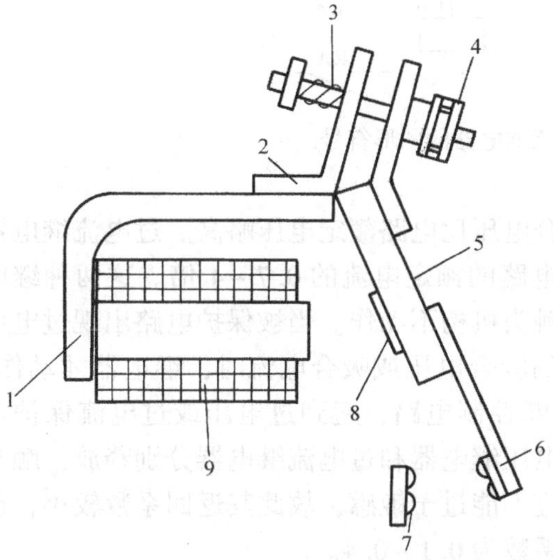

图 1-15　电磁式继电器结构示意图

1—铁心　2—旋转棱角　3—释放弹簧　4—调节螺母　5—衔铁　6—动触头　7—静触头　8—非磁性垫片　9—线圈

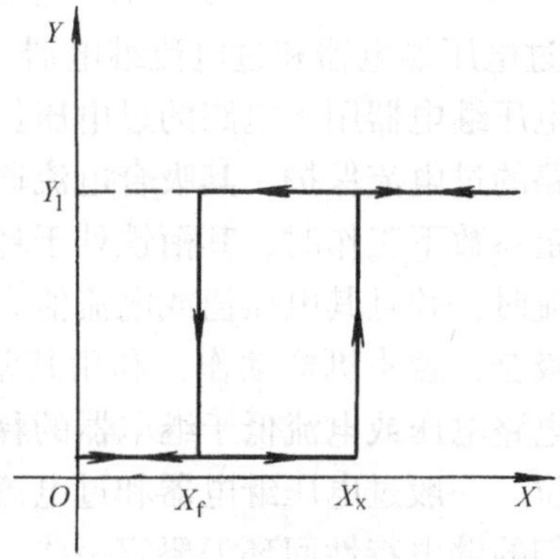

图 1-16　继电器的输入—输出特性

2. 电磁式继电器的主要技术参数

（1）额定电压、电流　指线圈和触头在正常工作时的电压和电流的允许值。

（2）动作参数　指衔铁产生吸合或释放动作时线圈的电压（电流）值，称为吸合参数和释放参数。

（3）整定值　指根据电路要求人为调整的动作参数值。

（4）返回系数　指继电器的吸合值与释放值的比值，即 $K_f=X_f/X_x$。

通常 K_f 小于 1，其值的大小反映了继电器的吸合值与释放值的接近程度，也即继电回环的宽度。不同的场合要求不同的返回系数 K_f，一般的继电器要求工作可靠，所以要求较低的返回系数（K_f 在 0.1～0.4 之间），即继电环宽一些，这样当电源电压有一些波动，继电器也能可靠的工作；而欠电压保护用的欠电压继电器则要求较高的灵敏度，也即返回系数大些（$K_f \geqslant 0.6$）。K_f 的值可以通过调节释放弹簧的松紧或改变非磁性垫片的厚度实现调节。

（5）动作时间（吸合时间及释放时间）　吸合时间是指从线圈接受电信号的衔铁完全吸合所用的时间；释放时间是指从线圈失电开始到衔铁完全释放所用的时间。普通继电器的动作时间为 0.01～0.02s，快速继电器的动作时间为 0.005～0.05s，其大小影响继电器操作频率。

（三）电压继电器和电流继电器

电压继电器和电流继电器分别用于控制电路的电压和电流保护和控制。电压继电器的线圈与其它控制电器并接在电源上，接受电路的电压信号；而电流继电器的线圈串接在主电路中，接受电流信号。根据电压（电流）的大小，利用其触头去接通或断开控制电路。按吸合电压（电流）的大小，电压继电器分为过电压继电器和欠电压继电器，而电流继电器也可以分为过电流继电器和欠电流继电器。它们图形与文字符号如图1－17所示。

图1－17　电压继电器和电流继电器的图形符号

1. 过电压继电器和过电流继电器

过电压继电器用于电路的过电压保护，其吸合电压比电路额定电压略高。过电流继电器用于电路的过电流保护，其吸合电流通常为保护电路的额定电流的0.7～4倍。这两种继电器在额定参数下工作时，其衔铁处于释放位置，触头机构不动作。当被保护电路出现过电压或过电流时，并且其电压值或电流值高于继电器的吸合电压或吸合电流时，继电器才动作，即衔铁吸合，触头机构动作，利用其常闭触头切断控制电路，起到过电压或过电流保护作用。当电路电压或电流低于继电器的释放值，过电压继电器和过电流继电器分别释放，触头机构复位。一般过电压继电器和过电流继电器反应不能过于敏感，故此其返回系数较小，也就是它们的继电特性回环需要宽一些，通常返回系数为0.1～0.4。

2. 欠电压继电器和欠电流继电器

欠电压继电器用于电路的欠电压保护；欠电流继电器用于电路的欠电流保护。当这两种继电器工作在额定参数时，继电器动作，衔铁吸合；当被保护电路电压或电流低于继电器的释放整定值时，继电器的衔铁释放，触头机构复位，利用其常开触头切断控制电路，起到欠电压保护或欠电流保护的作用。释放整定值很低的欠电压继电器又称为零电压继电器，用于电路的失电压保护。

3. 电压和电流继电器参数整定范围和方法

（1）电压和电流继电器参数整定范围　一般过电压继电器的动作电压整定范围为（1.05～1.20）U_e，U_e为电路额定电压。

欠电压继电器吸合电压整定范围为（0.3～0.5）U_e，释放电压调整范围为（0.07～0.20）U_e。

过电流继电器的动作电流整定范围，交流为（1.1～4）I_e；直流为（0.7～3.5）I_e。

欠电流继电器的动作电流整定范围，吸合电流为（0.3～0.5）I_e，释放电流为（0.1～0.2）I_e，欠电流继电器一般是自动复位的。

（2）电压和电流继电器参数整定方法

1）电压继电器的参数整定方法。吸合电压的整定：调节释放弹簧的松紧可以调节电压继电器的吸合电压，拧紧时，吸合电压增大，反之减小。

释放电压的整定：调节铁心与衔铁间非磁性垫片的厚度可以调节电压继电器的释放电压。增厚时，释放电压增大，反之减小。此处要说明的是：调节释放弹簧的松紧，同时改变了吸合电压和释放电压；拧紧时，两者同时增大，反之，同时减小。因此，若对吸合电压的大小无要求，调节释放弹簧的松紧也可以改变电压继电器的释放电压。

2）电流继电器的参数整定方法。电流继电器的吸合参数及释放参数的整定与电压继电器基本相同。

4. 电压和电流继电器的典型产品

JT4 系列交流电磁继电器适合于交流 50Hz、380V 以下的自动控制回路中作零电压、过电压、过电流和中间继电器使用，过电流继电器也适合用于 60Hz 交流电路。

型号说明：

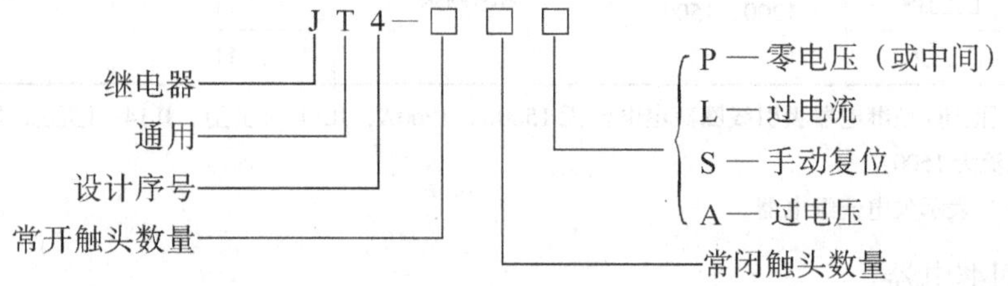

JL14 系列交直流继电器主要用于交流 380V 及以下，直流 440V 及以下的控制电路中作过电流或欠电流保护。

型号说明：

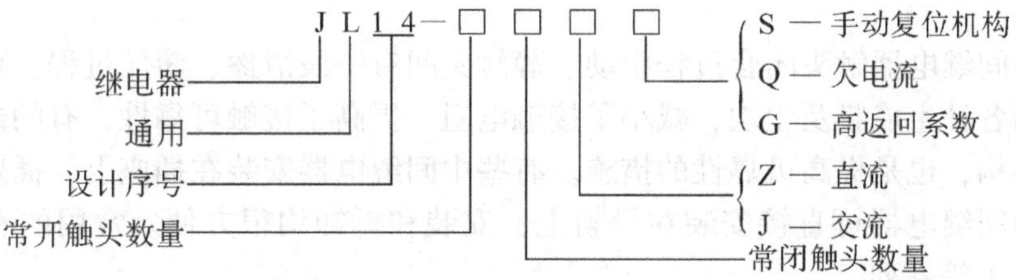

JT4 系列交流电磁继电器和 JL14 系列交直流继电器的基本技术参数见表 1－7 和表1－8。

表 1－7　JT4 系列交流电磁继电器基本技术参数

型号	可调参数整定范围	标称误差	返回系数	触头数量	吸引线圈额定电压或电流	复位方式	机械寿命/（万次）	电寿命/（万次）
JT4—□□A 过电压继电器	吸合电压 (1.05～1.2) U_e	±10%	0.1～0.3	1 常开 1 常闭	110V，220V，380V	自动	1.5	1.5
JT4—□□P 零压或中间继电器	吸合电压 (1.05～1.2) U_e 释放电压 (0.1～0.35) U_e		0.2～0.4	1 常开 1 常闭 或 2 常开 2 常闭	110V，127V，220V，380V		100	10
JT4—□□L 过电流继电器	吸合电流 (1.1～3.5) I_e		0.1～0.3		5A，10A，15A，20A，40A，80A，150A，300A，600A		1.5	1.5
JT4—□□S 手动过电流继电器						手动		

表 1–8　JL14 系列交流电磁继电器基本技术参数

电流种类	型号	吸引线圈额定电流 I_e/A	吸合电流调整范围	触头组合形式		电寿命/（万次）	备注
				常开	常闭		
直流	JL14—□□Z	1，1.5，2.5，5，10，15，25，40，60，100，150，300，600，1200，1500	（0.7～3）I_e *（0.3～0.65）I_e 或释放电流在（0.1～0.2）I_e 范围调整	30	03	50	
	JL14—□□ZS			21	12		手动复位
	JL14—□□ZQ			01	10		欠电流
交流	JL14—□□J			02	20		
	JL14—□□JS			11			手动复位
	JL14—□□JG			11			返回系数 >0.6

注：1. JL14—□□JG 型继电器吸引线圈额定电流无 1500A、1200A，JL14—□□J、JL14—□□JS 型继电器吸引线圈额定电流无 1500A。

2. 注“*”表示欠电流继电器。

（四）中间继电器

中间继电器在控制电路中主要起扩大触头容量和扩展触头数量的作用。常用的中间继电器主要有 JZ7、JZ11、JZ14、JZ15、JZ17、JZX、3TH 等系列。JZ17 是从日本立石电机公司引进的产品，3TH 是从德国西门子公司引进的产品。以 JZ7—62 为例，JZ 表示交流中间继电器，7 为设计序号，有 6 对常开触头，2 对常闭触头。表 1–9 为 JZ7、JZ15 系列的主要技术数据。

新型的中间继电器触头闭合过程中动、静触头间有一段滑擦、滚压过程，可以有效地清除触头表面的各种生成膜及尘埃，减小了接触电阻，提高了接触可靠性，有的还装了防尘罩或采用密封结构，也是提高可靠性的措施。有些中间继电器安装在插座上，插座有多种型式选择，有些中间继电器可直接安装在导轨上，安装和拆卸均很方便。常用的有 JZ18、MA、K、HH5、RT11 等系列。

表 1–9　JZ7、JZ15 系列中间继电器的主要技术数据

型号	触头额定电压/V		触头额定电流/A	触头数量		额定操作频率/（次/h）	线圈额定电压/V		吸引线圈消耗功率		
									起动/VA	吸持	
	直流	交流		常开	常闭		交流	直流		交流/VA	直流/W
JZ7—44	440	500	5	4	4	1200	12，24，36，48，110，127，220，380，420，440，500	—	75	12	—
JZ7—62				6	2						
JZ7—80				8	0						
JZ15—62	48，110，220	127，220，380	10	6	2		127，220，380	48，110，220	—		11
JZ15—26				2	6						
JZ15—44				4	4						

（五）时间继电器

当继电器的感受部分接受到外界信号后，经过一段时间才使执行部分动作，这类继电器称为时间继电器。时间继电器在电路中起着控制时间的作用。

时间继电器的电气图形符号及文字符号如图 1－18 所示。

时间继电器的种类很多，按动作原理可分为电磁式、空气阻尼式、电动机式、电子式；按延时方式可分为通电延时型与断电延时型两种。时间继电器的延时触头中常开的称为常开触头（动合触头），常闭的称为常闭触头（动断触头）。

通电延时型是指时间继电器接受到电信号后，等待一段时间，时间继电器的延时触头动作（即动合触头闭合，动断触头断开）；当电信号取消（断电），其延时触头立即复原（即动合触头断开，动断触头闭合）。而断电延时型是指时间继电器接受到电信号后，其延时触头动作立即动作；当电信号取消（断电）后，等待一段时间，其延时触头复原。

下面主要介绍电磁式、空气阻尼式、电动机式、电子式（半导体式）及新产品——数字显示的时间继电器。

1. 电磁阻尼式时间继电器

电磁阻尼式时间继电器只能用于直流、延时时间较短且是断电延时的场合。它是利用电磁系统在电磁线圈断电后磁通延缓变化的原理工作的。其结构与电压继电器相似（参见图 1－15），为了达到延时的目的，在继电器电磁系统中的铁心柱上装有一个阻尼铜套，如图 1－19 所示。由楞次定律知，在继电器电磁线圈通电或断电的过程中，由于铁心中的磁通将发生变化，因此在阻尼铜套内产生感应电动势并产生感应电流，此感应电流阻碍磁路中磁通的变化，对原吸合或释放磁通的变化起阻尼作用，从而延迟了衔铁的吸合和释放时间。

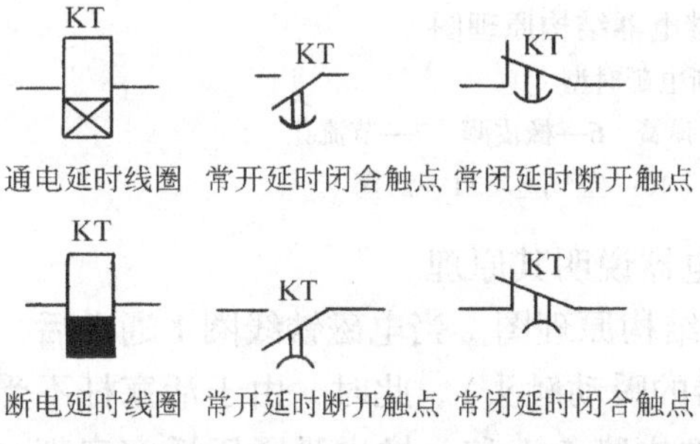

图 1－18　时间继电器的电气图形符号及文字符号

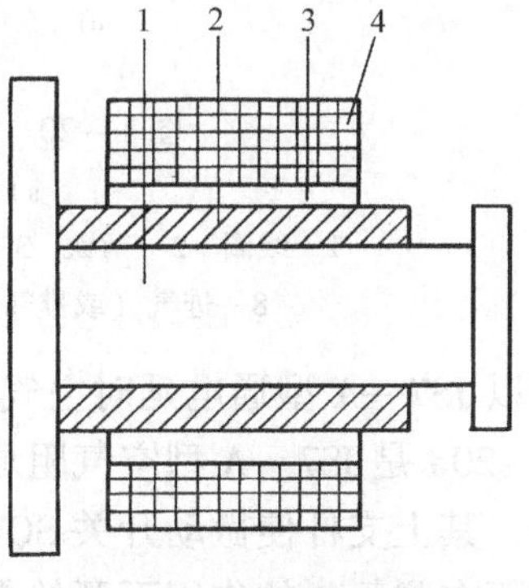

图 1－19　带有阻尼铜套的铁心示意图

1—铁心　2—阻尼铜套　3—绝缘层　4—线圈

当衔铁处于打开位置时，由于气隙大，磁阻大，磁通小，因此阻尼铜套的作用相对较小，阻尼作用不明显，一般延时时间只有 0.1～0.5 s。而当衔铁处于闭合位置时，磁阻小，磁通大，阻尼铜套的作用明显，一般延时时间可达 0.3 ～5s。故电磁阻尼式时间继电器只有断电延时方式。

电磁阻尼式时间继电器具有结构简单、运行可靠、寿命长、允许通电次数多等优点，但也存在有延时时间短、延时不准确等缺点。通过改变安装在衔铁上的非磁性垫片的厚度及反力弹簧的松紧程度，可以调节延时时间的长短。非磁性垫片的厚度增加，使得衔铁闭合后的气隙增大，磁路的磁阻增大，磁通减小，这样延时时间变短；反之，减小非磁性垫片的厚度，可以使延时时间变长。反力弹簧调松，延时时间变长；反力弹簧调紧，延时时间变短。

2. 空气阻尼式时间继电器

空气阻尼式时间继电器又称气囊式时间继电器。它是利用空气阻尼的原理来获得延时的。它由电磁系统、触头系统和延时机构三部分组成，如图 1－20 所示。电磁系统中的电磁铁为直动双 E 型；触头系统则是借用 LX5 型微动开关；延时机构是利用空气通过小孔时产生阻尼作用的气囊式阻尼器。其延时范围为 0.4～180s，可以是通电延时，也可以是断电延时；其触头动作既有延时型的，也有瞬动型的。因此，空气阻尼式时间继电器使用非常灵活方便，在实际中得到了广泛的使用。

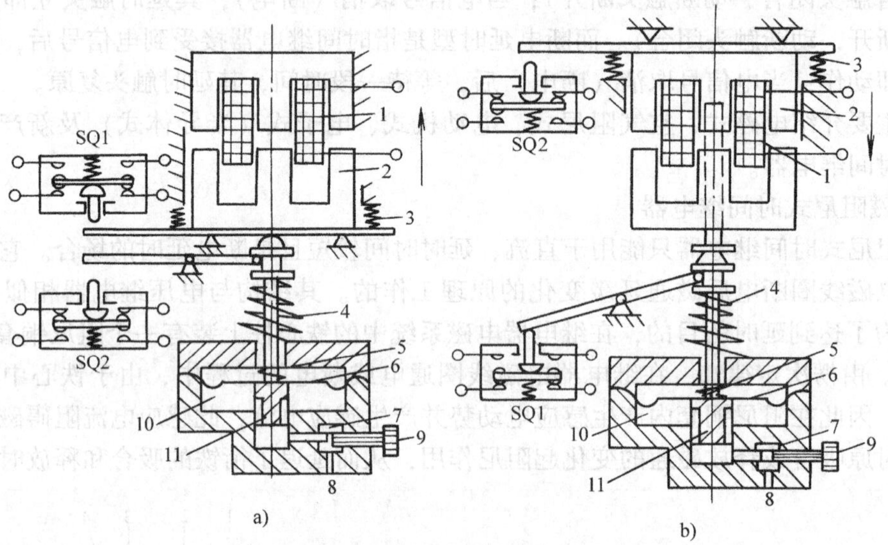

图 1－20　空气阻尼式时间继电器结构原理图

a）通电延时型　b）断电延时型

1—线圈　2—衔铁　3—复位弹簧　4、5—弹簧　6—橡皮膜　7—节流孔

8—进气（或排气）孔　9—调节螺钉　10—空气室　11—活塞

下面以 JS7—A 型通电延时空气阻尼式时间继电器说明其原理。

图 1－20a 是 JS7—A 型空气阻尼式时间继电器结构原理图。当电磁铁线圈 1 通电后，衔铁 2 吸合，其上支杆使微动开关 SQ1 动作（继电器的瞬动触头）。此时，由于活塞杆不受衔铁的压力而在弹簧 4 的作用下开始带动活塞 11 和橡皮膜 6 上移。橡皮膜紧压活塞肩部，将空气室 10 分成上下两个互不通气气室，由于下方气室中的空气受气孔 8 处的调节螺钉 9 的阻碍，外界空气补充缓慢，而上方气室与大气相通，因此在橡皮膜上、下方空气室存在着一定的压力差，阻碍活塞及活塞杆上移，使其上移缓慢。当活塞杆上升至终端位置时，支杆倾斜，使微动开关 SQ2 动作（继电器的延时触头），实现通电延时。

当线圈断电时，衔铁 2 在复位弹簧 3 的作用下，将活塞迅速推至最下端。因活塞被向下推时，橡皮膜下方气室空气通过橡皮膜与活塞肩部的气隙经上气室排掉，活塞杆迅速复位，支杆复位，因而触头也迅速复位，无延时作用。

断电延时型空气阻尼式时间继电器结构如 1－20b 所示，与图 1－20a 所示的通电延时型相比，就是铁心和衔铁的位置被掉转 180°，其延时原理与通电延时型相同，请读者自行分析。

调节进气孔 8 处的调节螺钉 9，就可以调整延时时间的长短。这种时间继电器结构简单，延时范围大，不受电源电压及频率波动的影响，价格低，但延时精度较低，一般用在延时精度要求不高的场合。

常用的空气阻尼式时间继电器有 JS7—A、JS7—B、JS23、JSK1、JSK2 及 JDZ2—S 等系列。其中 JS23 用于代替 JS7—A、JS7—B 系列。表 1－10 列出了 JS7—A、JS23 系列时间继电器技术数据。

表 1－10　JS7—A、JS23 系列时间继电器技术数据

型号	瞬动触头数量		延时触头数量				触头额定电压/V	触头额定电流/A	线圈电压/V	延时范围/s	额定操作频率/（次/h）
			通电延时		断电延时						
	常开	常闭	常开	常闭	常开	常闭					
JS7—1A			1	1			380	5	AC：24，36，110，127，220，380	0.4～60 及 0.4～180	600
JS7—2A	1	1	1	1							
JS7—3A					1	1					
JS7—4A	1	1			1	1					
JS23—1	4	0	1	1			AC380，DC220	AC380V 时：0.79A，DC220V 时：0.27A	AC：110，220，380	0.2～30 及 10～180	1200
JS23—2	3	1	1	1							
JS23—3	2	2	1	1							
JS23—4	4	0			1	1					
JS23—5	3	1			1	1					
JS23—6	2	2			1	1					

3. 电动机式时间继电器

电动机式时间继电器是由微型同步电动机拖动减速齿轮组，经减速齿轮带动触头经过一定的延时后动作的时间继电器。其延时范围宽可达 0.4s～72h，即有通电延时型，也有断电延时型，延时精度高，调节方便，但结构复杂，价格较贵，一般用于要求准确延时的场合。其中常用的电动机式时间继电器国产的有 JS11、JS17、JSD1 等系列。

表 1－11 列出了 JSD1—□M 系列电动机式时间继电器的主要技术数据。

表 1－11　JSD1—□M 系列电动机式时间继电器的主要技术数据

型号	延时范围/s	额定控制容量/VA	操作频率/（次/h）	延时误差	整定误差	复位时间/s
		交流 380V				
JSD1—1M	2～30	100	1200	≤1%	≤1%	≤2
JSD1—2M	2～120		600			
JSD1—3M	20～600		120			

JSD1—□M 系列电动机式时间继电器结构如图 1－21 所示。其工作原理如下：当同步电动机接线端子 1、2 接通电源时，电动机的轴向左作轴向运动，瞬动触头 3、4 打开，3、5 闭合。与此同时，电动机带动减速齿轮旋转，由轮系带动杠杆推动微动开关动作，使得延时触头 6、7 打开，7、8 闭合。当同步电动机接线端子 1、2 断电时，齿轮在扭转弹簧的作用下实现复位。

4. 晶体管式时间继电器

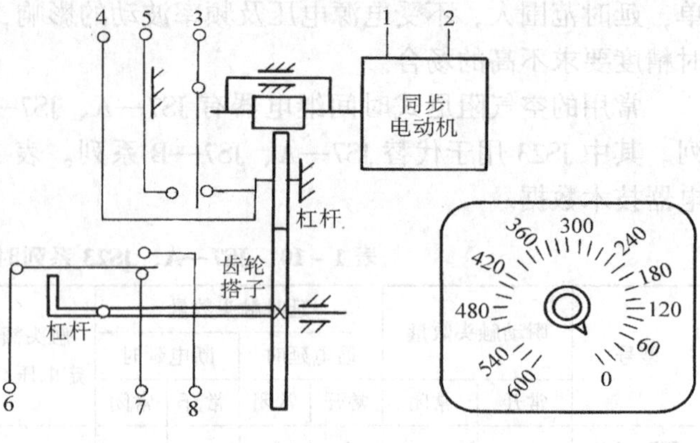

图 1－21　JSD1—□M 系列电动机式时间继电器结构原理图

晶体管式（也称电子式）时间继电器常用的是电容式时间继电器，它是利用电容对电压的变化的阻尼作用来实现延时的。晶体管式时间继电器的种类很多，下面以 JS20 系列时间继电器为例，介绍其原理。

该系列继电器采用通用电子管大八脚插入式结构，全部元件装在印制电路板上，然后与插座用螺钉紧固，装入塑料外壳，外壳上具有延时刻度及延时整定用的旋钮。它具有通用性好、系列性强、工作稳定可靠、精度高、延时范围宽、调节方便、输出触头容量较大的特点。

JS20 系列时间继电器分为单结晶体管电路和场效应晶体管电路两种。图 1－22 所示电路为 JS20 系列中的采用场效应晶体管做成的通电延时型时间继电器的原理图，它由稳压电源、*RC* 充放电电路、电压鉴别电路、输出电路和指示电路等部分组成。

当接通电源时，电容 *C*2 尚未充电，因此 $u_C=0$，而 N 沟道结型场效应晶体管 V6 的栅极 G 与源极 S 之间的电压 $U_{GS}=-U_S$。此后由 VS 提供的稳定电压通过波段开关选择的串联电阻 *R*10、RP1、*R*2、向 *C*2 充电，电容 *C*2 上的电压 u_C 由零按指数规律上升，场效应晶体管 V6 的栅源极电压 $|U_{GS}|=|u_C-U_S|$ 不断减小，但只要 $|U_{GS}|$ 还大于场效应晶体管的夹断电压 $|U_P|$，则场效应晶体管 V6 就不会导通。直到 u_C 上升到 $|u_C-U_S|\leqslant|U_P|$ 时，场效应晶体管 V6 开始导通，由于其漏极电流 I_D 在 *R*3 上产生压降，*D* 点电位开始下降，一旦 *D* 点电位下降到比晶体管 V7 的发射极电位低时，晶体管 V7 将导通。V7 的集电极电流 I_C 在 *R*4 上产生压降，使场效应晶体管 V6 的源极电位 U_S 降低，因此 $|u_C-U_S|$ 进一步减小，V6 导通加快，所以 *R*4 起正反馈的作用。同时 V7 也将加快导通，通过电阻 *R*6、*R*7 向晶闸管 VT 提供触发信号，使晶闸管 VT 导通，致使继电器 KA 动作。由上可知，从时间继电器接通电源向电容 *C*2 充电开始到继电器 KA 动作为止这段时间即为通电延时的动作时间。KA 动作后，电容 *C*2 经 KA 的常开触头对电阻 *R*9 放电，同时氖泡 HN 起辉，并使场效应晶体管 V6 和晶体管 V7 都截止，为下一次工作做准备。此时，晶闸管 VT 仍然保持导通，除非切断电源，使电路恢复到原来状态，继电器 KA 才会释放。

JS20 系列时间继电器的主要技术数据见表 1－12。

5. 数字式时间继电器

数字式时间继电器具有延时精度高、延时范围宽、触头容量大、调整方便、工作状态直观、指示清晰明确等特点，应用非常广泛。其代表系列有 JS14P、JS11S、JSS11 等数字显示式时间继电器。

JS11S 和 JSS11 系列数字显示式时间继电器是 JS11 系列电动机式时间继电器的更新换代产品。它采用了先进的数控技术，用集成电路和 LED 显示器件代替电动机和机械传动系统，除具有 JS11 系列电动机式时间继电器的优点外，还具有无机械磨损、工作稳定可靠、精度高、准确直观等优点，是一种精确度很高的时间控制元件。

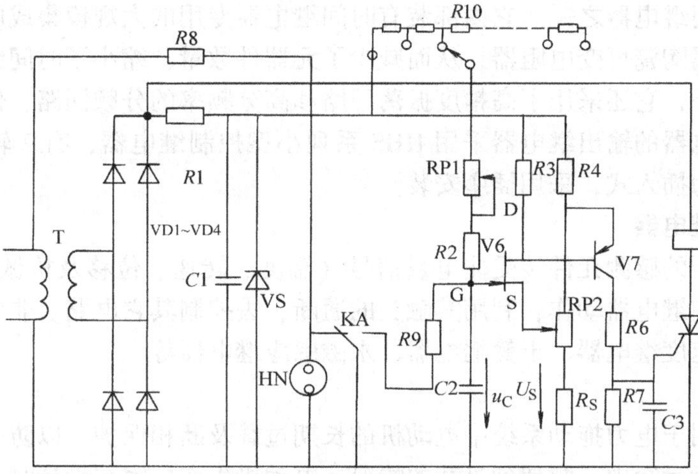

图 1－22　JS20 系列通电延时时间继电器电路原理图

表 1－12　JS20 系列时间继电器的主要技术数据

型号	结构形式	延时整定元件位置	延时范围/s	延时触头数量				瞬动触头数量		误差（%）		工作电压/V	环境温度/℃
				通电延时		断电延时							
				常开	常闭	常开	常闭	常开	常闭	重复	综合		
JS20－□/00	装置式	内接		2	2								
JS20－□/01	装置式	内接		2	2	—	—	—	—				
JS20－□/02	装置式	外接	0.1～300	2	2								
JS20－□/03	装置式	内接		1	1			1	1				
JS20－□/04	装置式	内接		1	1	—	—	1	1				
JS20－□/05	装置式	外接		1	1			1	1				
JS20－□/10	装置式	内接		2	2								
JS20－□/11	装置式	内接		2	2	—	—	—	—	±3	±10	交流：36，127，220，380 直流：24	－10～40
JS20－□/12	装置式	外接	0.1～3600	2	2								
JS20－□/13	装置式	内接		1	1			1	1				
JS20－□/14	装置式	内接		1	1	—	—	1	1				
JS20－□/15	装置式	外接		1	1			1	1				
JS20－□D/00	装置式	内接				2	2						
JS20－□D/01	装置式	内接	0.1～180	—		2	2	—	—				
JS20－□D/02	装置式	外接				2	2						

此外，国内有些厂家还引进了 ST 系列超级时间继电器，其中 ST6P 型时间继电器为目

前国际上最新的时间继电器之一。它内部装有时间继电器专用的大规模集成电路，采用高质量的薄膜电容与金属陶瓷可变电阻器，从而减少了元器件数量，缩小了时间继电器的体积并增强了可靠性。另外，它还采用了高精度振荡回路和高分频率的分频回路，保证了高精度及长延时。该时间继电器的输出继电器采用 HHS 系列小型控制继电器，有 2 转换和 4 转换两种形式。安装方式为插入式，采用插座安装。

二、非电磁式继电器

非电磁式继电器的感测元件接受非电量信号（温度、转速、位移及机械力等），根据非电量信号的大小，使继电器动作，利用其触头的通断，去控制其它电路。非电磁式继电器包括有：热继电器、速度继电器、干簧继电器、永磁感应继电器等。

（一）热继电器

热继电器通常用于电力拖动系统中电动机的长期过载及断相保护，以防电动机因过热而烧毁。电动机在实际运行中，常遇到过载的情况。电动机生产厂家在设计时，已经考虑了电动机具有一定的过载能力，若过载时间较短，电动机绕组温升不超过允许值时，这种过载是允许的。但当过载时间较长，绕组温升会超过允许值，这将使电动机绕组绝缘老化速度加快，缩短其使用年限，严重时甚至会使电动机的绕组烧毁，因此，电动机在实际使用时，通常要采用长期过载保护，而完成这种过载保护功能的是热继电器。

1. 热继电器的结构、工作原理及图形符号、文字符号

（1）热继电器的结构和工作原理　热继电器是利用测量元件被加热到一定程度而动作的一种继电器。它的主要结构由双金属片、加热元件、动作机构、触头系统、整定调整装置及手动复位装置组成，如图 1－23 所示。双金属片是热继电器的测量元件，由两种膨胀系数不同的金属片压焊而成，分为主动层和被动层。主动层采用膨胀系数较高的铁镍铬合金材料，被动层则采用膨胀系数较低的铁镍合金材料。

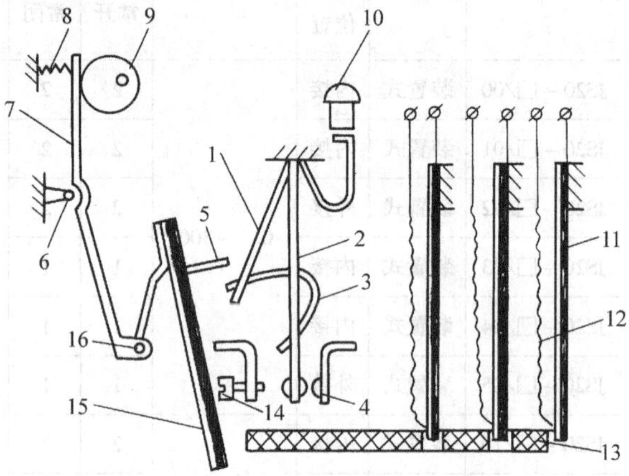

图 1－23　双金属片热继电器结构示意图

1、2—簧片　3—弓簧　4—触头　5—推杆　6—固定转轴　7—杠杆　8—压簧　9—凸轮　10—手动复位按钮　11—主双金属片　12—热元件　13—导板　14—调节螺钉　15—补偿双金属片　16—轴

双金属片的加热方式有直接加热、间接加热和复式加热。直接加热就是把双金属片当做热元件使电流通过直接进行加热。间接加热就是在双金属片上缠绕发热丝，使电流通过发热丝，发热丝产生的热量间接加热双金属片。复式加热就是将直接加热和间接加热两种加热形式结合。双金属片由于膨胀系数的不同受热后发生弯曲，当弯曲达到一定的程度时，就会使热继电器的触头动作。JR1、JR2 系列的热继电器采用的是间接加热方式，其主要缺点是双金属片靠发热元件间接加热，热耦合较差，双金属片的弯曲程度受周围介质温度的影响较大，不能正确反映负载的过电流情况。JR0、JR15、JR16 等系列热继电器采用复式加热方式并采用了温度补偿元件，因此较能正确反映负载的工作情况。

热继电器的热元件与电动机的定子绕组串联，通电后双金属片受热向左弯曲，推动导板13，向左推动补偿双金属片15，补偿双金属片与推杆5固定在一起，它可绕轴16顺时针方向转动，推杆推动片簧向右，当向右推动到一定位置后，弓簧3的作用方向改变，使簧片2向左运动，将触头4分断。由簧片1、2及弓簧3构成一组跳跃机构。

（2）热继电器动作电流的调节和周围介质温度对其的影响　凸轮9用来调节动作电流，旋转调节凸轮9的位置，将使杠杆7的位置改变，同时使补偿双金属片15与导板13之间的距离改变，也就改变了热继电器的动作电流。

补偿双金属片的作用是为了补偿周围介质温度变化对热继电器的动作电流的影响。如果没有补偿双金属片，当周围介质温度变化时，主双金属片起始挠度也会跟着改变，导板13的推动距离随之改变，这样热继电器事先整定好的动作电流，就会随着周围介质温度的变化而跟着改变。有了补偿双金属片后，当周围介质温度变化时，主双金属片和补偿双金属片同时向同一方向弯曲，使导板13与补偿双金属片之间的推动距离保持不变。这样继电器的动作电流将不受周围介质温度变化的影响。

（3）热继电器的复位　热继电器的复位有手动复位和自动复位两种，可以通过调整调节螺钉14的位置分别实现。若要手动复位，可将调节螺钉14向左旋转，此时触头动作后就不会自动复位，必须将复位按钮10按下，迫使片簧1退回原位，片簧2立即向右动作，触头4闭合。若需自动复位时，将调节螺钉14向右旋转到一定位置即可。

（4）热继电器的电气图形符号和文字符号　热继电器的电气图形符号和文字符号如图1－24所示。

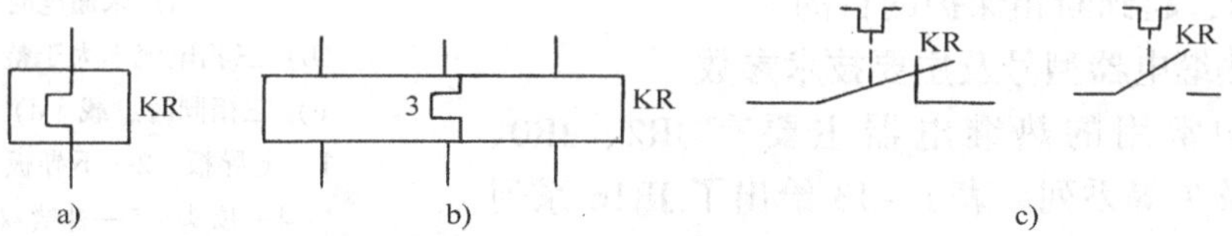

图1－24　热继电器的电气图形符号和文字符号

a）热元件　b）三热元件　c）触头

2. 具有断相保护的热继电器

三相异步电动机运行时，若发生一相断路，电动机各相绕组电流的变化情况将与电动机绕组的接法有关。热继电器的动作电流是根据电动机的线电流来整定的。对于星形联结的电动机，由于相电流等于线电流，当电源一相断路时，其它两相的电流将过载，可使热继电器动作，因此对于星形联结的电动机可以采用普通的两相或三相热继电器进行长期过载保护。而对于三角形联结的电动机，正常情况下，线电流为相电流的$\sqrt{3}$倍；当发生一相断线（断相），如图1－25所示，此时未断相的线电流等于相电流的1.5倍，即在相同负载下（各相电流相等）断相后的线电流比正常工作时的线电流小，当发生过载时（相电流超过其额定值），有可能其线电流还没有达到热继电器的动作电流，热继电器不会动作。因此对于三角形联结的

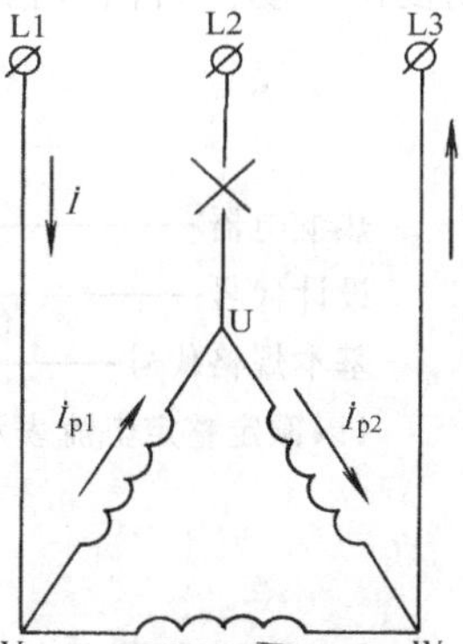

图1－25　电动机三角形联结时一相断相时的情况

电动机进行断相保护时，必须采用具有断相保护功能的热继电器，如JR16、JR20等系列的热继电器。

有断相保护功能的热继电器与普通的热继电器相比，主要区别在导板改成了差动机构，如图1－26所示。差动机构由上导板1、下导板2及装有顶头4的杠杆组成，它们之间均用转轴连接。图a表示通电前机构各部件的位置。图b为正常通电时机构各部件的位置。当电流在额定电流及以下时，三个热元件均正常发热，使三相主双金属片6同时向左产生微小弯曲，推动上、下导板同时向左平移一小段距离，但顶头4尚未碰到补偿双金属片5，因此热继电器不动作。当电动机均衡过载时，三相主双金属片弯曲程度加大（图c），推动上、下导板同时向左平移距离加大，通过杠杆3使得顶头4碰到补偿双金属片5，使继电器动作。图d为一相断开时的情况，此时接入断相那一相的双金属片因断相而冷却恢复原位，使得上导板向右移动，而另外两相双金属片仍然带动下导板向左移动，结果在上、下导板一左一右的移动下，使顶头4向右移动的距离加大，碰撞补偿双金属片5，使继电器动作，起到断相保护的目的。

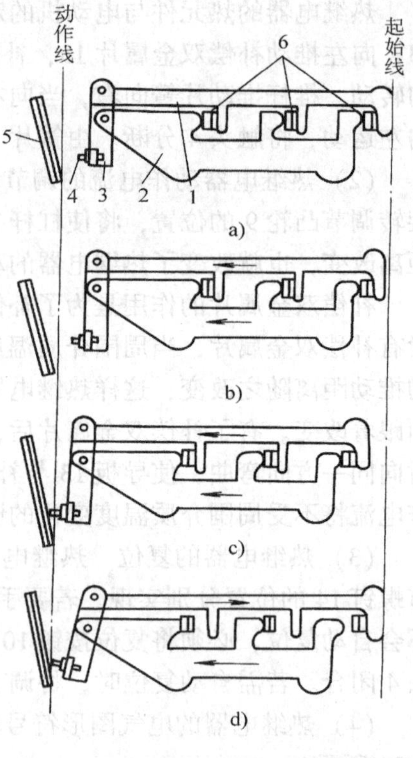

图1－26　断相保护机构及其工作原理

a）未通电时

b）三相电流不大于整定电流时

c）三相同时过载　d）一相断路

1—上导板　2—下导板　3—杠杆

4—顶头　5—补偿双金属片

6—主双金属片

3. 常用热继电器型号及主要技术参数

在实际中常用的热继电器主要有JR2、JR0、JR16、JR20及T等系列。表1－13给出了JR16系列热继电器的主要技术参数。

JR20系列是我国较新产品，具有断相保护、温度补偿、整定电流值可调、手动脱扣、手动复位、动作后信号指示等功能，其型号意义如下：

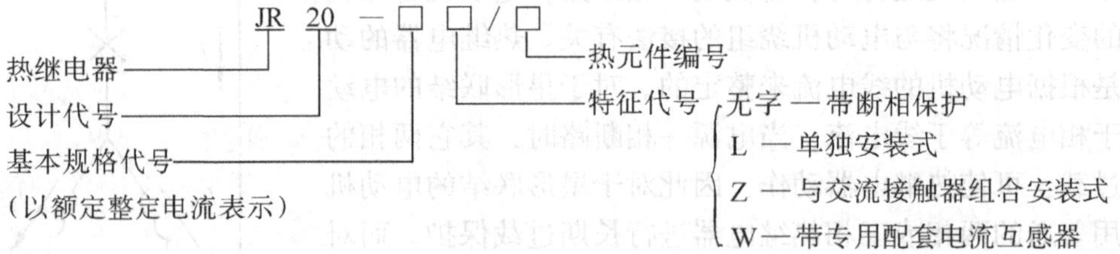

T系列热继电器是从国外引进的产品，它常与B系列交流接触器组合成电磁起动器。表1－14给出了T系列热继电器的主要技术参数。

热继电器的主要技术参数包括额定电压、额定电流、相数、热元件编号、整定电流调节范围、有无断相保护等。

表 1－13　JR16 系列热继电器的主要技术参数

型号	额定电流/A	热元件规格			连接导线规格
		编号	额定电流/A	调节范围/A	
JR16—20/3 JR16—20/3D	20	1	0.35	0.25～0.3～0.35	BV4 $4mm^2$ 单股塑料铜线
		2	0.50	0.32～0.4～0.5	
		3	0.72	0.45～0.6～0.72	
		4	1.10	0.68～0.9～1.1	
		5	1.60	1.0～1.3～1.6	
		6	2.40	1.5～2.0～2.4	
		7	3.50	2.2～2.8～3.5	
		8	5.00	3.2～4.0～5.0	
		9	7.20	4.5～6.0～7.2	
		10	11.00	6.8～9.0～11.0	
		11	16.00	10.0～13.0～16.0	
		12	22.00	14.0～18.0～22.0	
JR16—60/3 JR16—60/3D	60	13	22.00	14.0～18.0～22.0	$16mm^2$ 多股铜芯橡皮软线
		14	32.00	20.0～26.0～32.0	
		15	45.00	28.0～36.0～45.0	
		16	63.00	40.0～50.0～63.0	
JR16—150/3 JR16—150/3D	150	17	63.00	40.0～50.0～63.0	$32mm^2$ 多股铜芯橡皮软线
		18	85.00	53.0～70.0～85.0	
		19	120.00	75.0～100.0～120.0	
		20	160.00	100.0～130.0～160.0	

表 1－14　T 系列热继电器的主要技术参数

电压相数	型号	额定电流/A	热元件		档数	断相保护温度补偿
			最小规格/A	最大规格/A		
三相 660V	T16	16	0.11～0.16	12～17.6	22	均具有断相保护、温度补偿 －20～＋50°C
	T25	25	0.17～0.25	26～32	22	
	TSA45	45	0.28～0.4	30～45	21	
	T85	85	6.0～10	60～100	8	
	T105	105	27～42	80～115	6	
	T170	170	90～130	140～200	3	
	T250	250	100～160	250～400	3	
	T370	370	100～160	310～500	3	

热继电器的额定电流是指允许的热元件的最大额定电流。热元件的额定电流是指该元件长期允许通过的电流值。每一种额定电流的热继电器可分别装入若干种不同额定电流的热元件。

热继电器的整定电流是指热继电器的热元件允许长期通过，但又刚好不致引起热继电器动作的电流值。为了便于用户选择，某些型号中的不同整定电流的热元件用不同编号来表示。对于某一热元件的热继电器，可以通过调节其电流旋钮，在一定范围内调节电流整定值。

4. 热继电器的选择

热继电器的选择按照下列原则进行：

1）一般情况下可选用两相结构的热继电器。对于电网电压均衡性较差、无人看管的电动机或与大容量电动机共用一组熔断器的电动机，宜选用三相结构的热继电器。定子三相绕组作三角形联结的电动机，应采用有断相保护装置的三个热元件热继电器作过载和断相保护。

2）热元件的额定电流等级一般应略大于电动机的额定电流。热元件选定后，将热继电器的整定电流调整到与电动机的额定电流相等。如果电动机的起动时间较长，可将热继电器的整定电流整定到稍大于电动机的额定电流。

3）对于工作时间较短、间歇时间较长的电动机或出于安全考虑不允许设置过载保护的电动机（如消防泵），一般不设置过载保护。

4）双金属片式热继电器一般用于轻载、不频繁起动电动机的过载保护。对于重载、频繁起动的电动机，也可以选用过电流继电器进行过载或短路保护。

（二）速度继电器

速度继电器主要用于电动机的反接制动控制电路中，以实现电动机的快速准确停车。图1－27为速度继电器的结构示意图。它主要由转子、定子以及触头系统三部分组成。转子是一块永久磁铁，转轴与被控电动机连接；定子与笼型异步电动机的转子结构相同，由硅钢片叠成并装有笼型绕组，套在转子外围，且经杠杆机构与触头系统连接。当被控电动机旋转时，速度继电器的转子11随着旋转，永久磁铁形成旋转磁场，定子中的笼形导条切割磁场而产生感应电动势、感应电流，并在磁场的作用下产生电磁转矩，使定子随转子旋转方向转动，但由于有返回杠杆挡位，故定子只能随转子转动一定角度，定子的转动经杠杆作用使相应的触头动作，并在杠杆推动触头动作的同时，压缩反力弹簧2，其反作用力也阻止定子转动。当被控电动机转速下降时，速度继电器转子也随之下降，于是定子导体内感应电动势、感应电流、电磁转矩减小，当电磁转矩小于反作用力矩时，定子返回原来的位置，对应触头也恢复到原来状态。

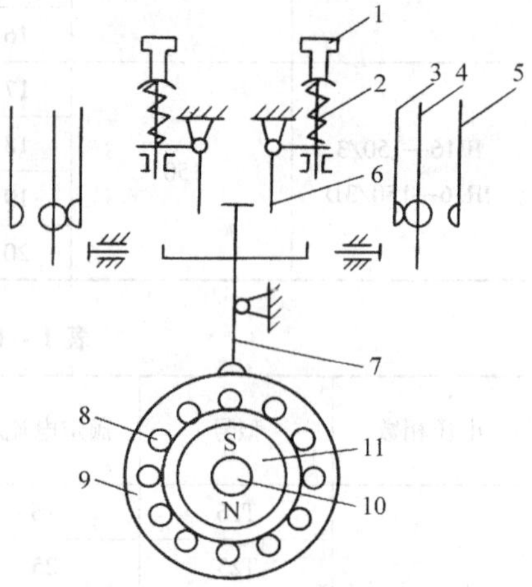

图1－27　速度继电器结构示意图
1—螺钉　2—反力弹簧　3—常闭触头　4—动触头　5—常开触头　6—返回杠杆　7—杠杆　8—定子导体　9—定子　10—转轴　11—转子

调节螺钉1的位置，可以调节反力弹簧的反作用力矩的大小，从而调节触头动作所需要的转子转速。

常用的速度继电器有JY1型和JFZ0型两种。其中JY1型可在700～3600r/min范围内可靠工作。JFZ0—1型适用于300～1000r/min；JFZ0—2型适用于300～3000r/min；它们具有两个常开触头、两个常闭触头，触头额定电压为380V，额定电流为2A。一般速度继电器在130r/min时触头即可动作，在100r/min时触头复位。

（三）水位信号器和永磁感应继电器

1. 干簧水位信号器

干簧水位信号器适用于工业与民用建筑中的水箱、水塔及水池等开口容器的水位控制和水位报警。它的主要部件是干簧继电器（也称为舌簧继电器）。干簧继电器的触头容量较小，不宜直接控制交流接触器，需经中间继电器进行转换。

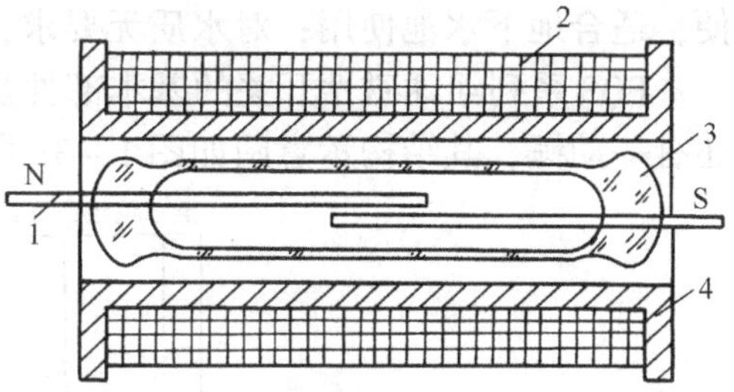

图1－28　干簧继电器的结构示意图
1—干簧片　2—线圈　3—玻璃管　4—骨架

干簧继电器的结构示意图如图1－28所示。主要由线圈、玻璃管、干簧片和骨架等组成。玻璃管也称干簧管或舌簧管，干簧片（舌簧片）置于玻璃管内部，组成继电器的触头系统，玻璃管的外部是密封的并在其内部充有氮气等惰性气体，这样继电器的触头与外界绝缘，同时有效地防止了尘埃的污染，可以减少触头的电腐蚀。为保证继电器可靠工作，干簧片由铁镍合金（又称坡莫合金）做成，具有较大磁导率，同时又有一定的弹性，簧片的接触部分通常镀以贵重金属如金、铑、钯等，以保证继电器接触良好，可靠分断。

当线圈通电后，其周围产生磁场，管中两干簧片的自由端分别被磁化成N极和S极，因而两干簧片相互吸引，使其常开触头闭合，接通被控制电路；线圈断电后，干簧片在本身的弹力作用下，将电路切断。

将干簧片固定在玻璃管的同一端便可以得到常闭触头，如图1－29所示，a、b之间是常闭触头，a、c之间是常开触头。在磁场的作用下，由于a、b固定在玻璃管的同一端，因此在其自由端产生相同的磁性，同性相斥，因而簧片a、b将分开。

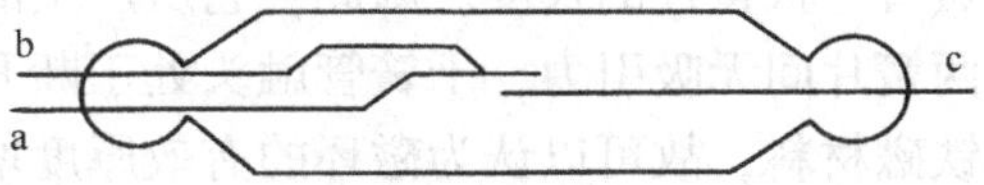

图1－29　干簧管的常闭触头示意图

如果干簧管不用线圈而用永久磁铁产生磁场来驱动，就可以用来反映非电信号，如作行程控制（永磁感应继电器）和水位检测（水位信号器）。

图1－30是干簧水位信号器用于检测水位的一个应用实例的示意图。此时，继电器的磁场是由浮在水面上的磁环产生。当水位上升，磁环将沿着不锈钢管上升，接近导管中内置的干簧管GH2时，GH2的常闭触头断开，切断供水控制回路。当水位下降，使磁环沿着不锈钢管下降到接近导管中内置的干簧管GH1时，GH1的常开触头闭合，接通供水控制回路。

调换GH1、GH2的位置，即可以得到高水位起动泵、低水位停止泵的控制信号，用于排水池污水泵的控制。

目前，干簧式水位信号器有UX、US和GSK等型号。选用干簧式水位信号器主要考虑因素有水质、控制幅度、介质温度等。GSK型干簧水位信号器适用于清水、不含导磁物质或漂浮物的污水；控制幅度为0～5.5m；介质最高温度：不锈钢导管为100℃，硬聚氯乙烯管为40℃，尼龙管为55℃。

2. 浮球水位信号器

常用的浮球水位信号器有 FQS、UQK 等系列，现以 FQS 系列浮球磁性开关为例进行介绍。FQS 系列浮球磁性开关外部无可动机构，不会产生被浮游物卡死的故障；与液体接触部分的材料为塑料，具有很好的耐油和耐酸腐蚀性能；浮球动作范围大，可现场调整，安装方便，适合地下水池使用；对水质无要求，适合于污水处理场合。

FQS 系列浮球磁性开关的基本部件是浮球和导线。浮球内密封藏有干簧管及磁环，另外还有一动锤，其结构示意图如图 1－31 所示。

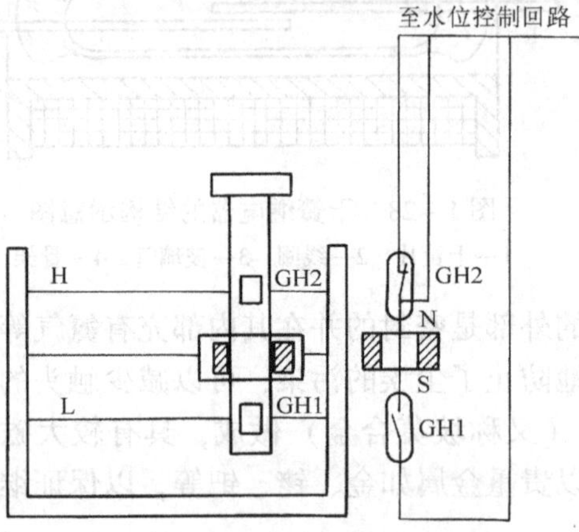

图 1－30　干簧水位信号器装置示意图

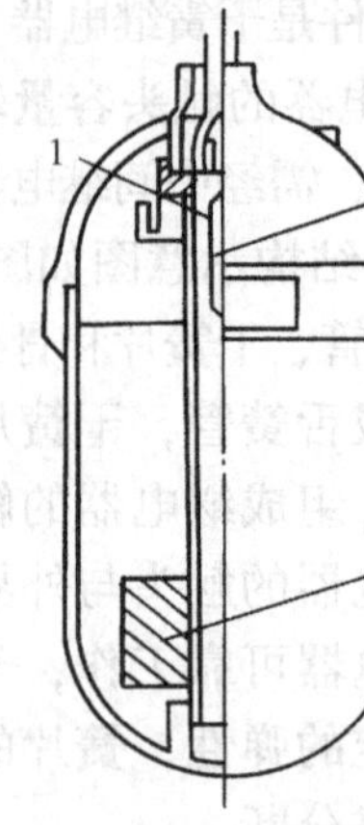

图 1－31　浮球结构示意图

1—磁环　2—干簧管　3—动锤

浮球内磁环已被轴向充磁，其安装位置偏离于干簧管中心。由于磁环很薄，厚度小于干簧管一根簧片的长度。因此，它所产生的磁场几乎全部从单根簧片上通过，磁力线被短路，两簧片间无吸引力，干簧管触头处于断开状态。当浮球翻转，动锤紧靠磁环时，由于动锤为铁磁材料，故可以认为磁环的有效厚度增加，两簧片均被磁化，使干簧管的触头闭合。

FQS 系列浮球磁性开关工作原理如图 1－32 所示。当液位在下限时，浮球正置。动锤依

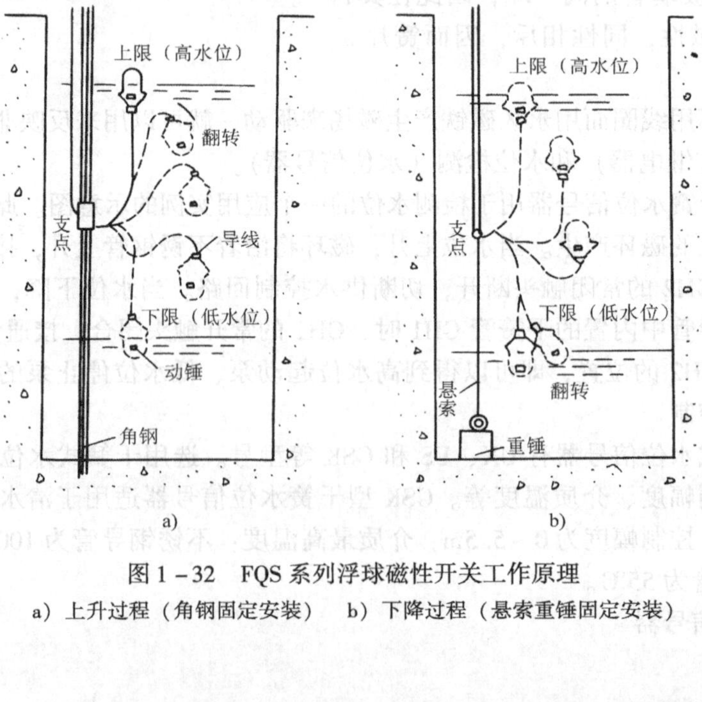

图 1－32　FQS 系列浮球磁性开关工作原理

a）上升过程（角钢固定安装）　b）下降过程（悬索重锤固定安装）

靠自身重量位于浮球下部，因此干簧管内常开触头处于断开位置。在液位上升过程中，浮球由于动锤在下部，重心在下，基本保持正置状态不变。

当液位接近上限时，由于浮球被支点和导线拉住而逐渐倾斜。当浮球刚超过水平测量位置时，位于浮球内的动锤靠自身重量向下滑动使浮球重心移至上部，迅速翻转而倒置，干簧管内常开触头因动锤靠近磁环而吸合。

当液位接近下限时，由于浮球本身被支点和导线拉住，浮球开始逐渐向正置方向倾斜。当超过水平测量位置时，浮球内的动锤又向下滑动使浮球翻转成正置，干簧管内常开触头复位断开。

由浮球磁性开关的控制原理可知，调节支点的位置和导线的长度就可以调节液位的控制范围。同样，采用多个浮球开关分别设置在不同的液位上，分别给出液位信号，即可对液位进行控制和监视。

FQS 系列浮球磁性开关的主要技术数据参见表 1－15。

表 1－15　FQS 系列浮球磁性开关的主要技术数据

型号	输出信号形成	触头电压（AC、DC）/V	触头电流（AC、DC）/A	寿命/次	调节范围/m	使用环境温度/°C
FQS—1	一点式 一常开触头	24	0.3	10^7	0.3～5	0～60
FQS—2	二点式 一常开一常闭触头	24	0.3			
FQS—3	一点式 一常开触头	220	1	5×10^4		
FQS—4	二点式 一常开一常闭触头	220	1			
FQS—5	一点式 一常闭触头	220	1			

另外常用的 UQK 系列浮球液位控制器有 UQK—12、UQK—03 和 UQK—612 等产品。其中：

UQK—12 浮球液位控制器适用于清水和污水，控制幅度为 0～10m，介质最高温度为 150℃。

UQK—03 浮球液位控制器适用于清水，最大控制幅度为 1.5m，介质最高温度为 150℃。

UQK—612 浮球液位控制器适用于有漂浮物而无导磁物质的污水，最大控制幅度为 4m，介质最高温度为 55℃。

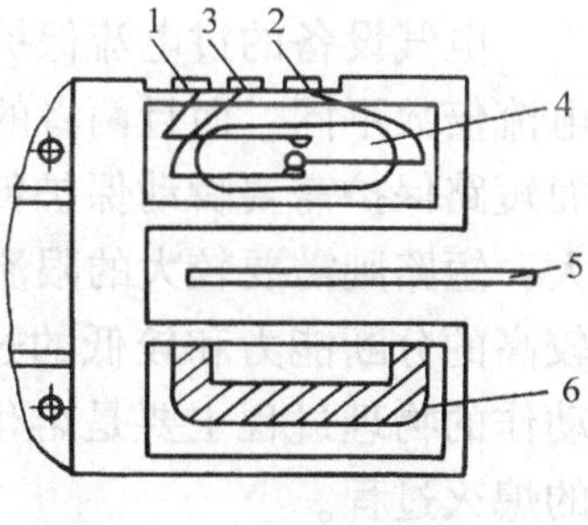

图 1－33　永磁感应器结构示意图

1—常闭触头　2—转换触头
3—常开触头　4—干簧管
5—桥板　6—永久磁铁

3. 永磁感应器

永磁感应器是用于无接触式位置控制的一种电磁元件，其结构如图 1－33 所示。它由 U 形永久磁铁、封闭磁路板、JAG—5 干簧管插座及尼龙盒组成。

永磁感应器利用磁感应原理，使干簧管触头切换，当感应器 U 形槽内无铁板插入时，由于U形永久磁铁形成的磁场通过空气隙与干簧管组成一个闭合的回路，触头2受永久磁铁的吸引与触头3接触，和触头1断开，因此触头2、3之间形成闭合触头，触头2、1之间形成断开触头。当U形槽内有铁板插入时，因铁磁材料的磁导率远大于空气的磁导率，永久磁铁与铁板形成闭合磁路，隔断了干簧管的磁路，此时，触头2受其机械弹性的作用与触头3断开，而与触头1接通。这样，永磁感应器就可以根据铁板是否插入U形槽来发出控制信号。

永磁感应器的典型应用是在电梯平层装置中。这时它们装在轿厢的龙门架上，分上、下平层感应器，其间还装有一只开门感应器。在井道中的规定位置上，每层设置一块隔磁板。随着轿厢的上升或下降，平层感应器在轿厢到达平层区域时插入井道隔磁板，此时干簧管中的触头复位，常闭触头闭合接通平层继电器，使电梯进入平层减速运行状态。

第四节　熔　断　器

熔断器是一种结构简单、价格便宜、使用方便的保护电器，主要用于电动机或其它用电设备负载的过载和短路保护。它与被保护电路串联接在电源上，当被保护电路出现过载或短路故障时，通过熔断器的电流超过一定值时，熔断器中的熔体熔断，切断被保护电路的电源，从而起到保护作用。

一、熔断器的结构及工作原理

熔断器主要由熔体和安放熔体的绝缘管或绝缘座组成。熔体是熔断器的核心部分，有丝状和片状，所用材料有两类：一类是低熔点材料（如铅锡合金、锌等）；另一类是高熔点材料（如银、铜、铝等）。绝缘管或绝缘座一般由硬质纤维或陶瓷绝缘材料制成，其用途是安装熔体及在熔体熔断时熄灭电弧。

当熔断器接入电路时，熔体与电路串联，负载电流通过熔体，由于电流的热效应使熔体温度上升，电流正常时，这样的温度不会使熔体熔断；当发生过载或短路时，电路中的电流将会超过允许值，使熔体温度急剧上升，超过其熔点而熔断，将电路切断，负载设备不会因电流过大而损坏，因此可有效地保护电气设备。

电气设备的过电流保护主要有过载延时保护和短路瞬时保护。过载保护和短路保护不仅电流倍数不同，而且两者的差异也很大。从保护特性上看，过载保护需要反时限保护特性，而短路保护需要瞬动保护特性。从参数要求方面看，过载需要熔化系数小，发热时间常数大；短路则需要较大的限流系数、较小的发热时间常数、较高的分断能力和较低的过电压。从工作原理看，过载动作的物理过程主要是熔化过程，而短路则主要是电弧的熄灭过程。

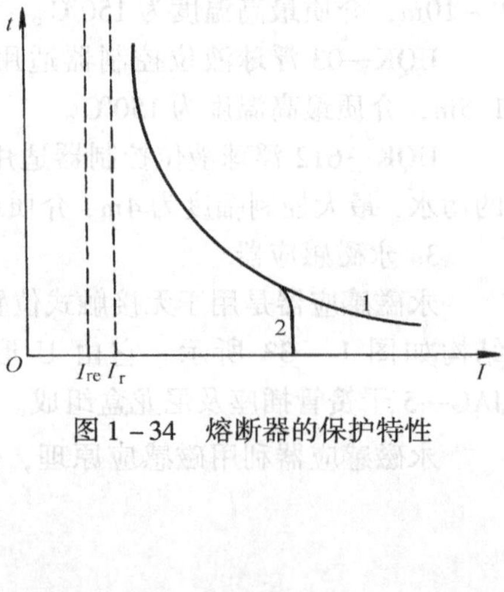

图1-34　熔断器的保护特性

熔断器的保护特性也称为安秒特性，用于表征流过熔体的电流与熔体熔断的时间的关系，如图1-34所示。图中表示的熔断器的保护特性说明通过熔体的电流越大，熔体的熔断时间越短，即它具有反时限特性。图中，I_{re}为最小熔化电流或临界电流，即通过熔体的电流小于此电流时不会熔断。所以选择的熔体的额定电流 I_{re} 应小于 I_r。通常 $I_r/I_{re}=1.5\sim2$，称为熔化系数。当熔体采用低熔点的金属材料时，熔化时需要的热量小，熔化系数较小，保护灵敏度较高，有利于过载保护，常用于对照明电路的过载和短路保护。低熔点金属材料作熔体的不足之处在于：电阻率大，熔体截面积较大、熔断时产生的金属蒸气多，不利于熄弧，因而分断能力较低。当熔体采用高熔点金属材料时，熔化时所需热量大，熔化系数大，不利于过载保护，但因其电阻率小，熔体截面积较小，分断能力较高，故常用于动力负载电路的短路保护。

一般熔断器的保护特性如图 1－34 中的曲线 1，当电路发生短路时，短路电流上升到最大值需要一定的时间，这样就延长了熔断器的保护动作时间，对于某些负载（如半导体器件）这是不允许的。此时可以采用具有限流作用保护特性的熔断器，如图 1－34 中曲线 2。所谓限流作用是指当电路发生短路时，在短路电流的最大值到来之前能切断短路电流，使电路中的电流限制在允许的范围内。

二、熔断器的种类和图形符号、文字符号

（一）常用熔断器的种类及特点

常用熔断器的种类及特点见表 1－16。

表 1－16　常用熔断器的种类及特点

型号	名　　称	熔体额定电流/A	主要特点
GF/AM	圆筒帽形熔断器	16～125	结构简单、更换熔体方便、保护性能好
RS	有填料密封管式快速熔断器	10～600	快速熔断
RT	有填料密封管式熔断器	50～1000	断流能力强、维护方便
RC	瓷插式熔断器	5～200	结构简单、维护方便
NT	高分断能力熔断器	4～1000	分断能力强、功耗小、稳定性高
NGT	保护半导体器件熔断器	25～630	分断能力高、限流特性好、功率损耗低、周期性负载稳定

（二）熔断器的电气图形符号和文字符号

熔断器的电气图形符号和文字符号如图 1－35 所示。

图 1－35　熔断器的电气图形符号和文字符号

三、熔断器的主要技术参数及选择

（一）熔断器的主要技术参数

1. 额定电压

指熔断器长期工作时允许接入的最大电压，其值应大于或等于负载电路的额定电压。

2. 额定电流

指熔断器长期工作时各部件（熔体、熔管和底座）的温升不超过规定值所能承受的电流。它的等级划分随熔断器的结构形式而异。应该注意的是，熔断器额定电流与熔体额定电流的含义是不同的，每一种规格的熔断器可以配备几种不同额定电流的熔体，但熔断器所装配的熔体的额定电流不能大于熔断器的额定电流。常用熔断器额定电流见表 1－17。

当熔体通过的电流等于其额定电流时，熔体长期不熔断，通过 1.3 倍额定电流时，约经 1h 熔体熔断。

表 1－17 常用熔断器额定电流

熔断器熔管额定电流/A	熔体额定电流/A					
	NT	RS1□	RT0	NGT	RT11	AM/GF
16						2、4、6、8、10、16
20		0.5、1、2、3、4、5、6、8、10、16、20				
32		0.5、1、2、3、4、5、6、8、10、16、20、25、30、32				2、4、6、8、10、16、20、25、32
50			5、10、15、20、30、40、50			
63		1、2、3、4、5、6、8、10、16、20、25、30、32、40、50、63				10、16、20、25、32、40、50、63
100	4、6、10、16、20、25、32、40、50、63、80、100	2、4、6、8、10、12、16、20、25、32、40、50、63、80、100	30、40、50、60、80、100		60、80、100	
125				25、32、40、50、63、80、100、125		25、32、40、50、63、80、100、125
160	4、6、10、16、20、25、32、40、50、63、80、100、125、160					
200			80①、100①、120、150、200		100、120、150、200	
250	80、100、125、160、200、224、250			100、125、160、200、250		
400	125、160、200、250、300、315、355、400		150、200①、250、300、350、400	200、250、280、315、355、400	300、350、400	
600			350①、400①、450、500、550、600			
630				355、400、450、500、560、630		

① 尽可能不采用。

3. 分断能力

指熔断器在规定电压和时间常数的情况下能分断的最大电流值，它反映了熔断器对短路电流的分断能力。

（二）熔断器的选择

熔断器的选择主要是选择熔断器的类型、额定电压、额定电流和熔体额定电流。

1. 熔断器类型的选择

主要根据被保护电路的工作要求以及负载的保护特性和短路电流的大小选择熔断器的类型。对于容量较小的电动机和照明电路，通常利用熔断器作为过载和短路保护，可以选用AM/GF圆筒帽形熔断器；对于较大容量的电动机和照明电路，由于其短路电流较大，则应着重考虑熔断器的短路保护和分断能力，可以选用分断能力较大、具有限流作用的熔断器，如RT0、RT12或NT0、NT1、NT2、NT3、NT4等；如果熔断器用于半导体器件的保护，则应考虑采用快速熔断器，如RS1□型和NGT型。

2. 熔断器额定电压、额定电流及熔体额定电流的选择

1）熔断器额定电压应大于或等于电路的电压。

2）熔断器的额定电流应根据熔体的额定电流选取其相应的电流等级，熔断器的额定电流不小于熔体额定电流。

3）熔体的额定电流选择与负载性质有关，按下面方法选取：

①对于一般照明负载，熔体的额定电流应稍大于或等于实际的负载电流。

②对于电动机负载的保护，分为两种情况：

单台电动机长期工作，按下式计算选择：

$$I_R = (1.5 \sim 2.5)\ I_N$$

式中 I_R——熔体额定电流（A）；

I_N——电动机的额定电流（A）。

重载、全压起动时上式系数可取大值。如果电动机起动频繁，可将系数取大到3～3.5。多台电动机，考虑到不是同时起动，可按下式计算：

$$I_R = (1.5 \sim 2.5)\ I_{Nm} + \sum I_N$$

式中 I_{Nm}——最大一台电动机的额定电流（A）；

$\sum I_N$——其余电动机额定电流总和（A）。

3. 熔断器的级间保护

为了防止发生越级熔断、扩大事故范围，上、下级（供电干线、支线）电路的熔断器间应有良好配合。选用时应使上级（供电干线）熔断器熔体额定电流比下级（供电支路）大1～2个级差。

第五节　刀开关、低压断路器及漏电保护器

一、刀开关

刀开关也称为闸刀，是一种结构最简单的手动电器，主要用在成套配电设备中隔离电源，因此通常把刀开关称为电源隔离开关，它也可以用来非频繁地接通和分断容量较小的低压配电电路和直接起动小容量的电动机。

（一）刀开关的种类及其电气图形符号、文字符号

刀开关种类繁多，仅用于成套配电设备中的刀开关，按操作方式分就有直接手柄操作式、杠杆操作机构式和电动操作机构式等几种，此外还有单极、双极和三极之分，还有单投和双投等不同的刀开关。刀开关主要有小容量胶盖刀开关、大容量单投及双投开关、铁壳开关、熔断器式刀开关、组合开关等五类。刀开关的图形符号、文字符号如图 1－36 所示。

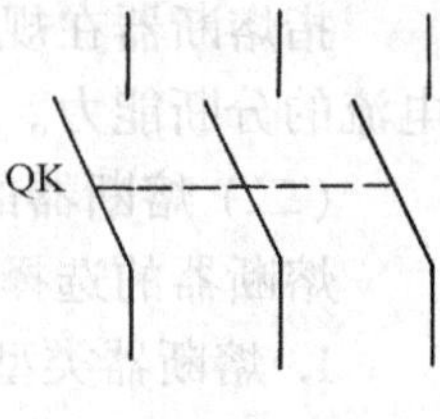

图 1－36　刀开关的电气图形符号和文字符号

1. 小容量胶盖刀开关

胶盖刀开关也称为开启式负载开关，其闸刀装在瓷质底版上，每相附有熔丝和接线柱，用胶木罩壳盖住闸刀，以防止切断电源时电弧伤人。这种开关由于价格便宜、使用方便，曾在民用建筑、工业电力控制中使用较普遍，但由于其结构上存在有安全隐患，故现代建筑中已不再使用。表 1－18 给出了两种胶盖刀开关的技术数据。

2. 大容量单投及双投开关

型号说明：

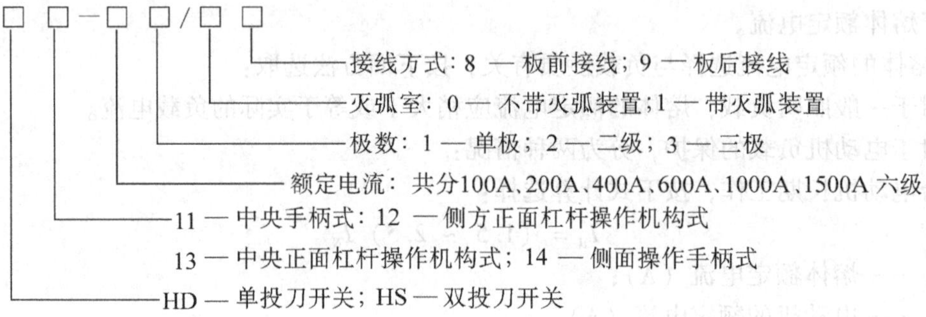

表 1－18　HK1、HK2 技术参数

型号	极数	额定电压/V	额定电流/A	控制电动机的功率/kW
HK1	2	220	15	1.5
	2	220	30	3
	2	220	60	4.5
	3	380	15	2.2
	3	380	30	4
	3	380	60	5.5
HK2	2	250	10	1.1
	2	250	15	1.5
	2	250	30	3
	3	380	10	2.2
	3	380	15	4
	3	380	30	5.5

单投和双投开关的选择应从三个方面考虑：

1）开关只能装于额定电压交流不超过500V，直流不超过400V的电路。

2）开关的额定电流大于或等于电路的计算电流。

3）开关通断的负载电流不应大于制造厂规定的允许通断电流。在带有负载的情况下不允许直接切断电流回路。

HD、HS型开关技术数据见表1－19。

表1－19　HD、HS型开关技术数据

编号	型号及结构形式	极数	额定电流等级/A
1	HD11 中央手柄式	1、2、3	100、200、400
2	HD（S）11 中央手柄式	1、2、3	100、200、400、600、1000
3	HD（S）12 侧方正面杠杆操作机构式（装有灭弧室）	2、3	100、200、400、600、1000
4	HD（S）12 侧方正面杠杆操作机构式（无灭弧室）	2、3	100、200、400、600、1000
5	HD（S）13 中央正面杠杆操作机构式（装有灭弧室）	2、3	100、200、400、600、1000
6	HD（S）13 中央正面杠杆操作机构式（无灭弧室）	2、3	100、200、400、600、1000

3. 铁壳开关

铁壳开关也称封闭式负载开关，它由刀开关和熔断器组合而成，带有灭弧装置，并有钢板防护外壳，能快速分断和接通，操作灵活方便，使用安全可靠。它的操作机构装有机械联锁，盖子打开时，手柄不能合闸，或者手柄在合闸位置上时，盖子打不开，从而保证了操作安全；同时采用了弹簧储能式操作机构，加快了开关的通断速度，使电路能快速通断，而与手柄的操作速度无关。常用的铁壳开关有HH3、HH4、HH10、HH11、HHX—30等。HH3、HH4的技术数据见表1－20。

表1－20　HH3、HH4技术数据

型号		极数	额定电压/V	熔体额定电流/A
HH3	100型	2、3、3＋中性线座	250或500	10、15、20、30、60、100
	200型			100、200
HH4		2、3、3＋中性线座	250或500	15、30、60

4. 熔断器式刀开关

熔断器式刀开关也称刀熔开关，其熔断器装于刀开关动触片中间，结构紧凑，可代替分列的刀开关和熔断器，装在电力配电箱内。常用的熔断器式刀开关的型号有HR3、HR5、HR15系列。HR3规格技术参数见表1－21。

表 1－21　HR3 技术参数

型号	极数	额定电压/V	熔体（RTO）额定电流/A
HR3—100	2、3	2 极：250； 3 极：交流 380；直流 440	30、40、50、60、80、100
HR3—200	2、3		120、150、200
HR3—400	2、3		200、250、300、350
HR3—600	2、3		450、500、550、600

5. 组合开关

组合开关也是一种刀开关，不过它的刀片是转动式的，操作比较轻巧，它的动触头（刀片）和静触头装在封闭的绝缘件内，采用叠装式结构，其层数由动触头数量决定，动触头装在操作手柄的转轴上，随转轴转动而改变各对触头的通断状态。

由于采用了扭簧储能，可使开关快速接通及分断电路而与操作手柄旋转速度无关，因此它不仅可用于不频繁地接通、分断及转换交、直流电阻性负载电路，而且降低容量使用时还可以直接起动和分断运转中的小型异步电动机。常用的组合开关型号有 HZ5、HZ10、HZ15 等系列。HZ10 系列组合开关的技术数据见表 1－22。组合开关的结构、图形符号和文字符号如图 1－37 所示。

表 1－22　HZ10 系列组合开关的技术数据

型号	额定电压/V	额定电流/A	极数	极限操作电流/A		可控制电动机最大容量和额定电流/A		额定电压及额定电流下的通断次数			
								ACcosφ		直流时间常数/s	
				接通	分断	容量/kW	额定电流/A	≥0.8	≥0.3	≤0.0025	≤0.01
HZ10—10	DC：220 AC：380	6	1	94	62	3	7	20000	10000	20000	10000
		10	2、3								
HZ10—25		25		155	108	5.5	12				
HZ10—60		60									
HZ10—100		100						10000	5000	10000	5000

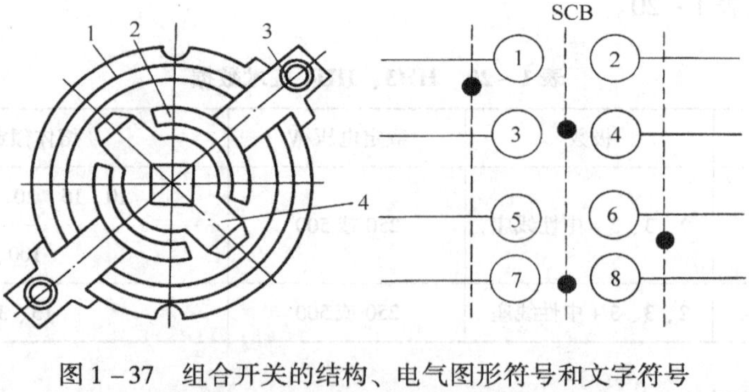

图 1－37　组合开关的结构、电气图形符号和文字符号

1—绝缘座　2—隔弧板　3—静触头　4—动触头

在组合开关的图形符号中，虚线表示操作手柄的位置，图中虚线有三条，就表示该组合开关的操作手柄有三个旋转位置；虚线上的圆点表示操作手柄在该位置时，此对触头接通；若虚线上无圆点，则表示操作手柄在该位置时，该对触头是断开的。

刀开关的技术参数主要有额定电压、额定电流、分断能力、操作次数、动稳定性和热稳定性等。

额定电压：刀开关在长期工作中能承受的最大电压称为额定电压。目前生产的刀开关的额定电压，一般在交流500V以下，直流440V以下。

额定电流：刀开关在合闸位置允许长期通过的最大工作电流称为额定电流。小容量刀开关的额定电流有10A、15A、20A、30A、60A五个等级；大容量刀开关一般有100A、200A、400A、600A、1000A及1500A六个等级。

分断能力：刀开关在额定电压下能可靠断开的最大电流称为分断能力。刀开关的分断能力一般都小于它的额定电流。

操作次数（寿命）：刀开关的使用寿命是指其机械寿命。所谓机械寿命是指在不带电的情况下所能达到的操作次数，额定电流在400A以下的为10000次，在600~1500A的为5000次。

动稳定性和热稳定性：刀开关应能承受住一定的故障电流（如短路电流）所引起的电动力和热效应的破坏作用。在电动力作用下，刀开关不产生变形、破坏或触刀自动弹出等现象时，其故障电流的最大值就是刀开关的动稳定性电流。在热效应作用下，刀开关不发生熔焊等现象，则这时故障电流的最大值就是热稳定性电流。刀开关的动热稳定性电流都是其额定电流的数十倍。

在使用刀开关时，刀开关要垂直安装，上端接电源，手柄向上为合闸方向。当刀开关作为隔离开关使用时，要注意通电和断电顺序，即通电时，要先使刀开关合闸，再接通负载；断电时则要先断负载，后断刀开关。

二、低压断路器

低压断路器过去称为自动空气开关或自动开关。为了与IEC标准相一致，现在称为低压断路器。它既可以接通或分断电路当一个开关使用，也可以对负载电路起到过载、短路以及欠压保护作用，所以，从功能上看，低压断路器可以认为是闸刀开关、热继电器、熔断器和欠压继电器的组合。

低压断路器的种类很多，按用途分有保护配电电路用断路器、保护电动机用断路器、保护照明负载用断路器和漏电保护断路器；按结构型式分有框架式（也称万能式，DW系列）和装置式（塑料外壳式，DZ系列）断路器；按极数分有单极、双极和四极断路器；按限流性能分有普通不限流和限流式断路器；按操作方式分有手柄操作、杠杆操作式、电磁铁操作式和电动机操作式断路器。

（一）低压断路器的结构及工作原理

1. 低压断路器的结构

低压断路器主要由触头系统、灭弧装置、操作机构以及各种脱扣机构组成。

触头系统和灭弧装置：触头系统是低压断路器的执行机构，主触头用于接通主电路，辅助触头用于接通控制电路，灭弧装置用于主触头的熄弧。

操作机构和自由脱扣机构：操作机构是低压断路器的机械传动部件，用于操作断路器接通或分断电路的动作，可以手动合闸也可以电动合闸。低压断路器的电动合闸是由电磁铁或电动机操作机构完成的，分交流操作和直流操作机构两种。自由脱扣机构的作用是根据脱扣器传来的信号实现低压断路器的自动跳闸。

各种脱扣机构：主要作用是实现各种保护。当电路传来故障信号时，相应的脱扣器接收信号动作，经自由脱扣机构使低压断路器的主触头分断，对电路实行保护。主要的脱扣器有：

1）分励脱扣器：分励脱扣器是对断路器进行远距离分闸的操作装置。

2）欠电压脱扣器：欠电压脱扣器用于电路的欠压保护。如图1－38所示，欠电压脱扣器的线圈并联于被控电路。当电路电压正常时，衔铁吸合；当电路电压降低至欠电压脱扣器的释放值时，衔铁释放，推动自由脱扣机构使断路器跳闸，进行欠电压保护。

3）电磁脱扣器：主要用于电路的短路保护。电磁脱扣器的线圈与被控电路相串联，当电路电流正常时，衔铁不会吸合；当电路发生短路故障时，电路中的电流增加至电磁脱扣器的吸合整定值时，衔铁吸合，推动自由脱扣机构使断路器跳闸，进行短路保护。电磁脱扣器的吸合整定值通常也称为断路器瞬动（或短延时）整定电流值，对应于电路的短路保护。

4）过载脱扣器（过载长延时脱扣器）：主要用于电路的过载保护，它与热继电器相似。当电路出现过载时，使双金属片变形加剧，推动自由脱扣机构使断路器跳闸，对电路进行过载保护。过载脱扣器的整定电流值通常也称为断路器长延时整定电流，对应于电路的过载保护。

应注意的是，不同功能、不同型号的低压断路器分别具有不同的脱扣机构，使用时应根据电路的保护要求选择其型号并进行整定。

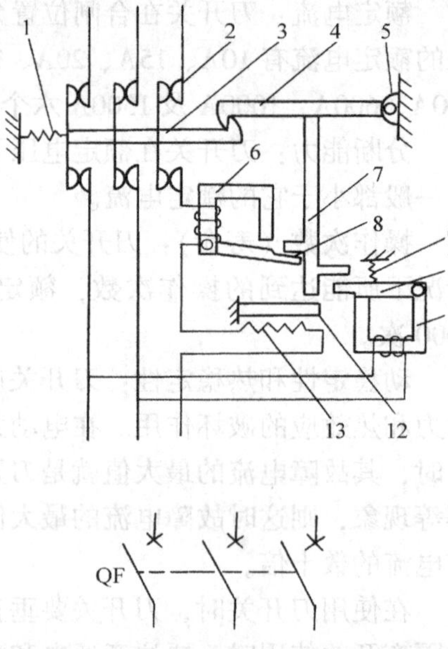

图1－38　低压断路器的动作原理图、电气图形符号及文字符号

1—弹簧　2—主触头

3、4、5—自由脱扣机构

6、8—电磁（过流）脱扣器　7—杠杆

9、10、11—欠电压脱扣器

12、13—过载脱扣器

2. 低压断路器的工作原理

图1－38是低压断路器的动作原理图。图中主触头2共有3对，上接三相电源，下接负载。当低压断路器处于合闸位置时，主触头是闭合状态，负载接通电源。当电路过电流时，电磁脱扣器的动作；当电路出现欠电压时，欠压脱扣器释放；当电路出现过载时，过载脱扣器动作，三者均使自由脱扣机构动作，使主触头分断。

（二）常用低压断路器的种类及型号

低压断路器按结构形式分为框架式和塑料外壳式两种。框架式低压断路器有较多的结构变化形式，较多的脱扣器，较多的辅助触头，控制容量一般较大，具有较高的短路分断能力和较高的动稳定性。目前我国常用的有DW15、ME、AE、AH等系列的框架式低压断路器，其中DW系列是国产的低压断路器，因能适用各种场合，所以有“万能”低压断路器之称。塑料外壳式低压断路器结构紧凑、体积小、重量轻、价格较低，并且使用安全，适于独立安装。目前，额定电流较小的低压断路器多为塑料外壳式，国产DZ系列低压断路器就属于此类。低压断路器脱扣器和辅助机构代号见表1－23，脱扣器方式及附件代号见表1－24。

国内生产的低压断路器型号很多，大都是近几年发展起来的产品。有的是引进国外技术生产的，如 C45N、3VE、TO、TG、H 等系列塑料外壳式低压断路器和 ME、AH 系列框架式断路器。其中 C45N 断路器具有体积小、分断能力高、限流性能好、操作轻便、型号规格齐全，可以方便地在单极结构基础上组合成二极、三极、四极断路器的优点，广泛使用在 60A 及以下的民用照明支干线及支路中（多用于住宅用户的进线开关及商场照明支路开关）。有的是国内研究所、生产厂开发研制的，如 DZ20、DZ19 等系列塑料外壳式低压断路器。表 1－25 给出了 DZ20 系列塑料外壳式低压断路器的技术数据。表 1－26 给出了 DW15 系列框架式断路器的技术数据。

表 1－23　低压断路器脱扣器和辅助机构代号

脱扣方式	附件类型							
	不带附件	分励	辅助触头	失压	分励辅助触头	分励失压	二组辅助触头	失压辅助触头
无脱扣	0		2				6	
热脱扣	10	11	12	13	14	15	16	17
电磁脱扣	20	21	22	23	24	25	26	27
复式脱扣	30	31	32	33	34	35	36	37

表 1－24　脱扣器方式及附件代号

脱扣方式	无	报警	分励	辅助	欠电压	分励辅助	分励欠压	双辅助	辅助欠压	分励报警	辅助报警	欠压报警	分励辅助报警	分励欠压报警	双辅助报警	辅助欠压报警
瞬时脱扣器	200	208	210	220	230	240	250	260	270	218	228	238	248	258	268	278
复式脱扣器	300	308	310	320	330	340	350	360	370	318	328	338	348	358	368	378

表 1－25　DZ20 系列塑料外壳式低压断路器的技术数据

壳架等级额定电流 I_{nm}/A	断路器额定电流 I_a/A	极限分断能力代号	额定极限短路分断能力 I_{cu}/kA				额定运行短路分断能力 I_{cs}/kA		瞬时脱扣器整定电流倍数		电寿命/次	机械寿命/次	总寿命/次
			交流380V	cosφ	直流220V	时间常数	交流380V	cosφ	配电用	保护电动机用			
100	16、20、32、40、50、63、80、100	Y	18	0.3	10	10	14	0.3	$10I_n$	$12I_n$	4000	4000	8000
		J	35	0.25	15	10	18	0.25					
		G	100	0.2	20	10	50	0.2					
200（225）	100、125、160、180、200、225	Y	25	0.25	20	10	19	0.3	$5I_n$ 和 $10I_n$	$8I_n$ 和 $12I_n$	2000	6000	8000
		J	42	0.25	20	10	25	0.25					
		G	100	0.2	25	15	50	0.2					
400	200、250、315、350、400	Y	30	0.25	25	15	23	0.25	$10I_n$	$12I_n$	1000	4000	5000
		J	42	0.25	25	15	25	0.25	$5I_n$ 和 $10I_n$	—			
		G	100	0.2	30	15	50	0.2					

（续）

壳架等级额定电流 I_{nm} /A	断路器额定电流 I_a/A	极限分断能力代号	额定极限短路分断能力 I_{cu}/kA				额定运行短路分断能力 I_{cs}/kA		瞬时脱扣器整定电流倍数		电寿命/次	机械寿命/次	总寿命/次
			交流380V	cosφ	直流220V	时间常数	交流380V	cosφ	配电用	保护电动机用			
630	500、630	Y	30	0.25	25	15	23	0.25	$5I_n$ 和 $10I_n$	—	1000	4000	5000
		J	42	0.25	25	15	25	0.25					
1250	630、700、800、1000、1250	Y	50	0.25	30	15	38	0.25	$4I_n$ 和 $7I_n$	—	500	2500	5000

注：1. 直流 I_{cs} 数据与 I_{cu} 相同。

2. I_n 为 40A 及以下时，瞬时脱扣器最小整定电流为 500A。

表 1-26　DW15 系列框架式断路器的技术数据

壳架等级额定电流/A	断路器额定电流/A	选择型断路器脱扣器整定电流/A			交流380V时极限通断能力/kA				机械寿命/次	电寿命/次
		长延时	短延时	瞬时	瞬时	cosφ	短延时0.4s	cosφ		
1000	600	420～600	1800～6000	6000～12000	40	0.25	30	0.25	10000	2500
	800	560～800	2400～8000	8000～16000						
	1000	700～1000	3000～10000	10000～20000						
1500	1500	1050～1500	4500～15000	15000～30000	40	0.25	30	0.25	10000	2500
2500	1500	1050～1500	4500～9000	10500～21000	60	0.2	40	0.25	5000	500
	2000	1400～2000	6000～12000	14000～28000						
	2500	1750～2500	7500～15000	17500～35000						
4000	2500	1750～2500	7500～15000	17500～35000	80	0.2	60	2	5000	500
	3000	2100～3000	9000～18000	21000～42000						
	4000	2800～4000	12000～24000	28000～56000						

低压断路器的型号含义：

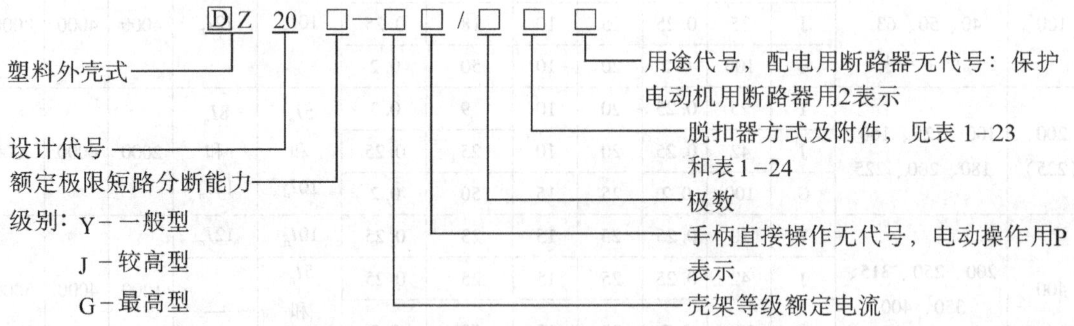

（三）低压断路器的主要技术参数

1. 额定电流

包括断路器额定电流和断路器壳架等级额定电流。

断路器额定电流：是指脱扣器能长期通过的电流，也就是脱扣器的额定电流。对于可调式脱扣器则为脱扣器可长期通过的最大电流。

断路器壳架等级额定电流：是指每一个塑壳或框架所能装的最大脱扣器的额定电流。在断路器型号中表示的额定电流就是指的此电流。

2. 额定电压

断路器的额定电压指在电路中长期工作时的允许电压。通常断路器的额定电压应等于或大于电路的工作电压。

3. 分断能力

断路器的分断能力指断路器在规定的电压、频率及电路参数（交流电路为功率因数，直流电路为时间常数）下，所能分断的短路电流值。

4. 分断时间

指断路器切断故障电流所需要的时间，包括固有断开时间和燃弧时间两部分。

（四）低压断路器的选择原则

1. 低压断路器的类型的选择

低压断路器应根据保护电路的要求确定其类型——塑料外壳式（装置式）、框架式或限流式等。如果电路容量较大，应选用对短路电流分断能力较大的框架式断路器或具有限流作用的断路器；对于中、小容量的电动机及其控制电路多选择塑料外壳式断路器。每一种断路器可配置多种脱扣器，可以根据保护电路的要求选择脱扣器的形式。如果电路只要求短路保护，选用具有电磁脱扣器的断路器；如果只要求过载保护，则选用具有热脱扣器的断路器；如果电路同时要求短路保护和过负载保护，应选用复式脱扣器的断路器。

2. 低压断路器容量的选择

1）低压断路器额定电流或脱扣器额定电流可按保护电路的工作电流选择。

2）断路器壳架等级额定电流应大于或等于工作电路的计算电流。一般是根据已选择的脱扣器额定电流查阅相应型号的产品样本或技术数据，找到脱扣器额定电流所对应的壳架等级额定电流。

3）低压断路器的额定电压应大于或等于电路的额定电压。

4）电磁脱扣器瞬时动作整定电流或整定倍数应大于电路可能出现的最大尖峰电流。

对于单台电动机，按下式计算：

$$I_Z \geqslant K I_q$$

式中 I_Z——脱扣器瞬时动作整定电流（A）；

I_q——电动机起动电流（A）；

K——系数，DW 系列取 1.35；DZ 系列取 1.7。

对于多台电动机，按下式计算：

$$I_Z \geqslant 1.3\,(I_{qmax} + \Sigma I)$$

式中 I_{qmax}——最大的电动机起动电流（A）；

ΣI——其余电动机工作电流之和（A）。

脱扣器瞬时动作整定电流选定以后，还要进行校验，即此整定电流值应小于配电电路末端单相对地短路电流的80%。

低压断路器有时还要按电路中的最大短路电流选择其分断能力。

三、漏电保护器

漏电保护器主要用于对有致命危险的人身触电进行保护和防止因电气设备或电路漏电引起的电气火灾和电气设备损坏事故。

漏电保护器包括各类漏电保护断路器、带漏电保护的插头（座）、漏电保护继电器、漏电火灾报警器、带漏电保护功能的组合电器等。漏电保护器按动作原理可分为电压型、电流型和脉冲型；根据结构可分为电磁式和电子式。我国常用的漏电保护器是电流动作型，即当电路中的漏电电流超过允许值时，漏电保护装置能够自动切断或报警。

1. 漏电保护断路器的工作原理

图1－39是单相电子式电流型漏电保护断路器的原理图。

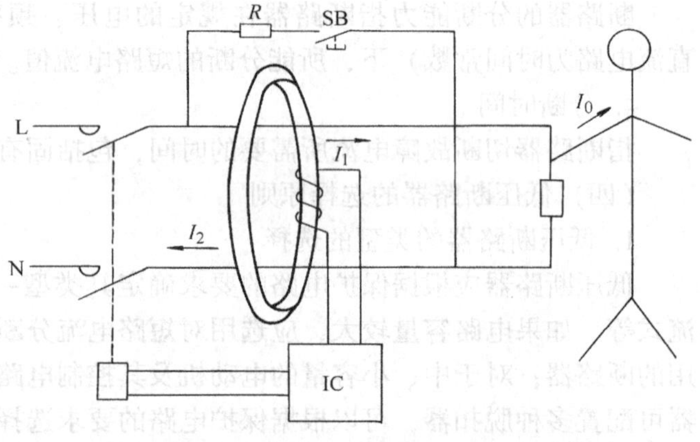

图1－39 单相漏电保护断路器原理图

在电动机或其它负载正常运行时，相线和中性线中的电流相等，漏电电流 $I_0 = I_1 + I_2 = 0$，漏电开关不会动作。当电路或电气设备绝缘损坏发生漏电或人触及带电体时，则有漏电电流 I_0 通过人体或地线、经大地而流向电源的接地点或流回电源。此时两线中的电流不相等，即漏电电流 $I_0 = I_1 + I_2 \neq 0$，该电流经高灵敏零序电流互感器检出，并在其二次回路感应出电压信号，经电子放大器放大后送给漏电脱扣器。当漏电电流达到或超过给定值时，漏电脱扣器立即动作，切断电源，从而起到保护作用。

SB为试验按钮，漏电保护断路器安装完毕后定期按动SB以检验其可靠性。

电磁式漏电保护断路器的基本原理是由零序互感器检测到的信号直接推动高灵敏度的释放式漏电脱扣器，使漏电保护开关动作。其特点是该脱扣器不需要辅助电源，不受电源电压的影响，抗干扰能力强。但此类脱扣器结构复杂，加工制造精度要求高，不易制成高灵敏度及大容量的产品。

电子式漏电保护断路器的基本原理是由零序互感器检测到的信号，先经电子放大器放大后，触发晶闸管或导通晶体管开关电路，再接通漏电脱扣器线圈，从而使漏电脱扣器动作。其优点是灵敏度高、制造技术比较简单、产品容量大；缺点是需要辅助电源、抗干扰能力较差。

2. 漏电保护器的技术数据

漏电保护器部分产品的技术数据见表1－27和表1－28。

3. 漏电保护器的安装场所

为了用电安全，GB13955—1992《漏电保护器安装和运行》中规定必须安装漏电断路器的设备和场所有：

表 1－27　漏电保护插座技术数据

型号	名称	相数	额定电压/V	额定电流/A	断路器型号	漏电保护开关型号	插座数量		
					脱扣器额定电流/A	额定电流动作电流/A	单相二极	单相三极	单相四极
PXL—1	移动电源箱	1	220	10	DZ5—25	DZL18—20	2	3	—
					2.5，4，6，10	30			
PXL－1		3	380	20	DZ15L—40/3901		—	—	2
					6，10，16，20，30，50，75				
YLC－1	漏电保护插座	1	220	10	—	DZL18—20	2	2	—
						30			
LDB－1	插座式漏电保安器	1	220	10	—	LDB－1	1	1	—
						30	4	4	

表 1－28　漏电保护器技术数据

型号	名称	极数	额定电压/V	额定电流/A	过电流脱扣器额定电流 I_n/A	额定漏电动作电流 $I_{\Delta n}$/mA	额定漏电不动作电流 $I_{\Delta n0}$/mA	动作时间/s	额定短路通断能力/A	额定限制短路电流/A	额定漏电通断能力/A	电寿命/机械寿命/次	总寿命/次
DZL18—20/1	漏电自动开关	2	220	20	—	10、30	6、15	≤0.1	500	1500	500	4000/6000	10000
DZL18—20/2					10，16，20								
DZL29—32/22（JCB—1）	漏电断路器	2	220	32	6，10，16，20，25，32	10，15，30，50，100	5，8，15，25，50	≤0.1	1500		500	4000/6000	10000
DZL29—32/21（JCB—2）									500	1000			
LDB—1	漏电保安器	2	220	10		15，30	7.5，15	≤0.1	300		300	4000/4000	8000
LDB—3	漏电保护器			32		10，15，30	5，7.5，15		500	1500	500		
FIN25	漏电保护断路器	2	240 415	25		30，100，300，500	15，50，150，250	$I_{\Delta n}$ ≤0.2，$2I_{\Delta n}$ ≤0.1，$5I_{\Delta n}$ ≤0.04	500	1500			20000
FIN40		4		40					500	2000			
FIN63		3		63					1000	3000			

1）属于Ⅰ类的移动式电气设备及手持式电动工具。（电气产品按防电击保护绝缘等级可为0、Ⅰ、Ⅱ、Ⅲ四类。Ⅰ类为产品的防电击保护不仅依靠设备的基本绝缘，而且还包含一个附加的安全预防措施。其方法是将可能触及的可导电的零件与已安装的固定电路中的保护线连接起来，以使可触及的可导电的零件在基本绝缘损坏的事故中不成为带电体。）

2）安装在潮湿、强腐蚀性等恶劣场所的电器设备。

3）建筑施工工地的电气施工机械设备。

4）暂设临时用电的电气设备。

5）宾馆、饭店及招待所的客房内插座回路。

6）机关、学校、企业、住宅等建筑物内的插座回路。

7）游泳池、喷水池、浴池的水中照明设备。

8）安装在水中的供电电路和设备。

9）医院中直接接触人体的电气医用设备。

10）其它需要安装漏电保护器的场所。

第六节　主令电器

在控制系统中，主令电器是一种专门用来发布命令、直接或通过电磁式电器间接作用于控制电路的电器，不能用于分合主电路。常用的主令电器有控制按钮、行程开关、万能转换开关和主令控制器等。

一、控制按钮

控制按钮是最常用的一种主令电器，它与继电器或接触器配合，可以对电动机实现远距离控制，图 1－40 为其结构及图形文字符号。它既有常开触头，也有常闭触头。常态时在复位弹簧的作用下，由桥式动触头将静触头 1、2 闭合，静触头 3、4 断开；当按下按钮时，桥式动触头将静触头 1、2 分断，3、4 闭合。所以 1、2 触头称为常闭触头或动断触头，3、4 触头称为常开触头或动合触头。

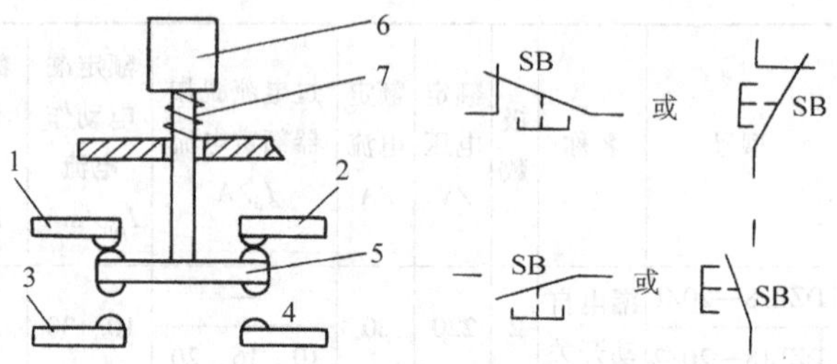

图 1－40　控制按钮的结构及图形文字符号

1、2—常闭触头　3、4—常开触头　5—桥式触头　6—按钮帽　7—复位弹簧

控制按钮的种类很多，以适应不同场合的需要，在结构上主要有掀钮式、紧急式、钥匙式、旋钮式、带灯式和打碎玻璃式。其中打碎玻璃式按钮用于控制消防水泵或报警系统，在正常情况下，按钮触头被玻璃罩压下，处于受激励状态。有紧急情况时，可用敲击锤打碎按钮玻璃，使按钮内触头状态翻转复位，发出起动或报警信号。表 1－29 列出了常用按钮结构型式及其特点。

表 1－29　常用按钮结构型式及其特点

分　类		代号	特　点
安装方式	面板安装按钮		供开关板、控制台上安装固定用
	固定安装按钮		底部有安装固定孔
防护式	开启式按钮	K	无防护外壳，适于嵌装在柜、台面板上
	保护式按钮	H	有防护外壳，可防止偶然触及带电部分
	防水式按钮	S	具有密封外壳，可防止雨水的侵入
	防腐式按钮	F	具有密封外壳，可防止腐蚀性气体的侵入

（续）

分类			代号	特点
操作方式	按压操作			按压操作
	旋转操作	手柄式	X	用手柄操作按钮，有两位置或三位置两种
		钥匙式	Y	用钥匙插入旋转进行操作，可防止误操作
	拉式		L	用拉杆进行操作，有自锁和自动复位两种
	万向操纵杆式		W	操纵杆能以任何方向进行操作
复位性	自复位按钮			外力释放后，按钮依靠弹簧作用恢复原位
	自持按钮			按钮内装有自持用电磁机构或机械机构，主要用作互通信号，一般为面板安装式
结构特征	一般式按钮			一般结构
	带灯式按钮		D	按钮内装有信号灯
	紧急式按钮		J	一般有蘑菇头突出于外面，作紧急时切断电源用

为了表明按钮的作用，避免误操作，通常将按钮帽做成红、绿、黑、黄、蓝、白、灰等颜色。国标 GB5226—1985 对按钮颜色作了如下规定：

1）“停止”和“急停”按钮必须是红色。当按下红色按钮时，必须使设备停止工作或断电。

2）“起动”按钮的颜色是绿色。

3）“起动”与“停止”交替动作的按钮必须是黑白、白色或灰色，不得用红色和绿色。

4）“点动”按钮必须是黑色。

5）“复位”（如保护继电器的复位按钮）必须是蓝色。当复位按钮还有停止的作用时，则必须是红色。

常用的控制按钮有 LA2、LA18、LA19、LA20、LA25、LAY1 和 SFAN—1 型系列按钮，引进生产的有瑞士 EAO 系列、德国 LAZ 系列等产品。其中 SFAN—1 型为消防打碎玻璃式按钮；LA25 是新型号；LA2 系列有一对常开触头和一对常闭触头，具有结构简单，动作可靠，坚固耐用等优点；LA18 系列按钮采用积木结构，触头数量可以根据需要进行拼装；LA19 系列为按钮开关与信号灯的组合，按钮兼作信号灯罩，用透明塑料制成。表 1－30 为 LA25 系列按钮的技术数据。

表 1－30　LA25 系列按钮的技术数据

型号	触头组合	按钮颜色	型号	触头组合	按钮颜色
LA25－10	一常开	白绿黄蓝橙黑红	LA25－33	三常开三常闭	白绿黄蓝橙黑红
LA25－01	一常闭		LA25－40	四常开	
LA25－11	一常开一常闭		LA25－04	四常闭	
LA25－20	二常开		LA25－41	四常开一常闭	
LA25－02	二常闭		LA25－14	一常开四常闭	
LA25－21	二常开一常闭		LA25－42	四常开二常闭	
LA25－12	一常开二常闭		LA25－24	二常开四常闭	
LA25－22	二常开二常闭		LA25－50	五常开	
LA25－30	三常开		LA25－05	五常闭	
LA25－03	三常闭		LA25－51	五常开一常闭	
LA25－31	三常开一常闭		LA25－15	一常开五常闭	
LA25－13	一常开三常闭		LA25－60	六常开	
LA25－32	三常开二常闭		LA25－06	六常闭	
LA25－23	二常开三常闭				

二、位置开关

位置开关包括行程开关、限位开关和微动开关。行程开关是用以检测机械设备的行程位置，发出信号去控制机械设备的行程大小、运动方向的主令电器；限位开关则是为机械设备运动到达终点而起作用的行程开关，主要用于机械设备的限位保护。

行程开关有机械接触式有触头形成开关和电子式非接触式接近开关。其中机械接触式有触头形成开关按其结构又可以分为直动式、滚轮式和微动式。图 1－41 所示为直动式、滚轮式和微动式行程开关的结构示意图，图 1－42 所示为位置开关的电气图形符号和文字符号。

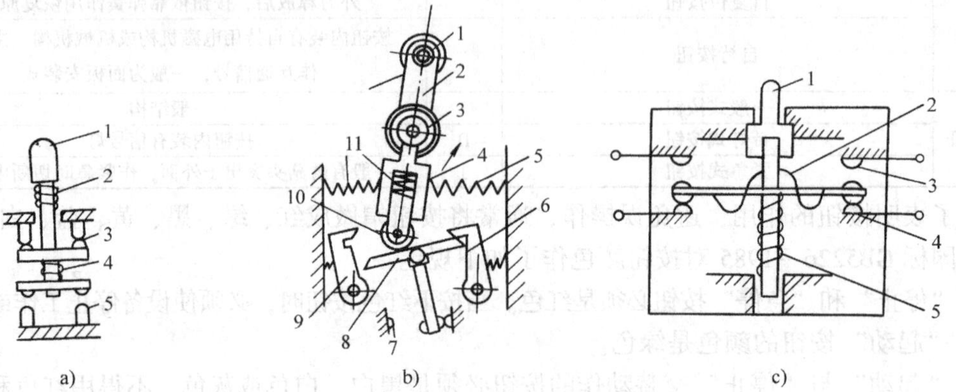

图 1－41　行程开关的结构图

a）直动式

1—顶杆　2—弹簧　3—常闭触头　4—触头弹簧　5—常开触头

b）滚轮式

1—滚轮　2—上转臂　3、5、11—弹簧　4—套架　6、9—压板　7—触头　8—触头推杆　10—小滑轮

c）微动式

1—推杆　2—弯形片状弹簧　3—常开触头　4—常闭触头　5—恢复弹簧

直动式行程开关的动作原理与按钮相似，当被控机械设备碰撞到行程开关的顶杆时，行程开关中的触头动作，常开触头闭合，常闭触头断开，发出控制信号。但其触头的分合速度取决于生产机械的运行速度，不宜用于速度低于 0.4m/min 的场所。

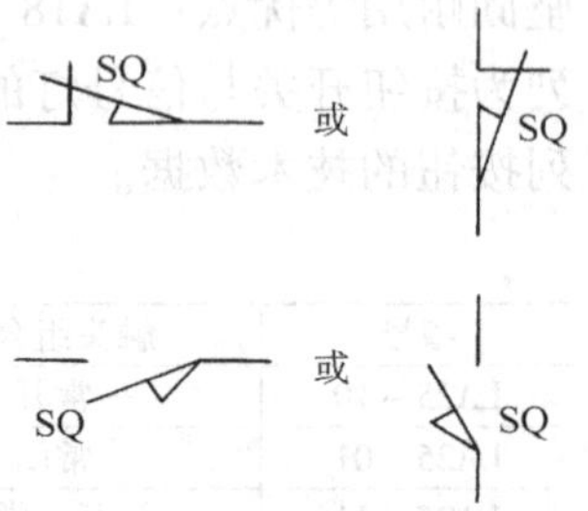

图 1－42　位置开关的电气图形符号和文字符号

滚轮式行程开关的动作原理：当被控机械设备上的撞块撞击带有滚轮的撞杆时，撞杆转向右边，带动凸轮转动，顶下推杆，使微动开关中的触头迅速动作。当运动机械返回时，在复位弹簧的作用下，各部分动作部件复位。滚轮式行程开关的触头分合速度不受生产机械运动速度的影响，但其结构比较复杂。

微动式行程开关动作灵敏，触头切换速度不受操作钮下压速度的影响，但由于操作钮允许下压的极限行程很小，开关的结构强度不高，因而使用时应该特别注意行程和压力大小。

行程开关的型号很多，常用的有 LX32、X2、LX21、LX22、LX31、JW、LXW—11 等系列。其中 LX22 适用于起重运输机械、冶金工厂设备，限制各种机构的行程。JW、LXW—11 系列适用于将机械信号转换为电信号的场合。

表 1－31、表 1－32 给出了 LX22、JW 系列行程开关的主要技术数据。

表 1-31　LX22 系列行程开关的主要技术数据

电流类别	额定电压/V	额定电流/A	通断能力				操作频率/(次/h)	电寿命/次
			接通电流/A	分断电流/A	cosφ	次数		
交流	380	20	100	20	0.35	50 次通断	200	5
直流	440		15	2	—	—		

表 1-32　JW 系列行程开关的主要技术数据

型号	型式	额定电压/V	额定电流/A	工作压力/kg	工作行程/mm	触头数量		操作频率/(次/h)
						常开	常闭	
JW—11	基型	380	3	0.15～0.35	0.8～1.25	1	1	1200
JWL1—11	带轮			0.2～0.4	0.8～1.25	1	1	
JWL2—11	带轮			0.04～0.08	4.3～6.8	1	1	
JWL2—22	带轮二个基型			0.08～0.16	4.3～6.8	2	2	

对产生机械设备的行程控制和限位保护现在也常采用接近开关（proximity switch）来进行控制。接近开关与机械式的行程开关不同，它是当运动的金属片与之接近到一定距离发出接近信号，而机械式行程开关必须施以机械力。现在接近开关的用途已远超出一般的行程控制和限位保护，它还可以用于高速计数、测速、液面控制、检测金属体的存在、检测零件尺寸等。

按工作原理分，接近开关有高频振荡型、电容型、电磁感应型、永磁型和磁敏元件型等。其中高频振荡型最常用，其工作原理图如图 1-43 所示。

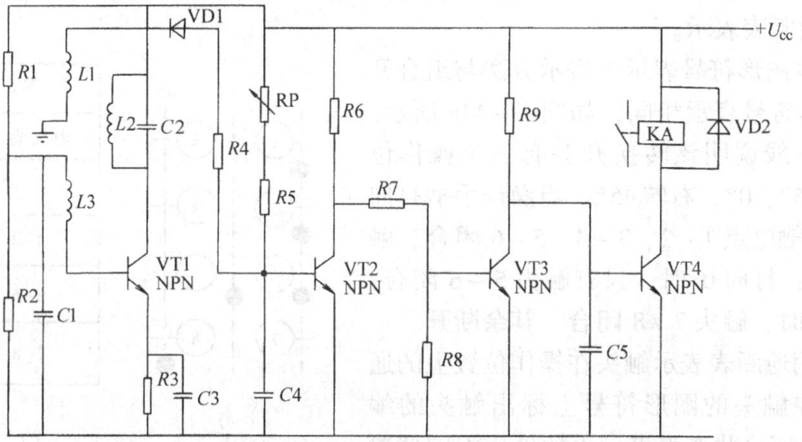

图 1-43　高频振荡型接近开关工作原理图

图中 $L2$、$L3$、谐振电容 $C2$ 和 VT1 组成变压器耦合的 LC 振荡器。耦合线圈 $L1$ 的高频电压经 VD1 整流及 $C4$ 滤波后供给放大管 VT2，因而提高了 VT3 基极的正电位，从而使 VT3 饱和导通，输出低电位，VT4 处于截止状态，此时继电器 KA 不吸合。当移动金属片到达开关感应面动作距离内时，将在金属片内感应涡流，造成较大能量损失，破坏了起振条件，使振荡器停振，$L1$ 无高频电压输出，VT3 基极上的正电位消失，VT3 截止，VT4 导通，继电器 KA 通电吸合，从而发出了接近信号。

常用的接近开关有 LJ5、LXJ6、LXJ18 系列以及引进的 3SG、LXT3 系列等。

三、万能转换开关

万能转换开关是一种多档位、控制多回路的主令电器，它主要由操作机构、定位装置和触头部件等三部分组成，适用于高压断路器操作机构的合闸与分闸控制，各种控制电路的转换，电压表、电流表的换相测量控制，配电装置电路的转换和遥控等。它还可以用于直接控制小容量电动机的起动、调速和换相。

常用的万能转换开关有 LW5 和 LW6 系列。表 1－33 为 LW6 系列万能转换开关型号和触头排列特征。

表 1－33　LW6 系列万能转换开关型号和触头排列特征

型号	触头座数	触头座排列型式	触头对数	型号	触头座数	触头座排列型式	触头对数
LW6—1	1	单列式	3	LW6—8	8	单列式	24
LW6—2	2		6	LW6—10	10		30
LW6—3	3		9	LW6—12	12	双列式	36
LW6—4	4		12	LW6—16	16		48
LW6—5	5		15	LW6—20	20		60
LW6—6	6		18				

万能转换开关的手柄操作位置是以角度表示的，不同型号的万能转换开关的手柄有不同的操作位置，其手柄操作位置可以从电气设备手册中万能转换开关的“定位特征表”中查到。

表示万能转换开关触头的通断可以有两种方法：一种是使用电气图形符号表示，另一种是利用它的通断表表示。

（1）电气图形符号表示　表示方法与组合开关的电气图形符号表示相同，如图 1－44a 所示。图中有三条虚线说明该转换开关有三个操作位置，即左转 45°、0°、右转 45°。当操作手柄打向左转 45°时，触电点 1－2、3－4、5－6 闭合，触头 7－8 断开；打向 0°时，只有触头 5－6 闭合；打向右转 45°时，触头 7－8 闭合，其余断开。

（2）使用通断表表示触头在操作位置上的通断状态　先在触头的图形符号上标出触头的编号，再由触头闭合状态表表示手柄处于不同位置时触头的通断状态。在通断表中用有无“×”表示操作手柄位于某位置时触头的接通和断开：有“×”表示触头在该位置闭合，无“×”表示断开，如图 1－44b 所示。

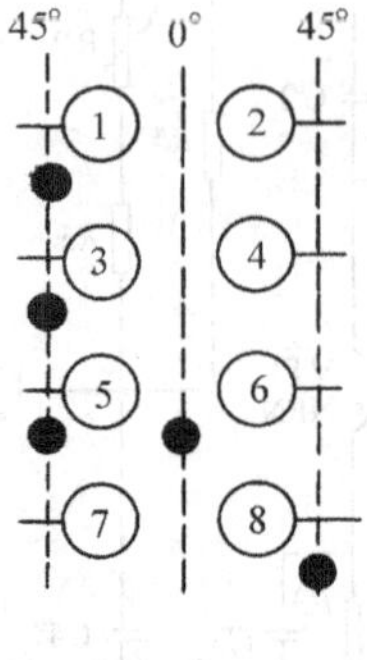

a)

LW5－15D0403/2			
触头编号	45°	0°	45°
1－2	×		
3－4	×		
5－6	×	×	
7－8			×

b)

图 1－44　万能转换开关电路图形符号及通断表

a）图形符号　b）触头通断表

四、主令控制器

主令控制器与万能转换开关相似，也是一种多操作位置的控制开关，但它是按照预定的程序去控制电路，适用于控制按顺序操作的多个控制回路。通常与接触器、继电器构成的磁力控制屏配合对绕线异步电动机的起动、制动、调速及换向实行远距离控制，广泛用于各类起重机械的拖动电动机的控制系统中。

常用的主令控制器有 LK5 和 LK6 系列。其中 LK5 系列有直接手动操作、带减速器的机械操作与电动机驱动等三种型式的产品。LK6 系列是由同步电动机和齿轮减速器组成定时元件，由此元件按规定的时间顺序，周期性地分合电路。

控制电路中，主令控制器触头的图形符号及操作手柄在不同位置时的触头分合状态表示方法与万能转换开关相似，如表 1 – 34 所示。

表 1 – 34　主令控制器的触头通断表

	5	4	3	2	1	0	1	2	3	4	5
K1						×					
K2							×	×	×	×	×
K3	×	×	×	×	×						
K4	×	×	×	×				×	×	×	×
K5	×	×	×						×	×	×
K6	×	×								×	×
K7	×										×

思考题与习题

1 – 1　三相交流电磁铁有无短路环？为什么？

1 – 2　交流电磁线圈误接入直流电源或直流电磁线圈误接入交流电源，将发生什么问题？为什么？

1 – 3　继电器与接触器有何区别？

1 – 4　电压、电流继电器在电路中起什么作用？它们的线圈和触头各接于什么电路？

1 – 5　两个相同的交流电磁线圈能否串联使用？为什么？

1 – 6　过电流、过电压继电器铁心端部是否需要装设短路环？为什么？

1 – 7　如何调整空气阻尼式时间继电器的延时整定时间？

1 – 8　能否用熔断器进行过载保护？为什么？

1 – 9　低压断路器在电路中的作用是什么？如何对断路器进行整定？

第二章 典型电气控制电路

第一节 建筑电气图的基本知识

一、有关建筑电气图及电气控制系统图的基本概念

1. 电气图

它是用图形符号、带注释的围框、简化外形表示的系统或设备中各部分之间相互关系及其连接关系的一种简图。简言之，电气图就是使用电气图形符号和文字符号绘制而成的图，它是电工领域中最主要的信息提供方式。电气图能够提供的信息内容可以是功能、位置、设备制造及接线等。对于不同的电气工程，根据其规模大小，电气图的种类、数量也不一样，一般主要包括系统图与框图、电路原理图、接线图与接线表、功能表图、逻辑图、位置图等。各种图的命名主要是根据其所表达的信息的类型和表达方式而确定的。

2. 电气控制系统图

电气控制系统是由电气设备及电器元件按照一定的控制要求连接而成的。通常可以用电气控制系统图表达电气控制系统的组成结构、工作原理，它也可以用于安装、调试和维修。电气控制系统图一般有三种：电路图（电气原理图）、电气接线图、电器元件布置图。电气控制系统图是根据国家电气制图标准，用规定的图形符号、文字符号以及规定的画法绘制的。

3. 建筑电气工程图

建筑电气工程图用于说明建筑中电气工程的构成和功能，描述电气设备的工作原理，提供安装数据和使用维护依据。通常建筑电气工程图包括目录、说明、图例、设备材料明细表、电气系统图、电气平面图、设备布置图、安装接线图、电气原理图等。

本课程主要讲授建筑电气设备控制技术，主要使用的电气图有建筑电气原理图、电气接线图、电器元件布置图等。

二、电气控制系统图中的图形符号和文字符号

电气控制系统图中的图形符号是国家电气制图标准已经规定好的，现在使用的是新的《电气图用图形符号》国家标准代号为 GB4728，它代替了旧符号 GB312—1964《电工系统图图形符号》。新使用的电气图形符号采用了国际电工委员会（IEC）标准，在国际上具有通用性。新的《电气图用图形符号》中的图形符号是由符号要素、限定符号、一般符号以及常用的非电操作控制的动作符号（如机械控制符号），根据不同的具体器件情况组合而成，见表 2 - 1。表 2 - 1 中列出了限定符号或操作符号与一般符号组合成各种类型开关的图形符号的例子。国家标准中除了给出各类电器元件的符号要素、限定符号和一般符号外，也给出了部分常用的图形符号及组合图形符号示例。因为国家标准中所给出的图形符号例子有限，实际使用中可以通过已规定的图形符号适当组合进行派生。

国家标准 GB7159—1987《电气技术中的文字符号制订通则》规定了电气工程图中的文字符号，它分为基本文字符号和辅助文字符号。基本文字符号分为单字母符号和双字母符号。

表 2－1　图形符号组合示例

限定符号及操作方法符号		组合符号举例	
图形符号	说 明	图形符号	说 明
	接触器功能	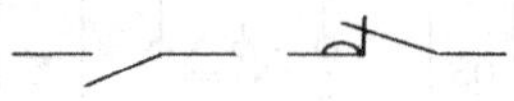	接触器触头
	限位开关，位置开关功能	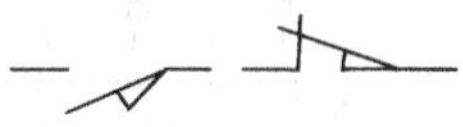	限位开关触头
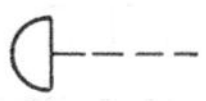	紧急开关（蘑菇头按钮）		紧急开关
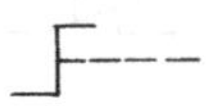	旋转操作	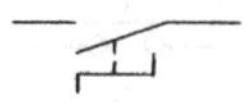	旋转开关
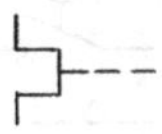	热执行操作	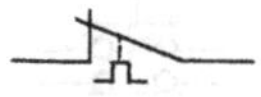	热继电器触头
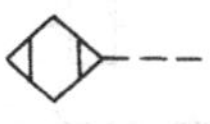	接近效应操作	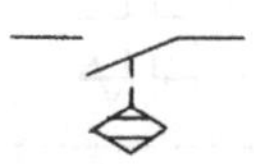	接近开关
	延时动作	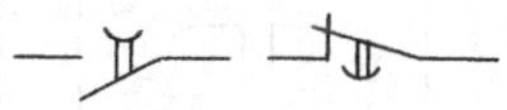	时间继电器触头

单字母符号表示电气设备、装置和元器件的大类，如 K 表示继电器类元件这一大类；双字母符号由一个表示大类的单字母与另外一表示器件某些特性的字母组成，如 KT 表示继电器类器件中的时间继电器，KM 表示继电器类元件中的接触器。辅助文字符号进一步来表示电气设备、装置和元器件的功能、状态和特征。表 2－2 中列出了部分常用的电气图形符号和基本文字符号，实际使用时如需要更细的资料，请查阅国家标准。在表 2－2 中同时还列出了新的电气图形符号和文字符号对应的旧的电气图形符号和文字符号，应注意它们的区别。

表 2－2 常用电气图形符号和基本文字符号

名称	新标准 图形符号	新标准 文字符号	旧标准 图形符号	旧标准 文字符号	名称	新标准 图形符号	新标准 文字符号	旧标准 图形符号	旧标准 文字符号
一般三极电源开关		QS		K	熔断器		FU		RD
低压断路器		QF		UZ	热继电器 热元件		KR 或 FR		RJ
位置开关 常开触头		SQ		XK	热继电器 常闭触头				
位置开关 常闭触头					时间继电器 线圈		KT		SJ
位置开关 复合触头					时间继电器 常开延时闭合触头				
按钮 起动		SB		QA	时间继电器 常闭延时断开触头				
按钮 停止				TA	时间继电器 常闭延时闭合触头				
按钮 复合				AN	时间继电器 常开延时断开触头				
接触器 线圈		KM		C	中间继电器线圈		KA		ZJ
接触器 主触头					欠压继电器线圈		KA		QYJ
接触器 常开辅助触头					过电流继电器线圈		KI		GLJ
接触器 常闭辅助触头					欠电流继电器线圈				QLJ
速度继电器 常开触头		KS		SJ	继电器 常开触头		相应继电器符号		相应继电器符号
速度继电器 常闭触头		KS		SJ	继电器 常闭触头				
转换开关		SA	与新标准相同	HK	电位器		RP	与新标准相同	W

（续）

名称	新标准 图形符号	新标准 文字符号	旧标准 图形符号	旧标准 文字符号	名称	新标准 图形符号	新标准 文字符号	旧标准 图形符号	旧标准 文字符号
制动电磁铁		YB		DT	直流发电机	G	G	F	ZF
电磁离合器		YC		CH	三相笼型异步电动机	M 3~	M		D
照明灯		EL	EL	ZD	三相绕线转子异步电动机				
信号灯		HL		XD	单相变压器		T		B
桥式整流装置		VC		ZL	整流变压器				ZLB
电阻器	或	R		R	照明变压器				ZB
接插器		X		CZ	控制电路电源变压器		TC		B
电磁吸盘		YH		DX	三相自耦变压器		T		ZOB
串励直流电动机	M	M		ZD	半导体二极管		V		D
并励直流电动机	M				PNP型三极管				T
他励直流电动机	M				NPN型三极管				
复励直流电动机	M				晶闸管				SCR

三、电气原理图

电气原理图是根据电气控制系统的工作原理，按电器元件展开的形式绘制的。在电气控制原理图中，每个电器元件并不是按照其实际位置来绘制，而是根据它的各个导电（包括接线端子）部分在电路中的不同作用画在不同的部位上。电气原理图具有结构简单、层次分明、便于分析和研究电路的工作原理，是电气控制系统中最重要的一种图。电气原理图的绘制规则由国家标准 GB6988.4 给出。现以图 2－1 所示某一个单台热循环泵控制电路说明其绘制规则。

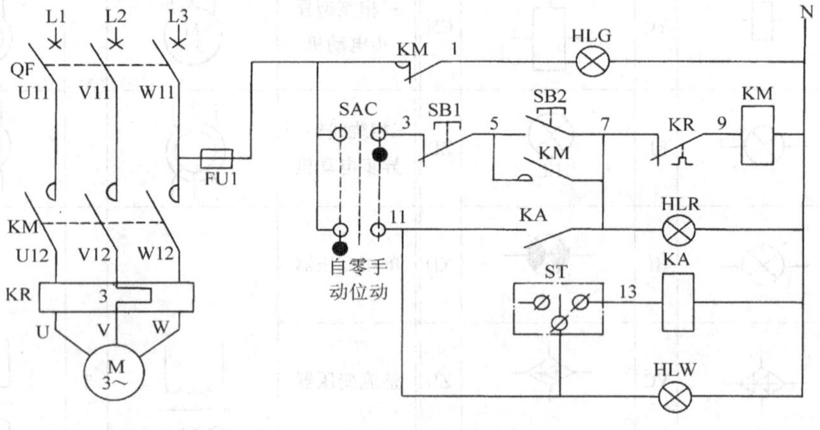

图 2－1　单台热循环泵控制电路

（一）电路原理图的绘制

电气原理图一般由主电路、控制电路和辅助电路构成。主电路、控制电路和辅助电路分开画出。主电路是设备驱动电路，包括从电源到电动机的电路，如图 2－1 中从电源 L1、L2、L3 开始，经过断路器 QF、接触器 KM 主触头、热继电器 KR 的热元件最后到电动机。它是强电流通过的部分。控制电路是由控制按钮、接触器和继电器的线圈、各种电器的常开、常闭辅助触头按控制要求组成逻辑控制部分，是弱电流通过的部分。辅助电路一般由信号等其它电路构成。

电气原理图的绘制原则：

1）电器控制系统中的全部带电部件，都应在原理图中表示出来。

2）电路、元件或部件应按功能布置，并尽可能按照工作顺序排列，布图应疏密有致，排列均匀，元器件布局合理，便于阅读。

3）电气原理图可以水平绘制，也可以垂直绘制。水平绘制时，电源线垂直画，其它电路水平画，控制电路中的耗能元件（如接触器的线圈）画在电路的最右端。垂直布置时，电源线水平画，其它电路垂直画，控制电路中的耗能元件画在电路的最下端。

4）为了安装、检修方便，通常在电气原理图中对各个元器件的连接导线进行编号。主电路一般用一个字母及一位或两位阿拉伯数字标注；控制电路的编号方法是以电路中的功率器件为分界线（如接触器的线圈、电磁铁线圈、继电器的线圈、信号灯等），左侧标奇数，右侧标偶数。如图 2－1 所示。

（二）元器件绘制和器件状态

电气原理图中的所有电器元件不用画出实际外形图，采用国家标准规定的图形符号和文字符号表示，同一电器的各个部分可以根据需要画在不同的位置，但必须用相同的文字符号标注。若有多个同一种类的电器元件，可以在文字符号后加注数字序号，如 KM1、KM2 等。

电气原理图中所有电器元件的可动部分通常表示在电器非激励或不工作的状态和位置，其中常见的器件状态有：

1）继电器和接触器的线圈在非激励状态。

2）断路器和隔离开关在断开位置。

3）具有零位操作的手动控制开关处在零位状态，不带零位的手动控制开关在图中规定位置。

4）机械操作开关和按钮在非工作状态或不受力状态。

5）保护类电器处在设备正常工作状态，特别情况要在图中说明。

四、电器元件布置图

电器元件布置图主要是用来表明电气设备上所有电机电器的实际位置，是机械电气控制设备制造、安装和维修必不可少的技术文件。布置图根据设备的复杂程度或集中绘制在一张图上，或将控制柜与操作台的电器元件布置图分别绘出。绘制布置图时机械设备轮廓用双点划线画出，所有可见的和需要表达清楚的电器元件和设备，用粗实线绘出其简单的外形轮廓。电器元件与设备代号必须与原理图和清单上对应的器件与设备的代号相同。图 2－2 是图 2－1 单台热循环泵控制电路的电器元件布置图。

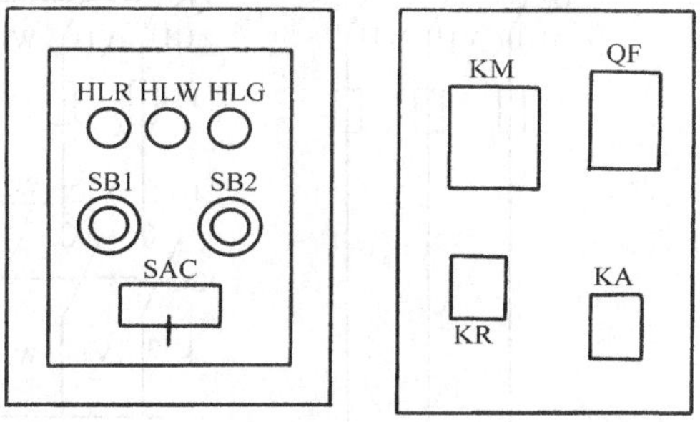

图 2－2　单台热循环泵电器元件布置图

五、电气接线图

表示电气设备或装置连接关系的简图称为电气接线图。接线图主要用于安装接线，电路检查，电路维修和故障处理。接线图是根据电气原理图和电器元件布置图编制的。在实际中可与电气原理图和电器元件布置图配合使用。接线图通常应表示出设备与元件之间的相对位置、项目代号、端子号、导线号、导线类型、导线截面积和导线颜色等内容。

第二节　三相异步电动机直接起动控制电路及其控制规律

建筑电气控制系统中的控制对象相当一部分是三相异步电动机。三相异步电动机的起动、停止控制电路是应用最广泛、也是最基本的控制电路。由电机原理知三相异步电动机按照其容量大小起动方式可以分为直接起动和减压起动。本节将介绍三相异步电动机的起动、停止控制电路的基本控制原理和控制规律。

一、直接起动控制电路

三相异步电动机分为笼型异步电动机和绕线转子异步电动机，在此主要讨论笼型三相异步电动机的起动。所谓直接起动就是将三相笼型异步电动机的定子绕组加上额定电压的起动方式，也称为全压起动。由于笼型异步电动机在直接起动时的起动电流为电动机额定电流的 6～7 倍，过大的起动电流将会造成电网电压明显下降，直接影响在同一电网工作的其它负载的正常工作，所以直接起动电动机的容量受到一定的限制。可以根据电动机起动频繁程度、供电变压器容量大小来决定允许直接起动电动机的容量。一般对于起动频繁，允许直接起动电动机容量不大于变压器容量的20%；对于不经常起动者，直接起动电动机容量不大于变压器容量的30%。

（一）单向控制电路

1. 手动开关控制电路

图2-3a所示电路为手动开关控制电路。它是直接利用闸刀开关QS的通断控制电动机的起动运行和停止。其中闸刀开关也可以用低压断路器或铁壳开关或转换开关来替代。熔断器FU起短路保护的作用。该控制电路简单，适用于不频繁起动的小容量电动机，但不能实现远距离控制。

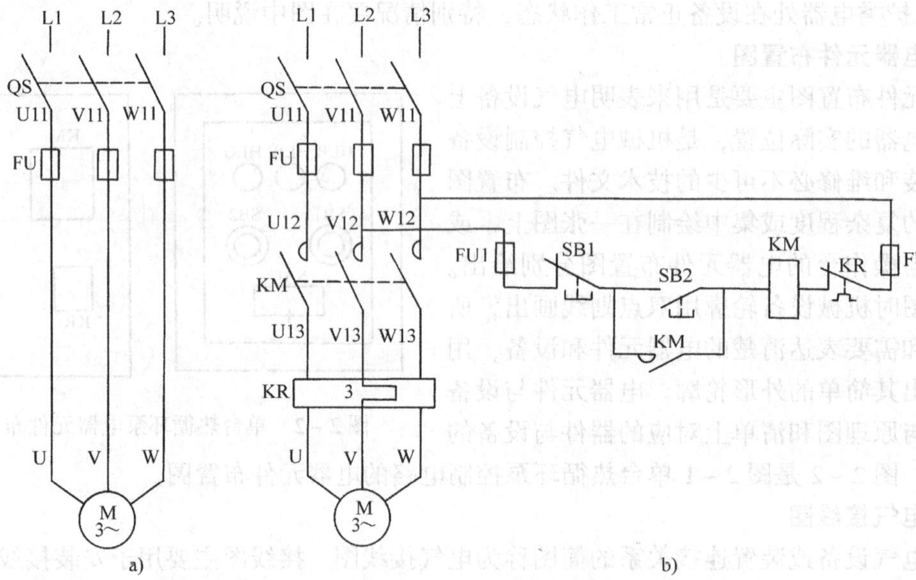

图2-3　电动机单向手动开关、接触器控制电路
a）手动开关控制电路　b）接触器控制电路

2. 接触器控制连续运转控制电路

图2-3b为接触器控制的连续运转控制电路。

（1）电路的结构

主电路：从三相电源L1、L2、L3开始，经闸刀开关QS、熔断器FU、接触器KM主触头和热继电器KR的热元件，再到电动机M定子接线端。

控制电路：由熔断器FU1、控制按钮SB1、SB2、接触器KM的线圈以及其辅助触头、热继电器KR的常闭触头组成。

将a图和b图比较一下：从电路的形式上看，a图的手动开关控制电路只有主电路，而b图的整个电路除了有主电路外，还有一个控制电路。从电路的控制方式上看，a图是通过操作手动开关QS的通断来使电动机运转和停止，操作的是大电流电路；b图是通过操作控制按钮SB2或SB1来控制接触器KM，再利用接触器控制电动机的通电或断电，使电动机起动运行或停止，控制按钮操作的是小电流电路。

（2）接触器控制连续运转控制原理

起动运行：先合上闸刀开关 QS，按下起动按钮 SB2，接触器 KM 线圈通电吸合，一方面 KM 的主触头闭合，使电动机接通三相电源而直接起动；另一方面，与起动按钮 SB2 并联的接触器 KM 辅助触头也同时闭合，这样当 SB2 松开时，由于该触头的闭合，使接触器 KM 的线圈继续保持通电状态，其主触头继续保持闭合，所以电动机因长期通电而连续运行。从以上分析来看，电动机之所以能连续运转，是由于与 SB2 并联的接触器 KM 自身的辅助触头的闭合，使 KM 的线圈在 SB2 松开后仍然能保持长期通电状态，因此这样的触头称为自锁触头，这种控制电路也称为具有自锁的控制电路。

停止：按下停止按钮 SB1，接触器 KM 线圈断电释放，一方面 KM 主触头断开，使电动机断电而停车；另一方面 KM 辅助触头也断开，松开 SB1 后，由于无通电回路，KM 的线圈不会再通电。

（3）电路的保护功能

1）短路保护：熔断器 FU 和 FU1 分别对主电路和控制电路进行短路保护。

2）长期过载保护：热继电器 KR 对电动机起长期过载保护，当在运行过程中，如果由于过载或其它原因使电动机中流过的电流超过额定值，但又达不到使熔断器熔断的电流，所以熔断器不会熔断，如果电动机过载超过一定的时间，串接在主电路中的热继电器 FR 的热元件因受热弯曲，能使串接在控制电路中的 KR 常闭触头断开，切断控制电路，接触器 KM 的线圈断电，KM 主触头断开，电动机停转，实现保护。

3）欠压保护：在电动机运行时，当电源电压下降时，电动机定子中的电流增大，若不采取保护措施，严重时电动机将会烧坏。在图 2－3b 所示的电路中，当电源电压下降到较低（小于 85% U_N）时，接触器因电磁吸力不足而释放，自锁触头断开，接触器线圈断电，同时主触头也断开，电动机断电停转，起到欠压保护的目的。

4）失压保护：失压保护也称为零压保护。即电动机运行时，遇到临时停电，在恢复供电后，若不采取措施，电动机将会自行起动，容易造成设备或人身事故。在图 2－3b 所示的电路中，当电源临时停电，接触器的主触头和自锁触头都将随着线圈的断电而释放断开。

3. 点动控制电路

如果将上述的接触器控制的连续运转控制电路中的自锁触头取消，则电路就成为点动控制电路。图 2－4 给出了几种常用的点动控制电路。图 2－4a 为主电路。

图 2－4b 是一个简单的点动控制电路，由按钮 SB2 接通和断开控制接触器 KM 的通电和断电，使电动机运转和停转，实现点动控制。

图 2－4c、d 控制电路既能实现电动机的点动控制也能实现电动机的连续运转。请读者自己分析其工作原理。

（二）正反转控制电路

在实际的控制中经常需要三相异步电动机即能正转也能反转，由电机原理知：若要使三相异步电动机改变旋转方向，只要将三相供电电源中的其中一相固定，改变另外两相电源相序，就可以实现电动机的正反转。图 2－5 为三相异步电动机正反转控制原理图。

1. 电路的结构

主电路：在图 2－3b 单向接触器控制电路主电路的基础上，再增加一个接触器，即用两个接触器 KM1、KM2 分别控制电动机的正转和反转，将 KM1 和 KM2 的主触头并联起来（应注意电源相序的改变）。

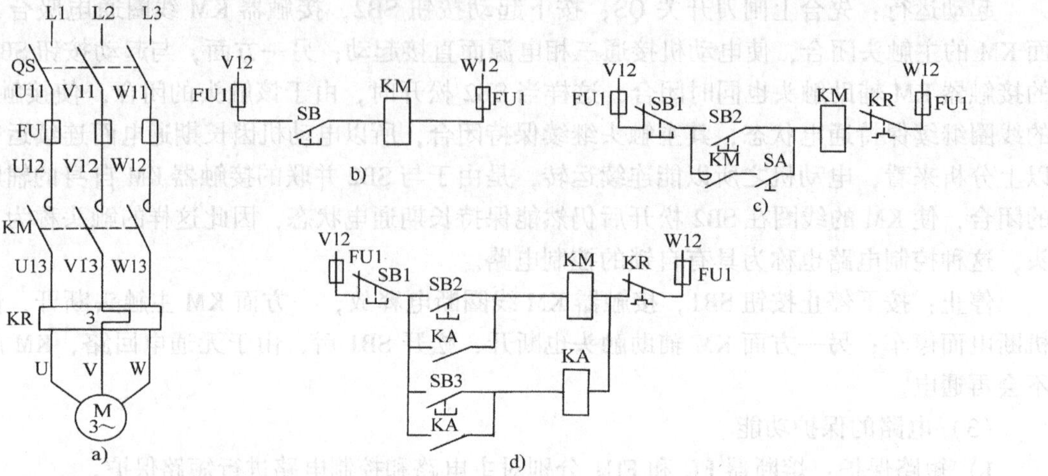

图 2－4　常用点动控制电路

控制电路：若直接将正转和反转控制电路并联起来，如图 2－5 所示，这在实际中并不能用，因为若同时按下正转按钮 SB1 和反转按钮 SB2 或先操作 SB1（或 SB2）后又按下 SB2（或 SB1），则两个接触器将同时通电吸合，这样会导致电源短路，见主电路中的虚线所示。为了避免正反转两个接触器同时通电的可能性，可采取图 2－6a 和 b 的控制电路。

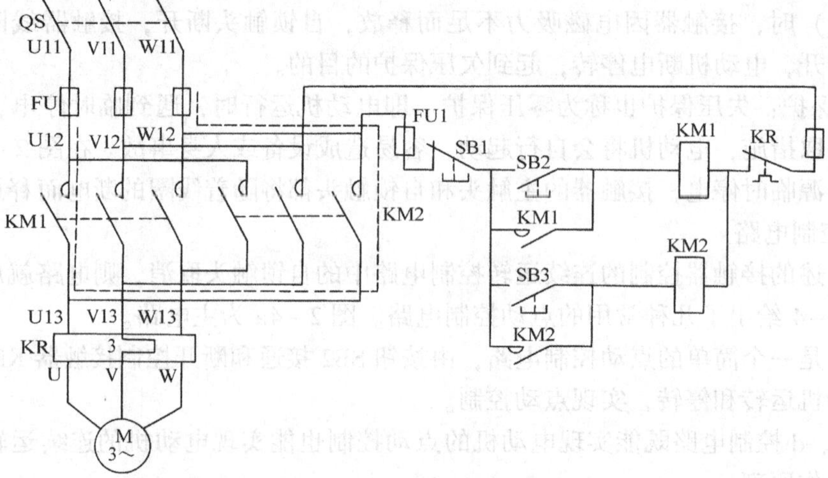

图 2－5　正反转控制电路

2. 正反转控制原理

主电路如图 2－5 所示，先合上 QS；见图 2－6a 控制电路。

正转起动：按下正转控制按钮 SB2，接触器 KM1 通电吸合，KM1 自锁触头和主触头闭合，电动机正向起动并连续运行；同时与 KM2 线圈相串联的 KM1 常闭触头断开，防止 KM2 同时通电。

停车过程：按下停车按钮 SB1，KM1 将断电，电动机将断电停车。

反转起动：按下反转控制按钮 SB3，接触器 KM2 通电吸合，KM2 自锁触头和主触头闭合，电动机反向起动并连续运行；同时与 KM1 线圈相串联的 KM2 常闭触头断开，防止 KM1 同时通电。

从以上分析可以看出：两个正反转控制的接触器 KM1、KM2 不可能同时通电，这种作用称为互锁作用，能够起到互锁作用的原因是每个接触器的常闭触头与另一个接触器的线圈串联在一起，这样一个接触器通电，将会切断另一个接触器线圈的通电回路，因此这样的与对方接触器线圈串联在一起的常闭触头称为互锁触头。在图 2 -6a 中，如果需要电动机从一个方向换到另一个方向，必须先按下停车按钮 SB1，使电动机先停车。

图 2 -6b 的控制电路是图 2 -6a 控制电路经过改进得到的，正反转控制按钮 SB2 和 SB3 都采用复合按钮，将正（反）转控制按钮 SB2（SB3）的常闭触头串接在反（正）转接触器的线圈回路中，这样电动机需要改变方向时，不必先经停车状态，可以直接进行切换方向。例如：假设原来电动机工作在正向运行状态，此时 KM1 是通电的；需要电动机反转时，可以直接按下反转控制按钮 SB3，SB3 的常闭触头先断开，使 KM1 线圈断电，之后 SB3 常开触头闭合，使 KM2 线圈通电，电动机反向起动并运行。两个起动按钮的常闭触头也具有防止正反转接触器同时通电的作用，也就是具有互锁作用。通常把这种用按钮实现的互锁称为机械互锁，而把用接触器触头实现的互锁称为电气互锁。

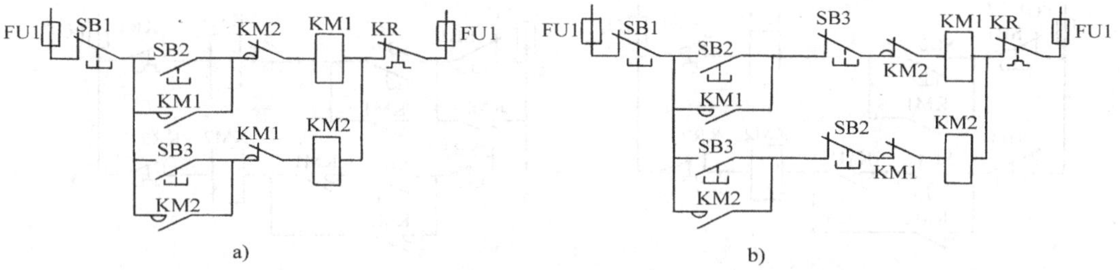

图 2 -6　具有电气、机械互锁的正反转控制电路

（三）顺序控制电路

在实际的多电动机控制中，根据各电动机的作用不同，有时需要按照一定的顺序起动或者停车，才能保证操作过程合理和工作的安全可靠。例如在高层建筑的半集中式空调系统的电器控制中，要求冷却塔风机、冷却水泵、冷冻水泵、冷水机组依次按顺序起停。下面以两台电动机的顺序控制为例，说明其控制原理，并不难推广到更多的电动机顺序控制。

设有两台电动机 M1 和 M2，要求 M1 起动后 M2 才允许起动，如果 M1 没起动，M2 不能起动。用两个接触器 KM1 和 KM2 分别控制两台电动机 M1 和 M2，这样对电动机的起动顺序控制要求实质上是对接触器的通电顺序控制要求，图 2 -7 所示电路能够实现上述要求。在图示控制电路中，KM1 的常开辅助触头串接在 KM2 的线圈控制回路中，这样就保证了只有 KM1 通电后，KM2 才能通电，即 M1 起动后，M2 才允许起动的控制要求。该电路对停车的要求是，允许 M2 单独停车，但如果 M1 停车，则 M2 也会同时停车。

图 2 -8a、b 的控制电路也是实现顺序控制的两种方案：

图 2 -8a 的控制顺序：起动顺序是 KM1 通电起动后，KM2 才允许通电起动；停车可以分别独立控制。

图 2 -8b 的控制顺序：起动顺序与图 2 -8a 相同；停车顺序是只有先使 KM2 断电，KM1 才能够断电。

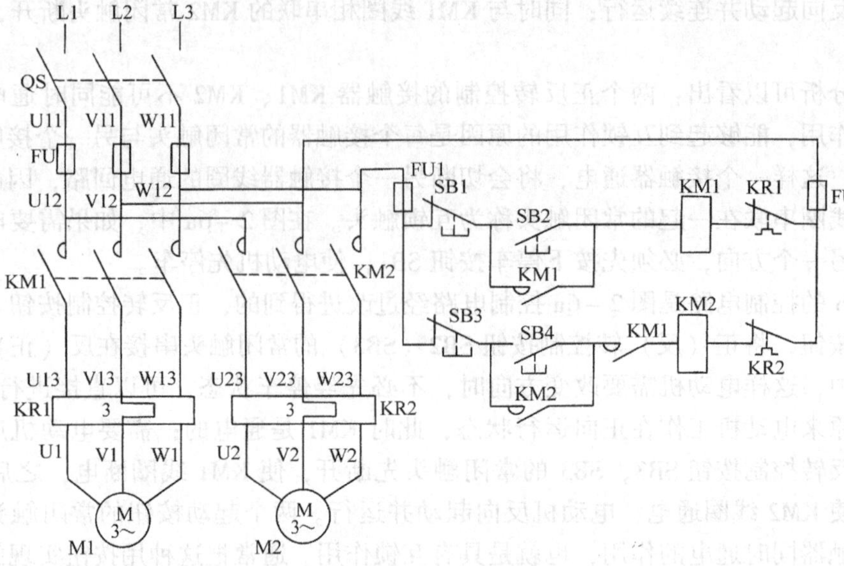

图 2-7 顺序起动、停止控制电路

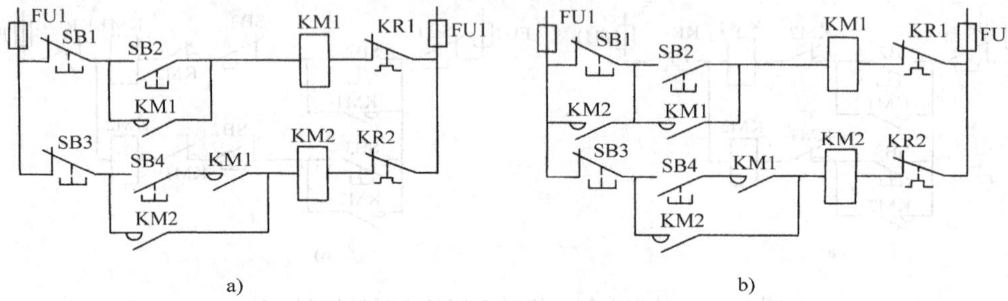

图 2-8 顺序起停控制电路

（四）多地控制电路

多地控制就是可以在多个地方操作电动机的起动和停车，图 2-9 所示控制电路可以实现三地控制。三个起动按钮 SB1、SB2、SB3 并联在一起，三个停止按钮 SB4、SB5、SB6 串联在一起。

二、联锁控制规律

前面分析了三相异步电动机直接起动的控制电路的工作原理，这些都是在实际控制中最基本的控制电路，它们都是用按钮、接触器、继电器的触头按照一定的方法有规律的连接在一起，以实现一定的控制要求，称为联锁控制。下面根据前面的内容将一些常用的控制规律归纳如下：

（1）自锁控制规律　如果要求某一个继电器或接触器长期通电，可以将该继电器或接触器的一个常开辅助触头并接在起动按钮两端，即增加自锁触头。

（2）互锁控制规律　如果要求两个继电器或接触器不能同时通电，可以把各继电器或接触器的常闭辅助触头串接在对方继电器或接触器的线圈回路中，即增加互锁触头。具体的实现方法有复合按钮、操作手柄等机械互锁和继电器或接触器的电气互锁两种。

（3）顺序控制规律　设有甲、乙两个继电器或接触器，如果要求甲继电器或接触器通电后，乙继电器或接触器才能通电，只需将甲继电器或接触器的常开辅助触头串接在乙继电器

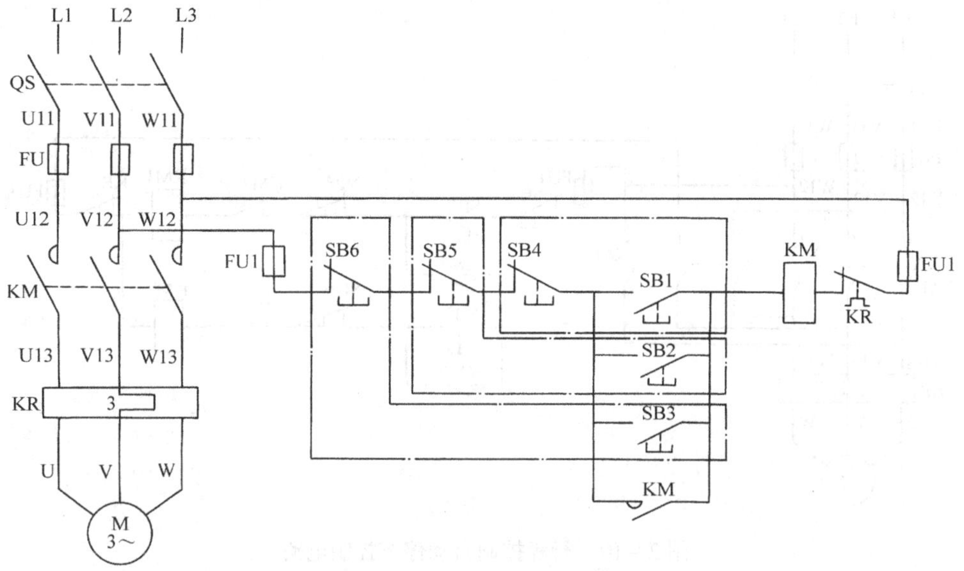

图 2－9　三地控制电路

或接触器的线圈回路中；如果要求乙继电器或接触器断电后，甲继电器或接触器才能断电，只需将乙继电器或接触器的常开辅助触头并接在甲继电器或接触器的停止按钮两端。

（4）多地控制规律　将几个地方所有的起动按钮并联在一起；将所有的停止按钮串接在一起。

三、行程控制

在实际的继电接触控制中，常常遇到利用被控对象的位置行程去控制电动机的起动与停止。例如，在电梯的控制中，当到达所要求的层（目的地）时，位置开关发出信号，要求电梯应能减速、停止。实际上电梯的控制要复杂的多，但这里至少说明拖动电梯的电动机是受到电梯的行程控制的。下面介绍几个利用行程控制电动机的起、停控制电路。

（一）停车控制电路

设被控对象在 A、B 两地之间运行，要求被控对象运行到 A 地或 B 地能自动停止，如图 2－10 所示。电路中 SQA 和 SQB 分别是用于检测被控对象是否到达 A 地或 B 地的行程开关。当 KM1 通电，电动机正转，被控对象向 A 地运行，当到达 A 地时，利用被控对象上的机械机构碰撞 SQA，使 SQA 的常闭触头断开，KM1 断电，电动机停转，被控对象自动停止运行。同样当 KM2 通电时，电动机反转，被控对象向 B 地运行，到达 B 地，SQB 的常闭触头断开，KM2 断电，电动机停转，被控对象也停止运行。

（二）行程控制的自动往返控制电路

如果要求被控对象到达 A 或 B 地后能自动往返运行，则在图 2－10 的基础上稍加修改，就可以实现，如图 2－11 所示。如上面分析，当 KM1 通电，电动机正转，被控对象运行到 A 地时，行程开关 SQA 动作，其常闭触头断开，使 KM1 断电，电动机断电停转，而 SQA 的常开触头闭合，将使 KM2 通电，电动机反转，被控对象将向 B 地运行。同样当被控对象到达 B 地后，将自动向 A 地运行。这样就实现了在 A、B 两地自动往返运行 。

如果要求在 A 地或 B 地能停留一段时间然后自动返回，如何实现？请读者自己设计出控制电路。

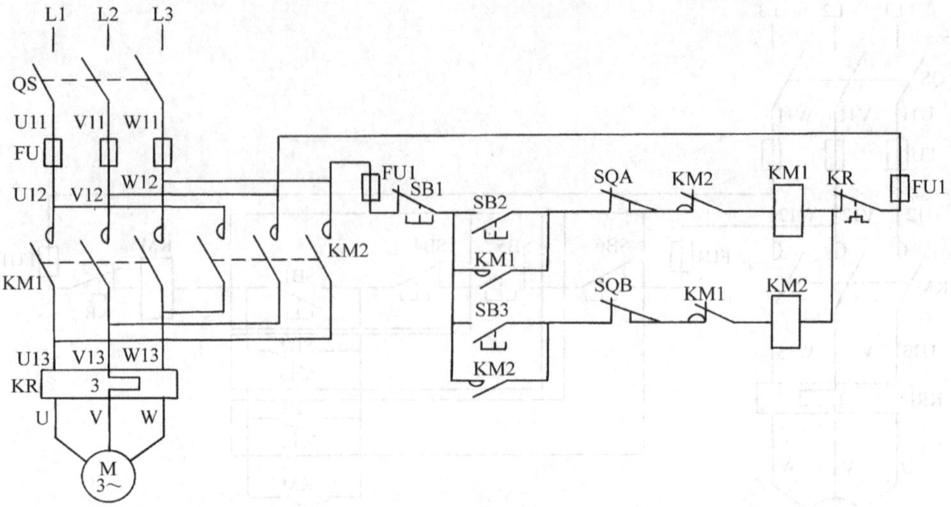

图 2－10　行程控制自动停车控制电路

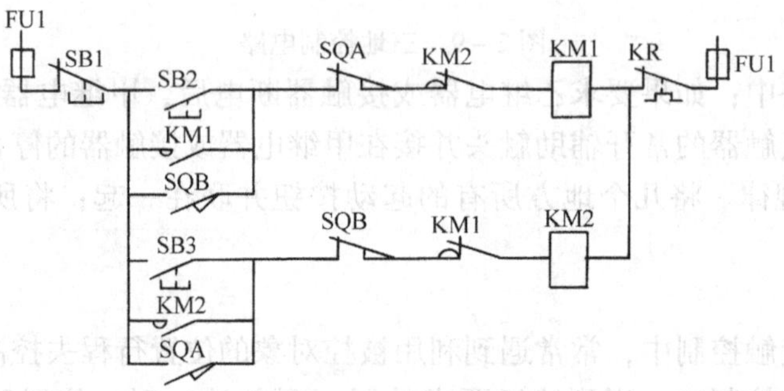

图 2－11　行程控制的自动往返控制电路

第三节　三相笼型异步电动机减压起动控制电路及其控制规律

三相异步电动机的直接起动的优点是所需电气设备少，电路简单，起动转矩大，但在电动机容量相对于供电变压器的容量不是很小时，直接起动造成的较大起动电流，使供电变压器的输出电压下降过多，从而影响在同一电网下工作的其它电器。因此直接起动一般只适用于中小容量的三相异步电动机的空载或轻载起动，并且直接起动电流造成供电变压器输出电压的波动较小的场合。如果不满足直接起动条件，就应考虑减压起动。减压起动分为定子串电阻起动、自耦变压器减压起动、星形（Y）－三角形（△）减压起动、延边三角形减压起动以及最近流行的软起动等。

从控制规律看，只利用简单的联锁控制还远不能满足实际的控制需要，还要根据控制工艺的要求，利用控制过程中的一些变化参量作为控制信号并使之参与控制，才能满足控制要求。在电气控制中，常参与控制的变化量有时间、速度、电流和行程等，对于这样的控制电路分别称为时间、速度、电流和行程原则的自动控制，也就是电气控制中的四个控制规律。下面根据具体的电动机的减压起动控制电路分析时间、电流控制规律。

一、定子串电阻减压起动控制

定子串电阻减压起动就是电动机起动时在其三相定子电路中串接电阻，利用电阻减压，使加在电动机定子绕组上的电压降低，起动结束后，再将所串接的电阻短接，电动机在额定电压下正常运行。这种起动方法不受电动机的接线形式限制，设备简单；但在起动过程中串接的电阻将消耗部分电能，引起发热。

定子串电阻减压起动控制思路是：利用两个接触器，其中一个接触器控制接通降压电阻，另一个接触器控制切除减压电阻。起动时，先使控制减压电阻的接触器通电，电动机减压起动，当电动机转速上升到一定值后，自动使另一个接触器通电，将串入定子的减压电阻切除，电动机全压运行。

问题是利用什么控制参量作为两个接触器进行自动切换的控制信号？有转速、电流、时间等控制参量可供选择，但是若选择转速、电流作为两个接触器切换的控制信号，电动机能否可靠自动切换受负载的大小、电源电压的波动大小影响较大，实践证明，采用时间作为控制信号，可以使电动机可靠地进行自动切换。

图 2－12 是定子串电阻减压起动的控制电路，控制原理如下：合上闸刀开关 QS，按下起动按钮 SB2，接触器 KM1 通电吸合，其自锁触头闭合进行自锁，其主触头闭合，将起动电阻串入电动机定子电路，电动机减压起动；与此同时时间继电器 KT 通电延时，当延时时间到（电动机转速上升到一定值），KT 的常开延闭触头闭合，KM2 通电吸合，其主触头闭合，将起动电阻 *R* 短接，电动机在全压下运行。

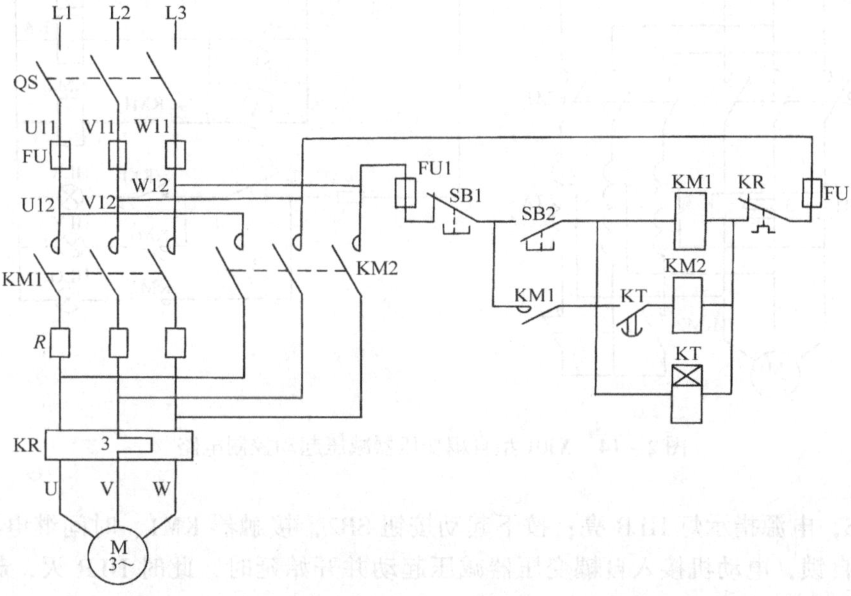

图 2－12　笼型异步电动机定子接电阻起动控制电路

通过上述分析，可以发现从起动开始后，接触器 KM1 一直是处在通电状态，事实上，当 KM2 通电以后，KM1、时间继电器 KT 就可以断电了，为此将图 2－12 控制电路改进成图 2－13。工作原理读者可以自己分析。

从以上的分析可以看出，电动机起动时间的长短取决于时间继电器延时时间的长短，时间继电器动作时间要事先根据实际情况进行整定，这是按时间原则进行控制的一个典型例

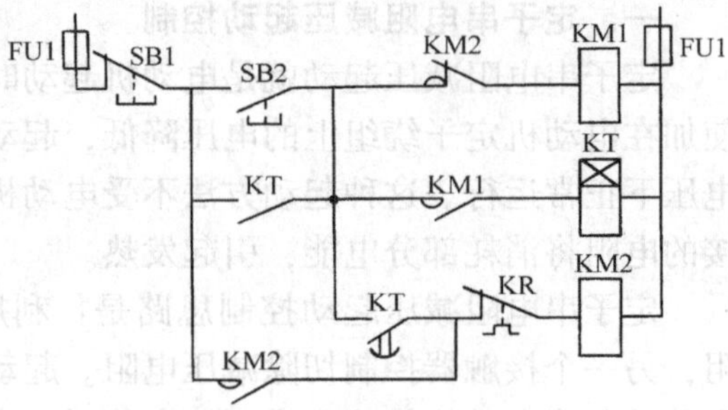

图 2－13　另一种接电阻减压起动控制电路

子。利用时间为变化参量控制电动机的起动，起动电阻的切换完全取决于时间，与负载及电网的波动等外界因素的干扰无关，即在任何情况下都可以可靠地按整定的时间切换。所以在异步电动机的减压起动控制中基本上都采用时间参量进行控制。

二、自耦变压器（补偿器）减压起动控制

大容量的笼型异步电动机，采用自耦变压器来降低起动电压，达到限制起动电流的目的。起动时加在电动机定子上的是自耦变压器二次电压，起动后，将自耦变压器切除，电动机在全压下运行。图 2－14 所示自耦变压器补偿器减压起动控制电路，它也是采用时间继电器来进行起动切换，该控制电路有电动机起动运行工作状态指示灯，HLG 为绿灯、HLY 为黄灯、HLR 为红灯。工作原理如下：

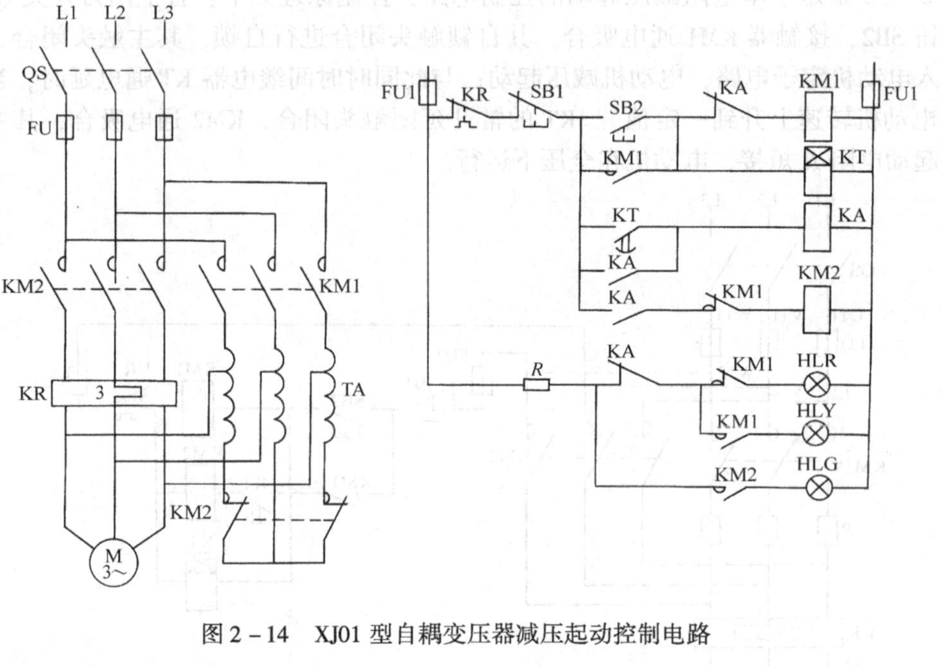

图 2－14　XJ01 型自耦变压器减压起动控制电路

合上 QS，电源指示灯 HLR 亮；按下起动按钮 SB2，接触器 KM1、时间继电器 KT 同时通电吸合并自锁，电动机接入自耦变压器减压起动并开始延时，此时 HLR 灭，起动指示灯 HLY 亮；KT 延时时间到，其常开延闭触头闭合，中间继电器 KA 通电吸合并自锁，使 KM1、KT 断电释放，KM2 通电吸合，电动机接入全压继续起动至运行状态，此时 HLY 灭，运行指示灯 HLG 亮。

自耦变压器绕组通常具有多个抽头以获得不同的电压变化，可以得到不同的起动转矩，以满足不同的起动负载。下面将自耦变压器减压起动和定子串接电阻减压起动方法比较一下：定子串接电阻减压起动方法，起动时，流过电动机定子的电流与电网提供的起动电流相同；而自耦变压器减压起动通过电动机定子的电流是自耦变压器二次电流，从电网上吸收的

起动电流是自耦变压器一次电流，由于一次电压比二次电压高，因此一次电流比二次电流小；当两种起动方法通过电动机定子的电流相同时，即获得同样大小的起动转矩的前提下，自耦变压器减压起动从电网吸取的电流比定子串接电阻减压起动小得多，或者说如果两者要从电网吸取相同大小的起动电流，则采用自耦变压器减压起动的起动转矩大，其缺点是自耦变压器价格较贵，而且不允许频繁起动。

三、三相笼型异步电动机的星形（Y）－三角形（△）减压起动控制

当三相笼型异步电动机定子绕组为三角形接法且不允许直接起动时，可以采用星形－三角形减压起动方式。即起动时，电动机定子绕组接成星形联结，接入三相电源；起动结束时，电动机定子换接成三角形接法运行。由《电工基础》和《电机原理》可知：当电动机定子绕组接成星形时，每相绕组的获得的电压（相电压）为绕组正常工作电压（线电压）的 $1/\sqrt{3}$，所以电动机的起动电流下降到直接起动的 1/3，而起动转矩与定子绕组电压的平方成正比，因此起动转矩也减小为直接起动的 1/3。由于 Y 系列电动机直接起动电流是其额定电流的 5.5～7 倍，起动转矩为额定值的 1.4～2.2 倍，所以异步电动机的 Y－△减压起动适用于空载、轻载的场合。

图 2－15、图 2－16 为两种 Y—△减压起动控制电路，其中图 2－15 的控制电路适用于较小容量的电动机减压起动，而图 2－16 的控制电路适用于较大容量的电动机减压起动。下面主要介绍图 2－15 所示控制电路的工作原理。

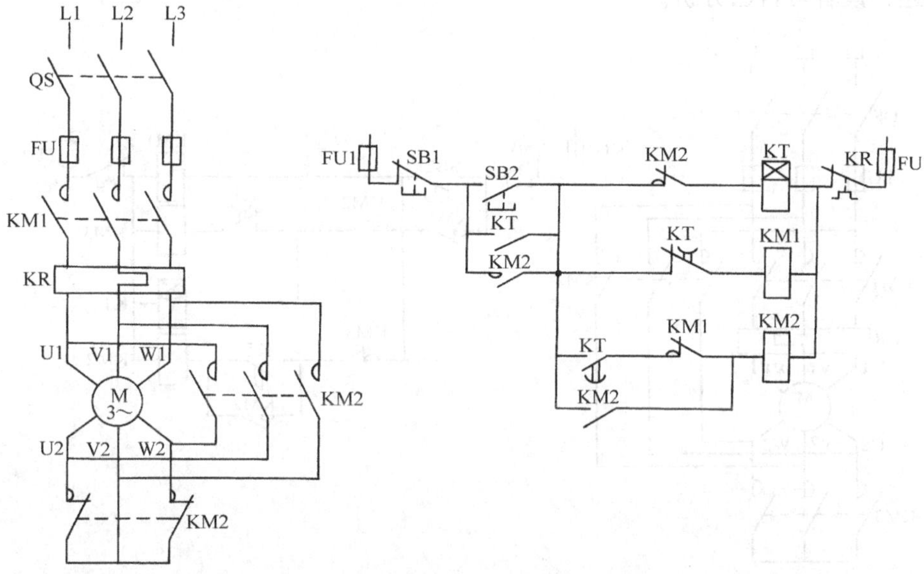

图 2－15　较小容量 Y－△减压起动控制电路

主电路：三相异步电动机采用两个接触器 KM1、KM2 控制，三相交流电源经闸刀开关 QS 和 KM1 的主触头与电动机定子绕组相接，而 KM2 起电动机定子绕组 Y－△接法切换的作用，当 KM2 触头不动作，电动机为 Y 形联结，当 KM2 触头动作时，电动机为△形联结。

控制电路：合上 QS，按下起动按钮 SB2，时间继电器 KT 通电吸合并自锁，开始延时；同时接触器 KM1 通电吸合，由于 KM2 的线圈还没有通电，因此电动机按 Y 形接法减压起动。当 KT 的延时时间到（电动机转速上升到一定值），KT 的常闭延开触头断开，使 KM1

断电，电动机暂时脱离三相交流电源；KT 的常开延闭触头闭合，并且 KM1 的常闭触头闭合，使接触器 KM2 通电吸合并自锁，电动机定子绕组换接成△形接法，同时使时间继电器 KT 断电，KM1 右重新通电吸合，此时电动机按△形接法接通三相交流电源继续起动至正常运行。

保护电路：熔断器 FU 对电动机 M 短路保护，FU1 对控制电路短路保护；热继电器 KR 对电动机进行长期过载保护。

仔细观察图 2－15 主电路可以发现：对电动机定子绕组接法切换的 KM2 的触头中，除了使用其主触头外，还使用了其常闭辅助触头。由于接触器的辅助触头允许通过的电流比其主触头小，因此该电路只能用于控制容量较小的电动机。

通过对图 2－15 控制电路的各电器动作过程分析可以看出：当 KT 延时时间到，先使 KM1 断电，然后使 KM2 通电，之后再使 KM1 又重新通电，所以 KM2 在切换电动机定子绕组接法时，绕组点是处在断电状态，即 KM2 的触头动作是不带电操作，可以延长 KM2 的使用寿命。

图 2－16 减压起动控制电路使用三个接触器 KM1、KM2 和 KM3 控制电动机的起动，其中 KM1 使电动机与三相电源接通；KM2、KM3 对电动机定子绕组接法进行切换，KM2 接通，电动机 Y 形联结，KM3 接通，电动机△联结，由于使用两个接触器进行切换，所以该控制电路可以控制容量较大的电动机；时间继电器 KT 进行起动时间的延时，其起动过程不再详细叙述，读者可自己分析。

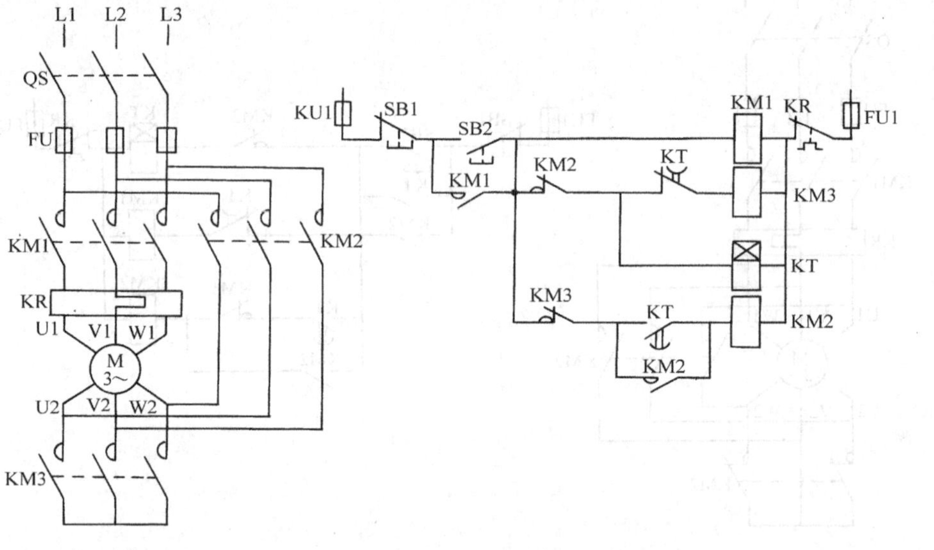

图 2－16　大容量 Y－△减压起动控制电路

四、延边三角形减压起动控制

三相笼型异步电动机的 Y－△减压起动方法中，起动时，电动机三相定子绕组接成 Y 形，起动电流可以减小，但此时起动转矩只有直接起动的 1/3，不能用于负载较重的场合。设想将 Y 形接法起动电流小和△形接法起动转矩大的优点结合起来，即可以起动电流减小又可以使起动转矩不致降低过多。具体做法是：起动时，将电动机三相定子绕组一部分接成 Y 形，另一部分接成△形，起动后，全部切换成△形接法，这就是延边三角形减压起动。电动机定子绕组接线原理如图 2－17 所示。

这种起动方式要求电动机每相定子绕组有三个抽头，分成两部分，而三相绕组共有九个抽头，它们是 U 相绕组 U1、U2 和 U3，分成绕组 1 和 4；V 相绕组 V1、V2 和 V3，分成绕组 2 和 5；W 相绕组 W1、W2 和 W3，分成绕组 3 和 6。起动时，将三相绕组中每相取一部分接成三角形，图 2－17a 中绕组 4、5、6 接成三角形，绕组 1、2、3 分别接三相电源。绕组 1、2、3 可以看成绕组 4、5、6 组成的三角形的三个延长边，故这种起动方式称为延边三角形减压起动。

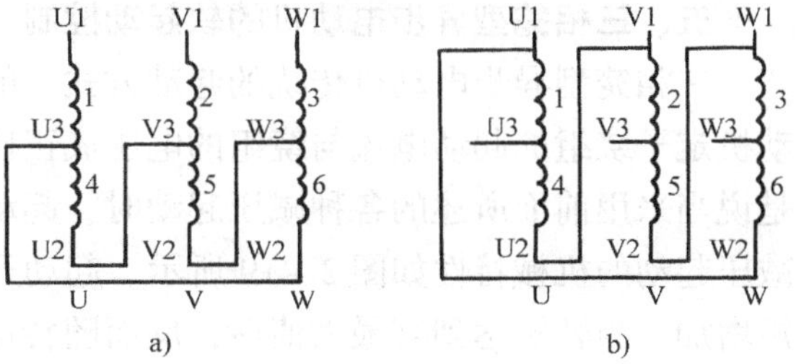

图 2－17　延边三角形减压起动绕组接线原理图
a）起动时　b）运行时

图 2－18 是延边三角形减压起动控制电路。该控制电路由三个接触器 KM1、KM2 和 KM3 与一个时间继电器 KT 控制电动机的起动。KM2 用于将电动机接通三相电源，KM1 和 KM3 用于电动机定子绕组接线方式的改变，KM1 接通，电动机定子绕组接成延边三角形，KM3 接通电动机定子绕组接成三角形。时间继电器 KT 用于起动定时控制。电路的控制原理：闭合电源开关 QS，按下起动按钮 SB2，接触器 KM1、KM2 通电吸合并自锁，电动机定子绕组接成延边三角形接通电源，开始减压起动，同时时间继电器 KT 也通电，进行起动延时；经过一段时间，电动机转速上升到接近额定转速，KT 的延动触头动作，使 KM1 断电，KM3 通电，电动机定子绕组换接成三角形接法正常运行。

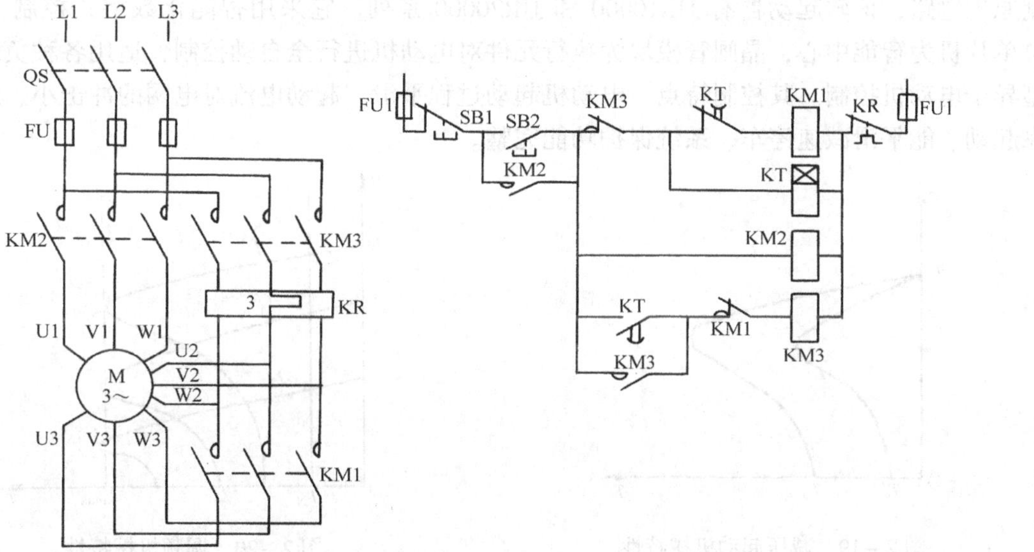

图 2－18　延边三角形减压起动控制电路

通过以上分析知，延边三角形减压起动时，加在每相绕组的电压比绕组全部接成 Y 形时大，因此起动转矩比 Y－△起动大，而所需的起动设备比自耦变压器减压起动简单，维护方便，且允许频繁起动。但这种方法需要电动机正常接法为△形，且定子绕组有九个抽头。

五、三相笼型异步电动机的软起动控制

三相笼型异步电动机传统的起动方式一般就是前面所讲的各种减压起动。我们知道：电动机定子绕组的起动电流与绕组的电压成正比，而起动转矩与绕组电压的平方成正比，也就是说当采用前面所述的各种减压起动时，起动电流将减小，但起动转矩会下降更多，电动机减压起动的机械特性如图 2－19 所示。起动开始，电动机转矩较小，随着转速的上升，其转矩增加，当转矩达到其最大值后，反而随转速的升高而减小，直到电动机的额定值。由于起动转矩的减小，致使其使用场合受到限制，只能用于轻载或空载起动，并且起动性也不理想，如在起动和运行的切换时，电流变化较大，引起转矩突变，使起动不平稳；由于在起动过程中，电机转矩并不能始终保持在最大的转矩，因此使起动时间变长等。

由电机原理知：改变电动机的定子电流的频率可以得到一个较为理想的机械特性，如图 2－20 所示。起动时，减小电源的频率，同时降低电动机定子电压，这样可以使电动机在最大起动转矩下起动，随着电动机转速的上升，不断提高电源的频率，为了使电动机起动转矩维持不变，就应该保持电动机的励磁磁通 Φ 不变，因此在改变频率大小的同时还要改变电源电压，即按（$\frac{U}{f}$ = 常数）方式控制（有兴趣的读者可以阅读有关变频调速方面的书籍）。这种起动方式一方面可以降低电动机的起动电流，同时还使电动机的转矩在起动过程中始终保持在最大值，因此可以得到接近于理想的起动过程。这种起动过程也称为软起动。目前这种起动方式使用的越来越多，但其控制比较复杂，控制器也不是一般的继电器、接触器组成，而是由微型计算机进行控制，因而控制器的价格较贵。图 2－21 给出了一种软起动的控制原理电路，该软起动器有 JJR10000 和 JJR20000 系列。它采用智能化数字式控制，以 16 位单片机为智能中心，晶闸管模块为执行元件对电动机进行全自动控制，适用各种负载的笼型异步电动机控制。其控制特点：电动机起动过程平滑、起动电流对电网的冲击小、起动可靠起动、能平滑减速停车、系统保护功能完整。

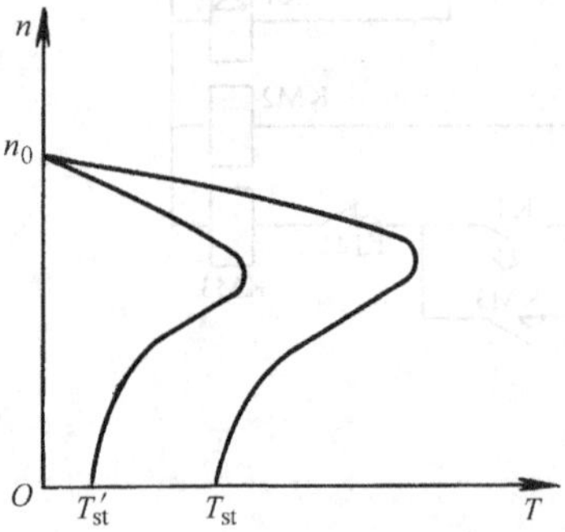

图 2－19　减压起动机械特性

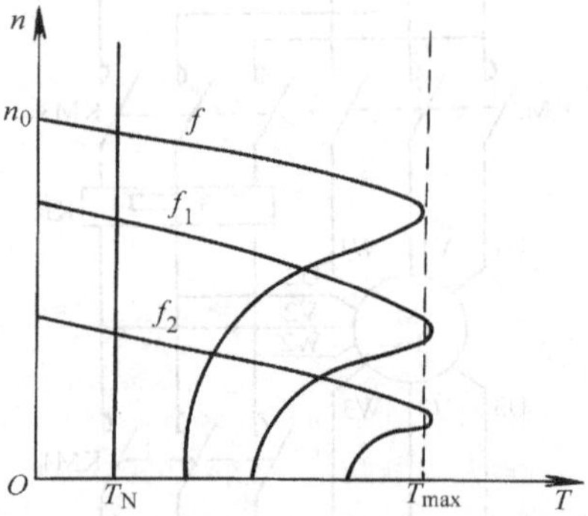

图 2－20　调频机械特性

该控制器 01 为瞬停输入端，02 断开为软停车，03 接通为软起动，04 为公共端点。05 与 06 为起动器内部提供的常开接点，当电动机起动完毕，05、06 接点接通，接触器 KM 通电，其主触头闭合，将起动器短接，电动机全压运行。07、08、09 是起动器为用户提供的一个内部定时接点，该定时与软起动同步。

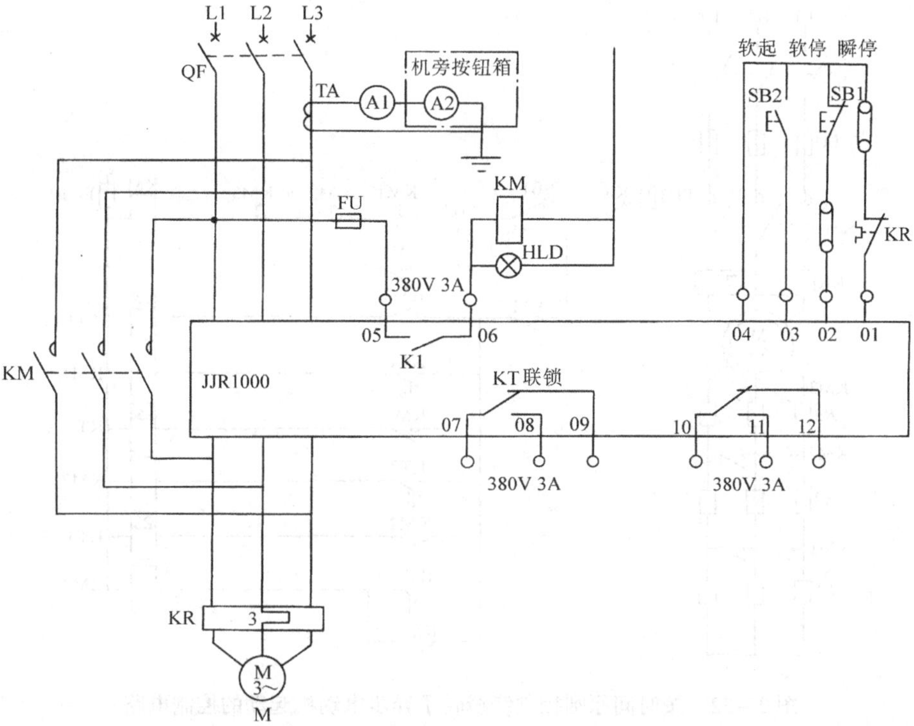

图 2 - 21　JJR1000 型笼型异步电动机软起动器控制电路

第四节　三相绕线转子异步电动机的起动控制电路及其控制规律

由电机原理知：起动时，在三相绕线转子异步电动机的转子电路中串接适当电阻一方面可以减小电动机定子的起动电流，另一方面使电动机的机械特性变软，增大起动转矩，所以三相绕线转子异步电动机能够使用在负载较重的场合，特别在建筑电气控制中得到广泛应用，如建筑工地使用的起重机就是由绕线转子异步电动机拖动的。三相绕线转子异步电动机的起动控制电路主要有转子串电阻和转子接频敏变阻器两种。

一、转子绕组串接电阻的起动控制电路

三相绕线转子异步电动机转子串接的电阻一般分成 3 ~4 段，转子电路串接的电阻越大，其机械特性越软。起动时，串接全部电阻，适当的电阻可以使起动转矩满足起动要求，之后随电动机转速的升高，分段切除转子所串接的电阻，这样可以使电磁转矩在起动过程中一直保持在较大的数值上，得到一个较快的起动过程。

电阻的分段切除控制可以采用时间控制原则，即在起动中每隔一定的时间就切除一段电阻；也可以采用电流控制原则，利用起动过程中转子电流的变化去切除每一段电阻。图 2 - 22 是按时间原则控制切除转子电阻的控制电路，其工作原理如下：

起动时，合上 QS，按下起动按钮 SB2，接触器 KM 通电吸合并自锁，由于此时接触器 KM1、KM2 和 KM3 都还未通电，因此电动机转子绕组串入全部电阻起动，电动机转速开始增加；与此同时，时间继电器 KT1 也通电开始延时，当 KT1 延时时间到，使 KM1 通电吸合，将电阻 *R*1 切除，电动机转速继续增加，同时 KT2 通电开始延时；当 KT2 延时时间

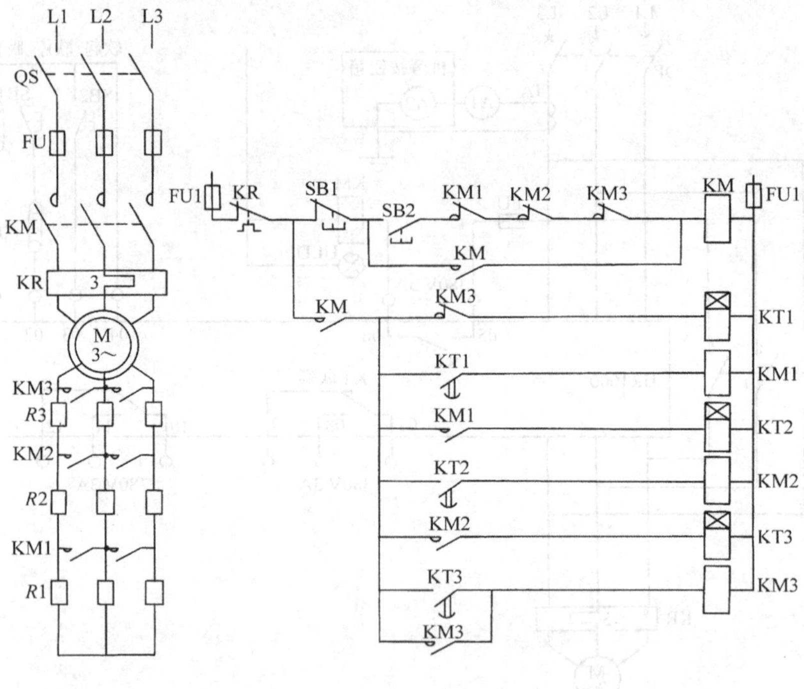

图 2－22　按时间原则控制绕线转子异步电动机起动的控制电路

到，KM2 通电，将电阻 $R2$ 切除，同时 KT3 通电开始延时；当 KT3 延时时间到，使 KM3 通电吸合并自锁，且将电阻 $R3$ 切除（转子所有外加电阻全部切除），电动机继续加速至额定转速，并且由于 KM3 的常闭触头断开，致使 KT1、KM1、KT2、KM2 以及 KT3 相继断电释放。在该控制电路中，与起动按钮 SB2 串联的 KM1、KM2、KM3 的常闭触头的作用是保证电动机在起动时，转子绕组所串接的电阻全部加入。若在按下起动按钮时，KM1、KM2 或 KM3 中任何一个不在断电状态，则接触器 KM 是不能通电的。

图 2－23 是按电流原则控制切除转子电阻的控制电路，下面说明其工作原理：合上电源开关 QS，按下起动按钮 SB2，接触器 KM 通电吸合并自锁，电动机接通三相交流电源，由于起动电流大于三个电流继电器 KA1、KA2、KA3 的动作电流，所以三个电流继电器全部动作，其常闭触头断开，切断接触器 KM1、KM2、KM3 线圈回路，KM1、KM2、KM3 不能通电，因此，电动机转子串入全部电阻起动；KM 的常开辅助触头闭合，使中间继电器 KA 通电。随着电动机转速的上升，起动电流不断下降；当达到 KA1 的释放电流时，KA1 释放，其常闭触头闭合，使 KM1 通电，切除电阻 $R1$，以后随着电动机的转速上升，转子电流依次达到 KA2、KA3 的释放电流值，KA2、KA3 依次释放，KM2、KM3 依次通电并短接电阻 $R2$、$R3$，切除全部电阻，电动机工作在额定转速。当 KM3 通电接通后，由于其常闭触头串接在 KM1 和 KM2 的线圈回路中，所以 KM1 和 KM2 断电释放。

中间继电器 KA 的作用是使电动机在起动时产生一短暂延时，以保证 KA1、KA2、KA3 的动作时间，从而避免起动时 KM1、KM2、KM3 瞬间动作。

二、转子串接频敏变阻器的起动控制电路

由电机原理知：异步电动机起动过程中，转子电流的频率 $f_2 = sf_1$（f_1 是定子电流频率，s 为转差率）。起动开始，转差率最大 $s = 1$，此时 $f_2 = f_1$；随着电动机的转速升高，其

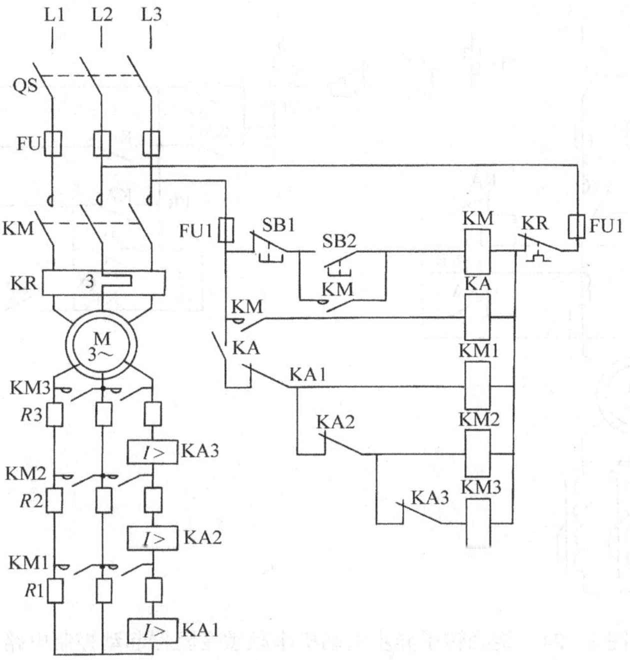

图 2－23　按电流控制原则控制绕线转子异步电动机起动的控制电路

转差率不断减小，f_2 不断减小，直至电动机工作到额定转速时，$s \approx 0.02 \sim 0.06$，f_2 约为 1～3Hz。针对该特点，我国自行研制的频敏变阻器，其阻抗随频率成正比，起动时，转子频率高，频敏变阻器阻抗大，随着电动机转速的上升，频敏变阻器阻抗随转子频率的减小而减小，这样电动机就可以得到较为理想的起动特性。

频敏变阻器是一种由铸铁片或钢板叠成铁心，外面套上三相绕组组成三相电抗器。将其接入绕线转子异步电动机转子回路中，由其绕阻电抗和铁心损耗（主要是涡流损耗）决定的阻抗随电动机的转速而变化。其结构简单、体积小、运行可靠，但起动时功率因数低，起动转矩小。常用的频敏变阻器有用于轻载起动的 BP1、BP2、BP3 系列，用于重载起动的 BP4、BP6 系列。

图 2－24 是转子串接频敏变阻器的起动控制电路。该电路可以由转换开关 SC 进行选择自动或手动控制方式，接触器 KM1 用于电动机三相电源的控制，KM2 用于频敏变阻器的切换控制。工作原理如下：

自动控制：将 SC 打在“自动”位置，SC 的触头将时间继电器 KT 接通，这样当按下起动按钮 SB2 时，KM1 与 KT 线圈同时通电，中间继电器 KA、接触器 KM2 暂时不能通电，所以电动机串入频敏变阻器开始起动；当 KT 延时时间到，即电动机转速上升到接近其额定值时，KT 的延动触头闭合，使中间继电器 KA 线圈通电并通过 KA 自身触头闭合进行自锁，继而使 KM2 线圈通电，其主触头闭合，将频敏变阻器短接。

手动控制：此时 SC 位于“手动”位置，SC 的触头将时间继电器 KT 线圈电路切断。电动机起动结束时频敏变阻器的切换是利用按钮 SB3 操作的，即中间继电器 KA 的通电是由 SB3 控制的。

为了防止在起动过程中因起动电流大而使热继电器出现误动作，增加了一个中间继电器

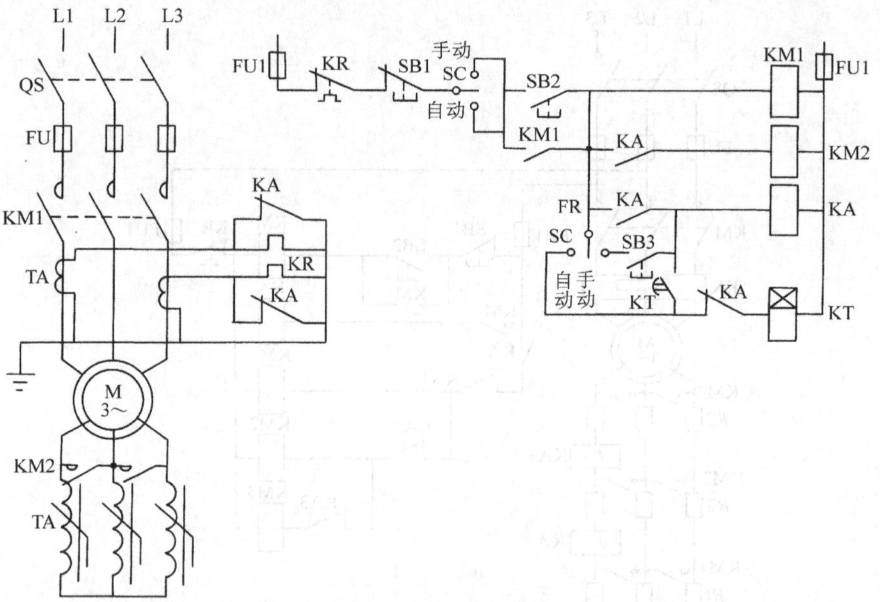

图 2-24　绕线转子异步电动机串频敏变阻器起动控制电路

KA，把 KA 的常闭触头并接在热继电器热元件的两端，起动时，由于 KA 不通电，热继电器不起保护作用；当起动结束后，KA 通电，其常闭触头断开，热继电器才起保护作用。

第五节　三相异步电动机的制动控制电路及其控制规律

三相异步电动机切除供电电源后，若不采取措施，由于机械惯性，总是需要一定的时间才能完全停止转动。有时我们根据需要，要求电动机快速停转，就必须采取一些措施，这些使电动机快速停转的措施就称为电动机的制动。三相异步电动机的制动分为机械制动和电气制动。

一、机械制动控制电路

在切断电源后，利用机械装置使电动机迅速停转的措施称为机械制动。在建筑电气控制中（如建筑工地的起重机、卷扬机等）使用较多的是电磁抱闸。

（一）电磁抱闸

主要由制动电磁铁和闸瓦制动器组成。制动电磁铁用于接受制动信号，其组成与普通的电磁机构相同。闸瓦制动器由闸轮、闸瓦、杠杆和弹簧等组成，闸轮与电动机同轴联接，当制动电磁铁接受到制动信号，产生电磁吸力带动闸瓦制动器动作，使电动机迅速停转。

（二）机械制动控制电路

磁抱闸的动作分为通电制动型和断电制动型两种。所谓通电制动就是当电磁抱闸断电时，闸瓦制动器处在松弛状态，闸轮可以自由转动；当电磁抱闸通电时，闸瓦抱紧闸轮，闸瓦制动器处在制动状态。而断电制动与通电制动正好相反，即通电时，制动器处于松弛状态，断电时，制动器处在制动状态。图 2-25、图 2-26 分别给出了断电制动与通电制动的控制电路。

断电制动控制电路如图 2-25 所示。YB 为电磁抱闸的控制线圈。当接触器 KM 通电

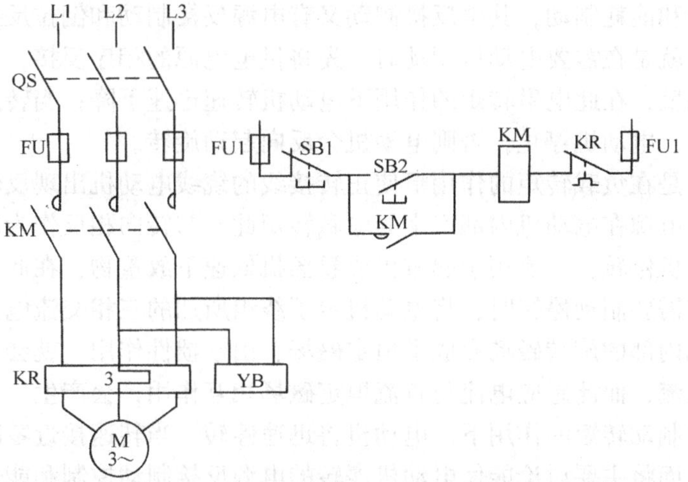

图 2－25　电磁抱闸断电制动控制电路

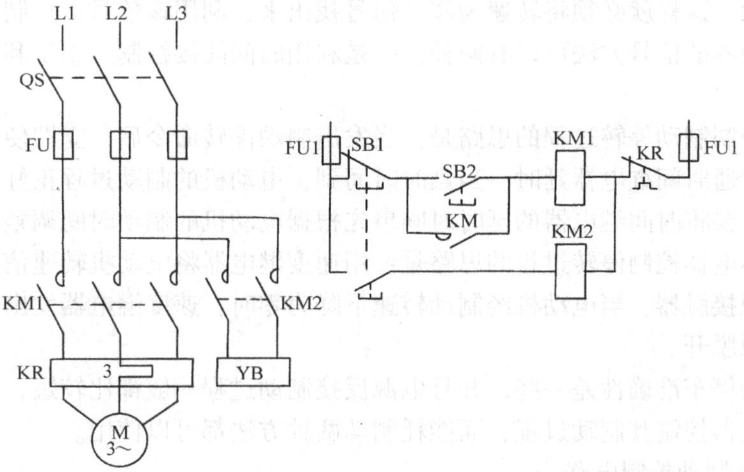

图 2－26　电磁抱闸通电制动控制电路

时，电动机与电磁抱闸同时接通电源，电磁抱闸松开，电动机转动。当接触器 KM 断电时，电动机与电磁抱闸同时断电，电磁抱闸在弹簧的作用下，闸轮被闸瓦紧紧抱住，电动机被迅速制动停转。这种控制方式在建筑工地的起重机、卷扬机等起重设备广泛使用。当重物被吊到空中时，按下 SB1，电动机断电，电磁抱闸立即动作，使电动机迅速制动停转，重物被准确定位。此外，断电制动方式不会在工作过程中因中途停电或电气故障的影响而造成事故。

通电制动控制电路如图 2－26 所示。该电路使用两个接触器控制，其中 KM1 控制电动机，KM2 控制电磁抱闸。当 KM1 通电，KM2 不通电时，电动机可以转动。当按下 SB1 时，KM1 断电，电动机脱离电源，而 KM2 会通电，电磁抱闸通电动作，使电动机立即制动停转。松开 SB1 后，电磁抱闸又断电，制动结束。

二、电气制动控制电路

机械制动是利用机械装置产生一个与电动机旋转方向相反的制动转矩作用在转轴上，使电动机迅速停转，而电气制动则是在电动机转动时，由其本身产生一个与旋转方向相反的电磁转矩——制动转矩作用在转轴上，使电动机迅速停转。由电机原理知：异步电动机的电气制动分为反接制动和能耗制动，其中反接制动又有电源反接制动和倒拉反接制动两种。

电源反接制动就是在需要电动机制动时，先将供电电源的相序反接，其内部产生的电磁转矩与旋转方向相反，在此电磁转矩的作用下电动机转速迅速下降；当转速接近零时，将电动机供电电源切除，电动机停止，否则电动机会反向起动旋转。

倒拉反接制动是在负载转矩的作用下使正转接线的绕线电动机出现反转，即电动机由负载倒拉着转动，而电源在电动机内部产生的电磁转矩此时与转向相反作为制动转矩。倒拉反接制动不能使电动机停转，主要用于起重机或卷扬机低速下放重物，在此不再讨论其控制。

能耗制动是在需要制动停转时，将电动机定子绕组所加的三相交流电源去掉，替换成直流电，这样电动机内部的旋转磁场变成了恒定磁场，由于惯性作用，就会在继续转动的转子绕组中产生感应电流，而此感应电流与直流恒定磁场相互作用，会产生一个与旋转方向相反的制动转矩，在此制动转矩的作用下，电动机将迅速停转。当转速接近零时，也应将电动机供电电源切除。下面将主要讨论能使电动机停转的电源反接制动控制和能耗制动控制。

从前面的分析可以看出，为保证电动机准确可靠地停转，应要求电动机的转速为零时，将供电电源切除，这样就必须将转速为零的信号找出来，利用该信号去控制供电电源的接触器。检测转速为零的信号方法可以有两种：一是利用时间间接控制，二是利用速度继电器直接控制。

利用时间控制制动停转过程的思路是：当发出制动停转命令后，立即使电动机进入制动状态，同时也接通时间继电器延时，当延时时间到，电动机的制动过程正好结束，使电源断开。这种方法需要将时间继电器的延时时间事先根据电动机的制动时间调整好。

利用速度继电器控制停转过程的思路是：用速度继电器将电动机转速信号变成开关信号直接去控制电源接触器，当电动机经制动转速下降为零时，速度继电器发出断开信号，将电动机与三相电源脱开。

时间控制的停车准确性差一些，并且电源反接制动过程一般都比较短，所以电源反接制动常用速度继电器控制其制动过程，而能耗制动两种方法都可以使用。

1. 电源反接制动控制电路

由于电源反接制动时，转子与定子旋转磁场的相对速度接近2倍的同步转速，使制动电流约是电动机全压起动的起动电流的2倍。为防止绕组过热和减小制动冲击，可以在反接制动电路中串入制动电阻，其电阻接入方法有三相对称和不对称接法两种。图2－27为电源反接制动控制电路，在该电路中，采用两个接触器KM1和KM2控制电动机的运行和制动，KM1为电动机起动运行接触器，KM2为反接制动接触器，制动电阻采用不对称接法，用速度继电器KS检测电机转速变化，并将KS调整在$n>130$r/min时动作，而当$n<100$r/min时，KS复位。电路工作原理：

起动和运行：按下起动按钮SB2，接触器KM1通电吸合并自锁，电动机单向起动并运行，当转速$n>130$r/min时，速度继电器KS动作，其常开触头闭合，为反接制动做好准备。

反接制动停转：按下停止按钮SB1，KM1断电，由于惯性电动机旋转速度来不及马上下降，KS的常开触头仍然闭合，所以KM2通电吸合并自锁，电动机定子绕组供电电源反接，使电动机处在反接制动状态，其转速迅速下降，当$n<100$r/min时，KS的常开触头断开，KM2断电释放，电动机脱离三相电源，以后电动机处在自由停车状态，直到其转速为

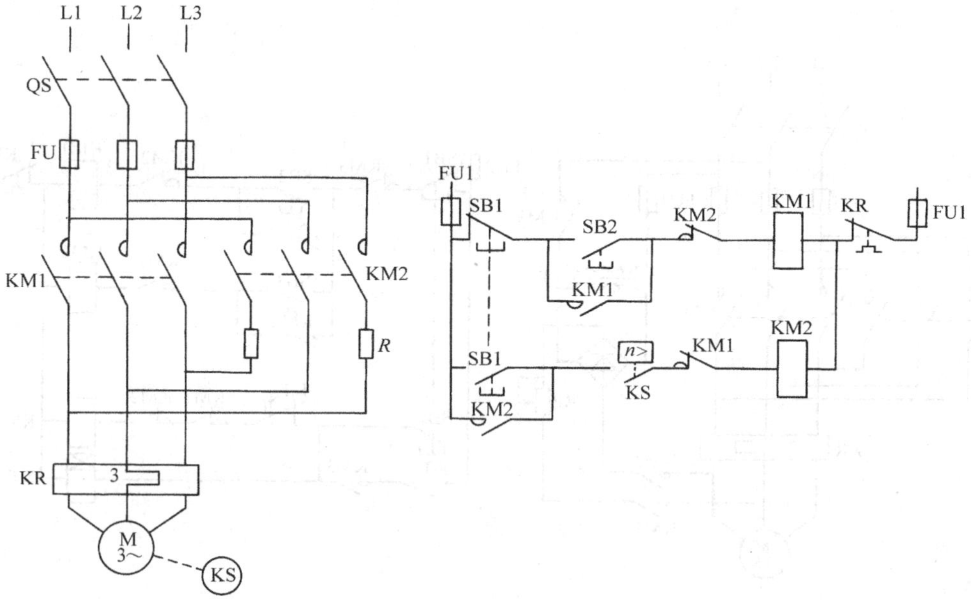

图 2－27　电源反接制动控制电路

零。

2. 能耗制动控制电路

能耗制动即可以采用速度原则控制，也可以采用时间原则控制。图 2－28 为采用速度原则控制的能耗制动控制电路。在该电路中，T 为整流变压器，UR 是桥式整流器，用于将交流电源电压减压、整流变成合适的直流，并由接触器 KM2 控制供给电动机，进行能耗制动，电位器 RP 用于调节制动电流的大小，改变制动强弱。该电路的组成与图 2－27 反接制动控制电路相似，其工作原理参照反接制动的控制电路分析。

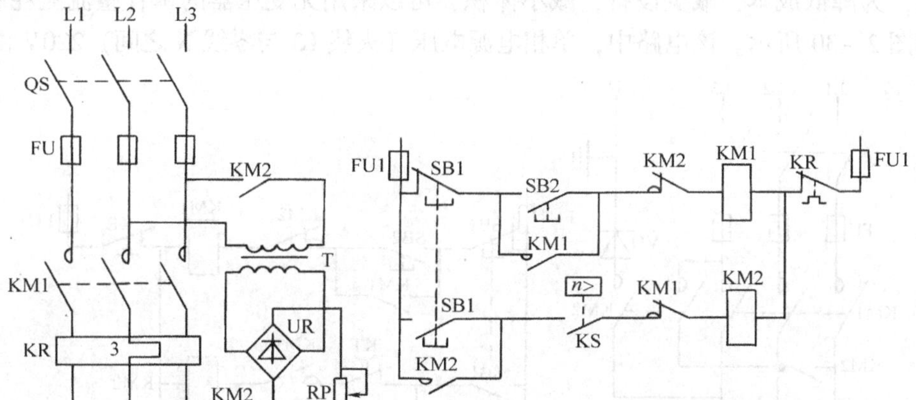

图 2－28　采用速度原则控制的能耗制动电路

图 2－29 是采用时间控制原则的正反转能耗制动控制电路。其中 KM1、KM2 分别为正反转起动与运行控制接触器，KM3 为制动接触器，KT 为制动时间继电器。工作原理分析

如下：

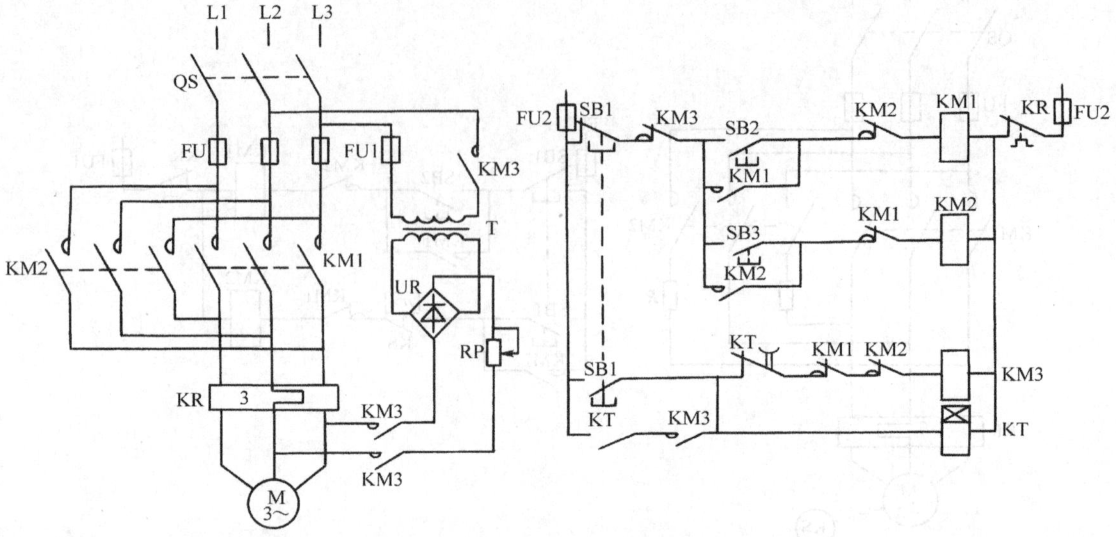

图 2－29　采用时间原则控制的正反转能耗制动控制电路

按下 SB2，KM1 通电吸合并自锁，电动机正向起动至运行。当需要停车时，按下 SB1，KM1 断电释放，使电动机脱离三相交流电源，也使 KM3 与 KT 通电吸合并自锁，KM3 的通电使电动机定子绕组接通直流电，开始能耗制动，转速下降；KT 通电，开始延时。KT 的延时时间到，电动机转速下降接近零时，其常闭延时断开触头动作，使 KM3 断电释放，进一步也使得 KT 断电释放，将直流电源切除。反转起动运行及制动与正转相似，不再分析。

上述两种能耗制动控制电路均采用由变压器减压、桥式整流器整流的方法，其制动效果较好，对于功率较大的电动机可以考虑采用三相整流电路。对于功率较小的电动机，若制动要求不高，为降低成本，减少设备，减小体积，可以采用无变压器的单管整流能耗制动控制电路，如图 2－30 所示。该电路中，单相电源电压（火线 L3 与零线 N 之间）220V 由接触器

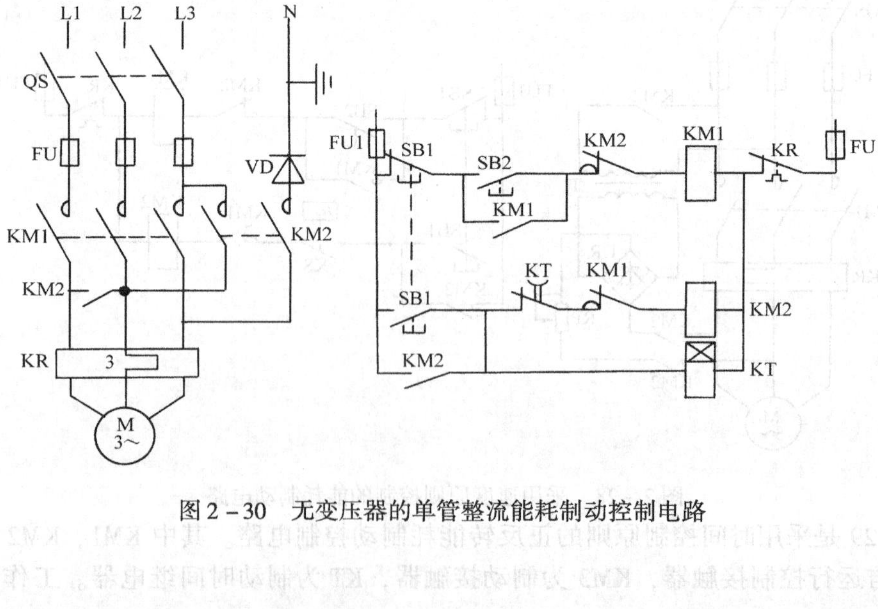

图 2－30　无变压器的单管整流能耗制动控制电路

KM2 控制，经整流二极管半波整流得到的近 100V 的直流电压加在电动机定子绕组上，为电动机能耗制动提供直流电流，它采用时间原则进行控制，KM1 为起动运行接触器，KM2 为制动接触器，制动时间由时间继电器 KT 控制。

第六节　三相异步电动机的变极调速控制电路

由电机原理知道，三相异步电动机的转速公式为：

$$n = \frac{60f_1}{p}(1 - s)$$

式中　p——电动机磁极对数；

s——转差率；

f_1——电动机定子电路的频率。

所以三相异步电动机有变极调速、变转差率调速和变频调速三种方法。其中变极调速和变转差率调速是传统调速方法，而后者又有改变电动机定子电压的调速、三相绕线式交流电动机转子串电阻调速与串级调速；变频调速是现代比较流行且先进的调速方法，其调速性能优越，可以和直流电动机的调速性能相媲美，现在的交流三相异步电动机的调速控制装置——变频器是将现代电力电子器件、微型计算机控制技术和先进的控制方法结合在一起，是一种先进的交流调速装置，传统的调速方法必然要被这种先进的调速方法所替代。目前变频调速已有专门的书籍论述，本节只讲述传统调速方法之一：变极调速控制电路。

用于变极调速的电动机有双速和三速等多速电动机。所谓的变极就是通过改变电动机定子绕组的接线方式来达到改变电动机定子磁极对数以实现电动机调速控制目的。变极方法通常有两种：①三角形（△）接法和双星形（YY）接法；②星形（Y）接法和双星形（YY）接法。这两种方法都是改变各相一半绕组的电流方向来实现变极的。图 2 - 31 所示为三角形（△）和双星形（YY）的定子绕组接法的变极接线示意图。应该注意的是，为了保证变极后电动机的转向不发生变化，在变极的同时还应改变电源的接线相序。

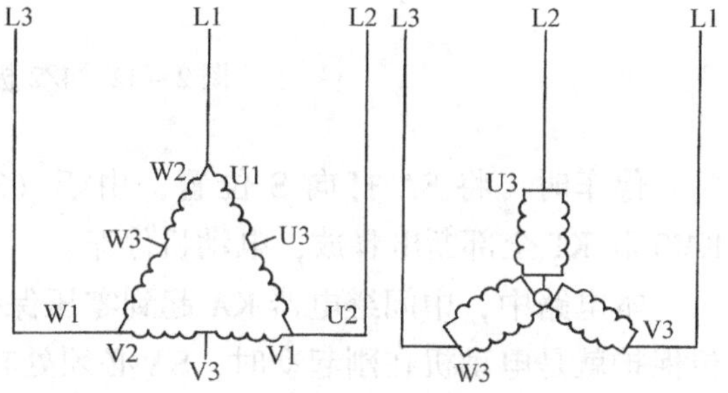

图 2 - 31　△ - YY 变极接线示意图

图2 - 32 为△ - YY 的控制电路。在该控制电路中，使用转换开关 SA 控制电动机的低速、高速和停止。SA 共有三个操作位置，位置 L 为低速位置，H 为高速位置，S 为开始起动或停车位置。采用三台接触器 KM1、KM2 和 KM3 控制电动机定子绕组的△和 YY 接法。当 KM3 主触头接通，KM1 和 KM2 主触头断开，电动机按三角形联结低速运行；当 KM3 主触头断开，KM1 和 KM2 主触头接通，电动机按 YY 形联结高速运行。当需要电动机高速运行，为了限制高速起动时的起动电流，该电路在起动时，先将电动机接成三角形低速起动，经过一段时间，电动机切换成 YY 接法，三角形起动时间由时间继电器 KT 控制。具体控制原理如下：接合上 QS 后，开始起动时，先将 SA 置 0 位置，(1—3) 通，因此中间继电器 KA 线圈通电，其触头闭合自锁，为其它电器通电做好准备。低速时，将 SA

打向 L 位置，(3—5) 通，所以 KM3 通电吸合，电动机按三角形接法起动并运行。高速时，将 SA 打向 H 位置，此时 (3—13) 通，使 KT 通电，KT 的瞬动触头立即闭合，(5—11) 通，由于 KT 的延时动作触头还没有动作，致使 KM3 通电吸合，电动机按三角形接法起动。经过一段时间后，KT 的延时时间到，其延动触头动作，使 (11—13) 断开，(13—15) 接通，因此 KM3 断电释放，进一步使 KM1、KM2 通电吸合，电动机定子接成 YY 形高速运行。

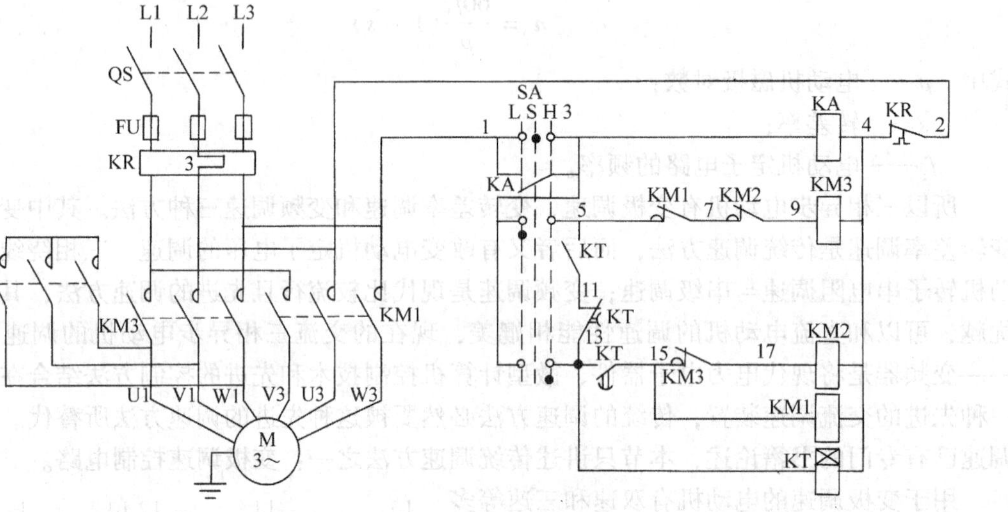

图 2-32　4/2 极双速电动机控制电路

停车时，将 SA 打向 S 位置，由于 (3—5) 和 (3—13) 都断开，所以 KM1、KM2、KM3 和 KT 全部断电释放，电动机停车。

本电路中，中间继电器 KA 起到零压保护作用，转换开关 SA 起零位保护作用。所谓零位保护就是电动机在刚起动时，SA 必须处在 S 位置，防止电动机自行起动。如果在控制电路接通电源后，SA 不在 S 位置，KA 不能通电，其它所有的接触器也不能自行通电，电动机不能起动。

思考题与习题

2-1　电动机点动控制与连续运转控制电路的关键环节是什么？试画出几种既可点动又可连续运转的控制电路。

2-2　试设计出一个两地操作的点动和连续运转的控制电路。

2-3　电动机的控制原则（规律）有哪些？它们的基本特点是什么？各自用在什么场合？

2-4　设计一个控制电路，三台笼型异步电动机起动时，M1 先起动，经 10s 后 M2 自行起动，运行 30s 后 M1 停止，同时 M3 自行起动，再运行 30s 后电动机全部停止。

2-5　试分析图 2-16 所示 Y-△减压起动控制电路的工作原理。

2-6　笼型异步电动机采用减压起动，可选用哪些参量作为控制参量以实现起动过程？各有何特点？

2-7　现有一台双速笼型异步电动机，试按以下要求设计控制电路。

1）分别由两个按钮来控制电动机的高速和低速起动，由一个按钮控制电动机的停转。

2）高速起动时，电动机先低速，经延时后自动切换成高速。

3）具有短路和过载保护。

2-8 某笼型异步电动机可做正、反向运行，要求减压起动，快速停车（为限制制动电流，制动时应接入制动电阻），试设计主电路和控制电路。

2-9 某台消火栓泵由笼型异步电动机拖动，采用Y-△起动，要求现场和消防控制中心都能进行起停控制，过载时发出声光报警信号，试设计主电路和控制电路。

第三章　建筑电气继电－接触器控制电路的设计

建筑电气控制系统有很多是继电－接触器控制系统，其设计一般是针对电动机的控制设计，即电力拖动控制系统设计。因为建筑物中使用的许多控制设备都是由电动机拖动的，如高楼中的供水装置、消防装置、锅炉水泵、风机、电梯装置等。其设计包括确定控制方案、控制系统的动力设计（拖动方案、电机容量的选择等）、控制电路原理设计、电器元件的选择，以及控制装置的实现等环节。对于建筑电气继电－接触器控制电路的设计，就是根据相关建筑专业对所需的电气控制设备提出的控制要求设计出能满足需要的控制装置（包括控制电路的设计、电器控制元件的选择等）。

建筑电气控制设备的种类繁多，对电气的控制要求也不一样，其电气控制设备也不相同，但电气控制系统的设计原则和方法基本相同。本章将在前面两章内容的基础上，讨论建筑电气继电－接触器控制系统的一般设计过程。并通过一些实例力求使大家较快较好地掌握其一般设计方法。

第一节　电气控制装置设计的一般原则、基本内容和设计步骤

正确的设计思想和工程观点是高质量完成设计任务的保证。

一、电气控制设计的一般原则

在电气控制系统的设计过程中，通常应遵循以下几个原则：

（1）最大限度原则　即要最大限度地满足控制设备对电气控制的要求。对控制设备的控制要求是由相关专业人员从他们的专业角度提出的，这也是电气控制系统设计的主要依据，这些要求常常以工作循环图、执行元件动作节拍表、检测元件状态表等形式提供，对于有调速要求的场合，还应给出调速技术指标。其它如起动、转向、制动、照明、保护以及与BAS、FAS系统的接口等要求，应根据具体需要充分考虑。

（2）简单、经济原则　即在满足控制要求的前提下，设计方案力求简单、经济，不宜盲目追求自动化和高指标。

（3）合理选用原则　即要正确合理地选用各种电器元件。

（4）安全可靠原则　即要确保使用安全、可靠。

（5）实用原则　造型美观，使用、维护方便。

二、电气控制设计的基本任务与内容

电气设计的基本任务是根据控制要求设计和编制出设备制造和使用维修过程中所必须的图纸、资料，包括电气原理图、电气系统的组件划分与元器件布置图、安装接线图、电气箱图、控制面板及电器元件安装底板图以及非标准紧固件加工图等图纸和编制外购成件目录、单台材料消耗清单、设备说明书等资料。由此可见，电气控制设计分原理设计与工艺设计两个基本部分，以电力拖动控制设备为例，两方面的设计内容分述如下：

（一）原理设计内容

1）按照相关专业提出的控制要求，拟定电气设计任务书。

2）了解并确定电动机的类型、容量、转速及具体型号。

3）选择拖动方案与控制方式。

4）设计电气控制原理框图，确定各部分之间的关系，拟订部分技术要求。

5）设计并绘制电气原理图，计算主要技术参数。

6）选择电器元件，制订元器件目录清单。

7）编写设计说明书。

电气原理图设计是整个设计的中心环节，是工艺设计和制订其它技术资料的依据。

（二）工艺设计内容

工艺设计的主要目的是便于组织电气控制装置的制造，实现原理设计要求的各项技术指标，为设备的调试、维护、使用提供必要的图纸资料。工艺设计主要内容是：

1）根据设计的原理图及选定的电器元件，设计电气设备的总体配置，绘制电气控制系统的总装配图及总接线图。

2）按照原理图或划分的组件，对总原理图进行编号，绘制各组件原理图，列出各部分的元件目录表，并根据总图编号统计出各组件的进出线号。

3）根据组件原理电路及选定的元件目录表，设计组件装配图（电器元件布置与安装图)、接线图。

4）根据组件装配要求，绘制电器安装板和非标准电器安装图，标明技术要求。

5）设计电气箱。根据组件尺寸及安装要求确定电气箱结构与外形尺寸，设置安装支架，标明安装尺寸，面板安装方式，各组件的连接方式，通风散热以及开门方式。在电气箱设计中，应注意操作维护方便与造型美观。

6）根据总原理图、总装配图及各组件原理图等资料，进行汇总，分别列出外购件清单，标准件清单以及主要材料消耗定额。

7）编写使用维护说明书。

三、电气控制设计的一般程序

以电力拖动控制设计项目为例，通常电气系统的设计程序是按以下步骤进行的。

1. 拟订设计任务书

设计任务书是整个系统设计的依据，同时又是今后设备竣工验收的依据。在很多情况下，设计任务下达部门对系统的功能要求和技术指标只能描述一个粗略轮廓，而真正设备使用中应达到的各种具体的技术指标及其它各项基本要求是由技术领导部门、设备使用部门及承担机电设计任务的部门等几方面共同协商，最后以技术协议形式予以确定。

电气设计任务书中，除简要说明所设计设备的型号、用途、工艺过程、动作要求、传动参数和工作条件外，还应说明以下主要技术指标及要求：

1）控制精度，生产效率要求。

2）电气传动基本特性，如运动部件数量、用途、动作顺序、负载特性、调速指标、起动和制动要求等。

3）自动化程度要求。

4）稳定性及抗干扰要求。

5）联锁条件及保护要求。

6）电源种类，电压等级，频率及容量等要求。

7）目标成本及验收方式。

8）验收标准及验收方式。

9）其它要求，如设备布局、安装要求、操作台布置、照明、信号指示、报警方式等。

2. 选择电力拖动方案与控制方式

这是根据机械设备的结构、运动部件的数量、运动要求、负载性质、调速要求以及投资额等条件去确定电动机的类型、数量、传动方式以及电动机起动、运行、调速、转向、制动等控制要求，作为电气控制原理图设计及电器元件选择的依据。

3. 选择电动机

拖动方案决定后，就可以进一步选择电动机的种类、型式、电动机额定转速和额定功率。

（1）电动机选择的基本原则

1）电动机应满足机械设备提出的有关机械特性的要求。

2）电动机在工作过程中，功率能被充分利用。

3）电动机的型式适合周围环境要求。

（2）根据机械设备调速要求选择电动机种类　异步电动机结构简单、价格便宜，维修方便，但起动及调速性能不如直流电动机。因此在异步电动机能满足生产需要的场合都应采用异步电动机，仅在起动、制动和调速等方面不能满足要求时才考虑选用直流电动机。近年来，越来越多的直流调速应用领域被交流调速所取代。

（3）电动机型式的选择　在工作方式上，按机械设备不同工作制相应选择连续、短时及断续周期性工作的电动机。

按安装方式不同，电动机分为卧式与立式两种，一般选用卧式电动机，只有为简化传动装置才选用立式电动机。

按不同工作环境选择电动机的防护形式。开启式适用于干燥清洁的环境；防护式适用于干燥和灰尘不多，没有腐蚀性的爆炸性气体的环境；封闭式有自扇冷式、他扇冷式和封闭式三种，前两种用于潮湿、多腐蚀性灰尘、易受风雨侵蚀的环境，后一种用于浸入水中的机械；防爆式用于有爆炸危险的环境。

（4）电动机额定电压的选择　交流电动机额定电压应与供电电网电压一致。一般低压电网电压为380V，因此中小型异步电动机额定电压为220V/380V及380V/660V两种。当电动机功率较大，供电电压为6kV及10kV时，可选用相应的高压电动机。

直流电动机的额定电压也要与电源电压相一致。

（5）电动机额定转速的选择　对于额定功率相同的电动机，额定转速越高，电动机尺寸、重量和成本越小，因此选用高速电动机较为经济，但由于机械设备所需转速一定，电动机转速越高，传动机构转速比越大，传动机构越复杂。因此应综合考虑电动机与机械两方面的多种因素来确定电动机的额定转速。

（6）电动机容量的选择　电动机的容量反映了它的负载能力，它与电动机的允许温升和过载能力有关。前者是电动机负载时允许的最高温度，与绝缘材料的耐热性能有关；后者是电动机的最大负载能力，在直流电动机中受整流条件的限制，在交流电动机中由最大转矩决定，实际上，电动机的额定容量由允许温升决定。

电动机容量的选择有两种方法：一种是分析计算法；另一种是统计类比法。分析计算法是根据机械设备负载图，在产品目录上预选一台功率相当的电动机，再用此电动机的技术数据和机械设备负载图求出电动机的负载图。最后，按电动机的负载图从发热方面进行检验，并检查电动机的过载能力是否满足要求，若不合格，则再选一台电动机重新进行计算，直至合格为止。此法计算工作量大，负载图的绘制较为困难。

统计类比法是在不断总结经验的基础上，选择电动机容量的一种实用方法，但也有一定的局限性。它包括统计法和类比法。统计法是对各种机械设备的拖动电动机进行统计分析，找出电动机容量与设备主要参数之间的关系，用数学式表示，作为类似机械设备在选择拖动电动机容量时的主要依据。类比法是通过对经过长期运行考验的同类机械设备所采用的电动机容量进行调查，然后对主要参数和工作条件进行类比，从而确定新设备拖动电动机的容量。

4. 选择控制方式

拖动方案确定之后，拖动电动机的类型、数量及其控制要求就已基本确定，采用什么方法去实现这些控制要求就是控制方式的选择问题。随着电气技术、电子技术、计算机技术、检测技术以及自动控制理论的迅速发展和机械结构与工艺水平的不断提高，已使机械设备电力拖动的控制方式发生了深刻的变革，从传统的继电－接触器控制向顺序控制、可编程控制、计算机联网控制等方面发展，各种新型的工业控制器及标准系列控制系统也不断出现，可供选择的控制方式较多，系统复杂程度的差异也很大。具体选择时应根据实际情况及各种控制方式的特点而定。

5. 设计电气控制原理电路图并合理选用元器件，编制元器件目录清单。

6. 设计电气设备制造、安装、调试所必须的各种施工图纸，并以此为根据编制各种材料定额清单。

7. 编写说明书。

第二节　电气控制原理电路设计的步骤与方法

原理电路设计是原理设计的核心内容。在总体方案确定之后，具体设计是从电气原理图开始，如上所述，各项设计是通过控制原理图来实现的，同时它又是工艺设计和编制各种技术资料的依据。

一、电气原理图设计的基本步骤

1）根据选定的拖动方案及控制方式设计系统的原理图，拟订出各部分的主要技术要求和主要技术参数。

2）根据各部分的要求，设计出原理图中各个部分的具体电路。对于每一部分的设计总是按主电路→控制电路→辅助电路→联锁与保护→总体检查并反复修改与完善的步骤进行。

3）绘制总原理图。按系统框图结构将各部分连成一个整体。

4）正确选用原理电路中每一个电器元件，并制订元器件目录清单。

对于比较简单的控制电路，例如普通机械或非标设备的电气配套设计，可以省略前两步直接进行原理图设计和选用电器元件。但对于比较复杂的自动控制电路，例如采用微机或电子控制的专用检测与控制系统，要求有程序预选、自动显示、各种保护、故障诊断、报警、打印记录等要求，就必须按上述过程一步一步进行设计。只有各个独立部分都达到技术要求，才能保证总体技术要求的实现，保证总装调试的顺利进行。

二、电气原理图的设计方法及设计实例

电气原理设计的方法主要有分析设计法和逻辑设计法两种。下面主要以前一种为例介绍：

（一）分析设计法

所谓分析设计法是根据生产工艺的要求去选择适当的基本控制环节（单元电路）或经过考验的成熟电路按各部分的联锁条件组合起来并加以补充和修改，综合成满足控制要求的完整电路。当找不到现成的典型环节时，可根据控制要求边分析边设计，将主令信号经过适当的组合与变换，在一定条件下得到执行元件所需要的工作信号。设计过程中，要随时增减元器件和改变触头的组合方式，以满足拖动系统的工作条件和控制要求，经过反复修改得到理想的控制电路。由于这种设计方法是以熟练掌握各种电气控制电路的基本环节和具备一定的阅读分析电气控制电路的经验为基础，所以又称为经验设计法。

分析设计法的特点是无固定的设计程序，设计方法简单，容易为初学者所掌握，对于具有一定工作经验的电气人员来说，也能较快地完成设计任务，因此在电气设计中被普通采用，其缺点是设计方案不一定是最佳方案，当经验不足或考虑不周时会影响电路工作的可靠性。

在本章第五节，我们将举出一个对单台热循环泵进行电气控制设计的实例，来进一步说明分析设计法的设计过程。

（二）逻辑设计法

逻辑设计法是利用逻辑代数这一数学工具来进行电路设计，即根据机械设备的拖动要求及工艺要求，将执行元件需要的工作信号以及主令电器的接通与断开状态看成逻辑变量，并根据控制要求将它们之间的关系用逻辑函数关系式来表达，然后再运用逻辑函数基本公式和运算规律进行简化，使之成为需要的最简“与、或”关系式，根据最简式画出相应的电路结构图，最后再作进一步的检查和完善，即能获得需要的控制电路。

采用逻辑设计法能获得理想、经济的方案，所用元件数量少，各元件能充分发挥作用，当给定条件变化时，能指出电路相应变化的内在规律，在设计复杂控制电路时，更能显示出它的优点。

任何控制电路，控制对象与控制条件之间都可以用逻辑函数式来表示，所以逻辑法不仅能用于电路设计，也可以用于电路简化和读图分析。逻辑代数读图法的优点是各控制元件的关系一目了然，不会读错和遗漏。

由于这种方法设计难度较大，整个设计过程较复杂，还要涉及一些新概念，因此，在一般常规设计中，很少单独采用。其具体设计过程可参阅专门论述资料，这里不再作进一步介绍。

三、原理图设计中应注意的问题

电气控制设计中应重视在长期实践中总结出来的经验，尽量采用成熟电路，使设计电路简单、正确、安全、可靠、结构合理、使用维修方便。通常应注意以下问题。

（1）尽量减少控制电路中电流、电压的种类　控制电压等级应符合标准等级，在控制电路比较简单的情况下，可直接采用电网电压，即交流 220V、380V 供电，以省去控制变压器。当控制系统所用电器数量比较多时，应采用控制变压器降低控制电压，或用直流低电压控制，即节省安装空间，又便于采用晶体管无触头器件，具有动作平衡可靠，检修操作安全等优点。对于微机控制系统应注意弱电控制与强电源之间的隔离，不能共用零线，以免引起电源干扰。照明、显示及报警等电路应采用安全电压。电气控制电路常用控制电压等级见表3－1。

表3－1　常用控制电压等级

控制电路类型	常用的电压值/V		电源设备
较简单交流电力传动的控制电路	交流	380 220	不用控制电源变压器
较复杂交流电力传动的控制电路		110（127） 48	采用控制电源变压器
照明及信号指示路线		48 24 6	采用控制电源变压器
直流电力传动的控制电路	直流	220 110	整流器或者直流发电机
直流电磁铁及电磁离合器的控制电路		48 24 12	整流器

（2）尽量减少电器元件的品种、规格与数量　在电器元件选用中，尽可能选用性能优良、价格便宜的新型器件，同一用途尽可能选用相同型号。电气控制系统的先进性总是与电器元件的不断发展、更新紧密联系在一起的，因此，设计人员必须密切关心电机、电器技术、电子技术的新发展，不断收集新产品资料，以便及时应用于控制系统设计中，使控制电路在技术指标、稳定性、可靠性等方面得到进一步提高。

（3）正常工作中，尽可能减少通电电器的数量，以利于节能；尽量延长电器元件寿命以及减少故障。

（4）合理使用电器触头　在复杂的继电接触控制电路中，各类接触器、继电器数量较多，使用的触头也多，电路设计应注意：

1）主副触头的使用量不能超过限定对数，因为各类接触器、继电器的主副触头数量是有一定限制的。设计时应注意尽可能减少触头使用数量。如图3－1中b图比a图就节省一对触头。当控制需要的触头数量不够时，可以采用逻辑设计化简方法，改变触头的组合方式以减少触头使用数量，或增加中间继电器来解决。

2）检查触头容量是否满足控制要求，避免因使用不当而出现触头烧坏，粘滞和释放不了的故障，要合理安排接触器主副触头的位置，避免用小容量继电器触头去切断大容量负载。总之，要计算触头通断能力是否满足被控制负载的要求，以保证触头工作寿命和可靠性。

（5）做到正确连线　具体应注意以下几方面：

1）正确连接电器线圈。电压线圈通常不串联使用，即使是两个同型号的电压线圈也不能采用串联施加额定电压之和，以免电压分配不匀引起工作不可靠，如图3－2所示。

对于电感较大的电器线圈，例如电磁阀、电磁铁、直流电机励磁线圈等不宜与相同电压等级的接触器或中间继电器直接并联工作，否则在接通或断开电源时会造成后者的误动作。

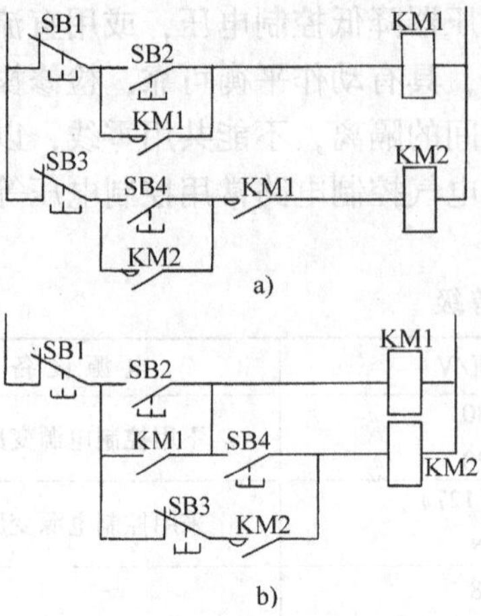

图 3-1　减少触头使用

a）不合理　b）合理

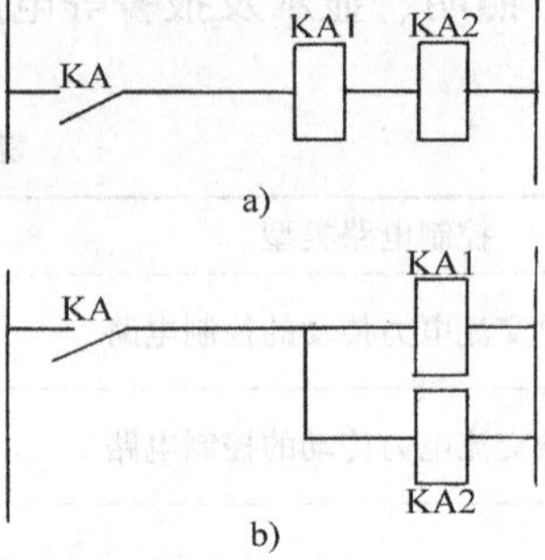

图 3-2　线圈连接

a）不正确　b）正确

2）合理安排电器元件及触头位置。对于一个串联回路，各电器元件或触头位置互换，并不影响其工作影响，但从实际连线上却影响到安全、节省导线等方面的问题。如图 3-3 所示两种接法，两者工作原理相同，但是采用图 3-3a 接法既不安全而且浪费导线。因为限位开关 SQ 的常开、常闭触头靠得很近，在触头断开时，由于电弧可能造成电源短路，很不安全，而且这种接法电气箱到现场要引出四根线，很不合理。图 3-3b 所示的接法比较合理。

3）注意避免出现寄生回路。在控制电路的动作过程中，如果出现不是由于误操作而产生的意外接通的电路，称为寄生回路。图 3-4 所示为电动机可逆运行控制电路，KR 为热继电器保护触头。为了节省触头，显示电动机工作状态的指示灯采用图中所示的接法，正常情况下电路能完成起动、正反转及停止操作。但在运行中电动机过载，KR 触头断开就会出现如图中虚线所示寄生回路，使接触器不能可靠释放而得不到过载保护。如果将 KR 触头位置移接到 SB1 上端就可避免产生寄生回路。

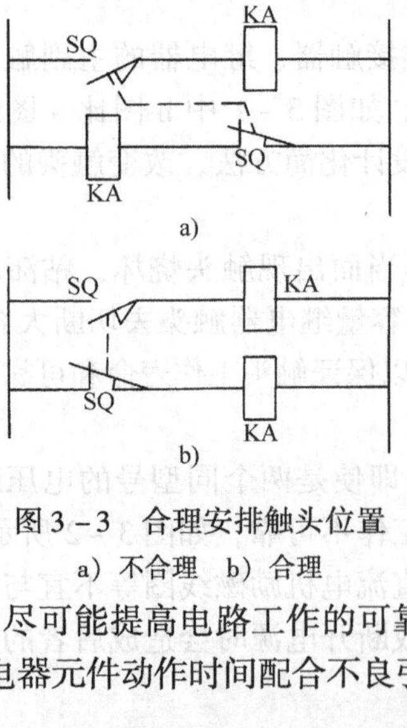

图 3-3　合理安排触头位置

a）不合理　b）合理

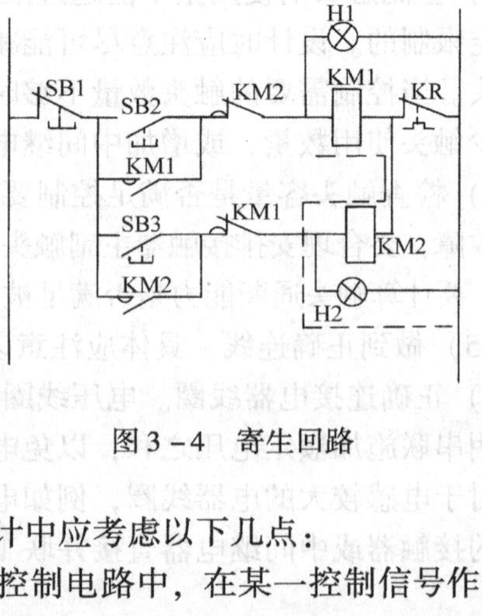

图 3-4　寄生回路

(6) 尽可能提高电路工作的可靠性、安全性　设计中应考虑以下几点：

1）电器元件动作时间配合不良引起的竞争。复杂控制电路中，在某一控制信号作用下，电路从一种状态转换到另一种状态，常常有几个电器元件的状态同时变化，考虑电器元件总有一定的动作时间，对时序电路来说，就会得到几个不同的输出状态。这种现象称为电路的“竞争”。另外，对于开关电路，由于电路元件的释放延时作用，也会出现开关元件不按要求的逻辑功能输出的可能性，我们称这种现象为“冒险”。

“竞争”与“冒险”现象都将造成控制回路不能按要求动作，引起控制失灵。通常我们分析控制回路的电器动作及触头的接通和断开，都是静态分析，没有考虑其动作时间。实际上，由于电磁线圈的电磁惯性、机械惯性、机械位移量等因素，通断之间存在一定的时间(几十毫秒到几百毫秒)，是电器元件固有因素，它不同于因控制需要人为设置的延时，前者的延时通常是不可调的，而后者的延时是可调的。当电器元件的动作时间可能影响到控制电路的动作程序时，就需要用能精确反映元件动作时间及它们之间互相配合的方法。例如用时间图来分析执行元件的动作可靠性。

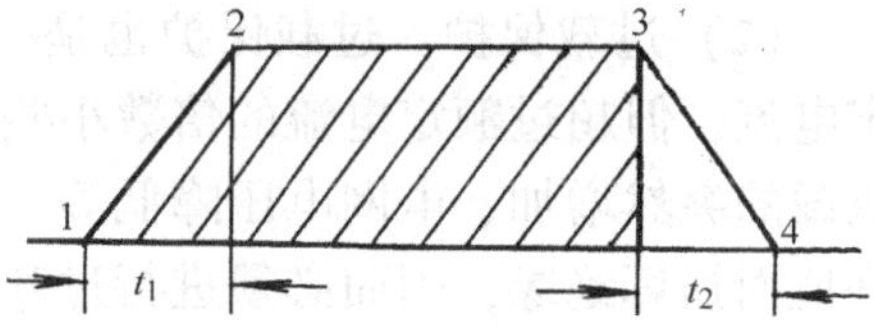

图3-5　时间图

继电器或接触器线圈从通电到触头的闭合或打开，这段时间称为吸引时间。如图3-5所示，用点1到2的斜线表示线圈是通电的，但其触头要到点2才闭合。而线圈断电到触头打开，这段时间称为释放时间，以斜线3-4表示。在这段时间，线圈已断电，但触头仍闭合，到点4时刻触头才断开。图中点1-3阴影部分为线圈通电时间，点2-4为触头闭合时间，只有水平线2-3为线圈通电且触头也闭合的时间。这种电器动作过程与时间的关系图称为时间图。

2）误操作可能带来的危害，特别是一些重要设备应仔细考虑每一控制程序之间必要的联锁，即使发生误操作也不会造成设备事故。

3）应考虑到故障状态下，设备的自动保护作用。

4）应根据设备特点及使用情况设置必要的电气保护。

（7）电路设计要考虑操作、使用、调试与维修的方便　例如设置必要的显示，随时显示系统的运行状态与关键参数，考虑到运动机构修理所必要的单机点动、单步及单循环动作，必要的照明，易损触头及电器元件的备用等等。

（8）原理图绘制应符合国家有关标准规定　其中包括器件图形符号应符合GB4728.1～GB4782.13中电气图形符号的规定，绘制时要合理安排版面，项目代号应符合GB5924《电气技术中项目代号》的规定。例如，主电路一般排在左面或上面，控制电路或辅助电路排在右面或下面，元器件目录排在标题上方。为了帮助读图，有时以动作状态或工艺过程形式将主令开关的通断、电磁阀动作要求、控制流程等表示在图面上，也可以在控制电路的每一支路边上标出控制目的。

第三节　电气控制设计中的电气保护及其实现

电气保护是电气电路设计中必须考虑的一个重要问题，下面从电气设计角度讨论电气故障的类型、产生原因、保护方法，以供设计中选用参考。

一、电流型保护

电器元件在正常工作中，通过的电流应在额定电流以内。短时间内，只要温升不超过绝缘材料的最大允许值，超过额定电流也是允许的，这就是各种电气设备或电器元件所具有的过载能力。电器由于电流过大引起损坏的根本原因是发热引起的温升超过绝缘材料的承受能力。在散热条件一定的情况下，温升取决于发热量，而发热量不仅取决于电流大小，而且与通电时间密切相关。电流型保护的基本原理是：利用保护电器检测的电流信号，直接或放大后去控制被保护对象，当电流达到整定值时保护电器动作，切断电路或发出信号。

电流型保护主要有以下几种：

（1）短路保护　绝缘损坏、负载短接、接线错误等故障，都可能产生短路现象。短路时产生的瞬时故障电流可达到额定电流的几倍到几十倍，使电气设备或配电电路因过热或电动力而短时间内损坏，甚至因电弧而引起火灾。因此，短路保护要求在很短时间内迅速切断电源。

短路保护的常用方法是采用熔断器、断路器或采用专门的短路保护继电器。

（2）过载保护　过载保护也是一种电流型保护。过载也是指电动机的运行电流大于额定电流，但超过额定电流的倍数小些，通常在 $1.5I_N$ 以内。引起电动机过载的原因很多，如负载的突然增加、电网电压降低等。电动机长期过载运行，也将引起过热，使其温升超过允许值而损坏绝缘，因而必须进行过载保护。

过载保护通常用热继电器或温度继电器来实现。如采用热继电器保护时，其热元件串于负载电路，常闭触头串于控制电路，当负载过载一定时间，热元件温度升高，使其触头动作，从而切断控制电路，实现过载保护。由于热继电器动作时其动作电流不能准确反映负载的过载能力，保护可靠性不高。而温度继电器可以直接检测电动机的温升，对电动机的保护可靠性更高。它利用热敏电阻来检测电动机绕组的温升，将热敏电阻直接埋入电动机绕组，绕组的温度变化经热敏电阻转化为电信号，经电子电路比较放大，驱动继电器动作，达到保护目的。

过载保护要求具有反时限特性，即根据电流过载倍数的不同，其动作时间是不同的，它随过载电流的增加而减小。

（3）接地故障保护　接地故障保护是为在故障情况下保障人身安全、防止触电事故而进行的接地保护，如将电气设备的外露可导电部分（金属外壳和构架等）接地。保护接地的作用可用图 3－6 说明。如果电动机外壳未接地（见图 a），则当电动机发生一相碰壳时，其外壳就带有相电压。人体触及外壳，全部接地电容电流流过人体非常危险。如果电动机外壳接地（见图 b），则由于人体电阻远远大于接地电阻，因此人体触及外壳也无多大危险，因为接地电容电流主要由接地装置分担了，流经人体的电流就非常小了。

（4）欠电流保护　所谓欠电流保护是指被控制电路电流低于某一数值时，将其电源切断的一种保护。

欠电流保护通常是采用欠电流继电器来实现的。欠电流继电器线圈串联在被保护电路中，正常工作时吸合，一旦发生欠电流，欠电流继电器就释放，切断电源。

（5）断相保护　异步电动机在正常运行时，由于电网故障或一相熔断器熔断引起对称三相电压缺少一相，电动机将在两相电源下低速运转或停转，定子电流很大，是造成电动机绝缘及绕组烧损的常见故障之一。断相时，负载的大小、绕组的接法引起相电流与线电流的变化差异较大。对于正常运行采用三角形接法的电动机（我国生产的三相笼型异步电动机 3kW 以上均采用三角形接法），如负载在 53%～67% 之间，发生断相故障，会出现故障相的

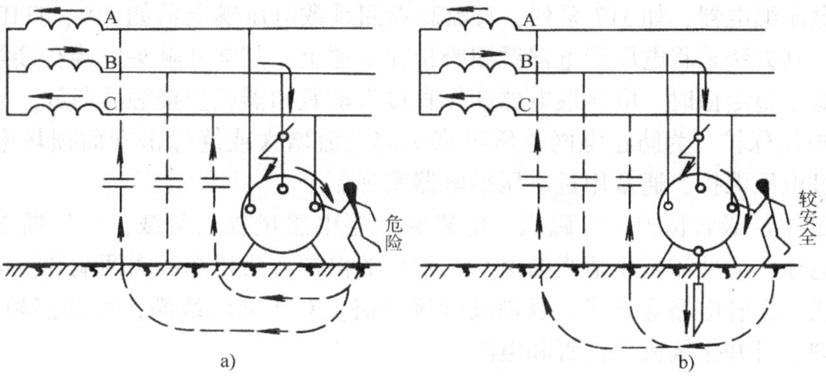

图 3－6　保护接地说明

a）没有保护接地的电动机一相碰壳时　b）装有保护接地的电动机一相碰壳时

线电流小于负载电流动作值，但相绕组最大一相电流却已超过其额定值。由于热继电器热元件是串接在三相电流进线中，因而采用普通三相式热继电器起不到保护作用。

断相保护可以采用专门为断相运行而设计的断相保护热继电器，或者用温度继电器实现，也可以在三相电路上跨接两只电压继电器，当发生缺相时，电压继电器动作带动控制元件去切断电源。

二、电压型保护

电动机或电器元件都是在一定的额定电压下正常工作，电压过高、过低或者工作过程中非人为因素的突然断电，都可能造成机械设备的损坏或人身事故，因此在电气控制线设计中，应根据要求设置失电压保护、过电压保护及欠电压保护。

（1）失电压保护　当负载是电动机时，如果因为电源电压的消失而停转，那么在电源电压恢复时，电动机就可能自行起动，从而造成人身事故或机械设备损坏。对电网来说，许多电动机同时起动，也会引起不允许的过电流和过大的电压降，而电热类电器则可能引起火灾。防止电压恢复时电动机的自行起动或电器元件自行投入工作而设置的保护，称为失电压保护。

采用接触器及按钮控制电动机的起动停止，具有失电压保护作用，因为如果正常工作时，电网电压消失，接触器就释放而切断电动机电源，当电网恢复正常时，由于接触器自锁电路已断开，不会自行起动。但如果不是采用按钮，而是用不能自动复位的手动开关，行程开关等控制接触器，必须采用专门的零压继电器。工作过程中，一旦失电，零压继电器释放，其自锁也释放，当电网恢复正常时，就不会自行投入工作。

（2）欠电压保护　电动机或电器元件在正常运行中，电网电压降低到额定电压的60%～80%时，就要求能自动切除电源而停止工作，这种保护称为欠电压保护。因为电动机在电网电压降低时，其电磁转矩、转速都将降低甚至堵转。在负载一定的情况下，电动机电流将增加，不仅影响产品加工质量，还影响设备正常工作，使机械设备损坏，以致出现人身事故。另一方面，由于电网电压的降低，如降到额定电压的60%，控制电路中的各类交流接触器、继电器既不释放又不能可靠吸合，产生振动和噪声，线圈电流增大，甚至过热，造成电器元件和电动机的烧毁。

除上述采用接触器及按钮的控制方式具有欠电压保护作用外，还可以采用空气开关或专门的电磁式电压继电器，如JT7系列，直流高返回系数电压继电器如JT9、JT10系列来进行欠电压保护。其方法是将电压继电器线圈跨接在电源上，其常开触头串接在接触器控制回路中。当电网低于整定值时，电压继电器动作直接带动脱扣器或使接触器释放。

（3）过电压保护　为防止电网电压过高引起电流增大或绝缘击穿而损坏电气设备的保护措施称为过电压保护，通常用过电压继电器实现。

（4）浪涌电压吸收保护　电磁铁、电磁吸盘等电感量较大负载，在切断电源时将产生很高的浪涌电压，为此需采用适当的保护。常用的保护方法是在线圈两端并接电阻、电阻电容串联电路或二极管电路等方式，以构成续流回路。对于交流线圈，可并接阻容吸收回路，对于直流线圈，可并接续流二极管和电阻。

三、位置保护

机械设备运动部件的行程、越位大小及运动部件的相对位置都要限制在一定范围内，如起重设备的左右、上下、前后运动行程都必须有适当的保护，否则就可能损坏机械设备并造成人身事故。这类保护称为位置保护。

位置保护可以采用限位开关、干簧继电器、接近开关等电器，当运动部件到达调定位置，使限位开关或继电器动作，其常闭触头串联在接触器控制电路中，因常闭触头打开而使接触器释放，于是，运动部件停止运行。也可采用其它电子检测元件来检测运动部件位置，从而发出电信号，控制运动部件。

四、温度、压力、流量、转速等保护

在电气控制电路设计中，常提出对机械设备某一部分的温度，液压或气压系统的压力、流量，运动速度等的保护要求，即要求以上各物理量限制在一定范围以内，例如对于冰箱、空调的压缩机拖动电动机，因散热条件差，为保证绕组温升不超过允许温升，而直接将测温装置预埋在绕组中，来控制其运行状态，以保护电动机不至因过热而烧毁。

大功率中频逆变电源，各类自动焊机电源的晶闸管、变压器采用水冷，当水压、流量不足时将损坏器件，可以采用水压开关或流量继电器进行保护。

为以上各种保护的需要而设计制造了各种专用的温度、压力、流量、速度继电器，它们的基本原理都是在控制回路中串联一个受这些参数控制的常开触头或常闭触头。各种继电器的动作都可以在一定范围内调节，以满足不同场合的保护需要。各种保护继电器的工作原理、技术参数、选用方法可以参阅专门的产品手册和介绍资料。

第四节　电气控制装置工艺设计

工艺设计的目的是在满足电气控制设备的制造和使用要求的前提下，再考虑其美观实用性，尤其是建筑电气的电气设计，更应该注意这一点。工艺设计一般在原理设计完成之后进行，但有时在原理设计时，也应考虑到工艺设计的先进性、可行性。否则设计出的东西虽然能正常工作，但缺乏市场竞争力。

前面已谈到工艺设计的主要内容、设计程序以及各种图纸、资料的用途。在完成电气原理设计及电器元件选择之后，就可以进行电气控制设备总体配置，即总装配图、总接线图设计，然后再设计各部分的电器装配图与接线图，并列出各部分的元件目录、进出线号以及主要材料清单等技术资料，最后编写使用说明书。

一、电气设备总体配置设计

各种电动机及电器元件根据各自的作用，都有一定的装配位置，例如拖动电动机与各种执行元件（电磁铁、电磁阀、电磁离合器、电磁吸盘等）以及各种检测元件（限位开关，传感器，温度、压力、速度继电器等）必须安装在机械设备的相应部位。各种控制电器（各种接触器、继电器、电阻、断路器、控制变压器、放大器等）、保护电器（熔断器、电流、电压保护继电器等）可以安放在单独的电器箱内，而各种控制按钮、控制开关、指示灯、指示仪表、需经常调节的电位器等，则必须安放在控制台面板上。由于各种电器元件安装位置不同，在构成一个完整的自动控制系统时，必须划分组件，同时要解决组件之间，电气箱之间以及电气箱与被控制装置之间的连线问题。

划分组件的原则是：

1）功能类似的元件组合在一起。例如用于操作的各种按钮、开关、键盘和指示、检测、调节等元件集中为控制面板组件；各种继电器、接触器、熔断器、照明变压器等控制电器集中为电气板组件；各种控制电源、整流、滤波元件集中为电源组件等等。

2）尽可能减少组件之间的连线数量，接线关系密切的控制电器置于同一组件中。

3）强弱电控制电器分离，以减少干扰。

4）力求整齐美观，外形尺寸、重量相近的电器组合在一起。

5）便于检查与调试，需经常调节、维护的元件和易损元件组合在一起。

电气控制设备的各部分及组件之间的接线方式通常有：

1）电器板、控制板、机床电器的进出线一般采用接线端子（按电流大小及进出线数选用不同规格的线端子）。

2）被控制设备与电气箱之间采用多孔接插件，便于拆装、搬运。

3）印制电路板及弱电控制组件之间宜采用各种类型标准插件。

电气设备总体配置设计任务是根据电气原理图的工作原理与控制要求，将控制系统划分为几个组成部分，称为部件。根据电气设备的复杂程度，每一部分又可划分成若干组件，如负载控制电路组件、电器安装板组件、控制面板组件、电源组件等。要根据电气原理图的接线关系整理出各部分的进出线号，并调整它们之间的连接方式。

总体配置设计是以电气系统的总装配图与总接线图形式来表达的，图中应以示意形式反映出各部分主要组件的位置及各部分接线关系、走线方式及使用管线要求等。

总装配图、接线图（根据需要可以分开，也可以并在一起画）是进行分部设计和协调各部分组成一个完整系统的依据。总体设计要使整个系统集中、紧凑，同时在场地允许条件下，对发热厉害、噪声振动大的电气部件，如电动机组、起动电阻箱等尽量放在离操作者较远的地方或隔离起来，总电源紧急停止控制应安放在方便、明显的位置。总体配置设计合理与否将影响到电气控制系统工作的可靠性，并关系到电气系统的制造、装配质量，调试、操作及维护是否方便。

二、元件布置的设计与绘制

电气元件布置是某些电器元件按一定原则的组合，例如电气控制箱中的电器板、控制面板、放大器的布置等。电器元件布置的设计依据是部分原理图（总原理图的一部分）。同一组件中电器元件的布置应注意：

1）体积大和较重的电器元件应安装在电器板的下面，而发热元件应安装在电器板的上面。

2）强电弱电分开，注意屏蔽，防止外界干扰。

3）需要经常维护、检修、调整的电器元件安装位置不宜过高或过低。

4）电器元件的布置应考虑整齐、美观、对称。外形尺寸与结构类似的电器安放在一起，以利加工、安装和配线。

5）电器元件布置不宜过密，要留有一定的间距，若采用板前走线槽配线方式，应适当加大各排电器间距，以利布线和维护。

各电器元件的位置确定以后，便可绘制电器布置图。布置图是根据电器元件的外形绘制，并标出各元件间距尺寸。每个电器元件的安装尺寸及其公差范围，应严格按产品手册标准标注，作为底板加工依据，以保证电器的顺利安装。

在电器布置图设计中，还要根据部件进出线的数量（由部件原理图统计出来）和采用导线的规格，选择进出线方式，并选用适当接线端子板或接插件，按一定顺序标上进出线的接线号。

三、电器部件接线图的绘制

电气部件接线图是根据部件电气原理及电器元件布置图绘制的。它是表示成套装置的连接关系，是电气安装与查线的依据。接线图应按以下要求绘制：

1）接线图和接线表的绘制应符合 GB6988. 5—1986《电气制图接线图和接线表》的规定。

2）电器元件按外形绘制，并与布置图一致，偏差不要太大。

3）所有电器元件及其引线应标注与电器原理图中相一致的文字符号及接线号。原理图中的项目代号、端子号及导线号的编制分别应符合 GB5904—1985《电气技术中的项目代号》、GB4026—1983《电气接线端子的识别和字母数字符号标志接线端子的通则》及 GB4884—1985《绝缘导线的标记》等规定。

4）与电气原理图不同，在接线图中同一电器元件的各个部分（触头、线圈等）必须画在一起。

5）电气接线图一律采用细线条，走线方式有板前走线及板后走线两种，一般采用板前走线。对于简单电气控制部件，电器元件数量较少，接线关系不复杂，可直接画出元件间的连线。但对于复杂部件，电器元件数量多，接线较复杂的情况，一般是采用走线槽，只要在各电器元件上标出接线号，不必画出各元件间连线。

6）接线图中应标出配线用的各种导线的型号、规格、截面积及颜色要求。

7）部件的进出线除大截面导线外，都应经过接线板，不得直接进出。

四、电气箱及非标准零件的设计

在电气控制比较简单时，控制电器可以附在机械设备内部，而在控制系统比较复杂，或生产环境及操作需要时通常都带有单独的电气控制箱，以利于制造、使用和维护。

电气控制箱设计要考虑以下几个问题：

1）根据控制面板及箱内各电气部件的尺寸确定电气箱总体尺寸及结构方式。

2）结构紧凑，外形美观，要与机械设备相匹配，应提出一定的装饰要求。

3）根据控制面板及箱内电气部件的安装尺寸，设计箱内安装支架（采用角铁、槽钢、扁铁或直接由外壳弯出筋条作固定架），并标出安装孔或焊接安装螺栓尺寸，或注明采用装配的方式。

4）从方便安装、调整及维修要求，设计其开门方式。

5）为利于箱内电器的通风散热，在箱体内适当部位设计通风孔或通风槽。

6）为便于电器箱的搬动，应设计合适的起吊勾、起吊孔、扶手架或箱体底部带活动轮。

根据以上要求，先勾画出箱体的外形草图，估算出各部分尺寸，然后按比例画出外形图，再从对称、美观、使用方便等方面考虑进一步调整尺寸比例。

外形确定之后，再按上述要求进行各部分的结构设计，绘制箱体总装图及门、控制面板、底板、安装支架、装饰条等零件图，并注明加工要求，视需要选用适当的门锁。

电气箱常设计成立柜式或工作台式，小型控制设备则设计成台式、手提式或悬挂式。电气箱的品种繁多，造型结构各异，在箱体设计中应注意吸取各种形式的优点。

非标准的电器安装零件，如开关支架、电气安装底板（胶木板或镀锌铁板）、控制箱的有机玻璃面板、扶手、装饰零件等，应根据机械零件设计要求，绘制其零件图，凡配合尺寸应注明公差要求并说明加工要求，如镀锌、油漆、刻字等。

五、各类元器件及材料清单的汇总

在电气控制系统原理设计及工艺设计结束后，应根据各种图纸，对本设备需要的各种零件及材料进行综合统计，列出外购零件清单表、标准件清单表、主要材料消耗定额表及辅助材料消耗定额表，以便采购人员、生产管理部门按设备需要备料，做好生产准备工作。这些资料也是成本核算的依据。特别是对生产批量较大的产品，此项工作更要仔细做好。

六、编写设计说明书及使用说明书

电气控制系统设计方案完成后，在投入生产前应经过严格的审定，为了确保生产设备达到设计指标，设备制造完成后，又要经过仔细的调试，使设备运行处在最佳状态。设计说明及使用说明是设计审定及调试、使用、维护过程中必不可少的技术资料。

设计及使用说明书应包含以下主要内容：

1）拖动方案选择依据及本设计的主要特点。

2）主要参数的计算过程。

3）设计任务书中要求的各项技术指标的核算与评价。

4）设备调试要求与调试方法。

5）使用、维护要求及注意事项。

第五节　设计举例

电气控制设计的第一步需要了解被控制对象对电气控制有哪些要求，然后以这些要求为依据，设计出能满足要求的控制电路，并且控制电路应附合国家的规范要求，保证整个控制系统工作安全可靠。通常电气控制的设计有两种方法：分析经验设计法和逻辑设计法（见本章第二节），下面通过对民用建筑常用的热循环泵的电气控制进行继电接触控制电路（参见图 2－1）设计的例子，来说明设计方法。

一、控制要求

热循环泵是用来为民用建筑内的洗澡、洗脸和食堂洗涤等提供热水的电气设备。由于建筑内不同的地方需要的热水温度是不一样的，如洗澡用水一般不低于60°C，洗脸用水较低一般为30°C，所以热循环泵提供的热水温度应有一定的范围，一般其供水出口的温度在65～55°C；也就是要求热循环泵55°C起泵，65°C停泵。对电气控制的基本要求有：

1）电动机一般采用三相笼型异步电动机拖动，单方向运行；电动机容量通常在10kW以下，故直接起动，自由停车。

2）控制电路具有手动和自动控制。设置手动控制的目的主要是便于检修和维护。自动控制采用温度控制，应在55°C起泵，65°C停泵。

3）控制电路应能提供控制系统的运行状态信号。

4）必要的电气保护措施，如主电路与控制电路的过电流保护、电动机的过载保护等。

二、设计过程

1. 主电路设计

1）由于电动机单向运行，采用一个接触器KM控制电动机M的起动。

2）在控制电路中用热继电器KR实现电动机的过载保护。采用断路器QF供电，并实现其短路保护。

根据以上两点可绘制出如图3－7所示的主电路。

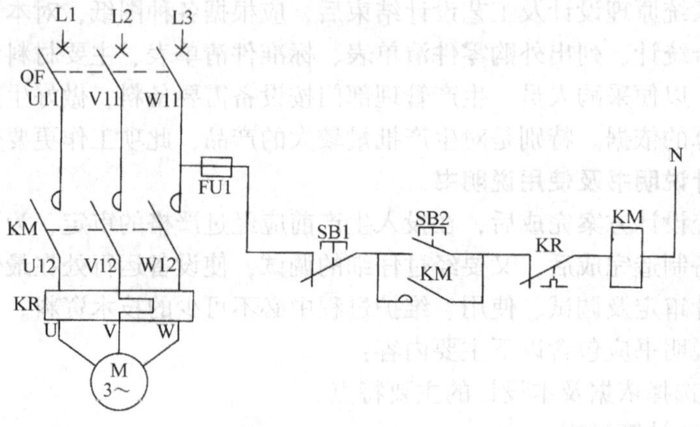

图3－7　热循环泵电气控制电路草图1

2. 控制电路的设计

用分析设计法。

1）根据控制要求有自动和手动控制，采用选择开关实现其转换；手动采用按钮控制，可采用第二章中按钮控制单向旋转连续运行基本控制环节。如图3－7右边控制电路。

2）热循环泵根据温度的高低信号自动地起动和停止，因此需要一个检测温度信号的传感器，由于要求55°C起泵，65°C停泵，因此所需的温度信号是一个两位信号，所以采用具有电触头的温度计ST。

温度计ST有一个温度控制范围，当温度达到温度计设定温度范围的上限时，ST的电触头动作，其常开触头闭合，常闭触头断开；当温度达到温度计设定温度范围的下限时，ST的常开触头断开，常闭触头闭合。利用ST的常闭触头起动KM，ST的常开触头接通中间继电器，再由中间继电器的常闭点控制接触器KM的断开。对接触器来讲，实际上是由手动和自动两条路并联控制，由选择开关转换。如图3－8所示的控制电路草图2。

3）根据控制要求，设置一个电源指示灯HLG、自动位置指示灯HLW及热循环泵工作指示灯HLR，当接通电源而热循环泵不工作时，HLG亮。而热循环泵开始工作时，KM1通

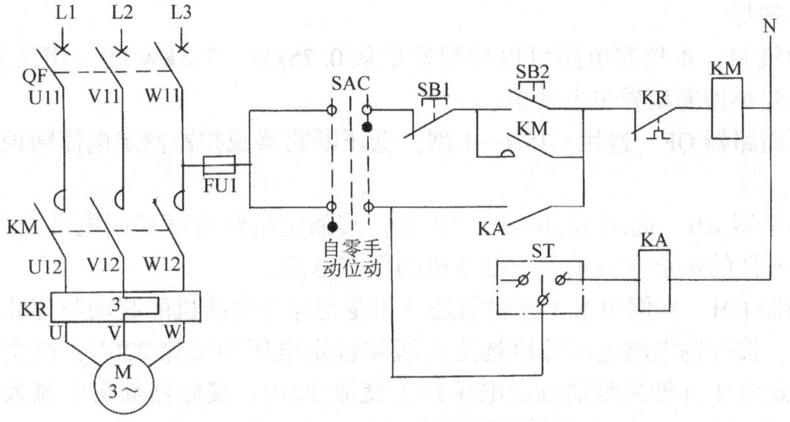

图 3－8　热循环泵电气控制电路草图 2

电，使 HLG 灭，HLR 亮。当选择开关放在自动位置时，HLW 亮，故设计出如图 3－9 所示的控制电路。

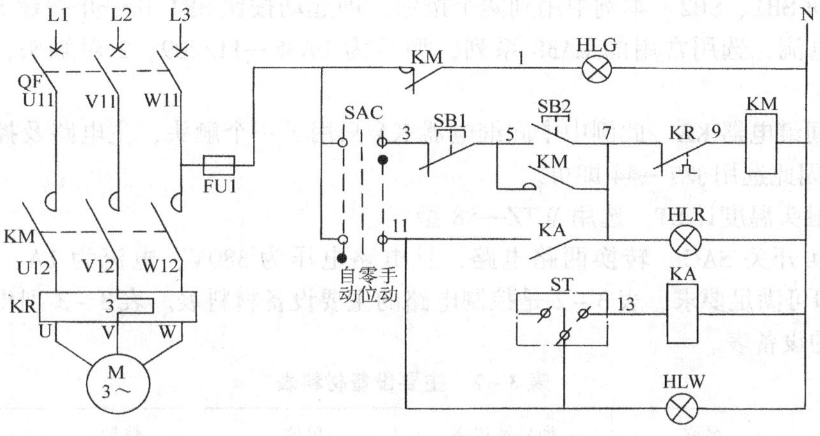

图 3－9　热循环泵电气控制电路图

3. 工艺设计

本例中，我们主要设计控制面板布置图及电器板布置图。

根据操作方便、美观、均匀等原则，绘制出控制面板布置图及电器板布置图，如图 3－10 和图 3－11 所示。

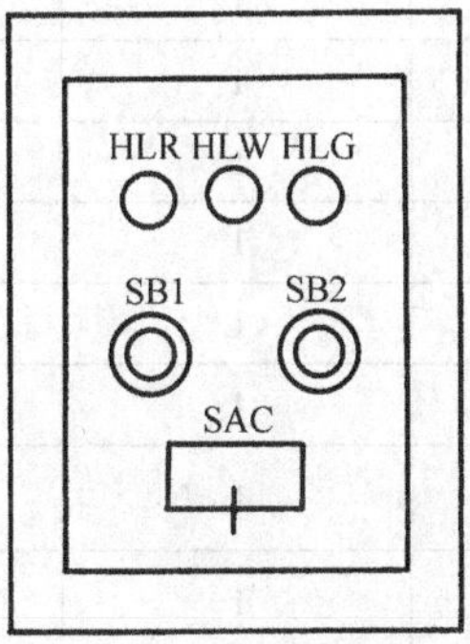

图 3－10　控制面板布置图

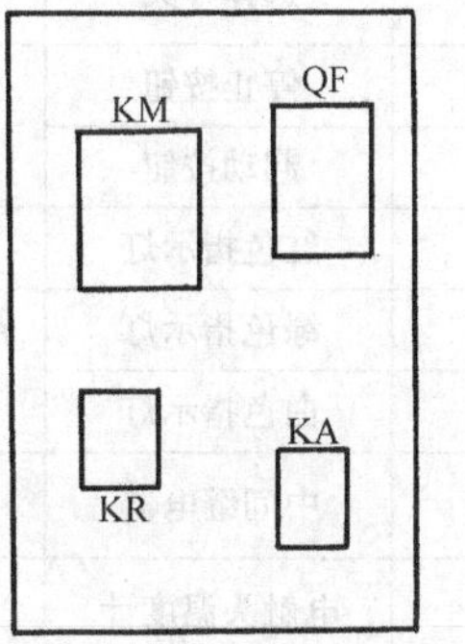

图 3－11　电器布置图

4. 元器件选择

（1）电动机 M　本控制电路可以控制容量从 0.75kW ~ 7.5kW 的三相笼型异步电动机，可以选用 Y 系列小型笼型异步电动机。

（2）低压断路器 QF　选用 C45N—4 型，低压断路器脱扣器额定电流随控制电动机的容量而改变。

（3）热继电器 KR　选用 JR20—□/3D 型，其额定电流也随控制电动机的容量而改变，使热继电器热元件的额定电流稍大于电动机的额定电流。

（4）接触器 KM　本例中 KM 控制的是三相笼型异步电动机的起动与停止，故选用使用类别为 AC—3。按控制电路电压等级选定其线圈额定电压为交流 220V，按主电路电压等级选定其触头额定电压（即接触器额定电压）为交流 380V。接触器额定电流大于或等于电动机额定电流，因此选定 CJ20 型交流接触器。

（5）指示灯 HW、HR　按控制电路电压选定电压为 220V 的电子信号灯 AD11—25/41—1GZ，HW 为白色，HR 为红色，HG 为绿色。

（6）按钮 SB1、SB2　本例中用到两个按钮，即起动按钮 SB1 和停止按钮 SB2。按控制电路电压及电流，选用常用的 LA38 系列，型号为 LA38—11/209，2 对触头，交流 380V，5A。

（7）中间继电器 KA　此例中中间继电器 KA 只用了一个触头，主电路及控制回路电压都为 220V，因此选用 JZ7—44 即可。

（8）电触头温度计 ST　选用 WTZ—88 型。

（9）转换开关 SAC　转换两路电路，且电路电压为 380V，电流为 1A，选用 LW5—15D0081/1 即可满足要求。表 3－2 是控制电路的主要设备材料表。表 3－3 列出了随电动机容量而改变的设备表。

表 3－2　主要设备材料表

符号	名称	型号及规格	单位	数量	备注
QF	低压断路器	C45N—4	个	1	
KM	交流接触器	CJ20—□/3D	个	1	
KH	热继电器	JR20—□/3D	个	1	
SAC	选择开关	LW5—15D0081/1	个	1	
SB1	停止按钮	LA38—11/209	个	1	红色
SB2	起动按钮		个	1	绿色
HR	红色指示灯	AD11—25/41—1GZ	个	1	
HG	绿色指示灯		个	1	
HW	白色指示灯		个	1	
KA	中间继电器	JZ7—44 AC 220V	个	1	
ST	电触头温度计	WTZ—288	个	1	由水暖专业定

表 3-3　随电动机容量改变的设备表

被控电动机功率/kW	低压断路器脱扣器额定电流/A	交流接触器额定电流/A	热继电器	
			规格	额定电流/A
0.75	10	6.3	20/3D	2.4
1.1	10			3.5
1.5	10			5
2.2	10	10		7.2
3	10			7.2
4	15	16		11
5.5	15		60/3D	16
7.5	20	25		22

思考题与习题

3-1　电气控制设计中应遵循的原则是什么？设计内容包括哪些主要方面？

3-2　分析图 3-12 所示电路，电器触头布置是否合理，并改进之。

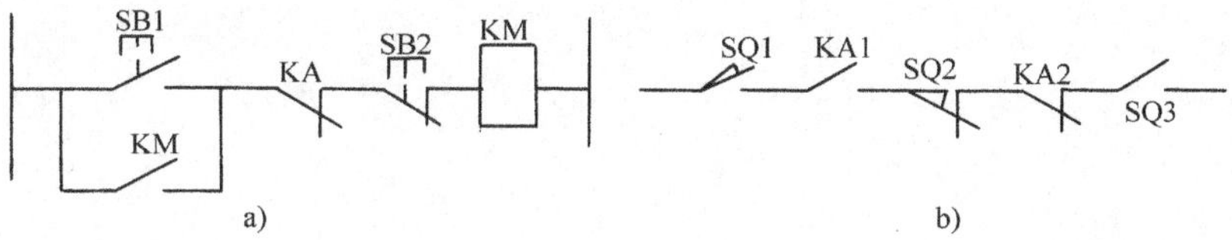

图 3-12　题 3-2 图

3-3　简化图 3-13 所示控制电路。

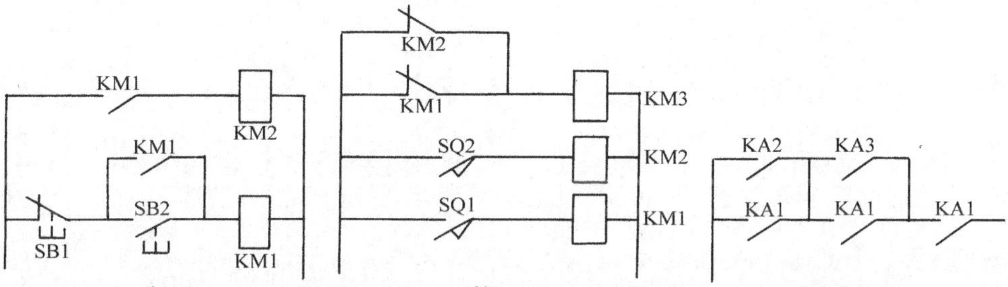

图 3-13　题 3-3 图

3-4　正确选用电动机容量有什么意义？如何根据拖动要求正确选择电动机容量？

3-5　电气控制原理设计的主要内容有哪些？原理设计的主要任务是什么？

3-6　电气原理电路设计方法有几种？绘制原理图的要求有哪些？

3-7　设计一个符合下列条件的室内照明控制电路：房间入口处装有开关 A，室内两张床头分别有开关 B、C。晚上进入房间时，拉动 A，灯亮；上床后拉动 B 或 C，灯灭；以后再拉动 A、B、C 中的任何一个，灯亮。

用三个触头 a、b、c 控制一个电器 L，逻辑关系见表 3-4，试设计该控制电路。

表 3-4

a	b	c	L	a	b	c	L
0	0	0	1	1	0	0	1
0	0	1	0	1	0	1	0
0	1	0	1	1	1	0	1
0	1	1	0	1	1	1	0

3-8　电气控制电路中，常用的保护环节有哪些类型？各种保护的作用是什么？常用什么电器来实现其保护要求？

3-9　在电气控制工艺设计中要绘制哪些图纸资料？结合实际生产过程说明每种图纸资料的用途。

3-10　设计说明书及使用说明书应包含哪些主要内容？

第四章　常用建筑电气设备控制电路分析

本书第二章主要介绍了三相异步电动机的基本控制电路原理，在此基础上，我们就可以进一步学习建筑电气控制设备的电气控制电路的分析方法。在此主要分析常用的建筑电气继电－接触器控制设备，主要为各类泵的控制。本章将学习常用的建筑电气控制电路，主要包括排风风机、排烟风机、生活给水泵、排水泵、消防泵的电气控制等。电梯的控制在第五章介绍。

第一节　排风、排烟风机和正压风机的电气控制

现代的大型建筑特别是高层建筑透气性差，加上人多，空气混浊，人居住在里面会出现头晕眼花的不舒适感觉。如果出现一些不明原因的烟雾，人们就会惊慌失措，所以排风、排烟是是一项不可缺少的措施。根据国家《建筑设计防火规范》和《高层民用建筑设计防火规范》，现代建筑特别是高层建筑在设计和施工时都有通风和排烟通道。当空气不好时，应将排风风机起动，进行通风，使空气清洁；排烟风机主要用于消防时排除地下室、走廊等处的浓烟；正压风机则用于消防时为楼梯间、电梯前室送风加压。故对风机的电气控制要求为：

1）应具有手动和自动功能。当为自动时，能接收消防联动控制中心的指令，控制风机的动作，同时将风机的运行状态送给消防控制中心。

2）手动时应能多地控制。

3）排风风机允许单独起动，当需要排烟而起动排烟风机时，排风风机也允许同时起动。

4）当发生较为严重的火灾时，应能自动切断排风、排烟风机的通电电路。

下面分析两台排风、排烟风机和一个正压风机的控制电路。

一、排风、排烟风机控制电路（一）

（一）主电路

排风、排烟风机分别独立控制的主电路如图4－1所示。采用两台电动机分别拖动排风和排烟风机，其中M1拖动排烟风机，M2拖动排风风机。两台电动机的主电路很相似，KM1控制M1的起动与运行，KM2控制M2的起动与运行。热继电器KR1和KR2分别对电动机M1和M2进行长期过载保护。两台电动机经电源开关QS再分别通过断路器QF1和QF2供电，同时断路器还对两台电动机及控制电路进行短路保护。为了增加电源供电的可靠性，

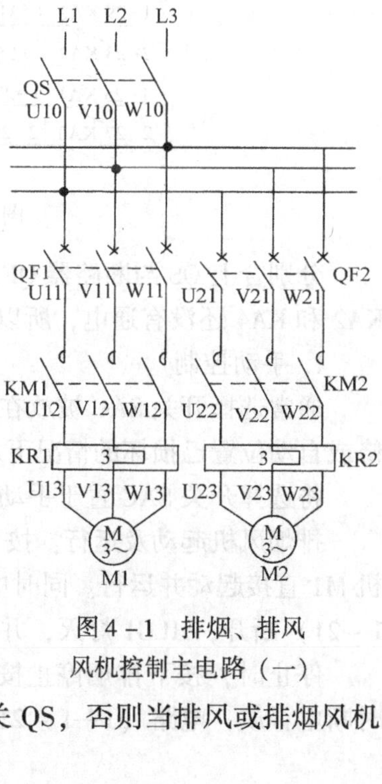

图4－1　排烟、排风风机控制主电路（一）

两台风机的总供电开关不宜选用断路器QF，而应选用刀开关QS，否则当排风或排烟风机

中任一风机出现故障使断路器 QF1 或 QF2 跳闸分断，也有可能使总供电的断路器 QF 跳闸，这样将会同时切断无故障正在工作的风机的供电电源。

（二）控制电路

排风、排烟风机分别独立控制的控制电路如图 4-2 所示。控制原理如下：

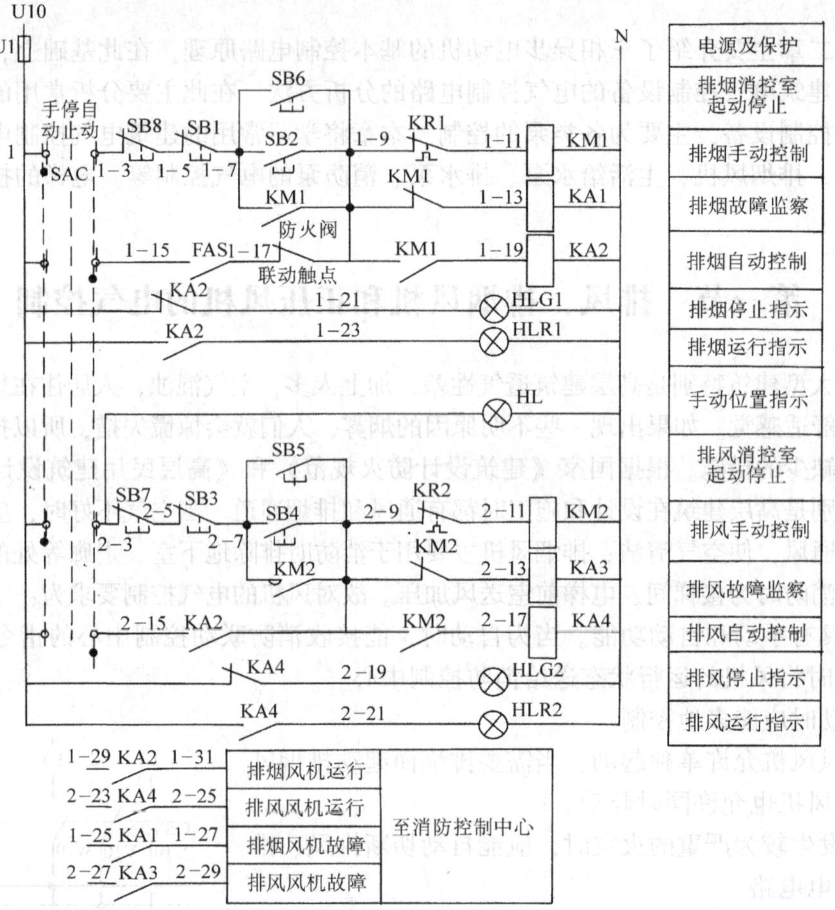

图 4-2　排烟、排风风机控制电路（一）

分别合上 QS 与断路器 QF1 和 QF2，选择开关 SAC 位于停止位置。由于此时中间继电器 KA2 和 KA4 还没有通电，所以排烟风机停止指示灯 HLG1、HLG2 亮。

1. 手动控制

通常选择开关 SAC 被放在自动位置，以便消防时可以自动起动；而手动位置只是在检修或自动位置已损坏的情况下才使用。下面先分析手动控制。

将选择开关 SAC 置于手动位置。手动位置指示灯 HL 亮。

排烟风机起动及运行：按下排烟起动按钮 SB2，接触器 KM1 通电吸合并自锁，排烟风机 M1 直接起动并运行。同时中间继电器 KA2 也通电吸合，KA2 的触头动作，使电路（1—1-21）断开，HLG1 灯灭，并使电路（1—1-23）接通，排烟风机运行指示灯 HLR1 亮。

停止时，按下排烟停止按钮 SB1，KM1 断电释放，排烟风机 M1 断电停转；KA2 也同时断电释放，电路（1—1-21）接通，而（1—1-23）断开，所以排烟风机运行指示灯

HLR1 灭，而排烟风机停止指示灯 HLG1 亮。

排风风机的手动起动、运行和停止的控制电路与排烟风机的手动控制非常相似，SB4 是排风起动按钮，SB3 是排风停止按钮，KM2 是排风接触器，KA4 是排风运行与停止指示中间继电器，HLR2 和 HLG2 是排风运行和停止指示灯。其控制过程与排烟相似。

2. 自动控制

若发生火灾产生烟雾，要求能自动起动排烟风机，并同时也要起动排风风机，此时排风机也同时兼起排烟的作用。将选择开关 SAC 置于自动位置。

控制电路中，线号（1－15—1－17）之间接入的是火灾报警控制系统 FAS 控制模块的一个常开触头，当发生火灾时，出现烟雾，消防控制中心发送一个控制信号，使电路（1－15—1－17）接通，KM1 通电吸合，起动排烟风机电动机 M1 进行排烟；KM1 的通电使 KA2 通电吸合，所以电路（2－15—2－9）接通，使 KM2 也通电吸合，排风风机电动机 M2 也同时起动开始送风；KA4 也通电吸合。由于 KA2 和 KA4 的通电，一方面使（1—1－23）（1—2－21）接通，排烟和排风运行指示灯亮，另一方面（1－29—1－31）（2－23—2－25）接通，也送给消防控制中心一个表示排烟和排风风机运行信号。

当火势太大，烟气温度达到 280℃时，由于排烟防火阀关闭，使电路（1－17—1－9）断开，使 KM1、KA2 断电释放，同时也使 KM2 和 KA4 断电释放，排烟和排风风机停转，停止送风排烟。

3. 故障指示

如果发出排烟或排风指令，而排烟或排风风机没有起动，说明控制电路出现故障。若是接触器 KM1 或 KM2 的损坏引起的，则会使中间继电器 KA1 或 KA3 通电吸合，电路（1－25—1－27）或（2－27—2－29）接通，送给消防控制中心一个信号，表示排烟风机或排风风机运行出现故障。

4. 消防控制室的控制

若遇到紧急情况，值班人员可以直接按下装在消防控制室的 SB5 和 SB6 使 KM1 和 KM2 通电，直接起动排风风机和排烟风机；SB7 和 SB8 分别是安装在消防控制室的排风风机和排烟风机的停止按钮。

二、排风、排烟风机控制电路（二）

（一）主电路

如图 4－3 所示，采用一台电动机完成排风和排烟功能。电动机采用双速电动机，排风时电动机低速运行，排烟时电动机高速运行。电动机的高、低速由三台接触器 KM1、KM2 和 KM3 控制。当 KM1 接通，而 KM2、KM3 断开时，电动机定子为△联结，低速运行，进行排风；当 KM1 断开，KM2 和 KM3 接通时，电动机定子为 YY 联结，高速运行，进行排烟。

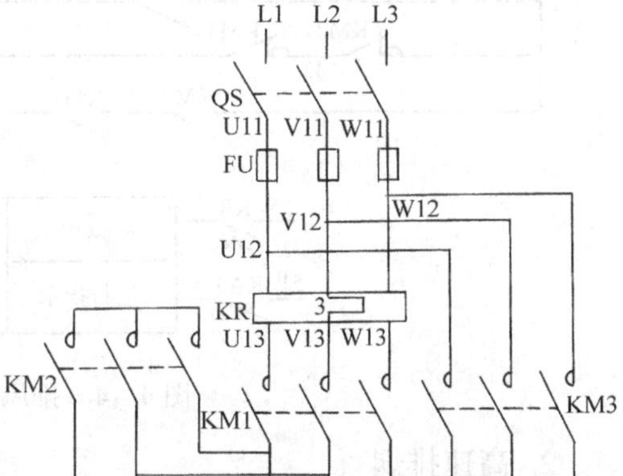

图 4－3　排风、排烟风机控制主电路（二）

（二）控制电路

如图 4－4 所示，排风时该控制电路只能手动，排烟时既可以手动，也可以自动，采用转换开关 SAC 控制。控制原理如下：

1. 低速排风

从图 4－4 可以看出：不论转换开关 SAC 在手动位置还是在自动位置，电路（7—9）都是接通的，按下控制箱上的手动起动按钮 SB3 或按下装在消防控制中心的直接起动按钮 SB4 都可以使接触器 KM1 通电吸合，由于 KM1 的常闭触头断开，接触器 KM2 和 KM3 不能通电，所以电动机按△联结低速起动和运行，进行排风。按下控制箱上的手动停止按钮 SB1 或设在消防控制中心的停止按钮 SB2 可以使 KM1 断电释放，电动机断电停转，停止排风。SB1 ~ SB4 组成两地控制。

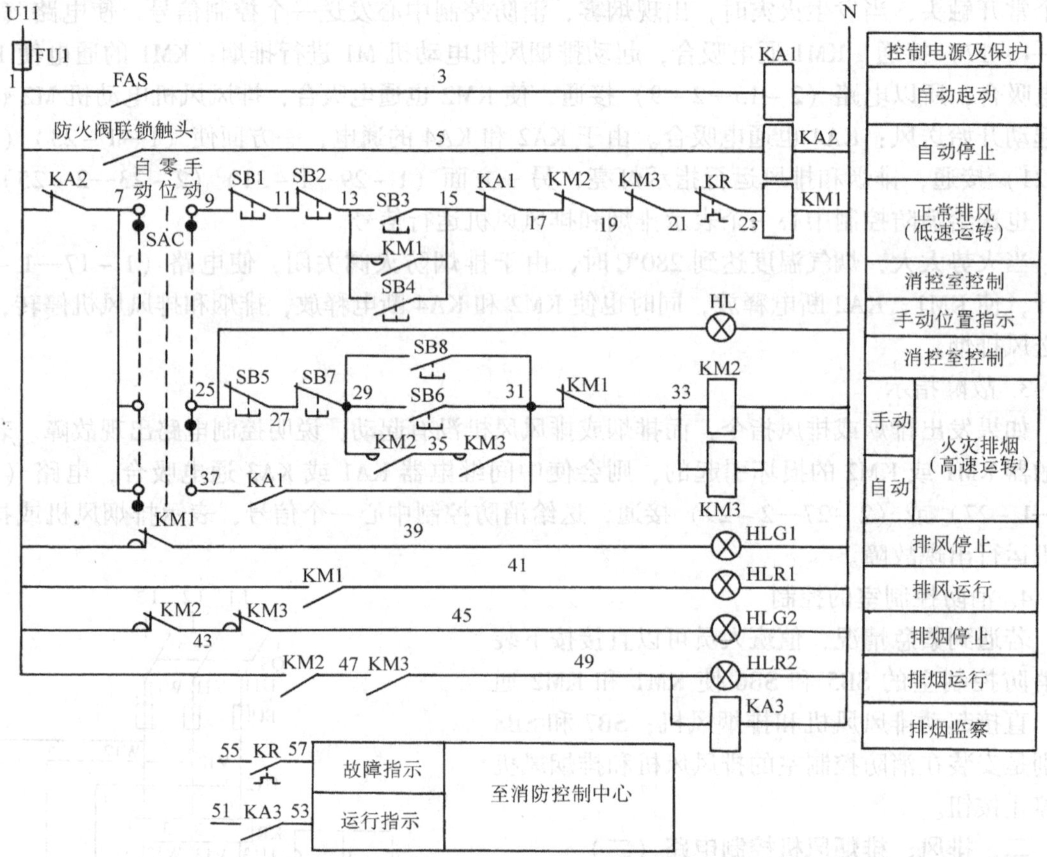

图 4－4　排风、排烟风机控制电路（二）

2. 高速排烟

使用排烟时，应时电动机先处于停转状态，即 KM1 应处于断电状态。

手动控制：将转换开关 SAC 置于手动位置，电路（7—25）接通，此时按下控制箱上的 SB6 或设在消防控制中心的排烟直接起动按钮 SB8 可以使 KM2 和 KM3 通电吸合，电动机高速起动并运行，进行排烟。若按下控制箱上的 SB5 或消控室的排烟停止按钮 SB7，可以使 KM2 和 KM3 断电，电动机停转，排烟停止。

自动控制：将转换开关 SAC 置于自动位置，电路（7—37）接通。当发生火灾出现烟雾时，火灾自动报警系统 FAS 发出信号，使电路（1—3）接通，中间继电器 KA1 通电吸合，其常闭触头接通，使电路（37—31）接通，因此使KM2和KM3通电，电动机高速起动进行排烟。

当火灾使烟气温度达到280℃时，防火阀联动触头动作使电路（1—5）接通，中间继电器KA2通电吸合，其常闭触头断开，即使电路（1—7）断开，切断各接触器的通电电路，所有接触器断电，电动机停转，停止排风或排烟。

3. 电动机运行状态指示

如果电动机没有运行，即KM1、KM2和KM3都没有通电，电路（1—39）、（1—45）是接通的，此时排风停止指示灯HLG1和排烟停止指示灯HLG2亮，各运行指示灯灭；当进行排风时，即接触器KM1处在通电状态，使HLG1灯熄灭，排风运行指示灯HLR1亮；当进行排烟时，接触器KM2和KM3处在通电状态，因此HLG2熄灭，排烟运行指示灯HLR2亮，同时使中间继电器KA3通电，其常闭触头接通，即电路（51—53）接通，将排烟运行状态信号传送给消防控制中心。

4. 故障指示

当电动机出现过载使热继电器KR动作时，如果电动机运行在低速排风状态，则KR的常闭触头断开，使KM1断电，电动机停转；同时KR的常开触头使（55—57）接通，将电动机过载信号送至消防控制中心。如果电动机运行在消防高速排烟状态，则按消防安全规范的要求，排烟风机不能断电停转，由于该控制电路中KM2和KM3线圈回路没有接入热继电器KR的触头，所以KM2和KM3不会断电。而KR的常开触头将故障信号送入消防控制中心。

三、正压风机的控制电路

正压风机用于消防时对疏散楼梯间、电梯前室等处送风加压，使火灾处于正压状态，免受浓烟侵入，以利人员疏散。正压风机的控制电路如图4-5所示。主电路采用断路器供电，接触器KM控制正压风机的起动。按照通用用电设备设计规范规定，正压风机不设过载保护，因此除不装设热继电器之外，还应采用不带热保护的断路器或选用额定电流较大的断路器。

控制电路控制原理：

正常时，断路器QF处于闭合状态，中间继电器KA3通电吸合，其常闭触头（21—23）断开，将控制电路已正常接通电源信号送给火灾报警控制系统（FAS），表明正压风机已准备好接收命令，同时KA3常开触头（1-1—1-9）接通，白色电源指示灯HLW亮。

当发生火灾时，火灾报警控制系统（FAS）发出信号，即电路（1—3）接通，中间继电器KA1通电吸合并自锁，其常开触头使电路（1-5—1-7）接通，接触器KM通电吸合并自锁，KM主触头闭合，正压风机电动机M通电起动运转，开始送风加压。KM的常开触头（22—23）闭合，将正压风机已工作的信号送入FAS。

本控制电路在发生火灾时，也可以通过人工按下设在消防控制中心的起动按钮SB2，使KM通电，起动正压风机。

要使正压风机停转，可手工按下设在消防控制中心的停止按钮SB1，中间继电器KA2通电吸合，其两个常闭触头断开，分别使KA1和KM断电，正压风机断电停转。

当然也可以在检修时直接就地按下控制箱上的起动或停止按钮，使KM通电或断电，使正压风机起动或停转。

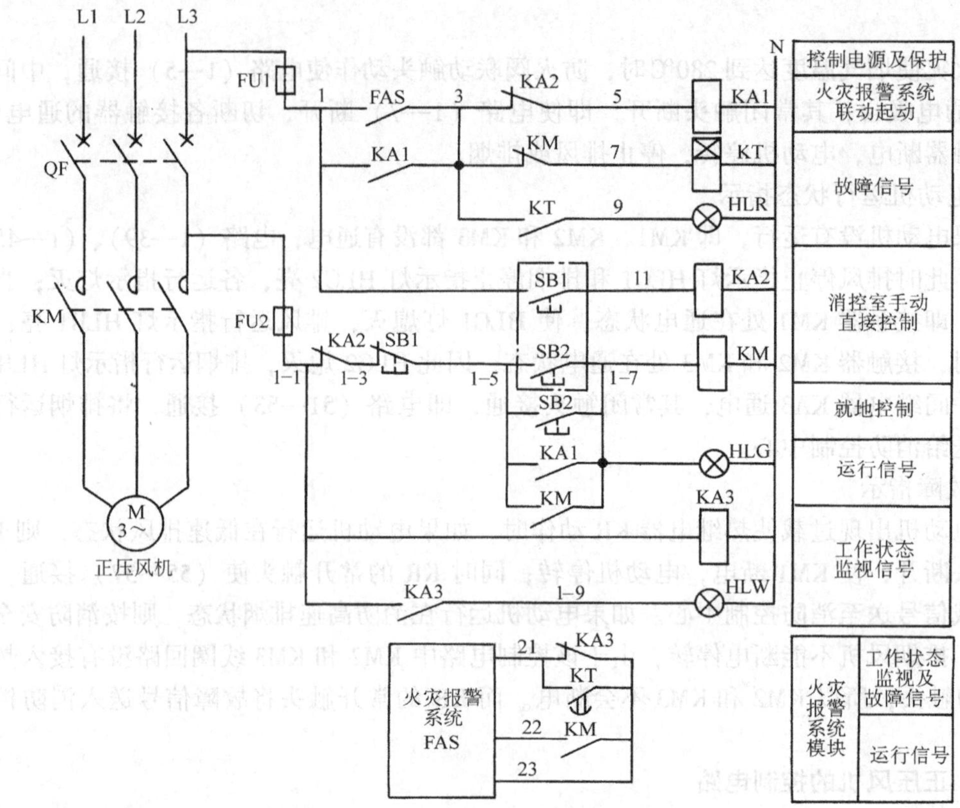

图 4－5　正压风机控制电路

当发生火灾由 FAS 发出控制信号后，由于某种原因不能使 KM 动作，风机不能转动，时间继电器 KT 通电，其常开瞬动触头闭合，故障指示灯 HLR 亮；经过延时，KT 的常开延时闭合触头接通，将故障信号送给 FAS。

该控制电路分成两组，第一组是主控电路，包括熔断器 FU2、接触器 KM、中间继电器 KA3、指示灯 HLG 和 HLW 以及控制箱上的控制按钮等，它们组成风机的直接控制电路和工作状态监视信号电路，由熔断器 FU2 进行短路保护，电源接在断路器的负载侧。第二组是副控电路，包括熔断器 FU1、中间继电器 KA1 和 KA2、时间继电器 KT、故障指示灯 HR 以及 FAS 接入触头等，它们组成消防控制中心手动停风机电路和故障信号电路，由熔断器 FU1 短路保护，电源接于断路器的电源侧。这样做的目的在于提高控制电路的可靠性，如果火灾时由 FAS 电路或者消防控制中心引来的手动停机电路发生接地故障时，主控电路仍能正常工作，消防人员还可以在消防控制中心手动起动风机，确保正压风机的正常运行。

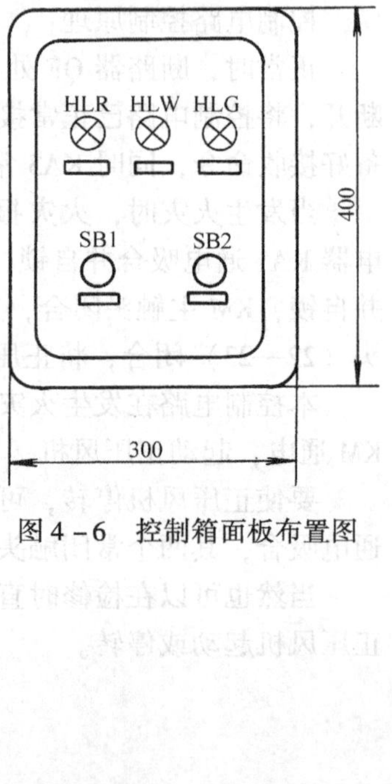

图 4－6　控制箱面板布置图

控制箱面板布置如图 4－6 所示。

第二节　排水泵的电气控制

在工业与民用建筑中，一般都设计有排水设备，根据所使用的场合以及具体的控制要求不同，排水设备中使用的排水泵的种类繁多，其控制电路也多种多样，在此主要介绍在民用建筑中使用的三种控制电路，这些控制电路也可以用于要求相同的工业建筑用排水设备中。

民用建筑主要是排除生活污水、溢水、漏水、雨水和消防废水等。一般生活污水的排水量可以大致预测，如果排水量不大，可以设置为一台排水泵控制；如果排水量过大，可以设置为两台排水泵控制。采用两台排水泵控制时，其工作可靠性高，当排水量不是很大时，可一用一备，工作泵出现故障，备用泵自动接入，转为工作泵；也可以两台排水泵互为备用，轮流使用工作；当排水量过大时，两台泵能够同时运行，以加快排水。雨水的排水量变化较大，较难预测，所以雨水排水泵电路多数为两台泵控制。对于比较重要的建筑物内，排水可靠性要求较高，也要设计成两台甚至三台泵控制。

排水泵大多采用潜水泵，开泵前不用预先灌水或抽气，操作方便。对于地下室或人防工程排除生活粪便污水，或者排除其它带有纤维及悬浮物的污水，一般采用液下立式泵，在集水池内设置水位控制，由于一般集水池的深度大约为0.5～1m，液位器可以采用两水位控制。

下面介绍三种排水泵控制电路，其中一种为单台排水泵控制，另两种为两台排水泵控制。

对排水泵的基本控制要求：

1）应具有手动和自动控制功能，高水位时自动起泵，低水位时停泵。

2）能发出各种报警信息，如故障报警、溢流水位报警等。

3）如果是两台排水泵，应能互为备用，工作泵故障时，备用泵要自动起用，同时发出报警信号。

4）两台排水泵应能同时工作，以满足排水量过大的需要。

一、单台排水泵的控制

单台排水泵的控制电路如图4－7所示。由于其控制电路简单、工作可靠，所以在实际中用得比较多。主电路（见图4－7a）采用断路器QF为排水泵电动机供电的开关，由接触器KM实现对电动机的控制，热继电器实现对电动机的过载保护，断路器作短路保护。

控制电路如图4－7b所示。该控制电路具有自动、手动、两地控制功能和运行指示、停泵指示功能。SL1是高液位器，SL2是低液位器。

自动时：选择开关SAC置于“自动”位置，电路（1—15）接通，当集水池水位达到整定高水位时，此时需要进行排水，高液位器SL1接通，接触器KM通电吸合并自锁，排水泵电动机M起动运转开始排水；同时停泵指示灯HG熄灭，运行指示灯HR点亮。当水位降低到整定低水位时，低液位器SL2常闭触头断开，KM断电释放，排水泵电动机M停转而停止排水。同时停泵指示灯HG点亮，运行指示灯HR熄灭。

手动时：手动设有就地和远程控制，SB1、SB3就地安装，SB2、SB4安装在控制箱上。选择开关SAC被置于“手动”位置，电路（1—5）接通，当需要排水时，可以按下SB3（或SB4），接触器KM通电吸合并自锁，排水泵起动排水；当需要排水泵停止排水，则按下

SB1（或 SB2），接触器 KM 断电释放，排水泵停转，停止排水。

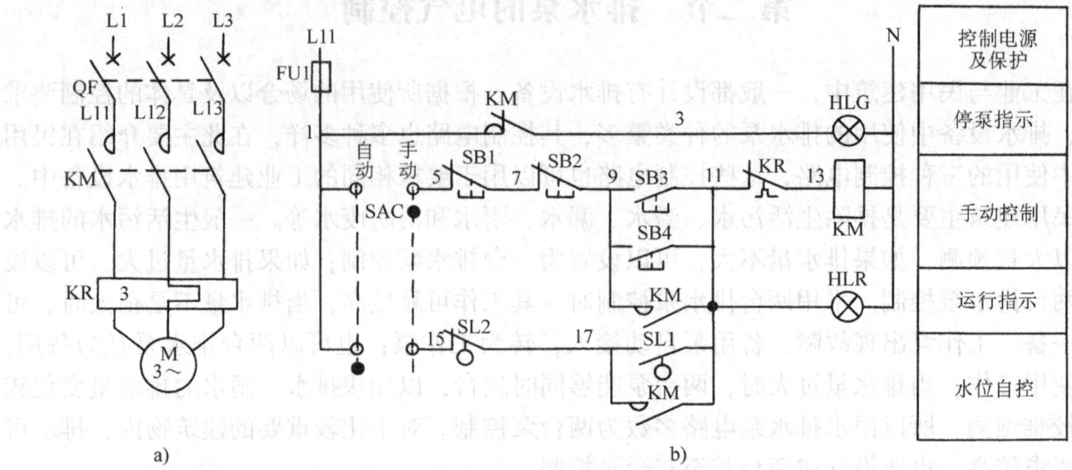

图 4－7　单台排水泵控制电路

a）主电路　b）控制电路

二、两台排水泵一用一备的控制

（一）主电路

如图 4－8 所示。断路器 QF1、接触器 KM1 控制 1 号排水泵电动机 M1，断路器 QF2、接触器 KM2 控制 2 号排水泵电动机 M2。

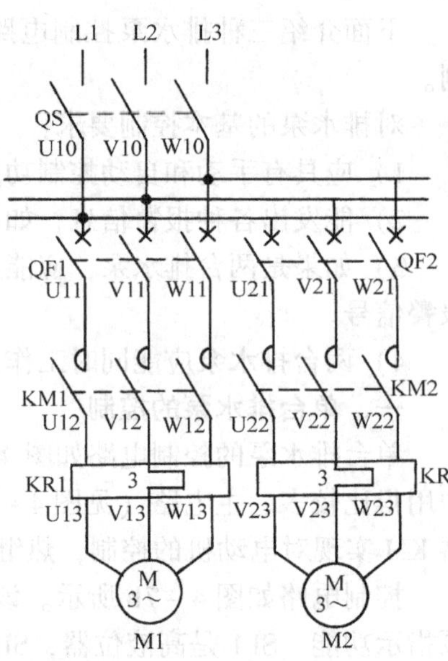

图 4－8　排水泵控制主电路

（二）控制电路

如图 4－9 所示。在本控制电路中，两台排水泵的工作方式由转换开关 SAC 控制。SAC 共有三个档位，即 1 号用 2 号备、手动、2 号用 1 号备。

1. 手动控制

SAC 置于手动位置，该档位主要是在水泵检修时使用。从图中可以看出：当 SAC 在手动位置时，电路（U11—1－5）和（U21—2－5）都是接通的，按钮 SB1 和 SB2 控制 KM1 的通电和断电，即控制 1 号泵的起停，而 2 号泵的起停由按钮 SB4 和 SB3 控制。此时两台水泵的控制分别是独立的，相互没有影响。当排水量过大时，也可以在此位置同时将两台水泵起动。

2. 自动控制

图 4－9 所示的控制电路的自动控制分为 1 号泵控制电路和 2 号泵控制电路，由转换开关 SAC 分 1 号用 2 号备和 2 号用 1 号备两个档位控制，这两个位置的工作原理相似，下面分析 SAC 位于 1 号用 2 号备位置时的工作原理。图中的 SL1、SL2 是液位器的下限和上限开关，用于控制排水泵的起停，以实现高位起泵、低位停泵的控制要求。

（1）1 号泵的起动与停止　设 SAC 位于 1 号用 2 号备位置，此时 SAC 的触头将电路（1－13—1－9）接通。如果集水池内的水位升高，达到需要排水的水位时，液位器 SL1 闭合，使中间继电器 KA3 通电吸合并自锁，其常开触头闭合，即电路（U11—1－13）接通，所以接触器 KM1 通电吸合，1 号泵起动运转。当水泵将集水池中的水排完，低水位液位器 SL2 断开，使继电器 KA3 断电释放，其常开触头复位，使电路（U11—1－13）断开，因此接触器 KM1 断电释放，使 1 号泵断电停转。

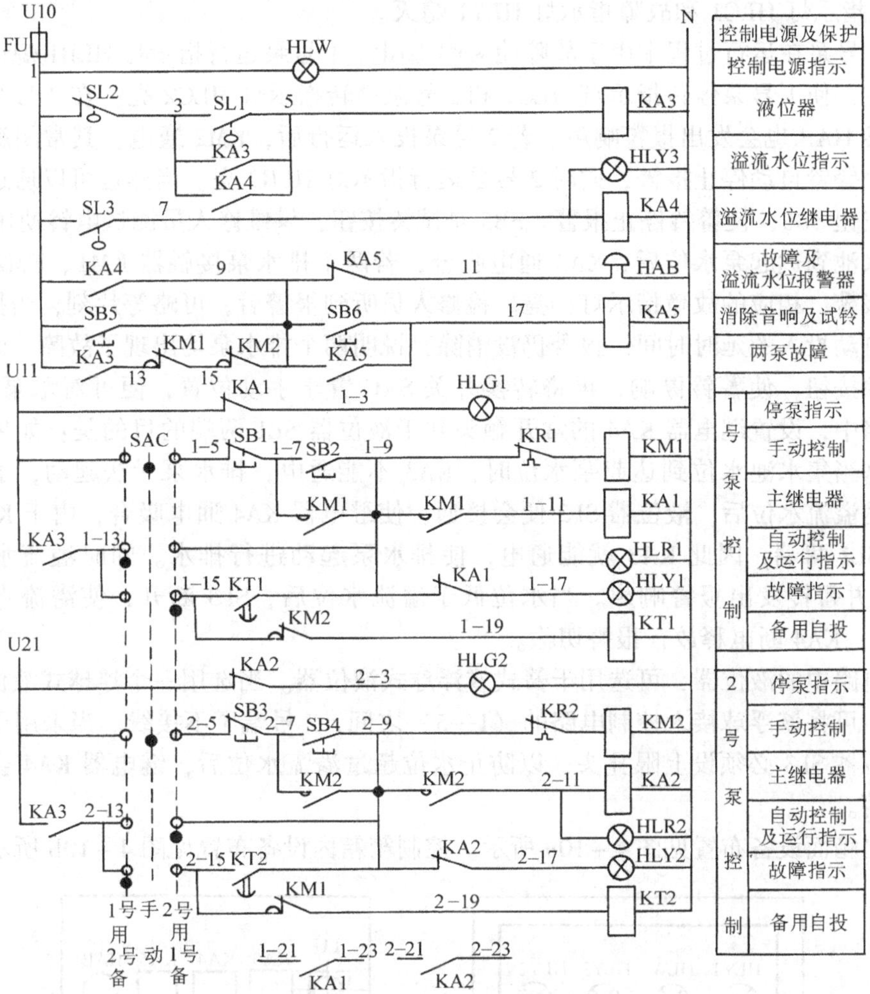

图 4－9　两台排水泵控制电路图（一）

（2）2 号备用泵的自投　由上面分析知，在 1 号泵排水时，SAC 是位于 1 号用 2 号备位置，继电器 KA3 是处在通电工作状态，电路（2－13—2－15）（U21—2－13）也是接通的，为 KM2 通电做好准备，即为 2 号备用泵的自投做好准备。当 1 号泵发生故障使 KM1 跳闸而断电释放，KM1 的常闭触头使电路（2－15—2－19）接通，时间继电器 KT2 通电吸合，经延时后，KT2 的常开延时闭合触头闭合，使接触器 KM2 通电吸合，2 号泵起动，投入运行。

转换开关 SAC 位于 2 号用 1 号备位置的工作过程与 SAC 位于 1 号用 2 号备位置相似，不再赘述。

（3）运行指示、故障指示及报警　当接通电源时，电源指示灯 HLW 亮。如果 1 号泵和 2 号泵都还没有运行，继电器 KA1 和 KA2 也不会通电，因此 1 号泵停转指示灯 HLG1 和 2

号泵停转指示灯 HLG2 亮。

当 1 号泵运行排水时，由于此时继电器 KA3 是处于通电状态，接触器 KM1 也是处在通电状态，KM1 的常开触头使电路（1－9—1－11）接通，因此使 1 号泵运行指示灯 HLR1 亮，同时继电器 KA1 通电吸合，其常闭触头使电路（U11—1－3）、（1－9—1－17）断开，1 号泵停转指示灯 HLG1 和故障指示灯 HLY1 熄灭。

如果 1 号泵在运行过程中由于故障使 KM1 断电，1 号泵运行指示灯 HLR1 熄灭，KA1 也会断电释放，使 1 号泵停转指示灯 HLG1 和 2 号泵停转指示灯 HLG2 亮。在 2 号泵投入运行之前，警铃 HAB 也会发出报警响声。若 2 号泵投入运行后，KM2 通电，其常闭触头切断警铃回路，使警铃自动停止报警，同时 2 号泵运行指示灯 HLR2 亮。当然也可以通过人工按下报警解除按钮 SB6，使警铃停止报警。SB5 是试铃按钮，供维修人员测试电铃使用。

在集水池到达起泵水位后，KA3 通电吸合，若两个排水泵接触器 KM1、KM2 都没有通电，警铃报警，相应的故障指示灯会亮。检修人员听到报警后，可略等片刻，当报警时间超过备用泵自动投入的延时时间，报警仍没消除，说明两个排水泵均出现了故障。此时可先按下报警解除按钮，使警铃停响，再将转换开关 SAC 置于手动位置，便可对水泵进行检修。在控制电路中，设置继电器 KA4 的常开触头并于液位器 SL1 两端的目的是：如果 SL2 出现问题，那么当集水池水位到达起泵水位时，KA3 不能通电，排水泵无法起动，水位继续上升，当到达溢流水位后，液位器 SL3 便会接通，使继电器 KA4 通电吸合，由于 KA4 的常开触头并于 SL1 两端，因此 KA3 就能通电，使排水泵起动进行排水。同时溢流水位指示灯 HLY3 亮，并警铃发出报警响声。当水位低于溢流水位后，SL3 断开，使溢流水位指示灯 HLY3 熄灭，KA4 断电释放，报警切除。

控制电路中的液位器，可选用干簧式或浮球式液位器。当选用一个浮球式液位器控制两个水位时，可将该浮球接入控制电路的（1—5）之间，3 号端子不接线。当采用干簧式液位器时，液位器 SL3 必须设上限扎头，以防止水位超过溢流水位后，继电器 KA4 会断电，自动停止报警。

控制箱箱面设备布置见图 4－10a 所示。控制箱箱内设备布置见图 4－10b 所示。

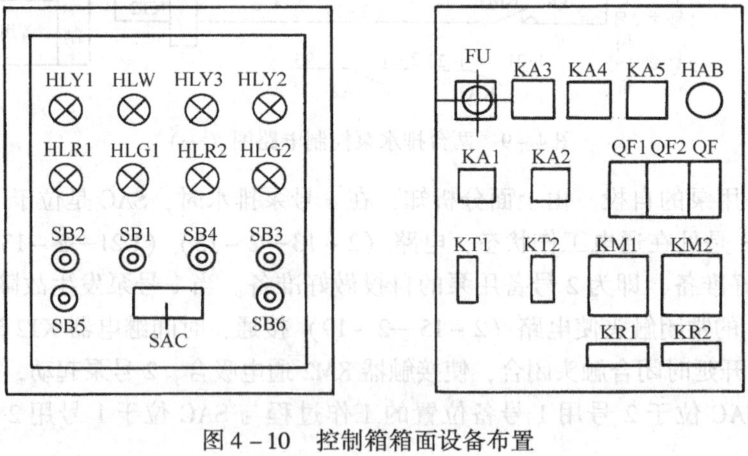

图 4－10　控制箱箱面设备布置

三、两台排水泵备、用自动轮换，溢流水位双泵运行的控制

如果排水量较难预测，一般情况下排水量不大，但又会偶尔出现大排水量的情况，可以

将两台排水泵设计为平时一用一备，同时为减轻工作水泵的负担，可考虑使两台水泵轮流工作提高其工作可靠性。待偶尔出现大排水量，致使集水池水位达到溢流水位时，可使两台水泵同时工作。

（一）主电路

主电路参见图4－8，工作原理不再分析。

（二）控制电路

控制电路如图4－11所示。该控制电路是在图4－9控制电路的基础上增加了自动轮换控制和溢流水位双泵同时工作控制环节。下面只分析新增加的这两个环节的工作原理。

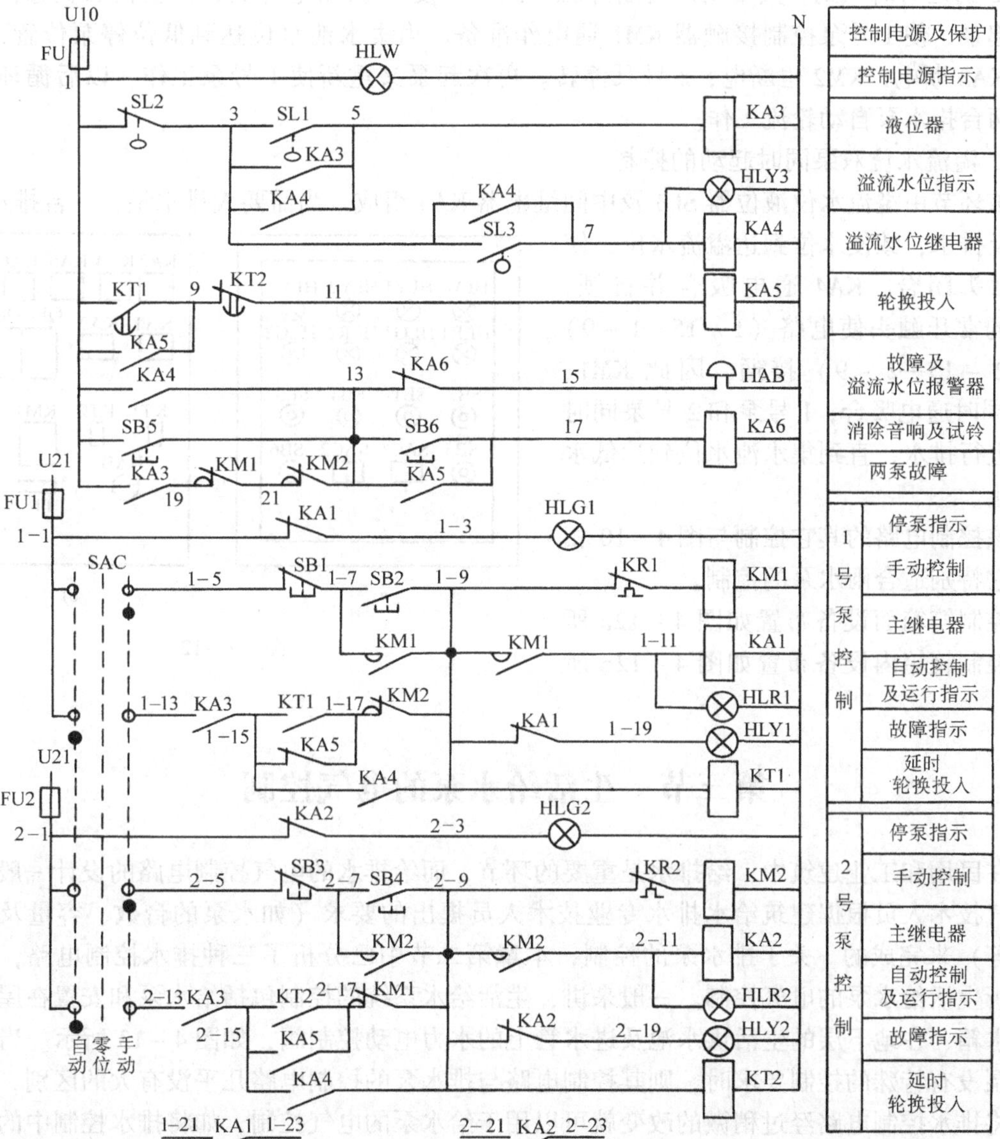

图4－11　两台排水泵控制电路（二）

1. 自动轮换控制

该环节由继电器 KA5、时间继电器 KT1 和 KT2 组成。当转换开关 SAC 位于自动位置，如果集水池水位达到高水位的起泵位置，液位器 SL1 触头闭合，将使 KA3、KM1 通电吸合，1 号排水泵起动进行排水；同时时间继电器 KT1 也通电吸合并自锁。当 KT1 延时时间到，继电器 KA5 通电吸合并自锁，为下次运行时，使 2 号排水泵控制接触器 KM2 通电作好准备。当集水池水位达到低位停泵位置，SL2 触头断开，KA3、KM1 断电，1 号泵停转。

当集水池水位第二次达到高水位的起泵位置，液位器 SL1 使 KA3 通电，由于此时 KA5 已处在通电状态，所以 KM2 通电吸合，2 号泵起动，同时时间继电器 KT2 也通电并自锁。当 KT2 的延时时间到，其常闭延时断开触头断开，使 KA5 断电释放，恢复初始状态，为第三次起泵，使 1 号泵控制接触器 KM1 通电作准备。当集水池水位达到低位停泵位置，SL2 又使 KA3 断电，KM2 也断电，2 号泵停转。再次起泵又重新使 1 号泵工作，以后循环。这样，两台排水泵自动轮流工作。

2. 溢流水位双泵同时起动的控制

该环节由溢流水位液位器 SL3 及中间继电器 KA4 组成。当需要大排水量，一台排水泵来不及排水，致使水位到达溢流水位，使 SL3 触头闭合，KA4 通电吸合并自锁，KA4 的常开触头使电路（1－15—1－9）及（2－15—2－9）接通，因此 KM1、KM2 同时通电吸合，1 号泵和 2 号泵同时运行进行排水，直到集水池水位到达低水位为止。

该控制电路的其它控制与图 4－10 相似，它特别适合雨水泵的控制。

控制箱箱面设备布置如图 4－12a 所示。控制箱箱内设备布置如图 4－12b 所示。

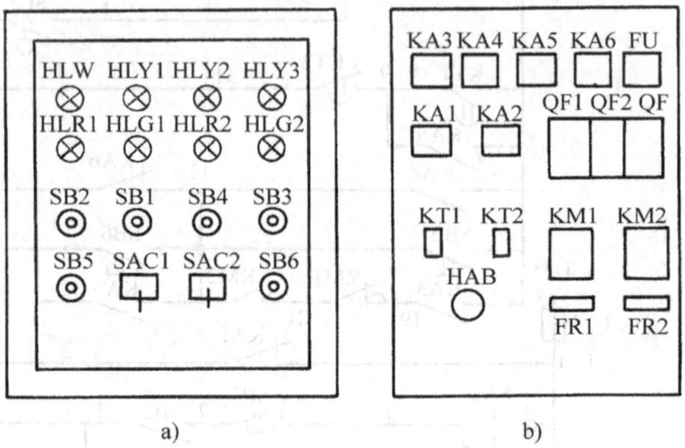

图 4－12

第三节 生活给水泵的电气控制

在民用和工业建筑中，给排水是重要的环节，而给排水的电气控制电路的设计一般都是由电气技术人员根据建筑给水排水专业技术人员提出的要求（如水泵的台数、容量及控制要求等）来完成的。关于排水泵的控制，本章第二节中已分析了三种排水控制电路，本节将分析生活给水泵的电气控制。一般来讲，生活给水系统的控制包括给水泵和安置在屋顶的高位水箱、在地下层的生活供水池及进水管上的水力电动控制阀，如图 4－13 所示。当生活给水泵没有特殊的控制要求时，则其控制电路与排水泵的控制电路几乎没有大的区别，这时只要将排水控制电路经过稍微的改变就可以用于给水泵的电气控制，如将排水控制中的高水位起泵、低水位停泵改成低水位起泵、高水位停泵，并将排水泵控制箱引到集水池的液位器改引到楼顶水箱即可。生活给水泵的控制有单台的、两台一用一备的、两台自动轮换工作的、三台两用一备交替使用的，以及多台恒压供水的等等。一般情况下，生活给水泵的容量都不是很大，可以采用直接起动的方式。如果遇到较大容量的水泵时，可以考虑采用减压起动的方式，如 Y－△起动。

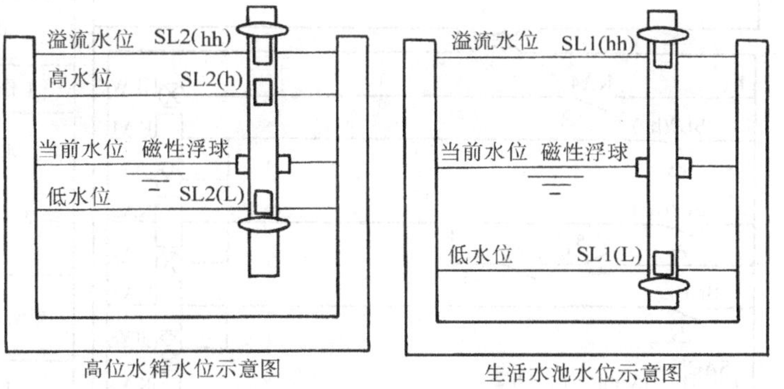

图 4－13 液位器检测水位

一、两台生活给水泵互为备用轮流直接起动控制

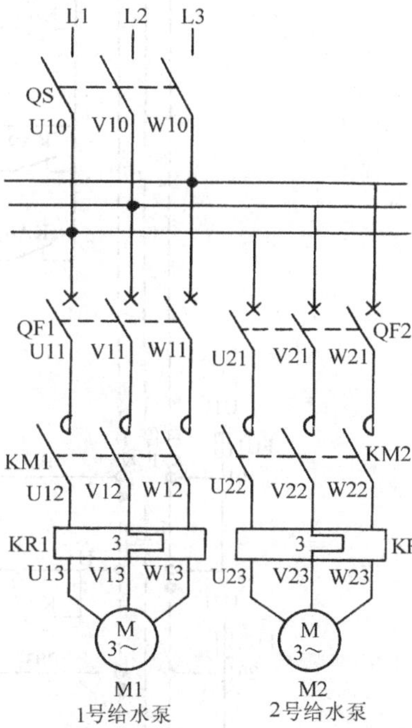

图 4－14 生活给水泵主电路

主电路如图 4－14 所示，控制电路如图 4－15 所示。该控制电路适用于配有楼宇自动化管理系统（BAS）的建筑，如果未配有 BAS 的建筑，可以再配置设计一个信号箱，以接收各种监视信号。下面分析该控制电路的工作原理。

1. 正常工作中两台泵轮流起动运行控制与信号指示

合上电源开关 QS 和断路器 QF1、QF2，接通控制电路电源。将转换开关置于自动位置，转换开关的五对触头中，有三对接通，即电路（1—13）、（101—111）和（201—211）接通。若此时屋顶高位水箱的水位到达低水位位置（起泵位置），液位器 SL2（L）的开关使电路（13—19）接通，中间继电器 KA5 通电吸合并自锁，KA5 的常开触头（37—39）接通，因此继电器 KA8 通电吸合并自锁，KA8 的常开触头（111—107）接通，接触器 KM1 通电吸合，使 1 号泵接通电源而起动，向水箱供水。同时 KA8 的另一对常开触头（33—35）接通，使继电器 KA7 通电并自锁。虽然 KA7 的常开触头使（39—45）接通，但由于此时 KA8 是通电状态，由于互锁的作用，因此 KA9 不能通电（即 KM2 不能通电，2 号泵不能起动）。当屋顶高位水箱的水位到达高水位位置（停泵位置），液位器 SL2（h）的开关使电路（19—21）断开，使 KA5、KA8 以及 KM1 相继断电释放，1 号泵断电停泵，完成一次起停。当屋顶高位水箱的水位又降到低水位位置时，液位器 SL2（L）使 KA5 重新通电吸合，电路（37—39）接通，由于此时 KA7 已是通电吸合状态，因此 KA8 不能通电，通电的是 KA9。KA9 的常开触头（211—207）接通，使 KM2 通电，2 号泵起动供水。同时由于 KA9 的另一对常开触头（13—33）断开，KA7 断电释放，为下一次 KA8 的通电（即 1 号泵起动）做好准备。当高位水箱中的水位到达高位时，液位器 SL2（h）

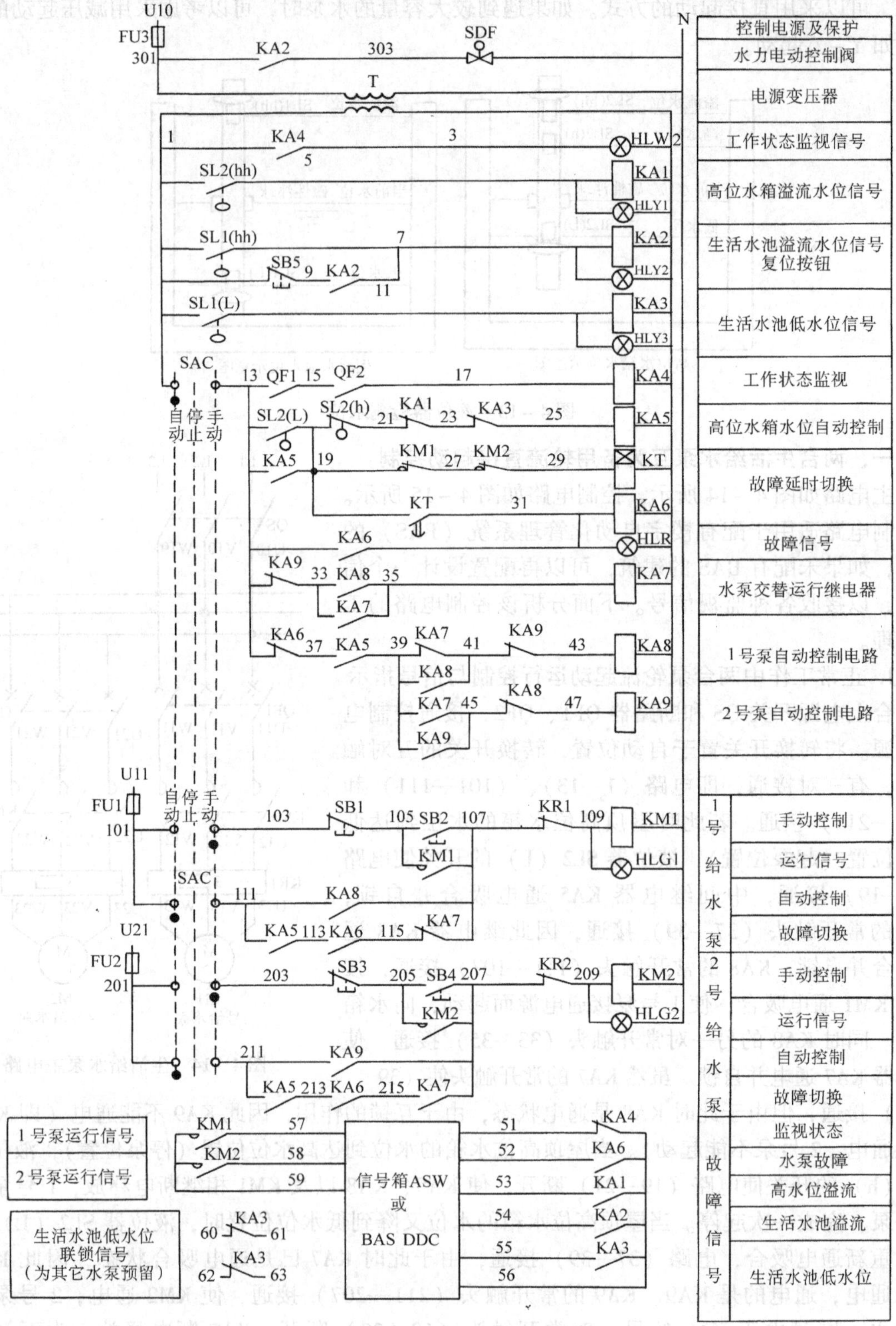

图 4－15　生活给水泵直接起动控制电路

使 KA5、KA9 和 KM2 相继断电，2 号泵停转。

当两个水泵接触器 KM1 或 KM2 的线圈通电的同时，与其线圈并联的两个水泵运行指示灯 HLG1 或 HLG2 亮。HLG1 亮表示 1 号水泵正在运行，HLG2 亮表示 2 号水泵正在运行。

2. 故障自投的控制及信号指示

当某一个泵（如 1 号泵）正在运行时发生故障，将导致对应的热继电器 KR1 动作，或使对应的断路器 QF1 跳闸，其控制接触器 KM1 将断电释放，由于另一个接触器 KM2 还没有通电，因此时间继电器 KT 通电，经延时，其常开延时闭合触头使电路（19—31）接通，KA6 通电并自锁，其常闭触头断开，切断 KA8 和 KA9 的通电回路。由于 KA5 已通电，KA5 和 KA6 的常开触头使电路（111—115）和（211—215）接通，KA7 维持原状，将使另一个接触器 KM2 通电（因为 1 号泵在故障前运行时，KA7 已处在通电状态），备用泵投入运行。以后，高位水箱每次低位起动水泵时，均会跳过故障泵直接起动正常泵，直到运行人员修复故障之后，再恢复轮流运行。

与此同时，故障指示灯 HLR 也随着 KA6 的通电被点亮，表示目前处在故障状态，KA6 的一个常开触头同时将故障信号传送给楼宇自动化管理系统（BAS）。

3. 溢流水位的监视及控制

正常时，高位水箱的水位到达高位时，能够自动停泵停止供水。如果由于某些原因（如 SL2（h）用久损坏）造成高位不能停泵，这时高位水箱的水位将超过高位水位继续增加，当水位达到溢流水位时，溢流检测液位器 SL2（hh）将动作，其触头闭合，继电器 KA1 通电吸合，KA1 的常闭触头把（21—23）断开，KA5 断电释放，强行将 KA8 或 KA9、KM1 或 KM2 断电，使给水泵断电停转，停止向高位水箱供水。同时高位水箱溢流指示灯 HLY1 亮，发出溢流报警信号。接在楼宇自动化管理系统上的 KA1 常开触头闭合，将溢流信号送给 BAS。

生活水池通常设在地下室，为了防止生活水池中的水溢出，本控制电路设置生活水池溢流保护。当生活水池的水位上升到溢流水位时，液位器 SL1（hh）触头接通，使继电器 KA2 通电吸合并自锁，同时生活水池溢流指示灯 HLY2 亮。KA2 的两个常开触头动作，一方面将水力电动控制阀通电（若阀的型式不同，应选择 KA2 的常闭触头使阀断电），从而关闭阀门停止进水，另一方面将生活水池水位溢流信号发送给 BAS。等到运行人员将故障排除后，可按下按钮 SB1，使 KA2 断电复位。

4. 生活水池低限水位的控制

当生活水池中的水位达到最低限的消防水位时，液位器 SL1（L）触头接通，继电器 KA3 通电吸合，生活水池低水位指示灯 HLY3 被点亮。KA3 的常闭触头（23—25）断开，相继使 KA5、KA8 或 KA9、KM1 或 KM2 断电，使给水泵停转，停止抽用生活水池中的预留消防用水。同时 KA3 的常开触头闭合，将生活水池水位过低的信号发送给 BAS。

5. 预留信号

本控制电路预留了生活水池低水位联锁信号，即 KA3 的两个常闭触头（60—61）、（62—63）。在高层建筑中给水系统往往几套水泵共用一个生活水池，当发生生活水池水位过低，应使所有的给水泵停止运行。此时可以利用预留的 KA3 两个常闭触头，将生活水池水位过低信号送给其它给水泵控制电路，使之同时停泵。

控制箱箱面设备布置如图 4－16 所示。

二、星－三角减压起动的两台泵一用一备的控制

在大中型建筑物中，特别是高层建筑，水泵电动机的功率通常有75kW以上，此时应考虑采用星－三角减压起动或其它减压起动方式。如果某建筑物的供电变压器容量不允许水泵电动机直接起动，也可考虑星－三角减压起动方式，因为该方式起动设备少，操作简单，初次投资少，起动转矩一般都能满足要求，所以它是一种除直接起动方式之外的另一种比较常用的方式。

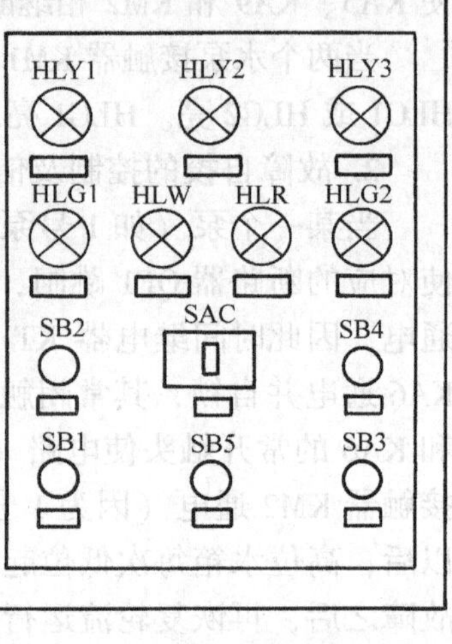

图4－16　控制箱箱面设备布置

（一）主电路

如图4－17所示，QS为总电源开关，QF1、QF2分别为电动机M1和M2的供电断路器，两台电动机的星－三角起动各由三个接触器控制，其中KM1、KM2和KM3控制M1，KM4、KM5和KM6控制M2，各接触器的作用如下：

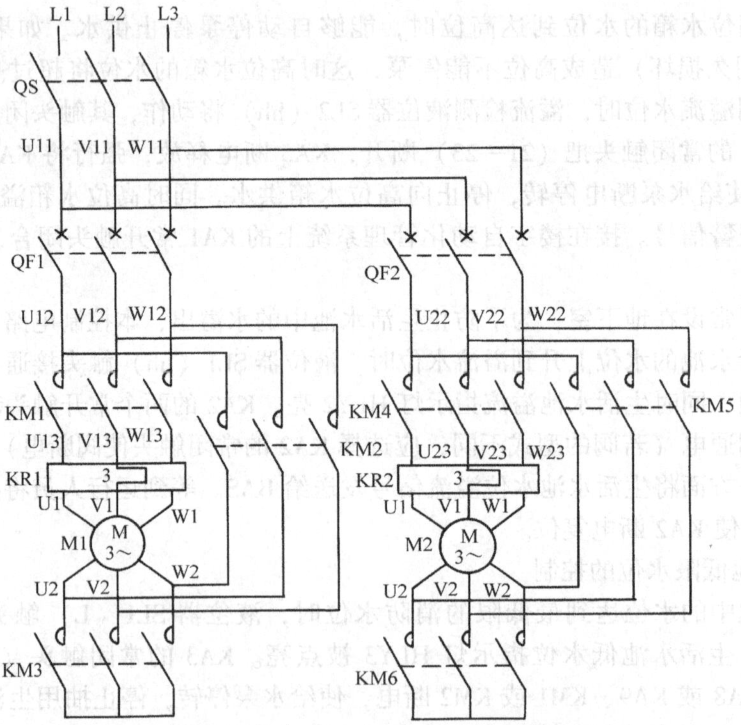

图4－17　生活给水泵星－三角减压起动主电路

KM1和KM4分别为M1和M2的电源接触器——把电动机与电源接通；

KM2和KM5分别为M1和M2的三角形联结接触器——将电动机定子绕组接成三角形；

KM3和KM6分别为M1和M2的星形联结接触器——将电动机定子绕组接成星形。

（二）控制电路

如图4－18所示。本控制电路采用两个转换开关SAC1和SAC2分别控制各自的水泵电动机，每个转换开关都有三个控制档位，即“自动”、“手动”和“备用”。自动就是由建筑楼顶水箱中的水位自动控制水泵的起、停；备用位置就是当工作水泵电动机出现故障时，处在备用位置的电动机能自动投入运行。手动位置主要是在检修试泵时使用。一般情况下，当一台水泵电动机处于自动时，另一台处在备用。这里使用两个转换开关分别控制，可以增加

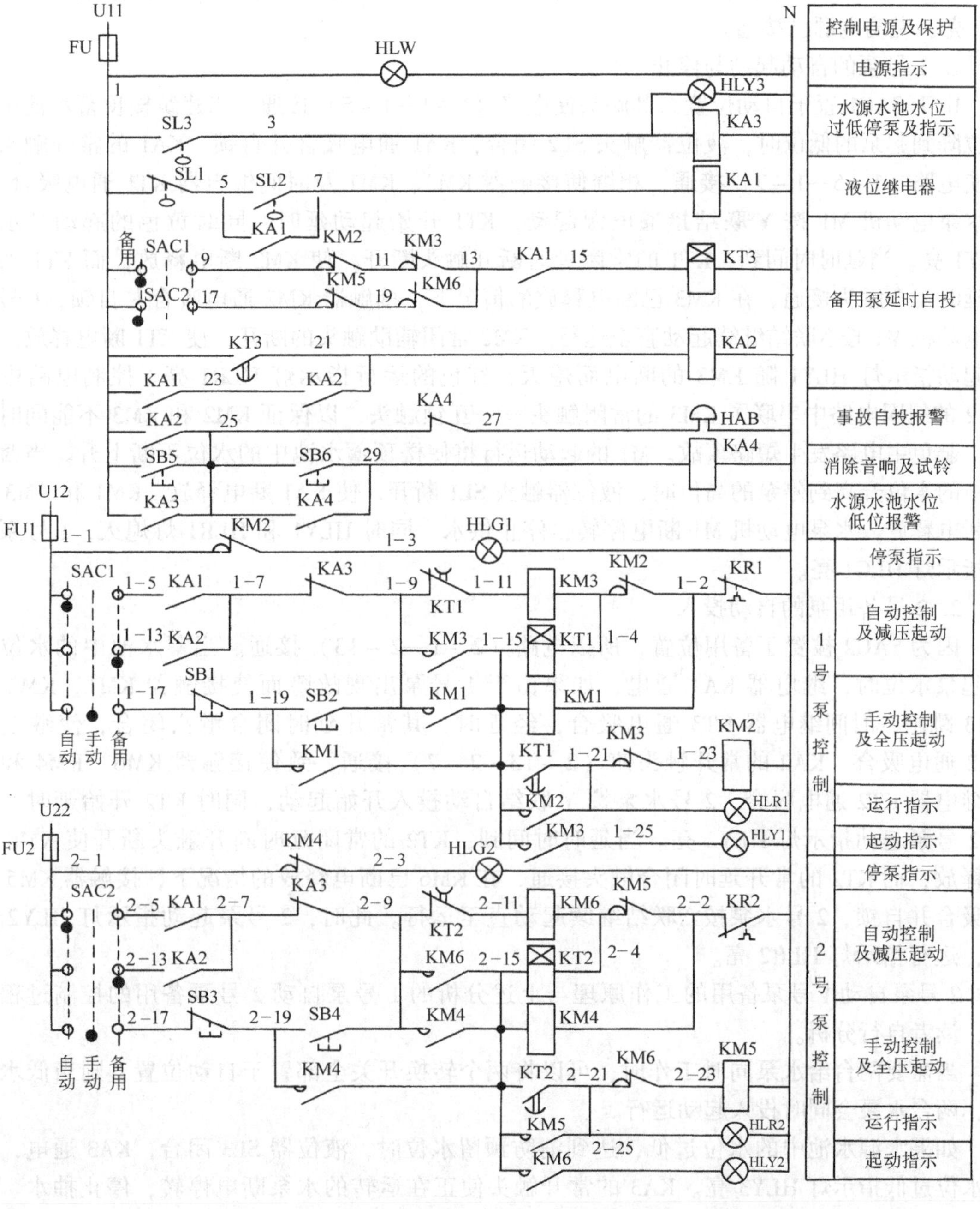

图4－18 生活给水泵星形－三角形减压起动控制电路

使用中的灵活性。当一台水泵电动机出现故障需要检修时，其工作状态是手动位置，由按钮控制。而另一台水泵电动机的转换开关可置于自动位置受水位自动控制。图中的SL1是高位水箱的高水位液位器开关，SL2是高位水箱低水位液位器开关，SL3是生活供水池低位液位器开关。该控制电路没有设置高位水箱和生活供水池的溢流保护。下面以1号泵自动，2号泵备用分析其工作原理。

将SAC1置于自动位置，SAC2置于备用位置。合上总电源断路器QS，白色电源指示灯HW亮，说明电源已接通。

1. 1号泵的自动起动与停止

由于SAC1置于自动位置，其触头使电路（1-1—1-5）接通。当建筑楼顶蓄水池中的水位降到起泵的低位时，液位器触头SL2闭合，KA1通电吸合并自锁，KA1的常开触头闭合使电路（1-5—1-7）接通，相继使接触器KM3、KM1及时间继电器KT1通电吸合，1号水泵电动机M1按Y联结接通电源起动，KT1开始起动延时，同时黄色的起动指示灯HLY1亮。当延时时间到，KT1的常闭延时断开触头断开，使KM3断电释放，而KT1的常开延时闭合触头接通，在KM3已断电释放的情况下，接触器KM2通电吸合并自锁，1号水泵电动机M1按△联结继续起动直至运行。KM2常闭辅助触头的断开，使KT1断电释放。黄色起动指示灯HLY1随KM3的断电而熄灭，红色的运行指示灯HLR1亮。控制电路中在KM2的线圈电路中串联了KM3的常闭触头——互锁触头，以保证KM2和KM3不能同时通电，避免主电路发生短路事故。M1的起动运行将使楼顶蓄水池中的水位不断上升。当蓄水池中的水位升高到停泵的高位时，液位器触头SL1断开，使KA1断电释放，KM1和KM3也将断电释放，水泵电动机M1断电停转，停止供水，同时HLY1和HLR1灯熄灭，1号泵停转指示灯HLG1亮。

2. 2号备用泵的自动投入

因为SAC2被置于备用位置，所以电路（2-1—2-13）接通。当蓄水池中的水位降到起泵水位时，继电器KA1通电，如果由于1号泵出现故障而使接触器KM1、KM2和KM3跳闸，时间继电器KT3通电吸合，经延时，其常开延时闭合触头闭合，使继电器KA2通电吸合，KA2的常开触头使（2-13—2-7）接通，致使接触器KM6、KM4和时间继电器KT2通电吸合，2号水泵按Y联结自动投入开始起动，同时KT2开始延时，此时2号泵起动指示灯HLY2亮。当延时时间到，KT2的常闭延时断开触头断开使KM6断电释放，而KT2的常开延时闭合触头接通，在KM6已断电释放的情况下，接触器KM5通电吸合并自锁，2号水泵按△联结继续起动直至运行。此时，2号泵起动指示灯HLY2熄灭，运行指示灯HLR2亮。

2号泵自动1号泵备用的工作原理与上述分析的1号泵自动2号泵备用的控制过程相似，读者自行分析。

当需要两台给水泵同时工作时，可以将两个转换开关全部置于自动位置，则当低水位时，两台水泵会同时投入起动运行。

如果水源水池中的水位过低，达到消防预留水位时，液位器SL3闭合，KA3通电，同时水位过低指示灯HLY3亮。KA3的常开触头使正在运转的水泵断电停转，停止抽水。同时，由于KA3通电，也使报警电铃HAB通电而发出响声。当水位高于预留水位时，KA3断电，报警电铃也会自动消除铃响。

如果工作泵出现故障，经 KT3 延时，KA2 通电，备用泵投入工作，此时报警电铃由于 KA2 的通电而发出报警响声。当检修人员来检修故障泵时，可以按下按钮 SB6，继电器 KA4 通电并自锁，使电铃断电停响。当检修完故障，且水位达到高位，KA1 断电，KT3 和 KA2 也断电，报警音响解除，KA4 自动断电，为下次故障报警作好准备。SB5 是试铃按钮。

控制箱箱面设备布置如图 4－19a 所示。控制箱箱内设备布置如图 4－19b 所示。

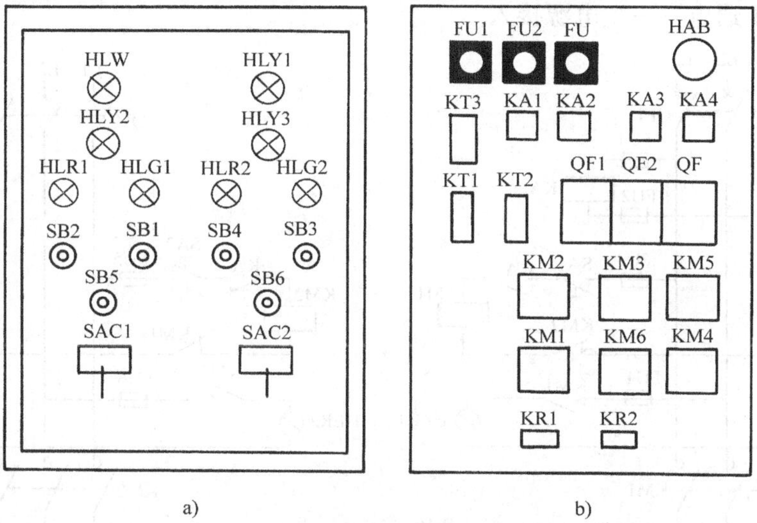

图 4－19　控制箱箱面和箱内设备布置

第四节　消防泵的电气控制

消防泵分为消火栓用消防泵、自动喷水泵及补压泵。本节分析消火栓用消防泵、自动喷水泵和补压泵的电气控制原理。

一、消火栓用消防泵的电气控制

无论是什么建筑物（工业或民用、高层或低层、单栋或群体）一般均需设置消火栓，如果城市公用管网的水压或流量不够，就必须设置消火栓用消防泵。消火栓用消防泵要求工作必须可靠，因此它多数是两台一组，一用一备，备用自投。在高层建筑中，为使水压不致过高，常将一栋高层建筑分为高区和低区，分区供水，每区设置两台泵一用一备，或三台泵两用一备。在供电方面，由于消防泵属于一级负载，可以考虑双电源供电。

（一）主电路

如图 4－20 所示。该电路采用双电源供电，主电源电路由断路器 QF1、接触器 KM1 组成，转换开关 SA1 控制电源的接通与断开；备用电源由断路器 QF2、接触器 KM2 组成，转换开关 SA2 控制其工作。主电源与备用电源的切换由继电器 KA 完成。当主电源供电正常时，电路由主电源供电，当遇到主电源供电不正常时，如停电等，电路将被自动切换到由备用电源供电。

主备切换的过程如下：工作时，断路器 QF1、QF2 接通，转换开关 SA1、SA2 闭合。如果主电源供电正常，继电器 KA 通电吸合，其常开触头使接触器 KM1 通电吸合，KM1 的主触头闭合，主电源供电给负载。同时 KM1 的常开辅助触头闭合，使主电源工作指示灯 HLR1 亮。KA 的常闭触头断开，接触器 KM2 不能通电，备用电源不能接通。当遇到主电源停电，则继电器 KA、接触器 KM1 断电释放，KA 的常闭触头接通，使接触器 KM2 通过备用电源通电吸合，KM2 的主触头闭合，负载转由备用电源供电，同时备用电源工作指示灯 HLR2 亮。当主电源又恢复供电时，KA 又重新通电吸合，将使 KM2 断电——切断备用电源，同时使 KM1 通电——主电源接入。

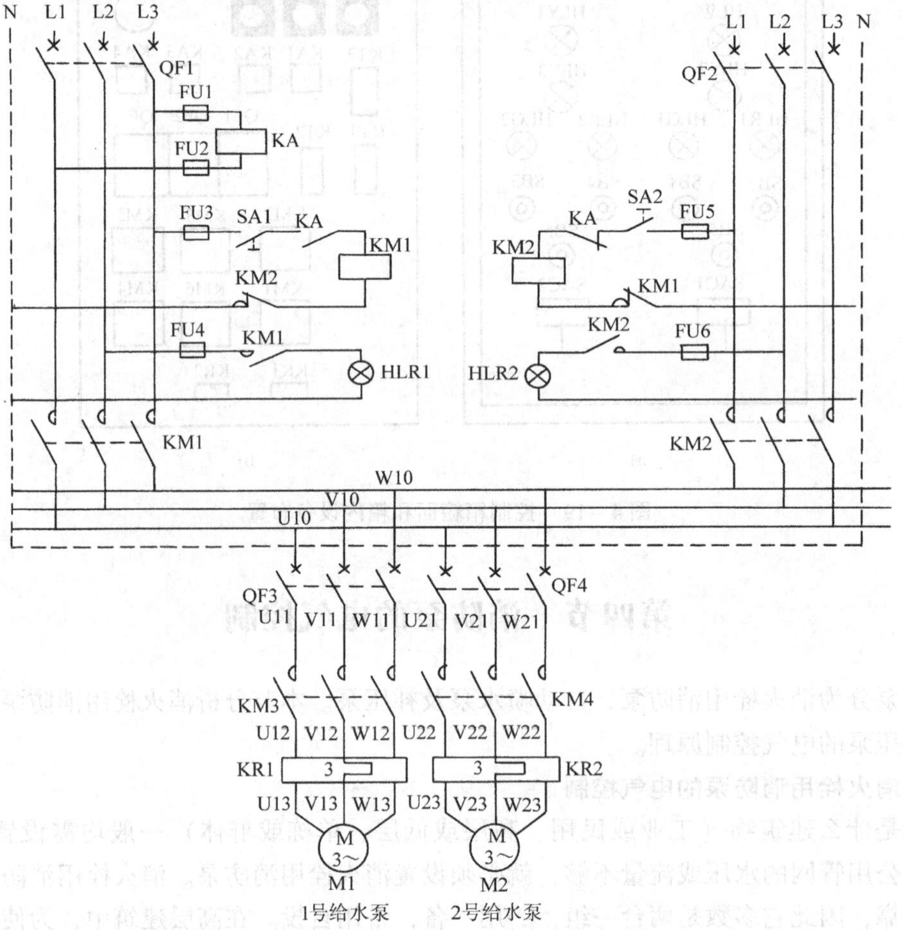

图 4－20　消火栓用消防泵主电路

（二）控制电路

如图 4－21 所示。为提高控制电路的可靠性，整个控制电路分三个部分，第一部分为消火栓内控制按钮起泵控制电路，其电源进线接在消防泵断路器 QF3、QF4 的电源侧——组成副控电路，由熔断器 FU7 短路保护。第二部分为 1 号泵主控电路，电源由 1 号泵断路器 QF3 的负载侧引入，由熔断器 FU8 短路保护。第三部分为 2 号泵主控电路，电源由 2 号泵断路器 QF4 的负载侧引入，由熔断器 FU9 短路保护。如果副控电路出现问题（如 FU7 熔断），主控电路仍可以正常工作。

两个水泵工作在一用一备，互为备用，若工作泵故障跳闸，则备用泵延时自动投入。哪个泵为工作泵由转换开关 SAC 设置。SAC 有三个控制位置：1 号用 2 号备（自动）、手动、

2号用1号备（自动）。手动用于检修故障时使用，正常时，SAC处于自动位置。下面以1号泵工作，2号泵处在备用说明其控制原理。设SAC位于“1号用2号备”位置。

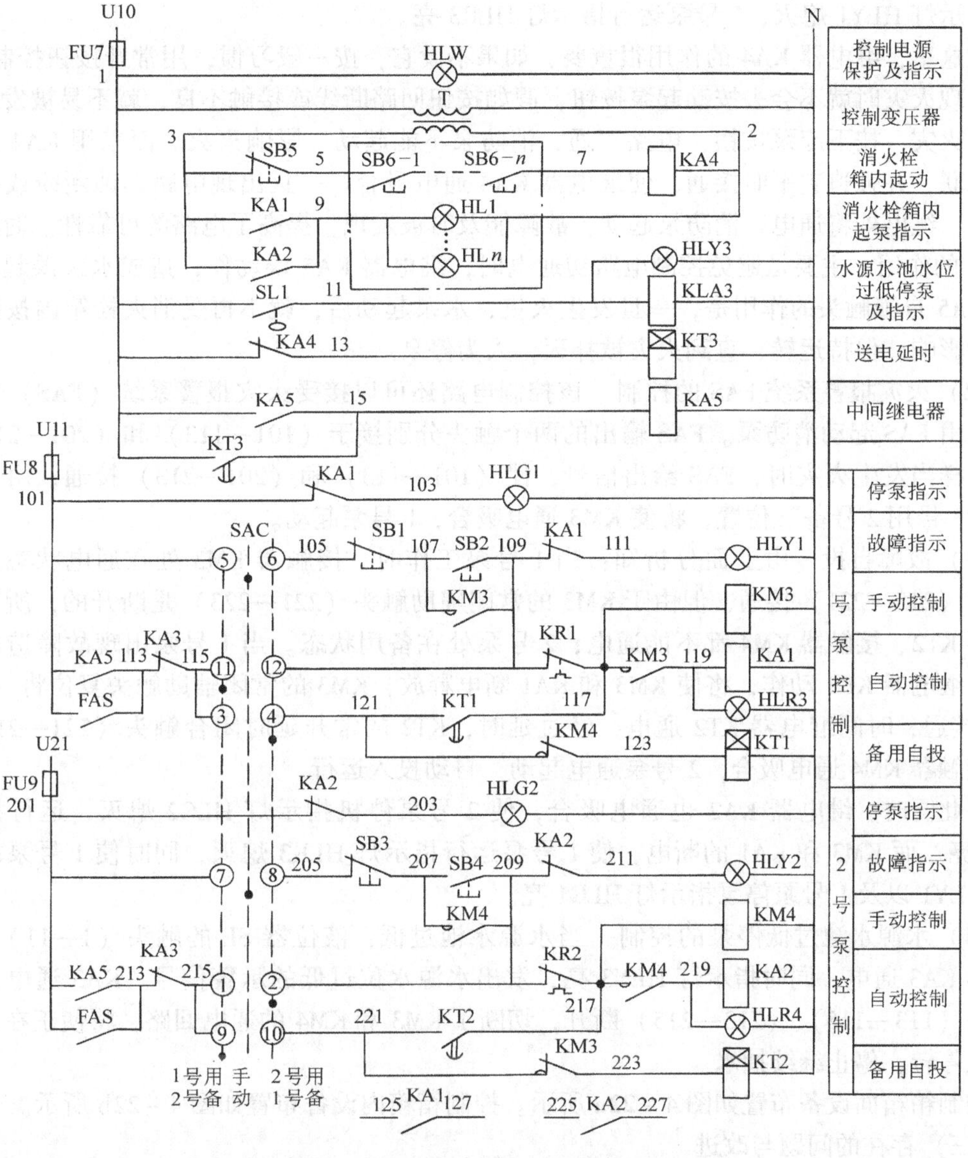

图4－21　消火栓用消防泵控制电路

（1）消火栓箱内消防泵专用按钮的控制　电路中SB6－1～SB6－*n*是设在消火栓箱内的消防泵专用控制按钮，按钮上带有水泵运行指示灯。消防泵专用按钮SB6－1～SB6－*n*平时由玻璃片压着，处在动作状态，其常开触头闭合，使中间继电器KA4通电吸合，KA4的常闭触头（1—13）断开，时间继电器KT3不能通电吸合，KA5不通电，消防泵控制接触器KM3、KM4也不通电，水泵不运行。

当发生火灾时，打碎消火栓箱内消防专用按钮上的玻璃，该按钮复位，其常开触头断开，使继电器KA4断电释放，KA4的常闭触头（1—13）复位接通，时间继电器KT3通电，经延时后，其常开延时闭合触头闭合，继电器KA5通电并自锁，KA5的常开触头（101—

113）闭合，由于SAC位于“1号用2号备”位置，（115—109）接通，使接触器KM3通电，1号泵起动。同时由于KM3的通电，使KA1通电，这样将使1号停泵指示灯HLG1和故障指示灯HLY1熄灭，1号泵运行指示灯HLR3亮。

在这里，继电器KA4的作用很重要，如果不设它，按一般习惯，用常开按钮控制水泵，在未出现火灾时就不会去按动起泵按钮，假如按钮回路断线或接触不良，就不易被发现，一旦出现火灾，按下起泵按钮，电路不通，消防泵不能起动，影响灭火。而采用KA4后，将按钮串联，并强迫它平时接通，使继电器KA4通电吸合。一旦出现电路锈蚀断线或按钮接触不良，继电器将通电，消防泵起动，故障能及时被发现，提高了电路的可靠性。时间继电器KT3的作用，主要是避免控制电路初通电时，继电器KA5误动作，造成水泵误起动。继电器KA5自锁触头的作用是，一旦发生火灾，水泵起动后，就不再受消火栓箱内按钮及其电路的影响，保持运转，直到火灾被扑灭，人为停泵。

（2）火灾报警系统FAS的控制　该控制电路还可以接受火灾报警系统（FAS）发出的指令，由FAS起动消防泵。FAS输出的两个触头分别接于（101—113）和（201—213）之间。这样当发生火灾时，FAS给出信号，使（101—113）和（201—213）接通，由于SAC位于“1号用2号备”位置，将使KM3通电吸合，1号泵起动。

（3）故障自投　由上面分析知：当1号泵工作时，接触器KM3处在通电状态，虽然SAC将（215—221）接通，但由于KM3的常闭辅助触头（221—223）是断开的，所以时间继电器KT2、接触器KM4都不能通电，2号泵处在备用状态。当1号泵出现故障造成过载时，热继电器KR1动作，将使KM3和KA1断电释放，KM3的常闭辅助触头复位将（221—223）接通，时间继电器KT2通电，经过延时，KT2的常开延时闭合触头（221—217）接通，接触器KM4通电吸合，2号泵通电起动，自动投入运行。

与此同时，继电器KA2也通电吸合，使2号泵停机指示灯HLG2熄灭，运行指示灯HLR4亮。而KM3和KA1的断电，使1号泵运行指示灯HLR3熄灭，同时使1号泵故障指示灯HLY1以及1号泵停泵指示灯HLG1亮。

（4）水源水池过低停泵的控制　当水源水池过低，液位器SL的触头（1—11）接通，继电器KA3通电，同时指示灯HLY3亮，发出水源水位过低的示警信号。KA3通电，其常闭触头（113—115）、（213—215）断开，切断了KM3和KM4的通电回路，将使正在工作的泵断电停转，停止继续抽水。

控制箱箱面设备布置如图4－22a所示。控制箱箱内设备布置如图4－22b所示。

（三）存在的问题与改进

1. 存在的问题

1）按照《建筑设计防火规范》和《高层民用建筑设计防火规范》的要求，消防泵必须能在消防控制中心直接起动和停止，图4－21所示消火栓用消防泵的控制电路是不能满足规范的要求。

2）在图4－21所示消火栓用消防泵控制电路中，消火栓箱内的直接起泵按钮全部串联在一起，当消火栓箱的数量很多时，接线点多，任何一处出现故障将造成控制失灵，出现故障的机会大大增加，并且一旦出现故障，查找故障原因将变得非常困难。同时由于电路很长，导线本身的阻抗及大量按钮的接触电阻之和，会使控制电路的压降过大，在36V的低电压电路中会影响继电器的可靠吸合。

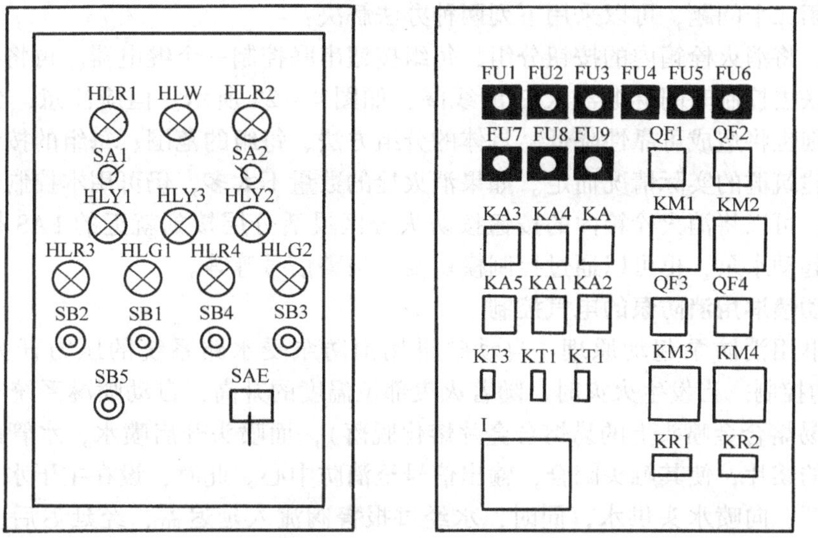

图 4－22　控制箱箱面和箱内设备布置
a）箱面设备布置　b）箱内设备布置

2. 解决的办法

消防控制中心直接起动消防泵的问题：可以在消防控制中心安装一个起动按钮 SB8 和一个停止按钮 SB7，将其按图 4－23 连接。按下 SB8，中间继电器 KA5 通电吸合，接触器 KM3 或 KM4 通电，消防泵起动。按下 SB7，将使 KA5 断电，KM3 或 KM4 断电，消防泵停转。

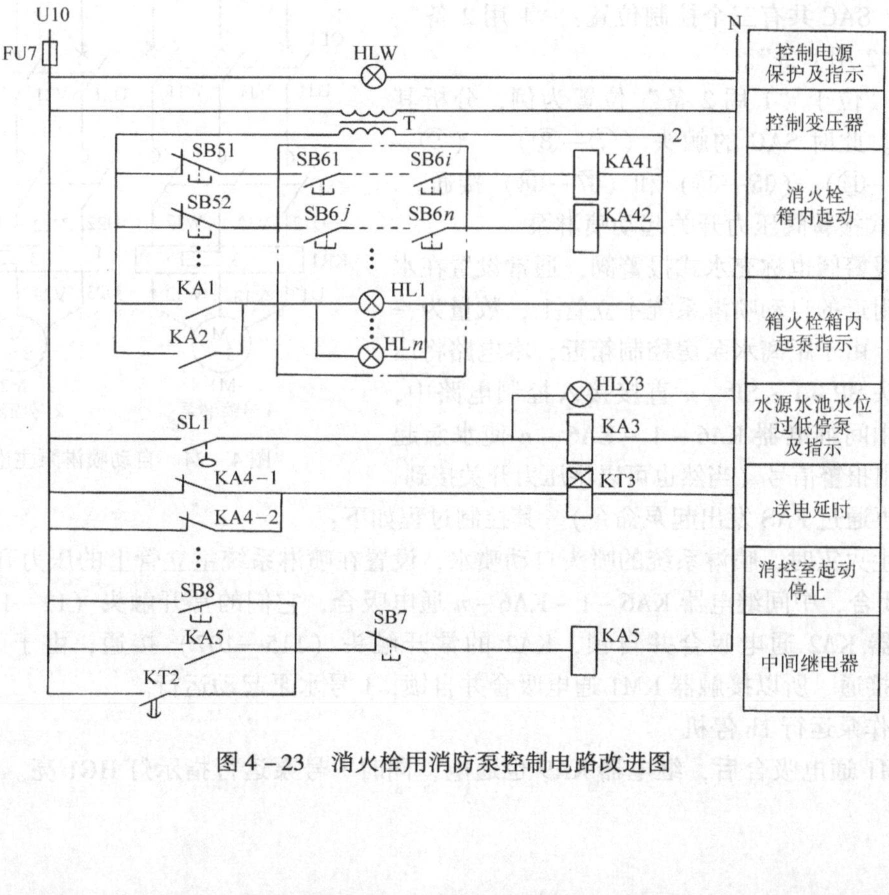

图 4－23　消火栓用消防泵控制电路改进图

上述的第二个问题，可以采用下列两种办法解决：

办法一：将消火栓箱内的按钮分组，每组按钮串联控制一个继电器。再将各组继电器的常闭触头并联去控制时间继电器 KT3 的线圈，如图 4－23 所示。但应注意，分组的数量不宜过多，否则也将造成可靠性降低。具体的分组方法、每组的范围、每组的按钮数量，要根据建筑物或建筑群的实际情况而定。如果消火栓的数量不太多，仍可用本控制电路。

办法二：可以将消火栓箱内的按钮按防火分区灵活分层接到就近的 FAS 模块箱上，通过控制模块起动水泵，也可以通过控制模块发出报警信号等等。

二、自动喷淋用消防泵的电气控制

自动喷淋用消防泵起动原理：自动喷淋用消防泵受水路系统的压力开关或水流指示（继电）器的控制。当发生火灾时，随着火灾部位温度的升高，自动喷淋系统喷头上的玻璃球爆破（或易熔合金喷头上的易熔合金片熔化脱落），而喷头开启喷水，水管内的水流推动水流指示器的桨片，使其触头闭合，输出信号至消防中心。此时，设在主干水管上的报警水阀被水流冲开，向喷水头供水，同时，水经过报警阀流入延迟器，经延迟后，流入压力开关，使压力开关闭合，喷淋用消防泵起动。压力开关的接通，也起动警铃，发出报警信号。

（一）主电路

如图 4－24 所示。自动喷淋用消防泵一般设计为两台泵一用一备，互为备用。工作泵故障时，备用泵自动投入运行。

（二）控制电路

如图 4－25 所示。电路的工作状态由转换开关 SAC 控制，SAC 共有三个控制位置：“1 用 2 备”、“手动”、“2 用 1 备”。

以 SAC 位于“1 用 2 备”位置为例，分析其控制原理。此时 SAC 的触头（⑦—⑧）、（⑨—⑩）、（⑬—⑭）、（⑮—⑯）和（⑰—⑱）接通。

1. 湿式报警阀压力开关起动喷淋泵

湿式报警阀也称充水式报警阀，通常设置在水泵房内或附近的自动喷淋系统主立管上，数量为一个或几个，由于距离水泵房控制箱近，本电路将压力开关触头 SP－1～SP－n 直接接入控制电路中，通过控制中间继电器 KA6－1～KA6－n 使水泵起动，并发出报警信号（当然也可以将压力开关接到 FAS 上，再通过 FAS 发出起泵命令）。其控制过程如下：

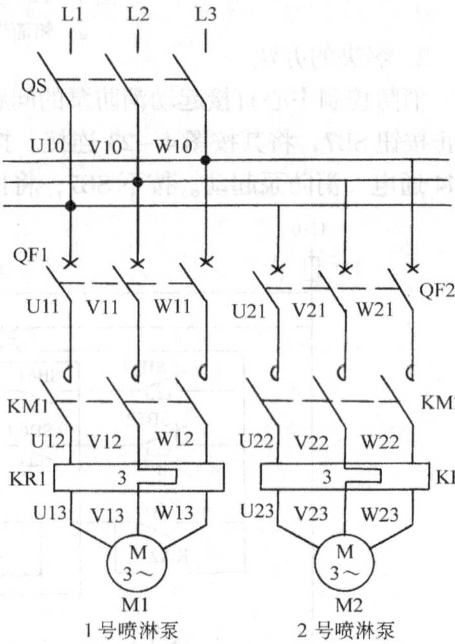

图 4－24 自动喷淋泵主电路

当发生火灾时，喷淋系统的喷头自动喷水，设置在喷淋系统主立管上的压力开关 SP－1～SP－n 闭合，中间继电器 KA6－1～KA6－n 通电吸合，它们的常开触头（11—13）闭合，中间继电器 KA2 通电吸合并自锁，KA2 的常开触头（115—107）接通，由于 SAC 已将（9—10）接通，所以接触器 KM1 通电吸合并自锁，1 号水泵起动运行。

2. 工作泵运行 1h 停机

在 KM1 通电吸合后，继电器 KA9 也通电，同时 1 号泵运行指示灯 HG1 亮。KA9 的常

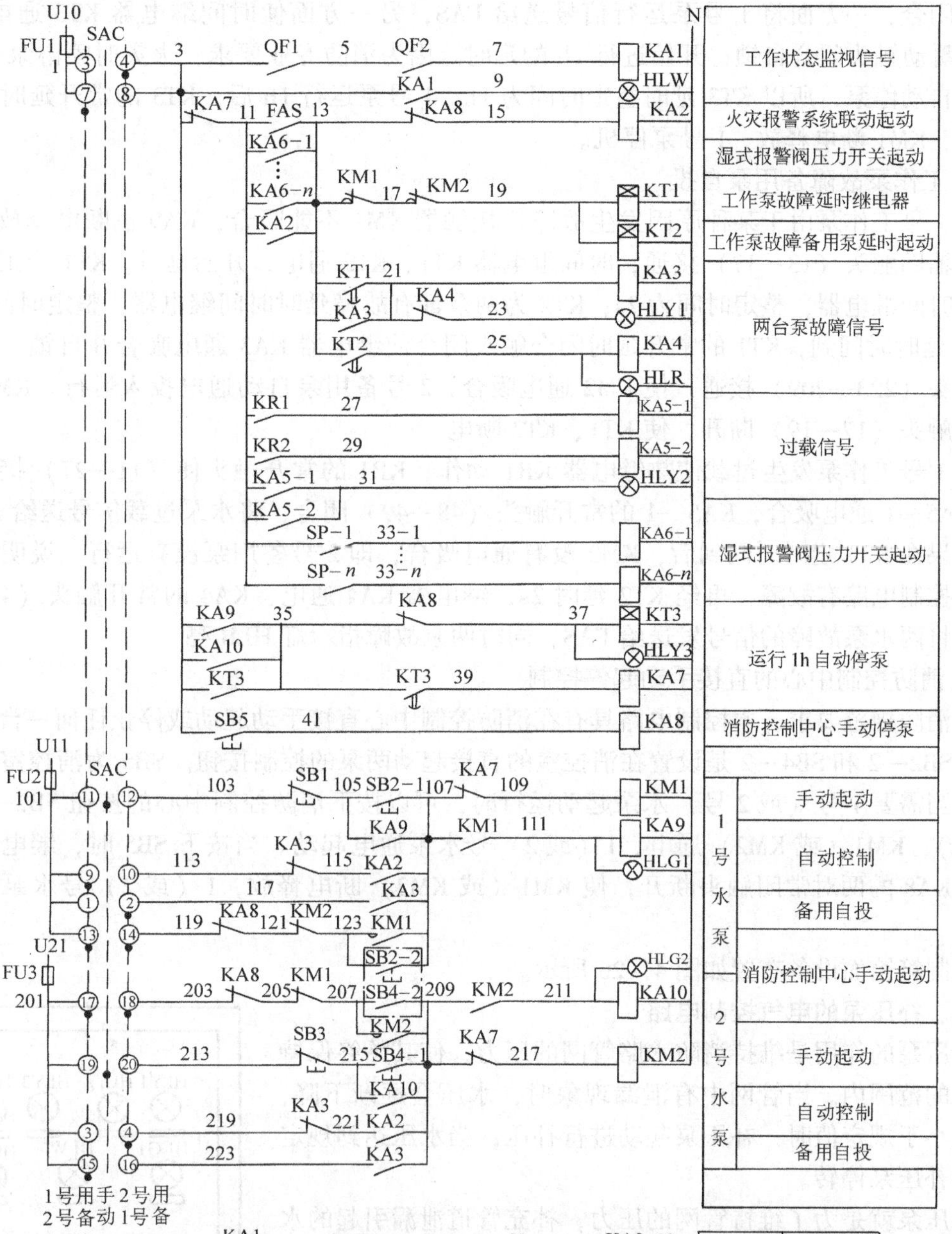

图 4－25　自动喷淋泵控制电路

开触头闭合，一方面将 1 号泵运行信号送给 FAS，另一方面使时间继电器 KT3 通电吸合，KT3 的瞬动触头闭合自锁，开始进行 1h 的延时。因为消防专业要求，火灾时喷淋泵运行 1h 后，应自动停泵，所以 KT3 延时整定时间为 1h。1 号泵运行 1h 后，KT3 的常开延时闭合触头断开，KM1 断电释放，1 号泵停机。

3. 工作泵故障备用泵自投

当 1 号工作泵由于某种原因发生故障使接触器 KM1 不能吸合，KA9 也断电释放。KM1 的常闭辅助触头（13—17）接通，时间继电器 KT1、KT2 通电，开始延时。KT1 为工作泵故障延时时间继电器，整定时间为 2s；KT2 为两泵都有故障延时时间继电器，整定时间为 4s。当 KT1 延时时间到，KT1 的常开延时闭合触头闭合使继电器 KA3 通电吸合并自锁，KA3 的常开触头（223—209）接通，使 KM2 通电吸合，2 号备用泵自动通电投入运行。KM2 的常闭辅助触头（17—19）断开，使 KT1、KT2 断电。

当 1 号工作泵发生过载使热继电器 KR1 动作，KR1 的常开触头使（11—27）接通，继电器 KA5—1 通电吸合，KA5—1 的常开触头（48—49）闭合，将水泵过载信号送给 FAS。

如果在 KT1 定时时间到后，KM2 没有通电吸合，即 2 号备用泵没有运行，说明 2 号水泵或其控制电路有故障，再经 KT2 延时 2s，继电器 KA4 通电，KA4 的常开触头（45—49）接通，将两水泵故障的信号发送给 FAS，同时两泵故障指示灯 HLR 亮。

4. 消防控制中心的直接手动起停控制

按消防规范要求，本控制电路具有在消防控制中心直接手动起动或停止任何一台水泵的功能。SB2—2 和 SB4—2 是设置在消控室的直接起动两泵的控制按钮。SB5 为消控室的停泵按钮。当需要 1 号（或 2 号）水泵起动运行时，可以按下消防控制中心的按钮 SB2—2（或 SB4—2），KM1（或 KM2）通电，1（或 2）号水泵通电起动。当按下 SB5 时，继电器 KA8 通电，KA8 的两对常闭触头断开，使 KM1（或 KM2）断电释放，1（或 2）号水泵断电停机。

控制箱箱面设备布置如图 4－26 所示。

三、补压泵的电气控制电路

补压泵的作用是维持消防水路管网的压力，使其始终保持在一定的范围内。当管网中有泄漏现象时，水压会逐渐下降，当水压小于规定值时，补压泵起动进行补压；当水压达到规定值时，补压泵停转。

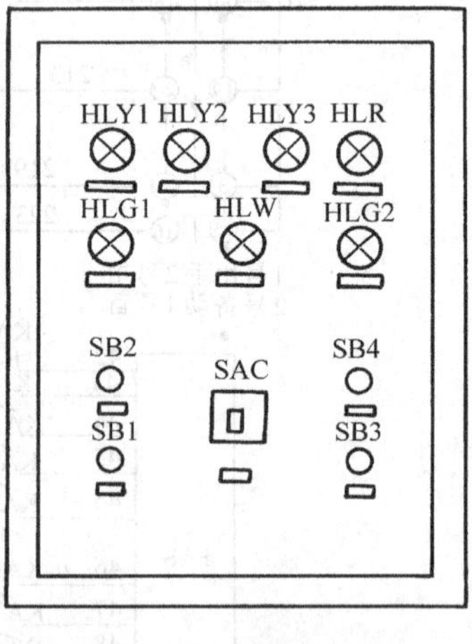

图 4－26　控制箱箱面设备布置

补压泵就是为了维持管网的压力，补充管道泄漏引起的水压下降，一般补充水量较小，水泵电动机的功率也不大，单台水泵电动机的容量通常不会超过 5.5kW。为保证工作可靠，补压泵也需用两台，一用一备，其控制电路有多种。由于补压泵的运行机率比火灾时才起动的加压泵的运行几率大，所以常将补压泵设计成自动轮换交替使用，使两台泵磨损均匀，并保持干燥，延长使用寿命。两台补压泵一用一备自动轮换工作的控制电路的主电路与自动喷淋用消防泵的主电路相同，参见图 4－24，在此不再分析。其控制电路如图 4－27 所示，下面分析其工作原理。

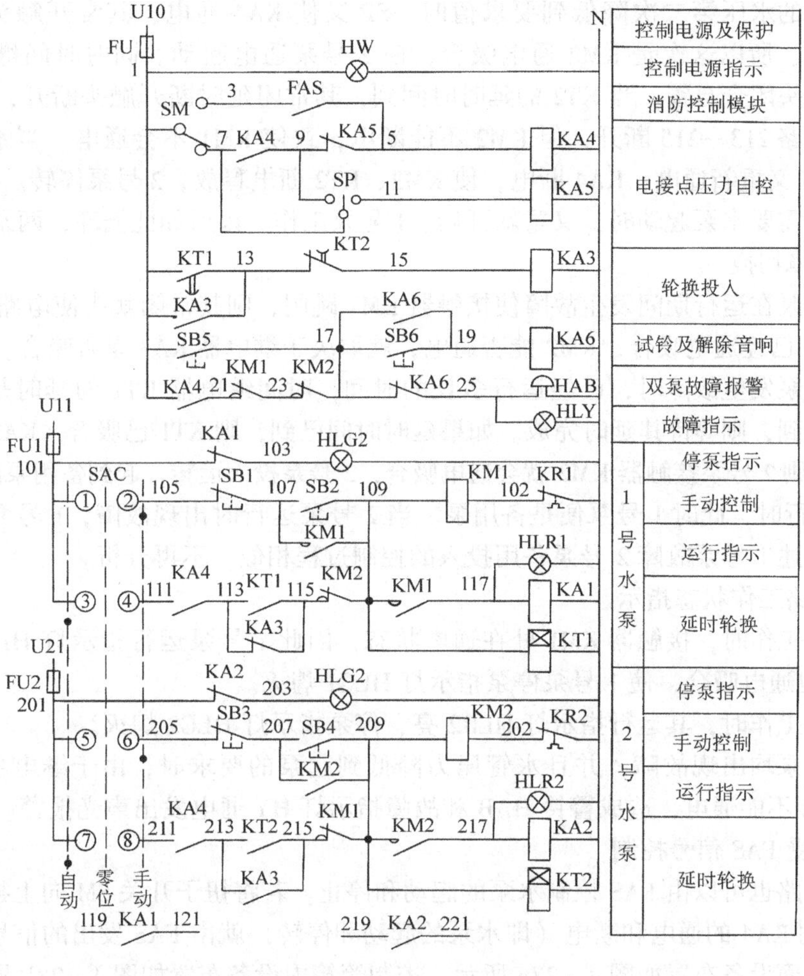

图4-27 补压泵的控制电路

该控制电路有三种控制方式，由转换开关 SAC 控制，即自动、手动、零位。设 SAC 位于自动位置，接通断路器后，电源指示灯 HW 和两个补压泵的停泵指示灯 HLG1、HLG2 通电发亮。

（一）1 号水泵的起动

当水管中的水压低于要求值时，压力表 SP 的触头使电路 7—9 接通，继电器 KA4 通电吸合，由于 SAC 在自动位置时，其③—④、⑦—⑧触头接通，所以接触器 KM1 通电吸合，1 号补压泵起动运行。同时，时间继电器 KT1 也通电，其瞬动触头闭合自锁。延动触头开始延时。当 KT1 延时时间到，其常开延时闭合触头闭合，使继电器 KA3 通电吸合并自锁，为下次再需运行时 2 号水泵接触器 KM2 通电作好准备。KA3 的常闭触头断开，但由于 KT1 的瞬动触头使电路（115—117）仍然接通，所以 KM1 依然处在通电状态，1 号泵继续运行。KA3 的常开触头闭合，由于此时 KM1 处在通电状态，因此 KM2 处在等待通电状态。当水管中的水压上升到规定的要求时，SP 使电路 7—11 接通，KA5 通电吸合，KA4 断电释放，使 KM1 和 KT1 也同时断电释放，1 号泵停转。此时，KA3 仍然保持通电状态。

（二）2 号水泵的轮换

当水管中的水压第二次降低到要求值时，SP 又使 KA4 通电，其常开触头闭合，由于 KA3 保持通电，所以这次是 KM2 通电吸合，使 2 号泵通电起动。同时时间继电器 KT2 通电，其瞬动触头闭合自锁。当 KT2 的延时时间到，其常闭延时断开触头断开，使 KA3 断电释放，虽然电路 213—215 断开，但 KM2 不能断电，致使 KM1 不会通电。当水压的上升使 SP 动作，KA5 又重新通电，KA4 断电，使 KM2、KT2 断电释放，2 号泵停转。

当第三次需要水泵起动时，又重新开始，1 号泵工作。以后如此循环，两泵轮流工作。

（三）故障切换

如果 1 号泵在运行期间发生故障使接触器 KM1 跳闸，则其常闭触头使电路 215—209 接通，由于 KA4 已经通电吸合，KM2 能否通电，就取决于继电器 KA3 是否吸合。而 KA3 的通电取决于 1 号泵发生故障时，已经运行多长的时间，时间继电器 KT1 的延时是否完成。如果延时时间不到，则等待其延时完成。如果延时时间已到，则 KT1 已吸合，KA3 也会处在通电吸合状态，则 2 号泵接触器 KM2 就会通电吸合，2 号泵投入运转，起到备用泵的作用。

2 号泵运行时，此时 1 号泵便是备用泵。当 2 号泵运行时出现故障，1 号泵投入运行的控制过程与上述 1 号泵故障 2 号泵备用投入的控制过程相似，不再分析。

（四）电路工作状态指示

当 1 号泵工作时，接触器 KM1 处在通电状态，因此 1 号泵运行指示灯 HLR1 亮，同时继电器 KA1 也通电吸合，使 1 号泵停泵指示灯 HLG1 熄灭。

当 2 号泵工作时，其运行指示灯 HLR2 亮，停泵指示灯 HLG2 熄灭。

当两台水泵均出现故障，并且水管压力降低到起泵的要求时，由于继电器 KA4 通电，而 KM1、KM2 不能通电，造成警铃 HAB 和故障指示灯 HY 通电发出声光报警。

（五）接受 FAS 信号控制

该控制电路也可以由 FAS 控制水泵的起动和停止。若将扭子开关 SM 向上扳动，使电路 1—3 接通，则 KA4 的通电和断电（即水泵的起动和停转）就由 FAS 发出的信号控制。

控制箱箱面设备布置如图 4－28a 所示，控制箱箱内设备布置如图 4－28b 所示。

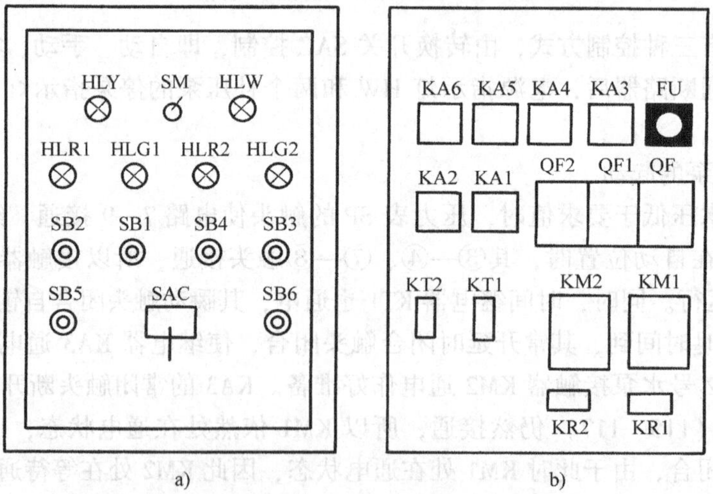

图 4－28　控制箱箱面及箱内设备布置
a）箱面设备布置　b）箱内设备布置

思考题与习题

4－1　图4－1排烟排风控制主电路中，能否将总供电电源开关QS用断路器QF代替？为什么？

4－2　试分析图4－4排烟排风控制电路自动控制时的控制原理。

4－3　试分析图4－9两台排水泵控制电路图（一）转换开关SAC位于“2#用1#备”位置时的工作原理。

4－4　为什么在图4－20消火栓用消防泵主电路中采用双电源供电，试分析备用电源投入控制原理。

4－5　在图4－21消火栓用消防泵控制电路中存在什么问题？应如何解决？

第五章　电梯的电气控制

第一节　电梯的分类、结构

随着科学技术的日新月异，人们物质文化水平的逐步提高，建筑业得以迅速的发展。在全世界著名的100座高层建筑中，目前楼高居首位的是位于吉隆坡的佩重纳斯大厦，1996年建成，高452m，共95层；居第四位的是座落在我国上海浦东的金茂大厦，1996年建成，高420.5m，共88层；第五位是位于美国纽约的世界资易中心大楼，1972年建成，高417m，共110层，此楼已在震惊全球的9.11恐怖事件中被飞机撞毁。在这些大楼中，每天都有大量人流及货流，如果没有电梯将是不可想象的。实际上，对于大中型工业建筑以及八层以上住宅都已普遍设置电梯，因此电梯成为必不可少的且十分重要的一种垂直方向运输工具。

根据国家标准GB7024.1—1986《电梯名词术语》规定，电梯是用电力拖动，具有乘客或载货轿厢，运行于垂直的或与垂直方向倾斜不大于15°角的两侧刚性导轨之间，运送乘客和（或）货物的固定设备。

另外，国家标准GB7588—1987《电梯制造与安装规范》对电梯的技术含义作了如下叙述：电梯是服务于规定楼层的固定式提升设备，包括一个轿厢，轿厢的尺寸与结构型式可使乘客方便的进出，轿厢至少部分在两根垂直的或与垂直方向成倾斜角小于15°的刚性导轨之间运行。

从以上的两个条文可以理解电梯的含义：①电梯是由电力来驱（拖）动的。②电梯是沿着垂直方向运行的一种提升设备，可以是载人的，也可以是载货的。③轿厢要方便于乘客乘坐或承载货物。

一、电梯的分类

按用途分为：乘客电梯、载货电梯、客货（两用）电梯、病床电梯、杂物电梯、住宅电梯、特种电梯等。

按运行速度分为：低速电梯（速度$v \leqslant 1.0\text{m/s}$，通常用在10层以下的建筑物内，客货两用电梯或货梯）、快速电梯（$1.0\text{m/s} < v < 2.0\text{m/s}$，通常用在10层以上的建筑物内）、高速电梯（$2.0\text{m/s} \leqslant v \leqslant 3.0\text{m/s}$，通常用在16层以上的建筑物内）、超高速电梯（$v \geqslant 3.0\text{m/s}$，通常用在超高层建筑物内）。

按曳引电动机的供电电源分为：采用交流异步双速电动机拖动，简称交流双速电梯（速度一般不大于1.0m/s）；采用交流异步电动机拖动，具有较大调速范围，简称交流调速电梯（目前速度多为1～2.0m/s）；采用直流电动机拖动，简称直流电梯（一般用在2.0m/s以上的高速电梯上）。

按电梯控制方式分为：

1）轿内手柄开关控制电梯。由电梯司机操纵轿厢内的手柄开关，实现轿厢运行的控制。

2）按钮控制电梯。操纵轿内或轿外按钮均可发出指令，实现轿厢停靠层站的控制。

3）信号控制电梯。信号控制是将各层楼上下召唤信号、轿内选层信号及各种专用信号加以综合分析判断后，在司机按下起动按钮后，电梯就自行运行停靠的电梯。

4）集选控制电梯。集选控制是将各种信号综合分析判断后，自动决定轿厢运行的无司机电梯。乘客进入电梯后，只需按下层楼按钮，电梯就会自动将其运送到预达楼层，运行中对符合运行方向的信号能自动答应。

5）向下集选控制电梯。只有轿厢向下运行时，才应答顺向停靠召唤信号，电梯上行时，不能截停，此种电梯一般为住宅电梯。

6）两台或三台并联控制的电梯。共用厅门外的召唤信号，按规定自动调度，确定其运行状态的电梯。当电梯无任务时，一台停在基站，称为基梯；另一台一般停在中间楼层，称为自由梯。基梯一旦有任务离开基站，自由梯立即起动，前往基站替补。基站外的信号，由自由梯应答，自由梯运行时，其相反方向的召唤信号由基梯应答。

7）群控电梯。集中排列的多台电梯，共用厅门外的召唤信号，按规定程序集中调度和控制，一般用于客梯。

8）群控智能控制电梯。由计算机根据客流情况，自动选择最佳运行控制方式的群控电梯。

二、电梯的机械结构

电梯由机械和电气两大系统组成。

电梯的机械系统由曳引系统、轿厢和对重装置、导向系统、厅轿门和开关门系统、机械安全保护系统等组成，其电气控制系统主要由装设在机房内的控制柜、轿厢内的操纵箱以及安装在机房、井道、厅门、轿厢顶和底坑中的电器元件组成。电梯总体结构如图5-1所示。

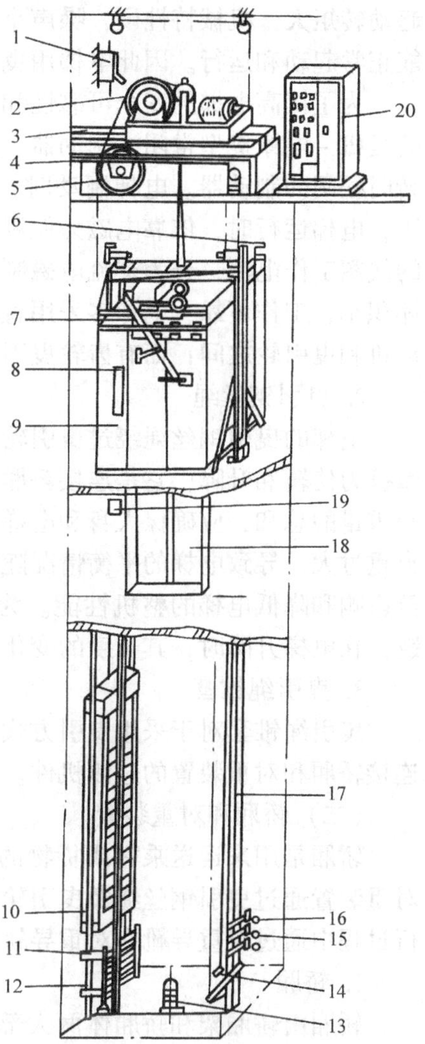

图5-1　电梯总体结构图

1—极限开关　2—曳引机　3—承重梁　4—限速器　5—导向轮　6—换速平层感应器　7—开门机　8—操纵箱　9—轿厢　10—对重装置　11—防护栅栏　12—对重导轨　13—缓冲器　14—限速器张紧装置　15—基站厅外开关门控制开关　16—限位开关　17—轿厢导轨　18—厅门　19—招呼按钮箱　20—控制柜

（一）曳引系统

曳引系统由曳引机、曳引轮、导向轮、曳引钢丝绳、曳引绳锥套等部件组成。

1. 曳引机

曳引机是包括电动机在内的用以驱动和停止电梯的装置，有无齿轮曳引机和有齿轮曳引机两种。无齿轮曳引机是指不用中间的减速器把拖动装置的动力直接传递到曳引轮上，其曳引电动机为具有良好调速性能的直流电动机，用于运行速度$v>2.0\text{m/s}$的高速电梯上；有齿轮曳引机一般采用蜗轮副作减速传动装置，其曳引电动机为交流异步电动机，广泛用于运行速度$v\leqslant 2\text{m/s}$的各种客梯、货梯、杂物电梯上。

曳引电动机是拖动电梯上下运行的动力，其运行情况比较复杂。运行过程中需频繁地起动、制动、正转、反转，而且负载变化很大，经常工作在重复短时状态、电动状态、再生发电制动状态。因此，要求曳引电动机不仅能适应频繁起动、制动的要求，而且起动电流小，起动转矩大，机械特性硬，噪声小，当供电电压在额定电压 ±7% 的范围内变化时，电动机能正常起动和运行。因此电梯用曳引电动机是专用电动机。

为了提高电梯的安全可靠性和平层准确度，在电梯曳引机上一般装有制动器。电梯采用的是机－电摩擦型常闭式制动器。所谓常闭式制动器，指机械不工作时制动器制动，机械运转时松闸的制动器。电梯制动时，依靠机械力的作用，使制动带与制动轮摩擦产生制动力矩；电梯运行时，依靠电磁力使制动器松闸，因此又称电磁制动器。根据制动器产生电磁力的线圈工作电流，分为交流电磁制动器和直流电磁制动器。由于直流电磁制动器制动平稳，体积小，工作可靠，电梯多采用直流电磁制动器。对于无齿轮曳引机，制动器安装在曳引电动机和曳引轮之间；而有齿轮曳引机制动器安装在曳引电动机轴与蜗杆轴相连的制动轮处。

2. 曳引钢丝绳

电梯的曳引钢丝绳绕过曳引轮和导向轮，并在曳引机驱动下，利用与曳引轮缘上绳槽的摩擦力使轿厢升降，它是连接轿厢和对重装置的机件，承载着轿厢、对重装置、额定载重量等重量的总和，应确保人身和电梯设备的安全。当电梯的提升高度比较大时，由于钢丝绳的自重过大，导致电梯的平衡情况随轿厢位置的变化而变化，给电梯的调整工作造成困难，甚至影响和降低电梯的整机性能。为此，常在电梯轿厢和对重装置的底端装设补偿绳或补偿链，在电梯升降时，其长度的变化用于补偿轿厢两侧重量的不平衡，如图 5－2 所示。

3. 曳引绳锥套

曳引绳锥套对于采用曳引方式为 1:1 的电梯中，是曳引钢丝绳连接轿厢和对重装置的过渡机件。

（二）轿厢和对重装置

轿厢是用来运送乘客或货物的装置，沿着轿厢导轨上下运行。对重装置通过曳引钢丝绳经曳引轮和导向轮与轿厢连接，在电梯运行过程中通过对重导靴在对重导轨上滑行，起平衡作用。

1. 轿厢

轿厢由轿厢架和轿厢体两大部分组成。轿厢架是承重结构件，是由上梁、立梁、下梁组成的框架。轿厢体由轿底、轿壁、轿顶、轿门等组成。高级客梯的轿底，装有一套机械和电气的检测装置，用以检测电梯的载荷情况，把载荷情况转变为电信号，送到电梯电气控制系统，可实现电梯的超载保护。

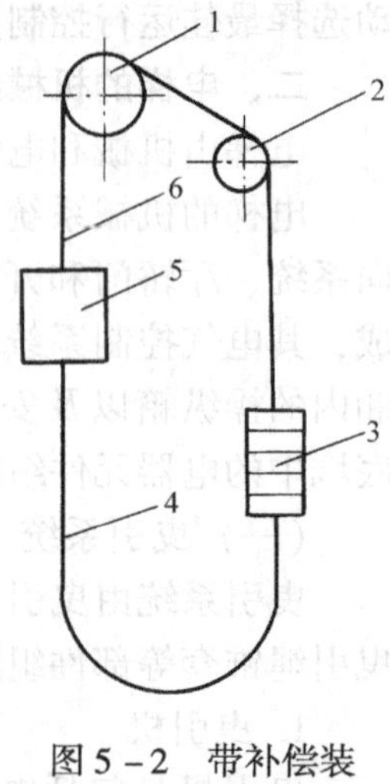

图 5－2　带补偿装置的电梯

1—曳引轮　2—导向轮　3—对重装置　4—补偿绳或补偿链　5—轿厢　6—曳引钢丝绳

轿厢内靠近轿门的轿厢壁上安装有操纵箱。轿顶装有照明灯、电风扇。除杂物电梯外，任何电梯轿顶均需设置安全窗，同时轿顶上应有站人用的空地以及检修开关、急停开关和电源插座，以便发生事故或故障时，司机或检修人员上轿顶检修井道内的设备，必要时乘梯人员可通过安全窗撤离轿厢。

2. 对重装置

对重装置由对重架、对重铁块、导靴、缓冲器碰块、压块等组成。对重架是用槽钢和钢板焊接而成，用来安放对重铁块。对重铁块用铸铁做成。对重铁块放入对重架后用压板压紧，防止电梯在运行中发生窜动而产生噪声。导靴的作用是使对重沿着对重导轨上下滑行的装置。

对重装置过重或过轻，都会给电梯的调试工作造成困难，影响电梯的整机性能和使用效果，甚至造成冲顶或蹾坑事故，应根据随机技术文件安放对重铁块。

（三）轿门、厅门与开关门系统

电梯的门有轿门（轿厢门）和厅门（层门）。轿厢门设在轿厢靠近厅门的一侧，厅门设在通向井道的入口处，客梯的轿门与厅门均采用封闭式门。轿门的开与关一般由装在轿厢顶上的自动开关门机构带动，并通过系合装置（门刀）与层门门锁的配合，带动厅门开与关。

为保证安全，电梯必须在轿门与厅门完全关闭时才能运行。因此，在厅门内侧装有电气机械联锁装置的自动门锁。自动门锁除锁住厅门，使厅门只有用钥匙在厅门外打开外，还能控制电梯控制电路的通断。只有电梯门确认锁住后，电梯才能起动运行（检修时除外）。

1. 自动开关门机构

电梯门常见的是轨道式滑动门，一般客梯多采用中分式自动门。开门时，左右门扇以相同速度向两侧滑动；关门时，则以相同关门速度向中间合拢。

中分式自动开关门机构是以直流电动机为动力，经两级皮带轮减速，第二级大皮带轮作为曲柄轮来带动拨杆拨动轿门，轿门通过门刀和门锁装置带动厅门，实现厅、轿门的同步开关。当曲柄轮逆时针转动180°时，左右拨杆同时推动左右两扇门滑动，完成开门行程；当曲柄轮顺时针转动180°时，使左右两扇门同时合拢，完成关门行程。

自动开关门机构在开关门过程中，其速度是变化的，且关门的平均速度低于开门的平均速度。开关门速度变化过程是：

开门：低速起动运行⟶加速至全速运行⟶减速运行⟶停机，惯性运行至门全开。

关门：全速起动运行⟶第一级减速运行⟶第二级减速运行⟶停机，惯性运行至门全闭。

门在开关过程中速度的变化，是改变开关门直流电动机电枢电压来实现的，而电枢电压的改变是由5个安装于曲柄轮背面的开关架上的行程开关来控制的。在曲柄轮逆时针或顺时针转动180°时，将在开关门的同时，压合相应的行程开关，进而改变电动机电枢电压，改变开关门过程中的速度。

2. 自动门锁机构

门锁一般装置在厅门内侧，在门关闭后，将门锁紧，同时接通机电联锁电路。机电联锁电路接通后电梯方能起动运行。除特殊需要外，严防从厅门外打开厅门的机电联锁装置。因此，门锁机构是电梯的一种安全设施。

国产电梯常用的自动门锁是一种门刀式自动门锁。安装在轿厢门上的门刀，在电梯平层时插入厅门上的门锁，当轿厢门开启时，在门刀推动下锁臂脱开锁钩，使厅门跟着轿门运动，一起打开。当轿厢门闭合时，在门刀作用下经一套机构使厅门闭合，且当厅门闭合后将门锁住并压合微动开关，接通电梯控制电路，电梯才可运行。

3. 关门安全装置

为防止电梯在关门时将人夹住，电梯的轿厢门上常设有关门安全装置。当正在关闭中的门扇受到人或物的阻挡时门扇将自动退回将门开启。电梯门的安全装置有光电式、电子式和机械式，常用的是机械式的安全触板。触板装在门扇边缘且比轿厢门凸出 30～35mm，当门扇在关闭中触板碰到人或物品时，触板被推入，通过控制杆将微动开关压下，立即断开电梯的关门电路并接通开门电路，使门立即开启，以免挤伤乘客。一般微动开关的动作调整是在触板推入 8mm 左右时动作。

（四）机械安全保护系统

电梯的机械安全保护系统除前已提及的制动器、厅门和轿门、安全触板、厅门门锁、轿顶安全栅栏、轿顶安全窗外，还有底坑防护栅栏、限速器、安全钳、缓冲器等，下面仅对限速装置、安全钳、缓冲器等部件作简要介绍。另外，一并在此介绍电梯终端超越保护装置和电梯超载保护装置。

1. 限速装置与安全钳

悬吊电梯轿厢的钢丝绳，除杂物电梯外，一般都在 4 根以上，其安全系数均大于 12。所以发生若干根钢丝绳同时断开，造成轿厢坠落的事故是绝对不会发生的。但是由于某种原因，如超载或某些机件毁坏，造成轿厢的运行速度超过额定速度，甚至发生坠落事故的可能性是存在的，为此采取尽可能完善的安全设施，确保乘客及电梯设备的安全是完全必要的。其中限速装置和安全钳是重要的安全设施之一。

限速装置由限速器、钢丝绳（不同于曳引钢丝绳）、张紧装置三部分组成。限速器一般安装在机房内，张紧装置安装在井道底坑，用压导板固定在导轨上。限速器与张紧装置之间用钢丝绳连接起来，钢丝绳绕过限速器和张紧装置的绳轮，两端接头固定在轿厢架上梁安全钳的绳头拉手上。当轿厢上下运行时，轿厢通过钢丝绳驱动限速器绳轮在原位往复运转，而张紧装置中的绳轮和绳轮下方的重锤重量，保证了钢丝绳与限速器和张紧轮间有足够的摩擦力。

当轿厢的运行速度达到额定运行速度的 115%～140% 时，限速器通过其自身的拉杆、弹簧等传动机构卡往钢丝绳。但轿厢仍向下移动，相当于钢丝绳把安全钳的绳头拉手提起来。被提起来的绳头拉手一方面通过安全钳的传动机构、拉条把安全钳的楔块提起来，把轿厢卡在导轨上；另一方面压住位于轿架上梁的安全钳开关，切断电梯的交、直流控制电源，使曳引电动机和制动器线圈断电，制动器抱住制动轮，电动机立即停止运转。

安全钳装置是在限速器操纵下，使轿厢紧急制停夹持在导轨上的一种安全装置。安全钳装在轿厢上，由制停机构和操纵机构组成。制停机构称为安全钳，其作用是将轿厢夹持在导轨上；操纵机构是一组连杆系统。限速器通过限速器绳拉动安全钳连杆机构，连杆机构拉动钳块上提，卡死轿厢与导轨间的缝隙，起到制停轿厢的作用。

2. 电梯终端超越保护装置

为防止电梯因电气系统失灵，轿厢在到达顶层或底层楼层后仍继续行驶，设置了电梯终端超越保护装置。其一般由强迫减速开关、终端限位开关和终端极限开关组成。三个开关在井道中的位置如图 5－3 所示。

（1）强迫减速开关　该开关是电梯失控，有可能造成冲顶或蹾坑的第一道防线。由上强迫减速开关和下强迫减速开关组成，分别安装在井道的顶部和底部，对应的撞板分别安装在轿厢的顶部和轿厢底部。当电梯失控，轿厢已到顶层或底层楼层时仍不减速停车，位于轿厢顶或底部的撞板将压下相应的减速开关，相应触头动作，迫使电梯停止行驶。

（2）终端限位开关　终端限位开关由上终端限位开关和下终端限位开关组成，分别安装在井道的顶部和底部，是电梯失控的第二道防线。当强迫减速开关未能使电梯减速停驶，轿厢越出顶层或底层位置后，上限位开关或下限位开关动作，迫使电梯停止运行。

终端限位开关动作，迫使电梯停驶后，电梯仍能应答层楼招呼信号，向相反方向继续运行。

(3) 终端极限开关　终端极限开关是防止电梯冲顶和蹾坑的最后一道防线，它由极限开关上碰轮和下碰轮及铁壳开关、传动钢丝绳组成。钢丝绳的一端绕在装于机房内的特制铁壳开关闸柄驱动轮上，另一端与上、下碰轮架相接，如图 5－3 所示。

当电梯失控后，经过强迫减速开关、终端限位开关，仍未使轿厢减速停驶，此时轿厢上的撞板与终端极限开关的碰轮接触，牵动与极限开关相连的钢丝绳，使只有手动复位的极限开关动作，切断主电路电源，迫使轿厢停止运动，防止轿厢冲顶或蹾坑。

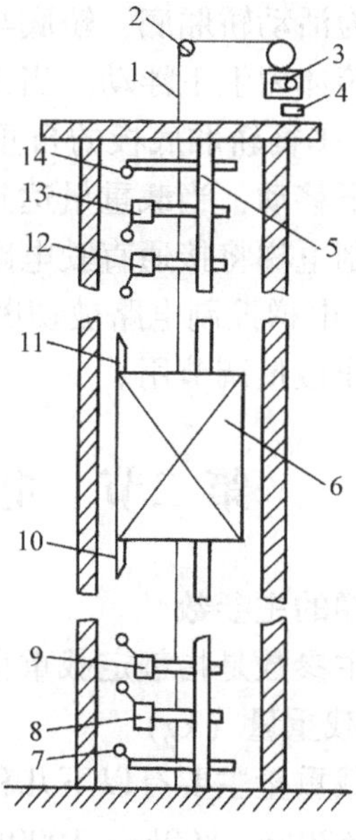

图 5－3　终端超越保护开关在井道中的位置

1—传动钢丝绳　2—导向滑轮　3—终端极限开关
4—张紧配重　5—导轨　6—轿厢　7—极限开关下碰轮
8—下限位开关　9—下强迫减速开关　10—下开关打板
11—上开关打板　12—上强迫减速开关　13—上限位开关
14—极限开关上碰轮

3. 缓冲装置

电梯虽然采取了限速装置、安全钳、终端超越保护等措施来防止电梯轿厢冲顶或蹾坑，但万一所有的保险措施全部失效，势必将会造成蹾坑（轿厢或对重）。为此，在井道底坑内设置了最后一道防线——缓冲器。一般轿厢下方设了两个缓冲器，在对重下方设了一个缓冲器。

缓冲器同时对电梯的冲顶也起保护作用。当轿厢冲向楼顶时，对重即落到对重缓冲器上，所以，对重缓冲器对对重的缓冲作用，也就对轿厢避免了冲顶。反过来说，轿厢缓冲器在保护轿厢蹾坑的同时，也防止了对重的冲顶。

缓冲器按结构可分为弹簧缓冲器和油压缓冲器。前者适用于低速电梯，后者适用于快速和高速电梯。

4. 超载保护装置

超载保护装置设置在轿厢底或轿厢顶，也有设置在机房内的。超载装置可在载重超过额定负载的 110% 时动作，切断电梯控制电路，使电梯不能起动，轿厢内的超载灯亮，蜂鸣器响。对于集选电梯，当载重量达到额定负载的 80%～90% 时，便接通电梯直驶电路，运行中的电梯将不应答厅外截行信号，直驶预定楼层。

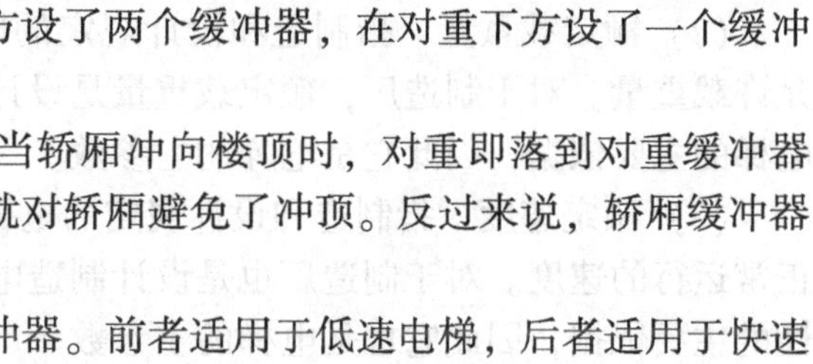

图 5－4　活动轿厢式称重装置示意图

1—活动轿厢底　2—超载微动开关　3—满载微动开关
4—秤杆　5—连接块　6—副秤砣　7—主秤砣

活动轿厢式称重装置示意图如图 5－4 所

示，图中1为活动轿厢底，轿底与轿厢体分离，轿底浮支在称重装置上。因此，轿底随着载重的变化在箱体内上下浮动。当无载重时，秤杆4在主秤砣7及副秤砣6作用下，其头部顶住连接块5，平衡轿厢底板的自重，轿厢处于原始位置；当轿厢内载重时，轿底向下移动，使连接块向下移动，当载重量达到电梯额定载重80% ~90%时，秤杆压动满载微动开关3，对于集选控制电梯将接通直驶电路；当载重量达到电梯额定载重的110%时，秤杆压动超载微动开关2，电梯控制电路被切断，此时电梯将不能起动。移动秤砣可调节满载、超载值，其中副秤砣作微量调节用。

第二节　电梯的主参数、基本规格及型号

一、电梯的主参数

电梯的主参数是指额定载重量和额定速度。

1. 额定载重量（kg）

电梯的载重量主要有以下几种：

400kg、630kg、800kg、1000kg、1250kg、1600kg、2000kg、2500kg等。

2. 额定速度（m/s）

电梯的额定速度常见的有：

0.63m/s、1.00m/s、1.60m/s、2.00m/s、2.50m/s、2.50m/s、3.00m/s、3.50m/s、4.00m/s等。

二、电梯的基本规格

包括以下七个参数：

（1）电梯的用途　指客梯、货梯、病床梯等。

（2）额定载重量　指制造和设计规定的电梯载重量。可理解为制造厂保证正常运行的允许载重量。对于制造厂，额定载重量是设计和制造的主要依据，对于用户则是选用和使用电梯的主要依据，因此它是电梯的主参数。

（3）额定速度　指制造和设计规定的电梯运行速度，单位为m/s。可理解为制造厂保证正常运行的速度。对于制造厂也是设计制造电梯主要性能的依据，对于用户则是检测速度特性的主要依据，因此它也是电梯的主参数。

（4）拖动方式　指电梯采用的动力种类。可分为交流电力拖动、直流电力拖动、液力拖动等。

（5）控制方式　指对电梯的运行实行操纵的方式，即手控制、按钮控制、信号控制、集选控制、并联控制、梯群控制等。

（6）轿厢尺寸　指轿厢内部尺寸和外廓尺寸，以宽×深表示。内部尺寸由梯种和额定载重量决定，外廓尺寸关系到井道的设计。

（7）门的型式　指电梯门的结构形式。可分为中分式门、旁开式门、直分式门等。

国家标准GB7025—1986对已批量生产的乘客电梯、住宅电梯、病床电梯、杂物电梯等类别电梯的主参数及其它参数作了具体规定。

三、电梯的型号

国家城乡建设环境保护部标准JJ45—1986《电梯、液压梯产品型号编制方法》中，规定

了电梯型号编制方法，产品型号的组成顺序如下：

1　2　3　4　⑤/⑥—7　7

其中　1 ——产品类别（类），电梯、液压梯均用 T 表示；
　　2 ——产品品种（组）：
　　　K：乘客电梯；
　　　H：载货电梯；
　　　L：客货两用电梯；
　　　B：病床电梯；
　　　Z：住宅电梯；
　　　W：杂物电梯；
　　　C：船用电梯；
　　　G：观光电梯；
　　　Q：汽车用电梯。
　　3 ——拖动方式：
　　　J：交流电力拖动；
　　　Z：直流电力拖动；
　　　Y：液压传动。
　　4 ——改型代号；
　　5 ——额定载重量，单位 kg；
　　6 ——额定速度，单位 m/s；
　　7 ——控制方式：
　　　SZ：手柄开关控制，自动门；
　　　SS：手柄开关控制，手动门；
　　　AZ：按钮控制，自动门；
　　　AS：按钮控制，手动门；
　　　XH：信号控制；
　　　JX：集选控制；
　　　BL：并联控制；
　　　QK：梯群控制。

如 TKJ1000/1.6—JX 为交流乘客电梯，额定载重量 1000kg，额定速度 1.6m/s，集选控制。

第三节　交流双速集选电梯电气控制系统

电梯的电气控制系统由控制柜、操纵箱、指层灯箱、召唤箱、限位装置、减速平层装置、轿顶检修箱等部件，以及曳引电动机、制动器线圈、开关门电动机及开关门调速开关、极限开关等分散安装在各相关电梯部件中的电器元件组成。

电梯的电气控制系统决定着电梯的性能和自动化程度。随着科学技术的发展和引进技术的使用，电气控制系统发展迅速，本节仅就交流双速集选控制电梯电气控制系统进行分析。

一、电梯电气控制系统中的主要电器部件

1. 操纵箱

操纵箱一般设在轿厢内，是司机或乘客控制电梯上下运行的控制中心。其上装配的电器元件一般有：轿内指令按钮、钥匙开关、急停按钮、应急按钮、点动开关门按钮、轿内照明灯开关、电风扇开关、蜂鸣器、厅外呼梯人员所在位置指示灯和厅外召唤人员要求前往方向信号灯等。它们的作用是：

（1）轿内指令按钮　操纵箱面板上装有单排或双排按钮组，按钮数量由楼层多少决定，用以发出停层指令，这些按钮带有指示灯。当按下一个或几个欲去层站按钮时，相应层楼指令继电器通电并自保，指示灯亮，轿厢停层指令被登记，电梯关门起动后轿厢按被登记的层站停靠，因此又称选层指令按钮。

（2）起动按钮　一般在操纵箱面板上左右各装一个起动按钮，一个用作上行起动按钮，一个用作下行起动按钮。

（3）直驶按钮　按下该按钮，厅外招呼停层无效，电梯只按轿厢内指令停层。

（4）应急按钮　按下应急按钮，轿厢可在轿门、厅门开启状态下移动。一般只在检修或消防时使用。

（5）开关门按钮　作开关轿门用。开关门按钮在停层时起开关门作用，作为开关门自动控制的补充，在轿厢运行中不起作用。

（6）急停按钮（安全开关）　按下或扳动此开关，切断电梯控制电源，电梯立即停止运行。

（7）警铃按钮　当电梯在运行中突然发生事故停车，轿厢内乘客可按下此按钮向外报警，以便及时解除困境。

（8）钥匙开关　对于有司机的电梯，司机离开轿厢，应将开关扳于停止位置，并将钥匙带走，以防他人乱动设备。

（9）检修开关　又称慢车开关。在检修电梯时，用来断开电气控制自动回路的手动开关。

（10）照明开关　用来控制轿厢内照明电路。轿厢内照明由机房专用电源供电，不受电梯其它供电部分控制，一旦电梯主电路停电，轿厢内照明电路不会断电，便于检修。

（11）通风开关　用来控制轿厢内电风扇，轿厢无人时，应关闭电风扇。

（12）呼梯楼层和呼梯方向指示灯　当电梯层站外的乘客发出呼梯信号时，与其相应的层楼继电器通电吸合，并使相应的呼梯楼层指示灯和呼梯方向指示灯亮。当电梯轿厢应答到位后，指示灯自行熄灭。

2. 指层灯箱

指层灯箱设置在各停靠站厅门上方，用来给乘梯人员提供电梯运行方向和电梯所在位置的指示信号装置。对于轿厢门为封闭门的电梯，在轿厢内的轿门上方也必须设置指层灯箱，前者称厅外指层灯箱，后者称轿内指层灯箱，其结构完全相同。

指层灯箱装有电梯上运行方向灯、电梯下运行方向灯和电梯各层楼指示灯。

3. 召唤按钮（或召唤触钮）箱

召唤按钮箱装设在电梯停靠站厅门外侧，给厅外乘梯人员召唤电梯用。

对于电梯上端站，召唤按钮箱只装设一个下行召唤按钮。对于电梯下端站，其召唤按钮箱装设一个上行召唤按钮，同时召唤箱上还应加装一个厅外控制自动开关门的钥匙开关。对于电梯中间层站，其召唤按钮箱则应装设一个上行召唤按钮和一个下行召唤按钮。

4. 轿顶检修箱

轿顶检修箱位于轿厢顶上，为便于检修人员安全、可靠、方便地检修电梯，检修箱上装设有控制电梯慢上、慢下的按钮，点动开关门按钮，急停按钮，轿顶检修转换开关，轿顶检修灯开关等。

5. 换速平层装置

电梯在到达预定停靠站前，应将电梯快速运行切换成慢速运行，以确保平层的实现，为此采用了换速平层装置。

换速平层装置由固定在轿架上的换速隔磁板和上、下平层感应器，以及固定在轿厢导轨上的换速感应器和平层隔磁板组成。

平层感应器和换速感应器结构相同，均由干簧管和永久磁铁组成，图 5－5 为干簧感应器结构和工作原理图。干簧管是由三片铁镍合金片组成一对常闭、一对常开触头，并将其密封在玻璃管内组成。图 a 表示未放入永久磁铁 1 时，干簧管 2 内触头处于原始闭合与断开状态。图 b 为永久磁铁 1 放入感应器后，在磁场作用下，干簧管的常开触头闭合，常闭触头断开，这相当于电磁继电器通电动作。图 c 表示当隔磁铁板插入永久磁铁与干簧管之间时，由于永久磁铁产生的磁场被隔磁铁板旁路，干簧管的动触头失去外力作用，恢复到触头的常闭与常开的初始状态，这一情况相当于电磁继电器断电复位状态。

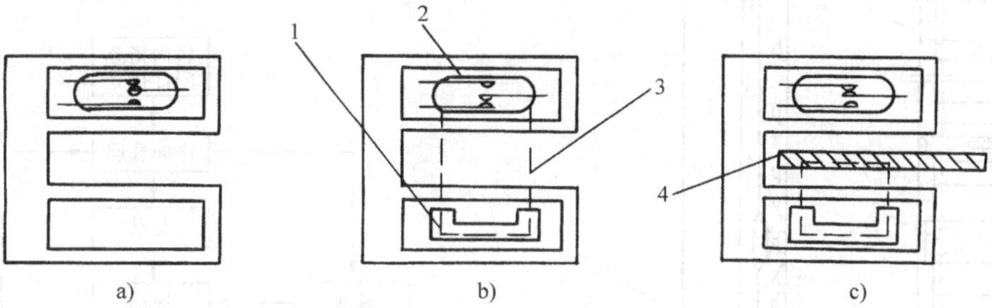

图 5－5　干簧感应器

a）永久磁铁置入前　b）永久磁铁置入后　c）隔磁板插入后

1—永久磁铁　2—干簧管　3—磁力线　4—隔磁板

利用固定在轿架或导轨上的感应器和隔磁铁板的相互配合，可实现电梯在到达预定停靠站前的一段距离进行换速，实现平层控制。

6. 限位开关装置

为了确保乘客、电梯设备的安全，在电梯的上端站和下端站处，设置了限制电梯运行区域的装置，即限位开关装置，其中包括强迫减速开关、终端限位开关、终端极限开关等，如图 5－3 所示。

7. 选层器

用来模拟电梯运行时轿厢位置，并向电气控制系统发出相应电信号的装置。客梯的选层器具有层楼指示器的作用，还具有自动消除轿厢内指令登记信号并根据内外指令登记信号，自动决定电梯运行方向，到达停站前发出减速和开门信号。

目前应用较多的为机械选层器和微机选层器。图 5－6 为机械选层器示意图，主要由机架、层站定滑板、动滑板、减速箱等组成。轿厢通过钢带和传动机构带动动滑板模拟轿厢的运行状态作上下移动，动滑板上的触头依次碰触各层站定滑板上的触头和定向开关，再由这些触头去控制继电器，实现对电梯的控制。

由于控制技术的发展，PLC 机和微机在电梯控制系统中的普遍采用，控制系统对井道信息的采集，用一只或几只永磁式传感器或双稳态开关、光电开关就可以满足控制需求。因此进入 20 世纪 90 年代后，机械选层器已被淘汰。

此外，还有控制柜和开关门电动机的电阻器箱等。

二、交流双速集选控制电梯电气控制

交流双速电梯电气控制系统由拖动电路部分、直流控制电路部分、交流控制电路部分、照明电路部分、厅外召唤电路部分，以及指示灯信号显示电路等六部分组成。采用不同控制方式的交流双速电梯电气控制系统，除直流控制电路部分有较大的区别外，其余五部分基本相同，而交流双速集选控制电梯电气控制系统在单台运行的交流双速电梯中，具有最完善的性能、最高的自动化程度，多被用在速度 $v \leqslant 1.0\text{m/s}$ 以下的乘客电梯上。

交流双速集选控制电梯电气控制系统按电路功能分为自动门的开关电路、轿厢指令控制与厅外召唤控制电路、指层电路与定向控制电路、电梯的起动加速与减速平层电路等。各电路之间的控制关系如图 5－7 所示。正是上述电路的相互配合，曳引电动机按指令起动、正转、反转、加速、等速、调速、制动、停止，实现电梯各种工作状态的运行。

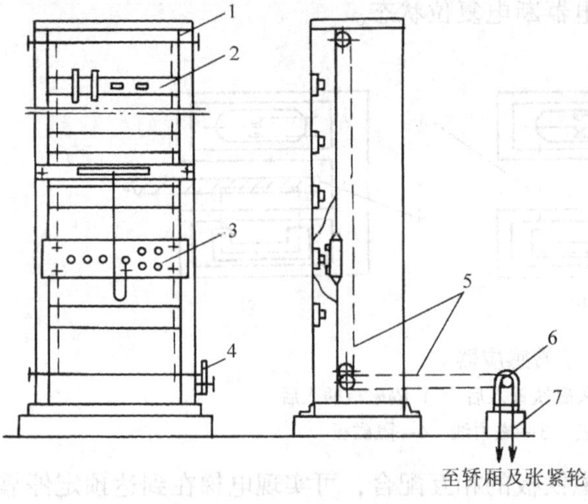

图 5－6　选层器

1—机架　2—层站定滑板　3—动滑板　4—减速箱　5—传动链条　6—钢带牙轮　7—冲孔钢带

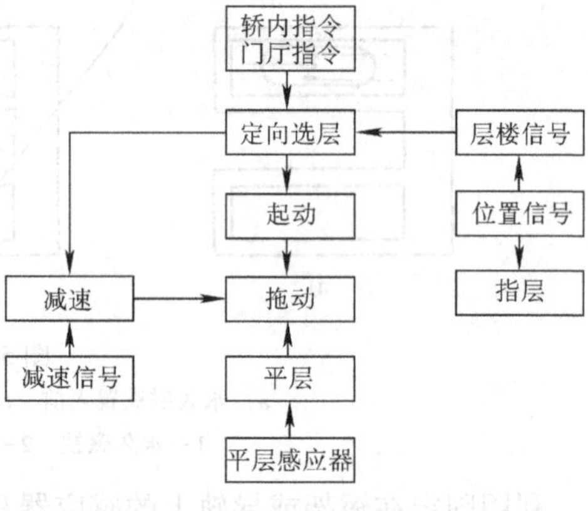

图 5－7　电梯各部分电路的控制关系

下面以 TKJ□□/1.0—JX 五层站交流双速电动机拖动集选控制电梯为例，分析其电气控制。

（一）电梯的三种运行状态

交流集选控制电梯操纵箱上设有钥匙开关，其上有“有、无、检”三个工作状态，管理人员或司机可根据情况和需要，用专用钥匙扭动钥匙开关，使电梯分别处在“有司机控制、无司机控制（由乘用人员自行控制）、检修慢速运行控制”三种运行工作状态下。图 5－8 为三种运行状态控制电路。电路电源直流 110V 由交流 380V 经三相全波整流获得，无论电梯在何种工作状态下运行，都必须在电压继电器 KV 线圈通电后进行。而 KV 线圈通电与否又由下述开关和电器决定：轿厢内操纵箱上急停按钮 SB1，轿厢顶检修箱上急停开关 Q1，基站厅外钥匙开关 Q2，底坑安全开关 Q3，机房控制柜急停开关 Q4，安全窗开关 SQ1，安全钳拉杆动作开关 SQ2，限速器开关 SQ3，主电路断相和相序保护继电器 KA 常闭触头，曳引电动机快速、慢速热继电器 KR1、KR2 常闭触头等。当上述开关或电器有一个动作，电压继电器 KV 线圈断电释放，其触头断开电梯交直流控制电路，电梯立即停止运行。因此，电压继电器 KV 电路为电梯安全保护电路，它为电梯运行作好准备。

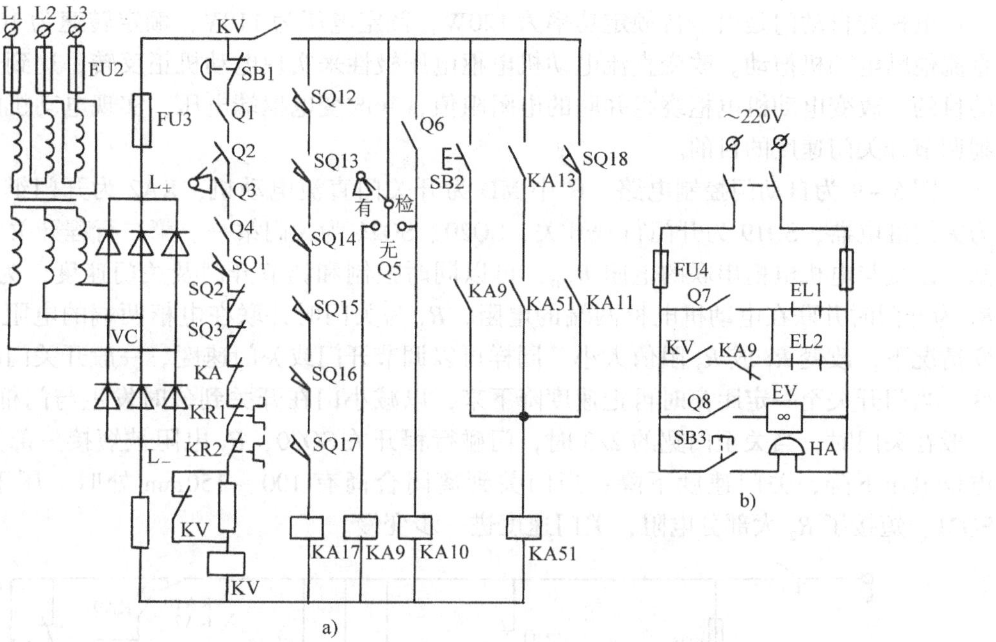

图 5－8　电梯三种运行状态控制电路

a）电梯运行状态控制电路　b）轿厢内交流电路

图 5－8a 中 KA17 为门锁继电器，只有在电梯轿厢门联锁开关 SQ12，各层站厅门联锁开关 SQ13～SQ17 全部关闭，使联锁开关 SQ12～SQ17 触头闭合后，才使门锁继电器 KA17 通电吸合。曳引电动机直流控制电路中的起动继电器 KA13 才有可能通电吸合，此时也才能使曳引电动机交流控制电路中的上行或下行接触器 KM1 或 KM2 通电吸合，电梯才得以运行。

图 5－8a 中 Q5 为位于轿内操纵箱上的钥匙开关。当 Q5 位于“有司机控制”位置时，接通司机操作继电器 KA9。此时将根据召唤、指令信号自动定向，但只有在按下与自动定向方向相应的指令按钮，才能关门起动，随后电梯顺向应答停靠。所以，电梯的起动由司机控制。

当 Q5 位于“无司机控制”位置时，电梯将根据召唤、指令信号及轿厢相对位置自动定向、起动、顺向应答停靠、自动开关门，直至完成最后一个指令为止。

当 Q5 位于“检修慢速运行控制”位置时，接通检修继电器 KA10。此时开关门均为手动控制，且运行在低速点动状态，当需轿顶检修时，可接通轿顶检修开关 Q6，使检修继电器 KA10 通电吸合，进入检修状态。

当电梯处于有司机控制状态，在电梯起动后，按下直驶按钮 SB2，则直驶继电器 KA51 通电吸合，这时电梯只应答轿内指令而不应答厅外召唤。若称量装置满载开关 SQ18 动作，也能使直驶继电器 KA51 通电吸合，实现直驶控制。图中 KA11 为运行继电器，KA13 为起动继电器。

图 5 - 8b 为轿厢内交流电路；图中 Q7 为照明开关。“无司机控制”时，轿内荧光灯 EL1、EL2 通过 KV、KA9 触头自行接通。“有司机控制”时，需合上照明开关 Q7。EV 为轿内风扇，由风扇开关 Q8 控制。HA 为装于井道中的警铃，SB3 为警铃按钮。

（二）自动门开关电路

电梯的自动门是由一台额定功率为 120W，额定电压为 110V，额定转速为 1000r/min 的直流他励电动机拖动。改变直流电动机电枢电压极性来实现电动机正反转，达到开门与关门的目的。改变电动机电枢绕组并联的电阻阻值，来改变电枢端电压，实现电动机的调速，达到调节开关门速度的目的。

图 5 - 9 为自动门控制电路。图中 MD 为开关门直流电动机，KA2 为开门继电器，KA3 为关门继电器，SQ19 为开门行程开关，SQ20、SQ21 为关门第一、第二行程开关。从电路可知，改变与电机电枢串联的电阻 R_{MD}，可以同时控制和调节开门及关门速度，为总体调节。R_1 为开门时并联在电动机电枢两端的电阻，R_2 为关门时并联在电枢两端的电阻。在 R_{MD} 不变情况下，改变 R_1 或 R_2 阻值大小，同样可以调节开门或关门速度。一般开关门时初速度快些，当门开关至一定距离时再把速度降下来，以减小门在开关到位时发生与门框的撞击声。一般在关门时，当关至门宽的 2/3 时，门碰行程开关 SQ20，R_2 电阻被短接一部分，电动机电枢电压下降，关门速度下降；当门关到离闭合尚有 100 ~ 150mm 处时，压下行程开关 SQ21，短接了 R_2 大部分电阻，关门速度进一步变慢。

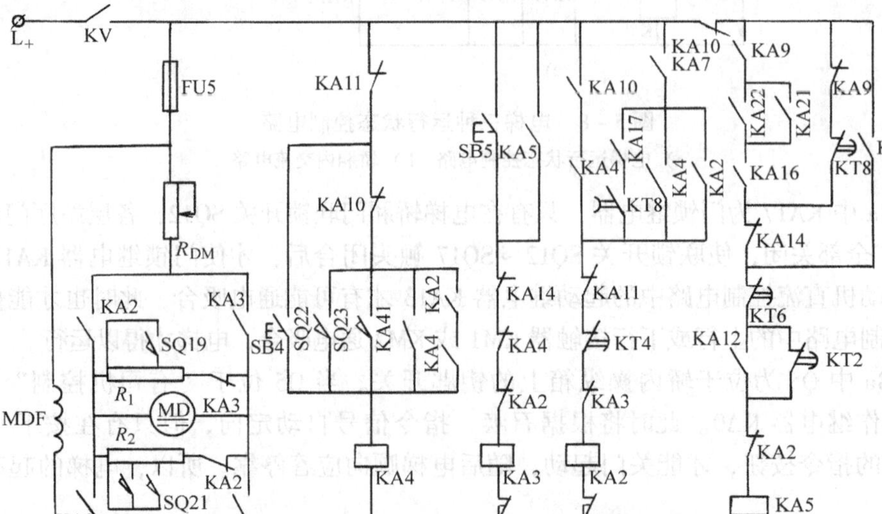

图 5 - 9　自动开关门电路

同理，开门时电阻 R_1 并接在电动机电枢两端。当门开至行程的 2/3 时，门压合行程开关 SQ19，短接 R_1 大部分电阻，电枢电压下降，门电动机减速，开门速度变慢。图中

SQ24、SQ25 分别为开门与关门限位开关。当门开足时，压下限位开关 SQ24；当门闭合后，压下限位开关 SQ25，将分别切断 KA2 和 KA3 线圈电路，门电动机电枢断电，在惯性下进行能耗制动。

1. 自动开门的控制

电梯运行中的开门是在电梯平层后自动进行的，这一自动控制是通过干簧感应器来实现的。

干簧感应器装在轿厢顶部随轿厢上下运动，隔磁板由支架固定在电梯导轨上，当电梯平层时，隔磁板插入干簧感应器的缺口内，使干簧管中常闭触头复位接通，2KR 开门区域干簧感应器触头闭合，接通开门区域继电器 KA7 电路，如图 5－17 所示。平层结束时，运行继电器 KA11 断电复位，于是开门继电器 KA2 线圈通过闭合的门锁继电器 KA17 触头、停层时间继电器 KT8 断电延时断开触头通电吸合并自保，使门电动机 MD 朝开门方向旋转，将门自动开启。

电梯门从敞开至关闭的时间，一般整定为 4～6s，由停层时间继电器 KT8 控制。如图 5－16所示电梯减速平层控制电路，KT8 线圈与电阻电容串联支路并联后接于 110V 直流电压上。在开门继电器 KA2 线圈通电吸合后，KT8 线圈通电吸合，电容器 C_8 两极板电压充至 110V。在电梯门开启过程中 C_8 电压仍为 110V，当电梯门开启到位，压下 SQ24 开关，KA2 线圈断电释放开始，时间继电器 KT8 线圈外加直流电源切断，但 C_8 通过电阻和 KT8 线圈放电，使 KT8 仍不释放。随着放电进行，C_8 极板电压降低，放电电流减小，KT8 线圈电压降低，当小于其吸合电压时，KT8 释放，关门动作开始，KT8 延时结束。所以，KT8 延时时间是从门开启到位，KT8 线圈断开直流电源到 KT8 线圈依靠 C_8 放电维持吸合，直至 KT8 释放，关门动作开始为止，这也是门敞开的时间，也是乘客上下电梯的时间。

若在延时即将结束，尚未开始关门动作之前还有乘客进入。此时，可按下厅外召唤按钮 SB1S～SB5X 中的一个，使厅外开门继电器 KA41 通电吸合，如图 5－11 厅召唤电路所示，使 KT8 又通电吸合，C_8 又充电。当松开厅召唤按钮后，KA41 断电释放，KT8 线圈外加直流电源切除，但由 C_8 对其放电来获得又一次延时，便于乘客继续出入。

同理，按下轿内开门按钮 SB8 时，也使 KT8 线圈重新通电吸合，电容 C_8 充电。当松开 SB8 时，由于 C_8 对 KT8 线圈放电，获得再次延时。

若想不等 KT8 延时结束，需提前关门，则可按下轿内指令按钮 1SB～5SB，使 C_8 放电加快，KT8 维持吸合时间缩短，关门动作提前进行。

2. 自动关门的控制

电梯停靠楼层开门后，经 4～6s 延时，停层时间继电器 KT8 断电释放。这时起动关门继电器 KA5 经司机操作继电器 KA9 常闭触头、KT8 常闭触头、过载继电器 KA14 常闭触头、停站继电器 KT6 常闭触头、曳引电动机慢速第一延时继电器 KT2 常闭触头、开门继电器 KA2 常闭触头通电吸合。KA5 常开触头闭合，使关门继电器 KA3 通电吸合，门电动机 MD 向关门方向旋转，拖动电梯门关闭。在关闭过程中，由于行程开关 SQ20、SQ21 作用，实现两次减速关门，直至门关闭后，压下行程开关 SQ25，使 KA3 线圈断电释放，门电动机进行能耗制动。

若想提前关门，即不等 KT8 延时 4～6s 就关门，可按下轿内操纵箱上关门按钮 SB5，使关门继电器 KA3 通电吸合，可实现立即关门。

自动门与电梯超载装置具有联锁电路，见图 5 - 17 平层装置与过载保护电路。当电梯超载时，称重装置上的超载开关 SQ11 压下，超载继电器 KA14 通电吸合，其常闭触头断开 KA3 线圈电路，电梯门无法关闭，电梯也就无法起动。

3. 门安全电路

门在关闭过程中，如乘客或物品碰挤门上安全触板时，安全触板微动开关 SQ22 或 SQ23 压下，其触头闭合，使开门起动继电器 KA4 通电吸合，其触头断开关门继电器 KA3 电路，随即接通开门继电器 KA2 线圈电路，此门被重新开启。待乘客或物品进入轿厢不再触及安全触板，SQ22、SQ23 复位，KA4、KA2 相继断电释放，KA3 重新吸合，继续完成关门动作。

4. 检修时的开关门

电梯检修时，由于检修继电器 KA10 通电吸合，其常闭触头断开关门起动继电器 KA5 和开门起动继电器 KA4 线圈电路。此时的开关门只能由检修人员操作开门按钮 SB4 与关门按钮 SB5 来实现，且为点动控制。

（三）轿厢指令控制与厅外召唤控制

轿厢指令电路是由轿厢内人员通过指令按钮发出指令并保持这一指令，待这一指令完成后消除该指令的电路。

厅外召唤电路是由厅外乘梯人员通过厅外召唤按钮发出呼梯信号，并登记和记忆，待完成召唤指令后消除这一呼梯信号。

1. 轿厢指令控制

图 5 - 10 为轿内指令与记忆灯电路。图中 SB1 ~ SB5 是带有指示灯的轿内指令按钮，安装在轿内操纵箱上，KA36 ~ KA40 为指令继电器，R 为消号电阻，HL1 ~ HL5 为轿内指令记忆灯。

下面以乘客正在 2 楼欲去 4 楼为例来说明轿厢指令控制过程：乘客在 2 楼进入轿厢，按下轿厢指令按钮 SB4，4 楼指令继电器 KA39 通电吸合，并经 KA16 触头自保，同时 4 楼记忆灯 HL4 亮，完成信号登记和记忆。当电梯到达 4 楼后，通过层楼干簧感应器 KR4S 使层楼位置继电器 KA34 通电吸合，见图 5 - 12 指层电路图。KA34 触头闭合，将 KA39 线圈短接而使其断电释放，将去 4 楼的指令消除，图中电阻 R 起限流作用。由于 KA13 是在电梯进入平层区后才断电释放，其常闭触头才复位闭合，这就保证了电梯减速，进入平层区后才消除轿内指令。

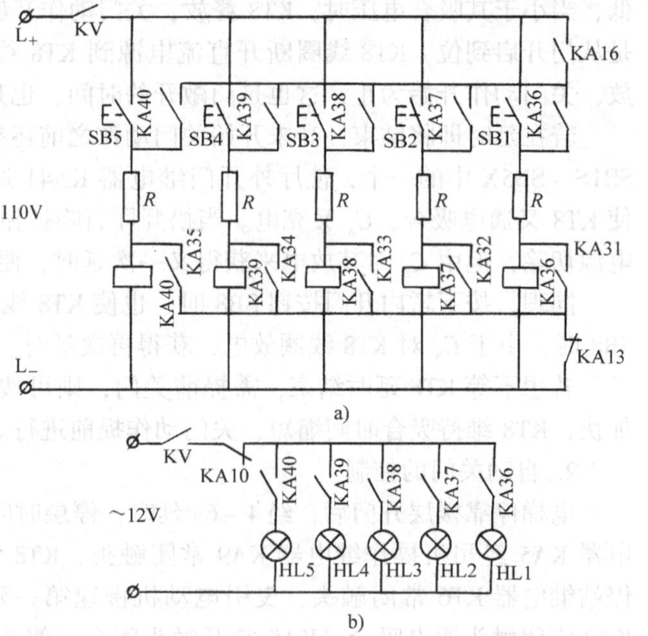

图 5 - 10　轿内指令与记忆灯电路

a）轿内指令电路　b）记忆灯电路

2. 厅外召唤控制

图 5－11 为厅召唤电路和厅召唤信号电路。图中 SB1S～SB4S 为厅上行召唤按钮，SB2X～SB5X 为厅下行召唤按钮，KA42～KA45 为上行召唤继电器，KA46～KA49 为下行召唤继电器，KA50 为只有司机操作工作状态下才起作用的蜂鸣继电器，HL1S～HL4S 为上行厅召唤信号灯，HL2X～HL5X 为下行召唤信号灯。

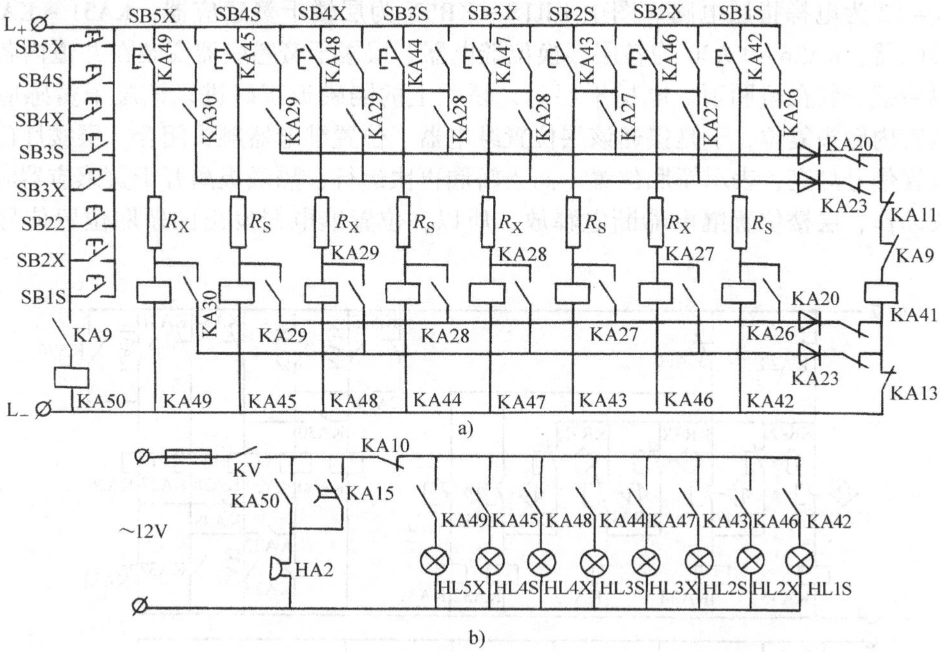

图 5－11　厅召唤电路和厅召唤信号电路

a）厅召唤电路　b）厅召唤信号电路

若电梯在 4 楼以下楼层，而乘客在 4 楼厅外，欲向上召唤电梯。此时，按下 4 楼上召唤按钮 SB4S，上召唤继电器 KA45 通电吸合并自保，指示灯 HL4S 亮，完成召唤信号登记。当电梯为有司机控制时，蜂鸣继电器 KA50 点动通电，轿内蜂鸣器发出响声，通告司机有人呼梯。电梯按照上召唤指令到 4 楼后，隔磁板进入 4 楼干簧感应器 KR4S，触头复位，层楼位置继电器 KA34 通电吸合，进而使 4 层换位继电器 KA29 通电吸合，见图 5－12 指层电路。KA29 常开触头闭合，经图 5－11 中的 KA29、二极管、KA20、KA13 触头将 KA45 线圈短接而释放，指示灯 HL4S 熄灭，召唤信号消除。

由图 5－11 可知，所有下召唤消号电阻 R_X，都经其对应的换位继电器 KA27～KA30 常开触头汇接成一点。而上行辅助继电器 KA23 在电梯下行过程中一直处于断电释放状态，KA13 也处于断电释放状态。所以，当电梯到达某层站时，该层站位置继电器通电吸合，接着对应的换位继电器通电吸合，该层的消除召唤信号电路接通，使该层召唤信号继电器线圈被短接，召唤信号被消除。但是在下行时不能消除上召唤信号，因为上召唤消号电阻 R_S 是经过其对应层站的换位继电器 KA26～KA29 的常开触头，汇接在另一点，再经二极管、KA20、KA13 常闭触头接通电路。但在下行时 KA20 通电吸合，其常闭触头是断开的，所以电梯下行时不能消除上召唤信号。这就是顺向停车消除召唤信号，不消除反向召唤信号。

（四）指层电路与定向控制

电梯指层电路是电梯在连续运行中，发出连续的轿厢位置信号，指示出轿厢所在层站位置。定向电路是按指令确定电梯上行或下行。而电梯运行方向是由电梯位置信号与各层楼召唤信号比较后确定的。

1. 指层控制电路

图5－12为电梯指层电路。图中KR1S～KR5X为层楼干簧感应器，KA31～KA35为层楼位置继电器，KA26～KA30为各层楼换位继电器。层楼干簧感应器安装在井道内各层楼相应处，隔磁板安装在轿厢顶。电梯平层时，轿厢上的隔磁板正好进入该层干簧感应器空隙中，干簧管内触头复位，于是接通该层位置继电器。位置继电器触头闭合，层楼厅门上方及轿厢内位置信号灯亮，表示轿厢位置。而当轿厢再次运行，隔磁板离开干簧感应器时，干簧管内触头动作，层楼位置继电器断电释放。所以，位置继电器发出的轿厢位置信号是间断的。

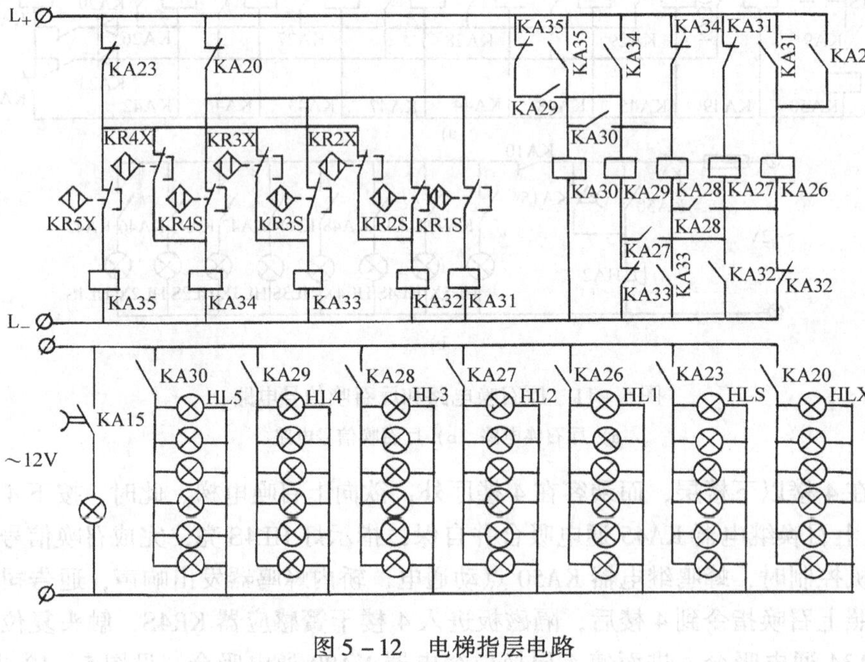

图5－12 电梯指层电路

但是，轿厢位置的连续信号则是由换位继电器电路发出的。当轿厢在某层平层时，该层楼位置继电器通电吸合，同层换位继电器相继通电并自保，直到轿厢上隔磁板进入邻层的干簧感应器时才被切断。因此，在两邻层间，隔磁板不处在感应器内的这段时间的位置信号，是由换位继电器来保持的，由指层灯显示出来。位置继电器通电吸合，起切断邻层换位继电器，结束邻层位置显示和接通本层换位继电器并自保，开始本层位置显示的作用。

下面以电梯由1楼到3楼来分析指层电路工作情况：电梯在1楼，轿厢顶上隔磁板插入1楼感应器KR1S内，1楼位置继电器KA31通电吸合，1楼换位继电器KA26相继通电吸合并自保，同时使2楼换位继电器KA27断电释放。由于KA26通电吸合，使各层楼厅门上方和轿厢内指层灯HL1亮，显示轿厢位置在1楼。

电梯驶至2楼，隔磁板进入2楼感应器KR2S内，2楼位置继电器KA32通电吸合。一方面使2楼换位继电器KA27通电并自保，使各层楼厅门上方及轿厢内指层灯HL2亮，显示轿厢位置在 2 楼；另一方面使 1 楼及 3 楼换位继电器 KA26、KA28 断电释放，1 楼位置指层灯 HL1 熄灭。

同理，电梯驶至 3 楼，隔磁板进入 KR3S 中，KA33 通电吸合，一方面使 KA28 通电吸合并自保；另一方面 KA27 与 KA29 断电释放。各层楼厅门上方及轿厢内指层灯 HL3 亮，HL2 灭，显示轿厢位置为 3 楼。

2. 电梯的定向控制

图 5 - 13 为电梯定向控制电路。电路由各楼层的换位继电器 KA26 ~ KA30 提供两对常闭触头，并且按层楼顺序连接起来，两头分别与上行和下行方向继电器 KA24、KA19 相接，组成一个定向链。而在每层楼换位继电器两对常闭触头的中间连接处与各层楼的轿内指令继电器 KA36 ~ KA40 的常开触头相接，组成指令链。

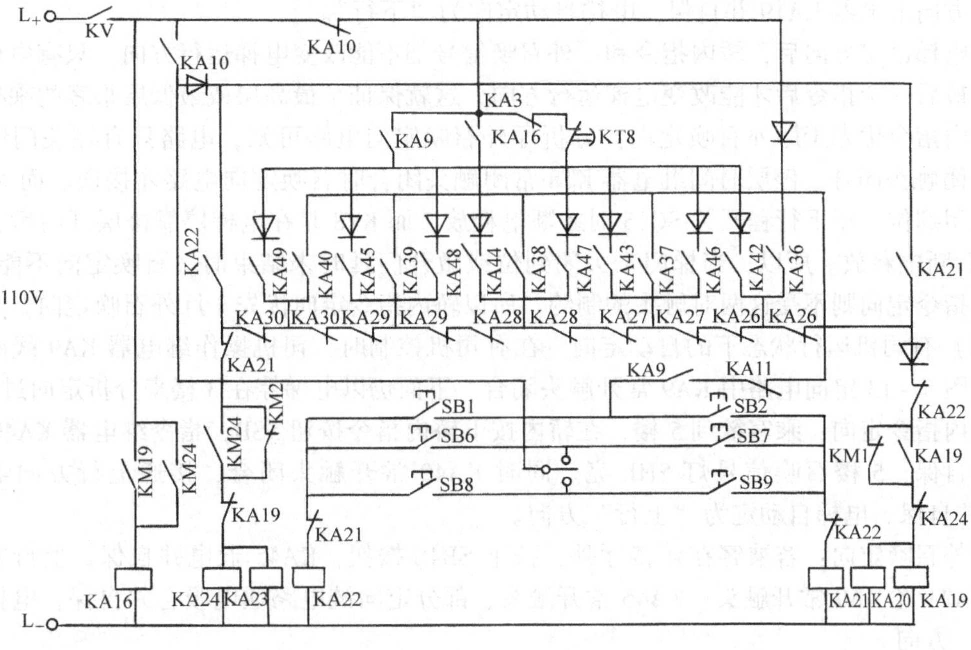

图 5 - 13　电梯定向控制电路

定向原理：设电梯停在 3 楼，3 楼位置继电器 KA33、3 楼换位继电器 KA28 相继通电吸合，KA28 两对常闭触头断开，使定向链在此处断开。若 4 楼有指令，则 KA39 通电吸合，电路接通上行方向继电器 KA24，电梯上行。若 2 楼有指令，则 KA37 通电吸合，电路接通下行方向继电器 KA19，电梯下行。下面分析无司机运行状态与有司机运行状态下的自动定向过程。

(1) 无司机运行状态下的自动定向　设电梯停在 3 楼，此时 KA33 通电吸合，KA28 通电吸合并自保，KA28 常闭触头断开，定向链断开。

轿内指令按钮定向：若乘客欲上 4 楼，按下轿内指令按钮 4SB，指令继电器 KA39 通电吸合并自保，4 楼记忆灯 4HL 亮；定向链上方的 KA39 常开触头闭合，接通上行方向继电器 KA24 并自保，电梯自动定为“上行”。

若在按下轿内指令按钮 4SB 前，电梯已定向为“下行”。则因下行方向继电器 KA19 已通电吸合，由于互锁，上行方向继电器 KA24 不能吸合。所以，不能改变已确定的方向。只有电梯完成了下行的全部指令后，下行方向继电器 KA19 断电释放，互锁常闭触头复原，再按下 4SB，才可定向为“上行”。

轿内乘客欲去 2 楼，可按下轿内指令按钮 2SB，此时指令继电器 KA37 通电并自保，2 楼记忆灯 2HL 亮；定向链上的 KA37 常开触头闭合，接通下行方向继电器 KA19 并自保，电梯自动定为“下行”。但若在按下 2SB 之前，已定为“上行”，则必须等电梯上行指令全部完成后，再按 3 楼以下的轿内指令按钮，才可定为“下行”。

厅外召唤定向：乘客在 4 楼厅外，按下厅外召唤按钮 SB4S，于是上行召唤继电器 KA45 通电吸合并自保，接通上行方向继电器 KA24 并自保，电梯自动定为“上行”。同理，在此之前，若电梯已定为“下行”，则因 KA19 互锁触头断开，无法改变原定下行方向。

若乘客在 2 楼厅外，按下厅外召唤按钮 SB2X，下行召唤继电器 KA46 通电并自保，接通下行方向继电器 KA19 并自保，电梯自动定向为“下行”。

在电梯已定方向后，轿内指令和厅外召唤信号都不能改变电梯运行方向，只有电梯在完成顺向最后一个指令后才能改变电梯运行方向，这就保证了最高层或最低层乘客的乘梯。

轿内指令优先于厅外召唤定向：分析厅外召唤定向电路可知，电路只有在关门继电器 KA3 常闭触头闭合，停层时间继电器 KT8 常闭触头闭合时召唤定向电路才接通。而 KA3 是在门关闭到位，压下行程开关 SQ25 时才断电释放，而 KT8 是在电梯停靠楼层开门后，延时 4～6s 后断电释放。所以，当梯门未关闭到位或敞开门延时未结束时，召唤定向不能实现，而轿内指令定向则不受这两对触头的制约，所以轿内指令定向优先于厅外召唤定向。

（2）有司机运行状态下的自动定向　在有司机控制时，司机操作继电器 KA9 线圈通电吸合，图 5－13 定向电路中 KA9 常开触头闭合。下面仍以电梯停在 3 楼来分析定向过程。

轿内指令定向：乘客欲到 5 楼，在轿内按下轿内指令按钮 5SB，指令继电器 KA40 通电吸合并自保，5 楼召唤信号灯 5HL 亮。同时 KA40 常开触头闭合，接通上行方向继电器 KA24 并自保，电梯自动定为“上行”方向。

厅外召唤定向：若乘客在 4 楼厅外，按下 SB4S 按钮，KA45 通电并自保，上行方向继电器 KA24 经 KA9 常开触头、KA45 常开触头、部分定向链电路通电吸合并自保，电梯定为“上行”方向。

司机强行操作上行按钮 SB1 或下行按钮 SB2 的定向：在有司机控制时，电梯能像无司机运行一样实现顺向停靠，而在有司机运行时，还可通过按下 SB1 或 SB2 按钮，可实现电梯强行改变其运行方向。如电梯停在 4 楼，电梯处于上行状态，而乘客有急事要下行。此时司机可按下行按钮 SB2，使 KA21 通电吸合，其常闭触头断开，切断了上行方向继电器 KA24 电路，其互锁触头复位，为接通下行做好准备。再按下要去层楼的指令按钮，轿内指令继电器通电吸合，使 KA19 通电吸合，确定为“下行”。

（3）电梯检修时，操作上行或下行慢行按钮定向　电梯检修时，合上检修开关 Q6，检修继电器 KA10 通电吸合，其触头断开了轿内上行、下行操作按钮 SB6、SB7 控制电路。此时，操作轿厢顶检修箱上的上行、下行慢速按钮 SB8、SB9，进入轿顶控制电梯上、下的检修状态。

（五）电梯的起动加速和减速平层控制

电梯从某层站起动运行，到某层站停层。其运行过程是：电梯曳引电动机松闸起动、加速、快速稳定运行，进入停站楼层区域的减速，进入平层区的制动停车、抱闸、停层。

图5-14为交流双速电梯主电路图。图中KM1为上行接触器，KM2为下行接触器，KM3为快速接触器，KM4为慢速接触器，KM5为快速加速接触器，KM6、KM7、KM8为慢速第一、二、三减速接触器。在曳引电动机轴上装有电磁制动装置，制动器线圈为YB。

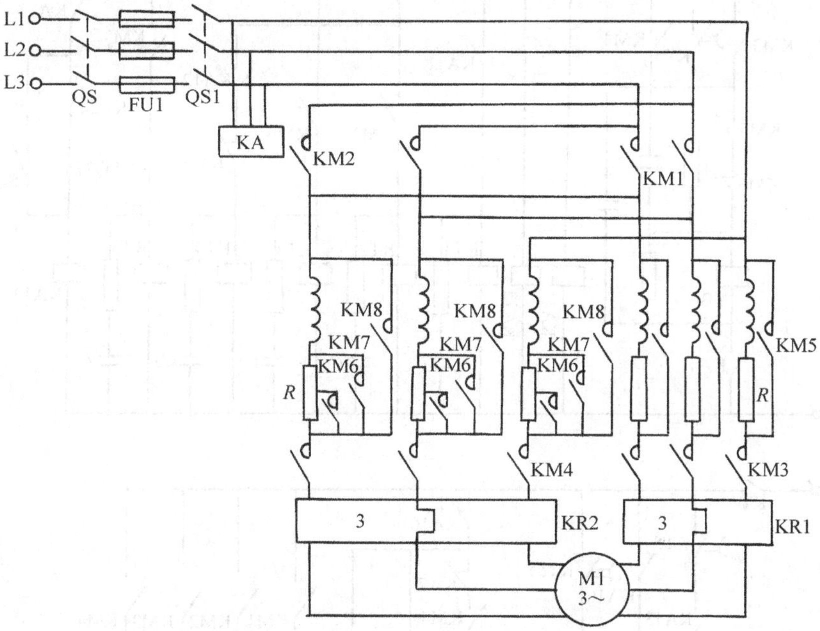

图5-14　交流双速电梯主电路图

图5-15为主拖动控制电路图，图a为直流控制电路，图b为交流控制电路。

1. 电梯的起动加速控制

电梯是在轿厢门和各层楼厅门均已关闭，行驶方向确定之后起动加速的。由于门已关闭，门开关SQ12~SQ17均已压合，门锁继电器KA17通电吸合（图5-8中），关门起动继电器KA5通电吸合（见图5-9）。此时，若电梯行驶方向确定，则上行方向或下行方向继电器KA24或KA19通电吸合，起动继电器KA13、快速接触器KM3、快速辅助继电器KT5相继通电吸合。使上行或下行接触器KM1或KM2通电吸合并自保，并形成两路接通KM1（或KM2）线圈。由于KM1（或KM2）、KM3接触器通电吸合，电磁抱闸线圈YB通电，电磁制动器松闸。曳引电动机定子串入电阻、电抗，接入三相交流电源减压起动。同时，运行继电器KA11与运行辅助继电器KA12通电吸合。KA11常闭触头断开KT1线圈，但KT1线圈经电阻电容放电而不马上释放，经1~1.2s延时后才释放。KT1释放后，其常闭触头复位，使快速加速接触器KM5通电吸合，短接减压起动电阻、电抗，电动机在全压下加速起动，直至以快速稳定速度运行。

在KM5通电吸合后，其常闭触头打开，制动器线圈YB串入电阻，减小YB线圈电流，以减小制动器松闸时的能耗。

2. 减速平层控制

电梯的减速控制，按指令信号分为：按下轿内指令按钮，电梯停在乘客前往楼层的减速控制；按下厅外召唤按钮，电梯停在乘客登梯楼层的减速控制。图5-16为电梯减速平层控制电路。

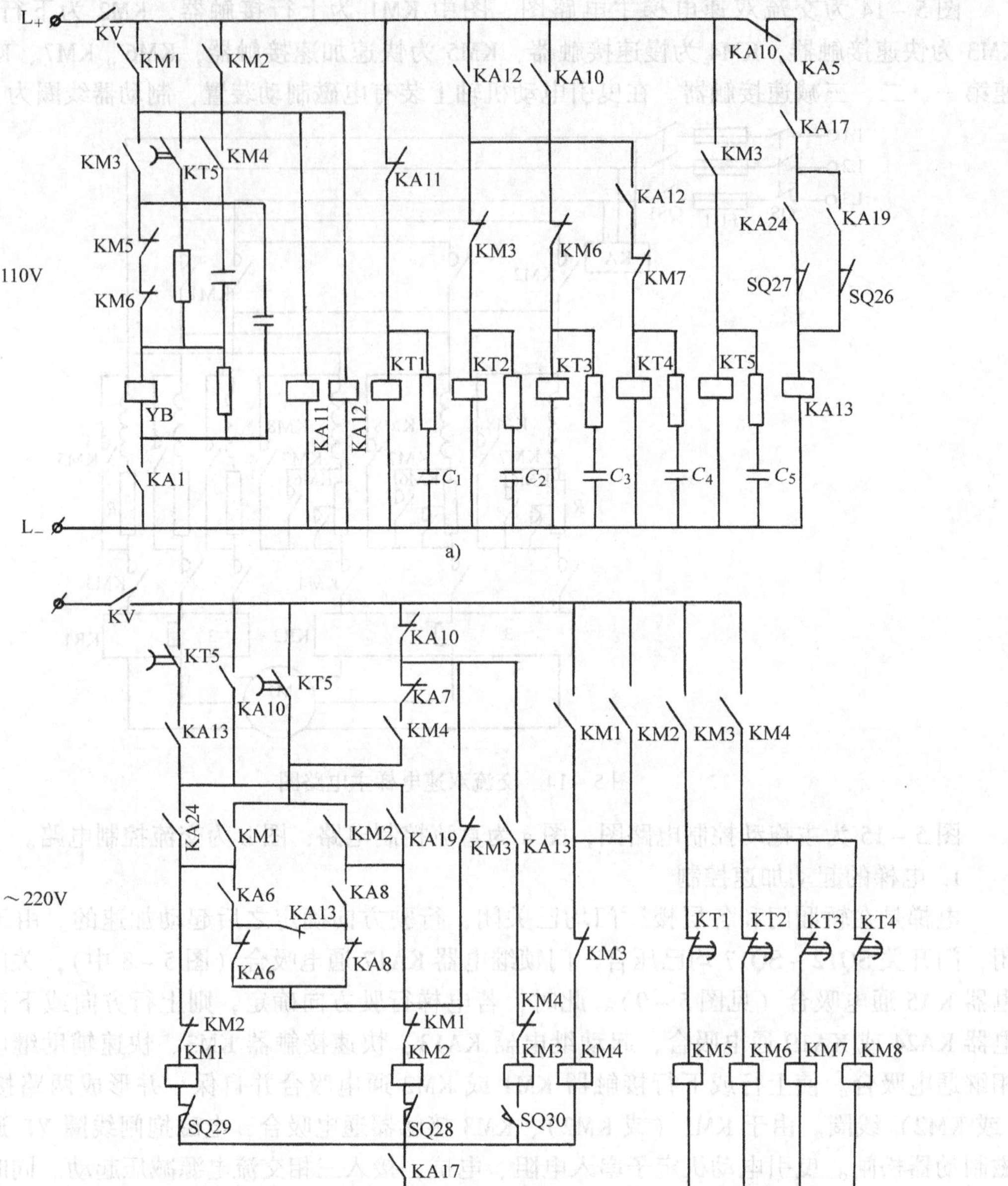

图 5－15　交流双速电梯主拖动控制电路

a）直流控制电路　b）交流控制电路

（1）轿内指令的减速控制　若电梯在上行行驶中按下轿内指令按钮 4SB，指令继电器 KA39 通电吸合并自保，图 5－16 中 KA39 常开触头闭合。电梯行驶至 4 楼区域，当轿顶上的隔磁板插入 4 楼层楼干簧感应器 KR4S 时，层楼位置继电器 KA34 通电吸合，换位继电器 KA29 通电吸合。而停层控制继电器 KT7 由各层楼位置继电器 KA31～KA35 的常闭触头控制。在轿厢顶的隔磁板离开 3 层干簧感应器而又尚未进入 4 层干簧感应器的这段时间，KA31～KA35 处于释放状态，其常闭触头均闭合。此时，KT7 通电吸合，其常开触头闭合，

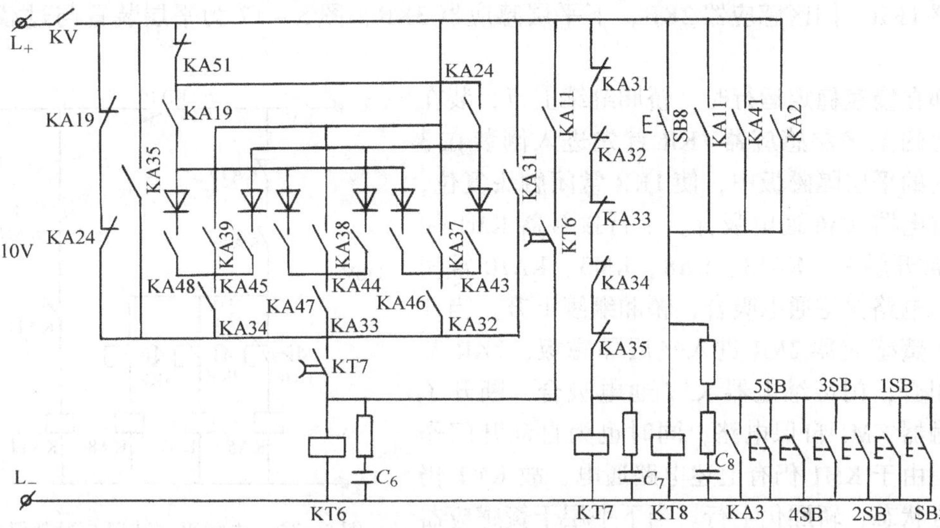

图5－16　电梯减速平层控制电路

使停层继电器 KT6 通电吸合并自保。KT6 常闭触头断开，使关门起动继电器 KA5 断电释放，如图 5－9 所示。起动继电器 KA13 因 KA5 常开触头复原而断电释放，如图 5－15 所示。而 KA13 常开触头复原又使快速接触器 KM3 断电释放，使慢速接触器 KM4 通电吸合，曳引电动机慢速绕组经电阻、电抗接通三相电源，由于惯性，曳引电动机超同步转速进行再生发电制动。为限制制动电流及减速速度，以防冲击过大，常以二级或三级切除电阻、电抗。在图 5－16 电路中，KT2 断电延时 1s 后 KM6 接触器通电吸合，其主触头在图 5－14 电路中短接一部分电阻，再经 KT3 延时 0.5s 接通 KM7 接触器，其主触头短接全部电阻，再由 KT4 延时 0.4s 接通 KM8 接触器，短接全部外接阻抗，曳引电动机进入慢速稳态运行。

（2）厅外召唤指令的减速控制　若电梯正在上行，在三楼厅外有顺向上召唤信号，即按下三楼厅外上行召唤按钮 SB3S。上行召唤继电器 KA44 通电吸合并自保。当电梯行至 3 楼区域，轿厢顶部隔磁板进入 3 层干簧感应器 KR3S 中，层楼位置继电器 KA33 和换位继电器 KA28 相继通电吸合，但轿厢在上行离开 2 层，隔磁板尚未进入 3 层干簧感应器之前，各层楼位置继电器 KA31～KA35 处于释放状态，其常闭触头闭合，使停层控制继电器 KT7 通电吸合，当隔磁板进入 3 楼干簧感应器，层楼位置继电器 KA33 通电吸合，其常闭触头断开 KT7 电路，但 KT7 断电延时断开触头使停层继电器 KT6 通电吸合并自保。于是，关门起动继电器 KA5、起动继电器 KA13 相继断电释放，快速接触器 KM3 断电，慢速接触器 KM4 通电吸合，以后过程同轿内指令减速控制。

在减速过程中，在 KM3 断电而 KM4 尚未吸合瞬间，电梯制动器线圈 YB 不可断电，否则将出现抱闸制动，造成大的冲击。为此，将快速辅助延时继电器 KT5 的延时断开触头与 KM3、KM4 常开触头并联供电给 YB 线圈，确保在 KM3、KM4 换接时 YB 不断电。

（3）平层与停层控制　平层与停层时使上行或下行接触器 KM1 或 KM2 断电释放，切断曳引电动机和电磁制动器线圈电路，实现制动抱闸，电梯停于某层站。平层是使电梯停层时，轿厢底与层站地面在同一水平面上，这样便于乘客或物品的出入。为了保证电梯的平层准确度，通常在轿厢顶设置了平层器。平层器由三个干簧感应器组成，由上至下分别为上平层感应器 1KR，门区感应器 2KR，下平层感应器 3KR，图 5－17 为平层装置与过载保护电路。

电梯在慢速稳定运行时，轿厢继续上行，装在轿厢顶上的上平层感应器 1KR 首先进入倒装在 3 楼井道内的平层隔磁板中，使 1KR 常闭触头复位，上平层继电器 KA6 通电吸合。上行接触器 KM1 便经 KA6 常开触头，KA13、KA8、KM3、KA10 常闭触头这一电路保持通电吸合，轿厢继续上升。当开门区域干簧感应器 2KR 进入平层隔磁板，2KR 常闭触头闭合，门区继电器 KA7 通电吸合，断开了上行接触器 KM1 自保电路，同时也为自动开门作准备。但由于 KM1 仍有上述电路通电，故 KM1 仍保持吸合状态，轿厢仍上行。当下平层干簧感应器 3KR 进入平层隔磁板时，3KR 常闭触头复位，使下平层继电器 KA8 通电吸合，其触头断开上行接触器 KM1 电路，曳引电动机断开电源，电磁制动器线圈 YB 断电，制动器抱闸，平层结束，电梯停止运行。在制动器线圈 YB 两端并联了一个电阻，供 YB 断电时产生的自感电动势放电用。

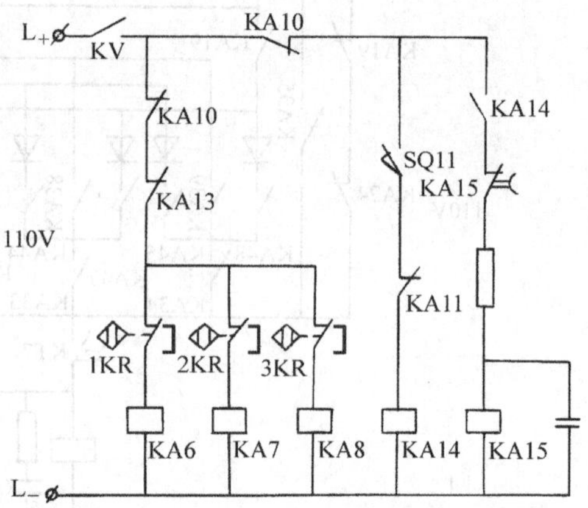

图 5－17　电梯平层装置与过载保护电路

若电梯发生上行超越平层位置，上平层干簧感应器 1KR 离开井道中的平层隔磁板，则上平层继电器 KA6 断电释放，上行接触器 KM1 断电释放。此时下行接触器 KM2 经 KA10、KM3、KA6、KA13 常闭触头，仍闭合的 KA8 常开触头，KM1 常闭触头通电吸合，电梯下行进行反向平层，直至 KA6 通电吸合，断开 KM2 电路，实现平层为止。

三、交流双速集选控制电梯综合运行分析

上节对交流双速集选控制电梯基本控制环节进行了分析，下面以电梯停在底层且处于未定向状态，此时 4 楼有人在厅外向上召唤电梯，欲去 5 楼为例，对电梯运行的全过程进行分析。

1. 4 楼厅外召唤，电梯自动定向“上行”

乘客在 4 楼厅外按下厅外召唤按钮 SB4S，如图 5－11 所示厅召唤电路。上召唤继电器 KA45 通电吸合并自保，在图 5－13 电梯定向电路中的 KA45 常开触头闭合。电梯上行方向继电器 KA24 经 L_+、已闭合的 KV 常开触头，KA10 常闭触头，KA3、KT8 常闭触头，二极管，KA45 常开触头，KA29、KA30、KA21、KM2、KA19 常闭触头通电吸合。电梯停在底层，干簧感应器 KR1S 触头复原，1 楼位置继电器 KA31、1 楼换位继电器 KA26 通电吸合，见图 5－12 指层电路。KA26 常闭触头断开，切断了图 5－13 中的定向链，电梯自动定为“上行”。

2. 电梯起动、加速、稳定运行。

3. 轿厢进入 4 楼区的减速、平层、停在 4 楼，消除 4 楼召唤信号。

4. 开门、延时

电梯到达 4 楼，门区干簧感应器 2KR 常闭触头复位；门区继电器 KA7 通电吸合，图 5－9 自动门电路中 KA7 常开触头闭合，平层结束时，运行继电器 KA11 断电释放。于是开门继电器 KA2 经 KA7 常开触头（已闭合）。门锁继电器 KA17 常开触头（已闭合）。停层时间继电器 KT8 断电延时断开触头，KA11、KT4、KA3、SQ24 常闭触头通电吸合并自保。门电动机接通电源向开门方向旋转，轿门和厅门同时开启，当门开至 2/3 时，压下行程开关 SQ19，门电动机电枢电压降低而减速，当门开足时，压下行程开关 SQ24，KA2 断电释放，门电动机能耗制动，乘客进入轿厢。

停层时间继电器 KT8 从门开足，KA2 断电释放开始，经 4～6s 延时结束而复位，关门起动继电器 KA5、关门继电器 KA3 相继通电吸合，门电动机向关门方向旋转，拖动电梯门关闭。当门关到 2/3 时，行程开关 SQ20 压下，门电动机减速；当门关到尚有 100～150mm 处时，行程开关 SQ21 压下，门电动机再次减速；当门关闭后，行程开关 SQ25 压下，KA3 断电释放，门电动机进行能耗制动，关门完成。

5. 乘客欲去 5 楼，电梯起动加速，快速运行至 5 搂

乘客进入轿厢，按下轿内指令按钮 5SB（见图 5－10），指令继电器 KA40 通电吸合。而此时图 5－12 中 4 楼位置继电器 KA34 和换位继电器 KA29 已通电吸合。图 5－13 中定向链断开，上行方向继电器 KA24 通电吸合并自保，图 5－15 中起动继电器 KA13、快速接触器 KM4、上行方向接触器 KM1、电磁制动器线圈 YB 通电吸合。曳引电动机减压起动。运行继电器 KA11、运行辅助继电器 KA12 通电吸合，使加速延时继电器 KT1 断电释放，加速接触器 KM5 通电吸合，电梯进入快速运行。

6. 减速平层到 5 搂

当电梯上行进入 5 楼区域，由于平层干簧感应器作用，使 5 楼位置继电器 KA35、换位继电器 KA30、停层继电器 KT6 相继通电吸合，关门起动继电器 KA5、起动继电器 KA13 断电释放，快速接触器 KM3 断电，慢速接触器 KM4 通电吸合，曳引电动机经能耗制动，由 KT2、KT3、KT4 时间继电器控制，电动机进入慢速运行。

电梯进入平层区，由于下平层干簧感应器 3KR 的作用，下平层继电器 KA8 通电吸合，上行接触器 KM1 断电释放，曳引电动机和电磁制动器线圈 YB 断电，抱闸制动，平层结束，电梯准确停在 5 楼。

第四节　电梯电气设备的安装和调整

一、电梯电气设备的安装

电梯电气部分是电梯的动力输送和控制的通道。安装前，应认真阅读电路图，熟知电路走向，掌握电路工作原理。根据电路原理图和随机安装图，把主要部件、主要导线管槽布置好，再进行布线和接线工作，安装完毕，经检查无误后，方可通电试验。

1. 控制柜和井道中间接线箱的安装

图 5－18 为交流双速电梯电气管路安装示意图。控制柜跟随曳引机，一般位于井道上端的机房内。确定控制柜位置时，应考虑便于操作和维修，便于电线管路的敷设。

井道中间接线箱系控制柜与轿厢电气设备连接的中间接线处，它安装在井道高度 1/2 往上 1m 左右处。若电梯厂家把控制柜引至轿厢的导线全采用电梯软电缆，则中间接线箱可省去。

2. 分接线箱安装和敷设电线槽或电线管

控制柜至极限开关、曳引电动机、制动器线圈、层楼指示器或选层器、限位开关、干簧

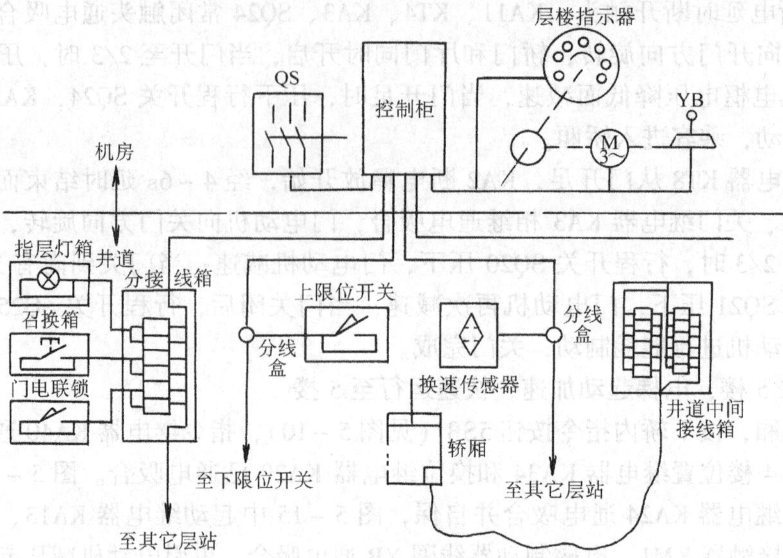

图 5-18　交流双速电梯电气管路安装示意图

感应器、井道中间接线箱、井道内各层站分接线箱，各层站分接线箱至各层站召唤箱、指层灯箱、厅门电联锁等电气设备均需敷设电线槽或电线管。

一般在厅门两侧的井道壁上各敷设一路主干线，分别敷设上述电器元件连接导线，且采用电线槽或电线管。而由分接线箱引出的导线一般用金属软管。

3. 极限开关、限位开关、端站强迫减速装置的安装

极限开关、限位开关用于交流双速电梯的安全保护装置。

极限开关是由改制的铁壳开关，上端站和下端站的滚轮组，连接铁壳开关和上、下滚轮组的钢丝绳，碰打上、下滚轮组的打板等组成。铁壳开关一般安装在机房入口附近，距地面1.3～1.5m处。上、下滚轮组安装在井道内两端站的轿厢导轨上。打板固定在轿厢架的立梁上。当轿厢超越两端站楼面极限距离时，固定在轿架立梁上的打板，碰打上、下滚轮组的滚轮，通过钢丝绳把铁壳开关的刀闸拉开，从而切断电梯的总电源。

限位开关包括上行减速开关、上行限位开关、下行减速开关、下行限位开关和极限开关的上、下滚轮组，同装在井道内两个端站轿厢导轨的一个方位上，安装调校后，滚轮的外边缘处在同一垂直线上，使固定在轿架立梁上的打板能可靠地碰打滚轮。

端站强迫减速装置用于直流快速和高速电梯，它由一个开关箱和碰压开关箱的两付打板构成。开关箱固定在轿厢顶上，碰打开关箱滚轮的两副打板，则安装在井道内侧、两端站的轿厢导轨上。轿厢上、下运行时，开关箱的滚轮左或右碰打上、下打板，强迫电梯到上、下端站时提前一定距离自动将快速运行转换成慢速运行。经调校后，上、下两副打板中心应对准开关箱的滚轮中心，滚轮按预定距离碰打上、下打板，实现减速控制。

4. 层楼指示器、选层器的安装

层楼指示器用于货、病梯电气控制系统中。选层器用于客梯中，一般安装在机房内。对于机械选层器，应按要求正确确定位置；对于数控选层器和微处理机选层器，在机房位置无严格限制。

层楼指示器和选层器的调校工作，应在电梯安装工作基本结束，电梯在慢速运行状态下

进行。

5. 召唤箱、指层灯箱、干簧感应平层装置的安装

各层站的召唤箱和指层灯箱安装在各层站厅门外。召唤箱装在厅门右侧，距离门框200~300mm，距离地面1300mm左右处。指层灯箱装在厅门正上方距离门框250~300mm处，其面板应垂直水平，凸出墙壁2~3mm。

干簧感应器广泛用于电梯控制系统，有安装在轿厢顶上的上、下平层感应器和开门感应器，有安装在每层站井道导轨上的停层感应器。

干簧感应器的安装应符合下列要求：

1）干簧感应器中干簧管的中心，应相对永久磁铁的中心。用铁板插入检查动作是否可靠，不应有误动作。

2）干簧感应器与隔磁铁板应固定牢靠，不因电梯运行而发生摩擦，更不能碰撞。

3）隔磁铁板应垂直、平整，插入时间隙尽量一致，且铁板上下、左右应可调。

4）平层干簧感应器，在电梯平层于每层楼面地坎时，上下平层感应器，离隔磁铁板中间位置应一致，其偏差不大于3mm。门区感应器应装于隔磁铁板的中间位置，其偏差不大于2mm。

6. 固定电缆架、挂扎软电缆和配接线

电缆架有井道电缆架和轿底电缆架各一只。井道电缆架用地脚螺栓稳固在井道中间接线箱下方0.5~0.7m处的井道墙壁上。轿底电缆架用螺栓固定在轿底上。

挂扎软电缆，应先计算或实测每根电缆实际长度，并把电缆放开拉直，然后截取电缆。截取后的电缆两端分别捆扎悬挂在井道和轿底电缆架上。捆挂悬挂的电缆在电梯运行中应运动自如。

配接线是电气安装的重要内容。配线前应根据电气安装接线图和电路原理图，认真核对各路、段中必须穿入的线号，规格和数量，测量各路、段的实际长度。然后分路、段把线截好，在每截一根线时，应在线的两端套上同一号码或符号的套管。当一路、段的线全部截完后，拉直理顺，将一头捆扎好，便于穿电线管或放入电线槽。

在全部路、段的线截完处理好并穿进电线管或放进电线槽后，便可开始配接线。配接线时应按路、段进行，配接线时两端应留有足够的余量，便于配接线完成后进行整理和包扎，这样既便于日后维修又美观。

7. 电气控制系统的保护接地或接零

保护接地是把电气设备的金属外壳、框架用接地装置与大地可靠连接，适用于电源中性点不接地的低压电气系统中。

保护接零是在电源中性点接地的低压系统中，把电气设备的金属外壳、框架与中性线相连接。

电梯的电气设备，必须作接地保护，且接地电阻不得大于4Ω，而且采用保护接地的电气设备不应又作保护接零。

二、电梯电气控制的调整

1. 起动加速的调整

为使乘客乘梯舒适，电梯在起动和制动过程中，速度变化要适当。如起动迟缓可适当减少快速绕组起动电阻，必要时可减少起动电抗器的匝数。如起动过快，可适当增加起动电阻

和起动电抗器匝数。

快速加速延时继电器 KT1 出厂时整定在 2.5～3.0s。实际调整时，应将 KT1 延时调得充分长，使电梯在满载上行起动过程基本完结时延时才结束。

2. 停层距离的调整

在每一层楼的井道内装有上、下层楼感应器各 1 个（KR1S～KR4S，KR2X～KR5X），最高层只有向下层楼感应器 1 个，最低层楼只有向上层楼感应器 1 个。在轿厢架上装有向上、向下停层隔磁铁板各 1 块（或 1 块），其长度可在 1.0～1.5m（或 2.0～3.0m）有效长度内调整。电梯在运行中，每当停层隔磁铁板插入某层楼的感应器中时，将使该层层楼继电器与换位继电器通电吸合，于是停层时间继电器 KT7 断电延时释放。从 KT7 断电延时开始 KT6 通电，KA5、KA13 相继断电释放，电梯减速平层。当轿厢平层时，该层楼感应器应位于停层隔磁铁板有效长度的端部（或中部）。所以电梯的停层距离为停层隔磁铁板的有效长度，即 1.0～1.5m。

3. 停层减速的调整

停层减速调整可按电梯实际运行情况，在 KT2、KT3、KT4 时间继电器延时整定为 1.0s、0.5s、0.4s 基础上进行，以使电梯在空载、满载、上下运行减速时有最佳的舒适感。允许电梯在空载下降或满载上升时稍有冲击。

4. 自动平层的调整

在轿厢架上部装有平层装置，包括 3 个干簧感应器。图 5－17 中的上平层感应器 1KR，开门区域感应器 2KR，下平层感应器 3KR，它们装在一个垂直的板架上。1KR 在上部，2KR 在正中，3KR 在下部。1KR 与 3KR 之间距离是可调的，初调可取 500mm。在每个层站的井道内分别装有 1 块平层隔磁铁板，其长度为 600mm。当轿厢停靠在某层站时，平层铁板应插入全部 3 个干簧感应器的空隙中。电梯调试时，无论空载上行或满载下行，轿厢在减速平层时都不应有超越楼层现象。交流双速电梯速度为 1m/s 时平层准确度允差值为 ±30mm。为校正向上平层准确度可调节 3KR 上下位置，为校正向下平层准确度可调节 1KR 上下的位置。

5. 终端保护的调整

电梯在上、下端站除了正常的触发停层装置外，为了防止因电气失灵电梯发生冲顶或蹲底事故，通常还设置了上、下行强迫减速开关（SQ27、SQ26）和上、下行限位开关（SQ29、SQ28）和极限开关 SQ1。

强迫减速点可按略大于层楼干簧感应器的减速点进行调整，下行限位开关 SQ28 应调整在轿厢低于底站 50～100mm 内动作。

当轿厢超越端站楼面 300mm 时极限开关动作，以切断电梯主电路电源。

第五节　电梯的消防控制系统

我们知道，凡是有人员工作、学习、居住、娱乐的所有公共场所，各种建筑楼房、车辆及其它运输设备等等均应设置消防灭火装置；尤其对于一幢高层建筑大楼内的电梯必须能适应大楼火灾时有利于消防人员进行灭火抢救工作。为此，我国消防部门规定：一幢高层建筑大楼内无论电梯台数多少，必须要有一台电梯能供消防人员灭火专用。其它台电梯也应有利于火灾时的人员疏散（详见 GB50045—1995《高层民用建筑设计规范》中有关条款）。

所以在电梯控制系统中必须考虑在火灾时供消防人员专用控制的情况，即所有各类电梯不论其自动化程度如何，速度多大，适应消防专用控制的要求是一样的。

一、电梯控制系统中适应消防控制的几个基本要求

（1）当大楼发生火警时，应使可供消防员专用的电梯（通常称“消防梯”）不管电梯当时处于什么状态均应立即返回底层（基站），为此必须作到：

1）接到火警信号后，消防梯不应答轿内指令信号和厅外的召唤信号。

2）正在上行的电梯紧急停车，但电梯速度≥1m/s 时，先强行减速，后停车。

3）在上述 1）、2）情况下，电梯停车不开门。

4）正在下行的电梯直达至底层（或基站）大厅，而不应答任何内外召唤指令信号。

5）对其它非消防梯，根据新的《消防规范》规定，也应在发生火警时，令大楼内的所有非消防员专用电梯立即返回底层（或基站）大厅，开门放客。

（2）待电梯返回底层（或基站）后，应可使消防人员通过钥匙开关，使电梯开始处于消防员专用的紧急运行状态，此时应做到：

1）电梯自动处于专用状态，只应答轿内指令信号，仍不应答外召唤信号。且轿内指令信号的登记，只能逐次进行，运行一次后将全部消除轿内指令信号，第二次运行又要再一次按消防人员欲去层楼的指令按钮。

2）在消防紧急运行情况下，电梯的关门是通过按操纵箱上的关门按钮关门且关门速度约为正常时的 1/2 左右。如门未全部闭合前，松开关门按钮，电梯立即开门，不再关门。因此电梯门的安全触板、光幕保护等不起作用。而当电梯到达某一层楼停车后，电梯也不自动开门，而需连续按开门按钮后方能开门；一松开开门按钮后电梯不再开门而变成自动关门了。

3）消防紧急运行仍应在至关重要的各类保护起作用，且有效的情况下进行。

（3）当火警解除后，消防员专用的一台电梯及大楼内的其它各台电梯均应能很快的转入正常运行。

二、消防控制系统的类型及工作原理

消防控制系统的类型是按照消防紧急运行的投入方法和电梯的台数进行分类的。过去国内消防电梯的紧急运行大多数是在底层（或基站）进行操作的，当今世界上各先进的工业国家，例如欧美等国家的电梯厂家一般是由消防系统送出信号给电梯系统，或是操作装于底层（或基站）的带有玻璃窗的消防专用开关控制电梯处于消防返回运行状态，当返回底层（或基站）后，再通过装于层外或轿内操纵箱上的钥匙开关使电梯处于消防员专用控制的消防紧急运行状态。而按消防专用电梯台数的多少可分为单台梯或两台以上多台梯。类型有：BR1、BR2、BR3 和 BR4。下面说明各个类型的工作原理。

（一）BR1 消防控制类型的工作原理

这种控制类型是在电梯的底层（或基站）设置有供消防火警时用的带有玻璃窗的专用消防开关箱。在火警时，敲碎玻璃窗，搬动箱内开关，即可使处于下列运行状态的电梯立即返回底层（或基站）。

1）正在向上运行的电梯立即停车（对于电梯速度≤1m/s 的电梯），或立即制动减速就近停车（对于电梯速度 >1m/s 的电梯），同时切除轿内原先登记的轿内指令信号和厅外召唤信号（厅外召唤信号的切除一直保持到消防运行控制状态的结束）。另一方面在电梯停车后，电梯绝不能开门，以免引起层楼厅外乘客的涌入和轿厢内乘客的慌忙逃离。这样电梯定向下方向运行且直接驶向底层（或基站），到达底层停车后，电梯开门放客，以后电梯开着门停在底层（或基站），不再投入使用。

2）正在向下运行的电梯，接受消防控制命令后不再停车，也不开门，直接驶向底层（或基站），因为在使电梯进入消防控制时与1）中所述一样，也同时切除了所有轿内指令信号和厅外召唤信号。当电梯到达底层后开门放客。开着门停在底层，不再投入使用。

3）若电梯正停于某层或关着门等待或开着门正在进客，则不论电梯是准备向上运行或是向下运行，此时接到消防控制命令后立即向下直接驶向底层（或基站）后开门放客。

4）如若电梯刚离开底层（或基站）而尚未离开底层（基站）区段时，则电梯停车，不开门，并以慢速向下运行至底层楼平面处，开门放客，电梯不再投入使用。

（二）BR2 消防控制类型的工作原理

这种控制类型是在电梯的底层（或基站）除了设置有供消防火警时用的带有玻璃窗的专用消防开关箱外，还有供电梯返回底层（基站）后，有可供消防员操作的专用钥匙开关，只要接通该钥匙开关就可使已返口底层（基站）的电梯供消防员使用。在使用过程中，需连续按关门按钮，直至把电梯门关闭好。同时在运行过程中，只能逐层运行，如同连续登记几个指令信号，电梯在运行到最近的一个层楼后即把全部已登记好的信号消除，下一次再运行，必须重新再登记指令信号。

其运行过程及情况与前述的 BR1 类型一样。

BRI 和 BR2 两种类型，一般常用于单台电梯中。

（三）BR3 消防控制类型的工作原理

这种控制类型与 BR2 控制类型相同，所不同的是在电梯返回底层（或基站）后，供消防员控制操作的专用钥匙开关设置位置不同，BR2 的专用钥匙开关设置在底层（或基站）厅外召唤按钮箱中，而 BR3 的专用钥匙开关设置在电梯轿厢内的操纵箱上。在电梯按消防命令返回底层（基站）开门放客后，消防人员进入轿厢内用专用钥匙操作操纵箱下部刻有“消防（Firman's）”字样的钥匙开关即可使电梯进入消防紧急运行状态，消防人员可以令电梯至某个层救人和灭火。电梯的运行全过程与 BR1、BR2 完全一样。

（四）BR4 消防控制类型的工作原理

这种控制类型与 BR3 的控制类型相同。所不同的是电梯返回底层（或基站）后，可供消防员控制操作的专用钥匙开关不是设在轿内操纵箱上，而是设置在底层（或基站）厅外多个召唤按钮箱中的某一个按钮箱上。BR4 和 BR3 两种消防控制类型一般均应用于多台电梯群管理控制（或是并联控制）的情况下；而 BR3 是令一组电梯中的若干台电梯投入消防紧急运行状态。而 BR4 是使一组电梯中的所有电梯均投入消防紧急运行状态。BR4 型的消防返回及其紧急运行状态与 BR1、BR2 型完全一样。

现将 BR1 ~ BR4 各种类型的消防开关（JBF）和消防紧急运行的钥匙开关（JNFF）设置示于图 5 – 19 中。

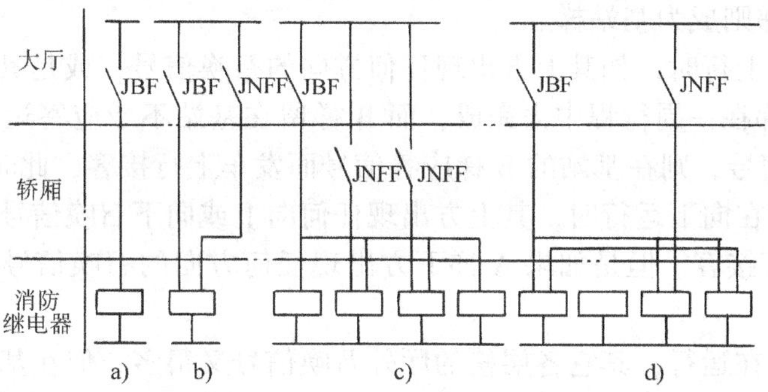

图 5 – 19　某电梯的各种消防控制类型及其消防开关、消防紧急运行开关接线示意图

第六节　电梯的群控系统

一、概述

一幢大楼内电梯的配置数量是根据大楼内人员的流量及其在某一短时间内疏散乘客的要求和缩短乘客等候电梯的时间等方面因素所决定——即所谓交通分析。这样，在电梯的电气控制系统中就必须考虑到如何提高电梯群（组）的运行效率。如多台电梯均各自独立运行的话，将不可能提高电梯群的运行效率，也将白白浪费能源。例如，某一大楼内并排设置了两台电梯均各自独立运行（包括应答厅外召唤信号），则当某一层有乘客需向下至底层按了两台电梯在这一层的两个召唤按钮箱中的向下召唤按钮，则很有可能是两台电梯均会同时应答而来到这一层，此时可能其中一台先行把客人接走，而另外一台梯后到，已无乘客，使该电梯空运行了一次。又如，有两个邻层的向上召唤信号，本来可由其中一台梯顺向应答截车停靠即可，但如果两台梯均有向上召唤信号，则另一台梯也会因有召唤信号而停车。所以在并排设置两台电梯以上时在电梯控制系统中必须考虑电梯的合理调配问题。

从电气控制角度看，这种合理调配按其调配功能强弱可以分为：并联控制和机群管理控制两大类，简称并联和群控两大类。

并联控制就是几台电梯共同享受一个外召唤信号，并能进行预先设定的调配原则自动地调配某台电梯去应答厅外召唤信号。

所谓群控是指除了共享一个厅外召唤信号外，还能根据厅外召唤信号数的多寡和电梯每次负载情况而自动合理地调配各个电梯处于最佳的服务状态。

无论是多台电梯的并联控制还是机群管理控制，其最终目的是把对应于某一层楼召唤信号的电梯应运行的方向信号分配给最有利的一台电梯。也就是说自动调配的目的是把电梯的运行方向合理地分配给梯群中的某一台电梯。

二、两台电梯并联控制的调度原则及实施电路

（一）调度原则

1）正常情况下，一台梯在底层（基站）待命，另一台梯停留在最后停靠的层楼，此梯常称自由梯或称忙梯。某层有召唤信号，则忙梯立即定向运行去接某层的客人。

2）两台梯因轿内指令而到达基站后关门待命时，则应执行“先到先行”的原则。例如，A 梯先到基站，而 B 梯后到，则经一定延时 A 梯立即起动运行至事先指定的中间层楼待命，

并成为自由梯而B梯则成为基站梯。

3）当A梯正在上行时，如其上方出现任何方向的召唤信号，或是其下方出现向下的召唤信号，则均由A梯在一周行程中去完成，而B梯留在基站不予应答运行。但如在A梯的下方出现向上召唤信号，则在基站的B梯应答信号而发车上行接客，此时B梯也成为忙梯。

4）如当A梯正在向下运行时，其上方出现任何向上或向下召唤信号，则在基站的B梯应答信号而发车上行接客。但是如果A梯下方出现任何方向的召唤信号，则B梯不予应答而由A梯去完成。

5）如当A梯正在运行，其它各层楼的厅外召唤信号又很多，但在基站的B梯又不具备发车条件，而在30～60s后，召唤信号仍存在，尚未消除，则通过延误时间继电器令B梯发车运行。同样原理，如本应由A梯应答厅外召唤信号而运行的，但由于电梯门锁等故障而不能运行时，则也经30～60s的延误时间后令B梯（基站梯）发车运行。

上述的发车调度原则如图5－20所示。

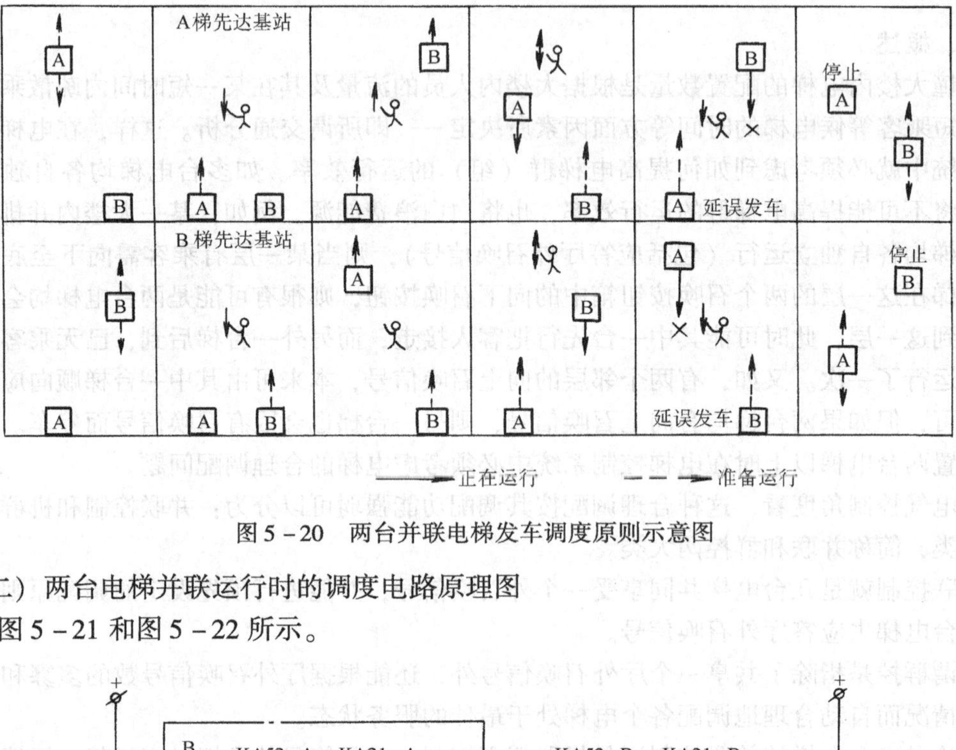

图5－20　两台并联电梯发车调度原则示意图

（二）两台电梯并联运行时的调度电路原理图

如图5－21和图5－22所示。

图5－21　两台并联电梯调配继电器KA55工作原理电路图

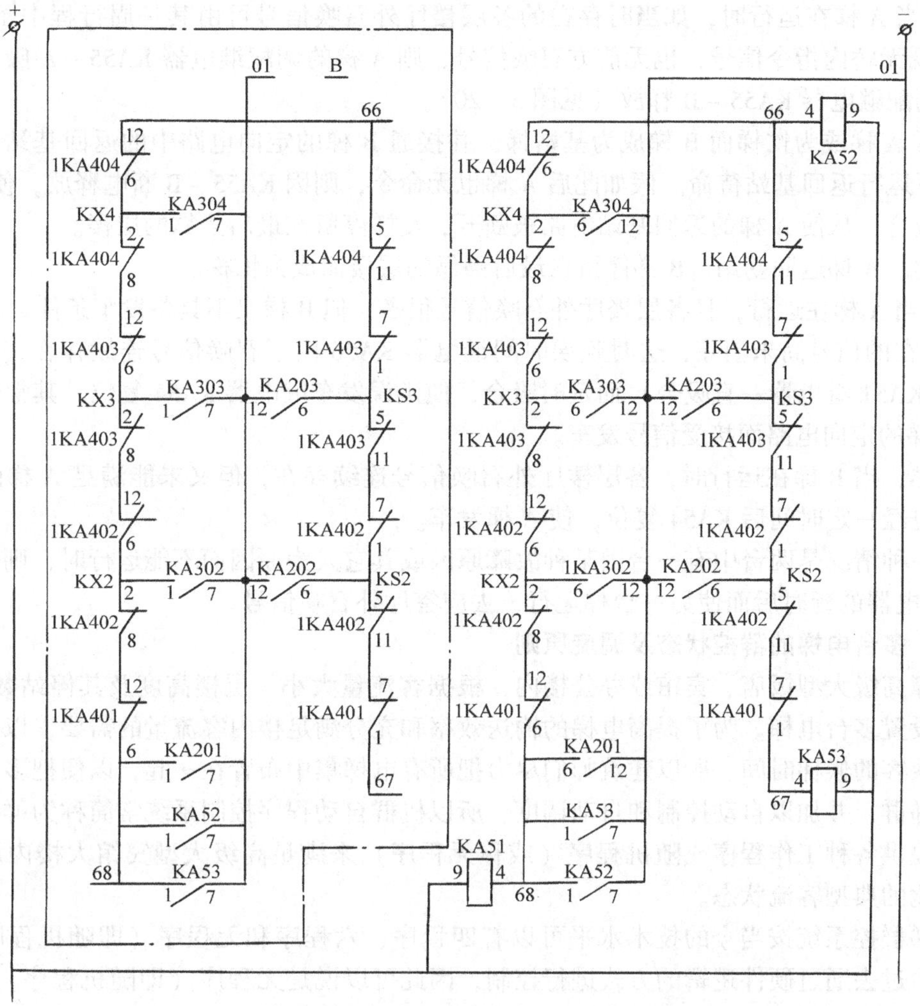

图 5－22　两台并联电梯运行时的上方向继电器 KA52 和下方向继电器 KA53 工作原理电路图

1）当两台梯都停在底层（基站）时，如 A 梯先返回基站，B 梯随后又到达基站，则 B 梯在停站前接通 A 梯的调配继电器 KA55，为方向继电器 KA11、KA13 的吸合提供条件：KM6－B 及 1KA500－B 触点接通，使 KA55－A 通电吸合。

因此，当出现上部层楼厅外的任何方向召唤信号时，A 梯由于 KA55－A 的吸合而使 A 梯的定向电路接通使 KA11－A 和 KA13－A 继电器吸合，从而 A 梯接受厅外召唤信号而发车上行。

以上就是“先到先行”原则的实施说明。

2）当 A 梯上行时，其下方出现向上方向的召唤信号 KA11－A、KA53－A 闭合，使 B 梯的 KA55－B 吸合，从而使 B 梯的定向电路接通使 KA11－B 和 KA13－B 继电器吸合，B 梯就接受信号而发车上行。

3）当 A 梯下行时，如其上方出现任何方向的召唤信号（上或下），此时 KA21－A、KA52－A 闭合，B 梯的 KA55－B 吸合，使 B 梯的定向电路接通，使 KA11－A 和 KA13－B 继电器吸合，这样 B 梯就接受信号而发车上行。

4）当 A 梯在运行时，如当时存在的各层楼厅外召唤信号可由其一周行程中予以应答，而 B 梯既无轿内指令信号，也无前方召唤信号，则 A 梯的调配继电器 KA55－A 吸合，导致 B 梯的调配继电器 KA55－B 释放（见图 5－20）。

这样 A 梯成为忙梯而 B 梯成为基站梯，并接通 B 梯的定向电路中的返回基站电路，使 B 梯向下运行返回基站待命。假如此后 A 梯也无命令，则因 KA55－B 断电释放，使 KA55－A 通电吸合，从使 A 梯的返回基站电路被断开，A 梯停留在最后停靠的层楼。

反之，A 梯返回基站，B 梯停留在最后停靠的层楼而成为忙梯。

5）当 A 梯在运行，且各层楼厅外召唤信号很多，但 B 梯又不具备发车条件。则在 30～60s 后存在的信号尚未消除，这时延误时间继电器 KA56 由于召唤信号连续存在（见图 5－22 中的 KA51 继电器一直吸合）而延时吸合，使延误发车继电器 KA54 复位，其常闭触头接通了 B 梯的定向电路而接受信号发车。

同样，当 B 梯在运行时，各层楼厅外召唤信号连续存在，但又未能满足 A 梯的发车条件，则也经一定时间后 KA54 复位，使 A 梯发车。

另一种情况是两台中有一台因某种故障原因或其它人为原因而不能运行时，则也经上述 KA56 继电器的延时后而使另一台梯运行，去应答厅外召唤信号。

三、多台电梯的群控状态及调度原则

一幢高级大型饭店、宾馆或办公楼内，根据客流量大小、层楼高度及其停站数等因素，往往需设置多台电梯。为了提高电梯的输送效率和充分满足楼内客流量的需要，以及尽可能的缩短乘客的候梯时间，所以建筑师们尽力把所有电梯集中布置在一起，以便把多台电梯组合成电梯群，并加以自动控制和自动调度，所以机群自动程序控制系统常简称为群控。群控系统能提供各种工作程序或随机程序（或称无程序）来满足高级大型宾馆大楼内那样客流剧烈变化的典型客流状态。

电梯群控系统按当今的技术水平可以有四程序、六程序和无程序（即随机程序）的工作状态。过去通过硬件逻辑的方式进行控制，因此可以说是无程序（即随机程序），例如迅达电梯公司的 Miconic－10 系统，奥的斯电梯公司的 Elevonic－411，三菱电机公司的 OS2100 系统等。但是群控的调度原则应该是类同的，不论用硬件逻辑的方法，还是用软件逻辑的方法（详见后述）。现就六程序的控制程序及其调度原则分别简述如下。

（一）六个工作程序控制状态及其转换条件、方法

1. 六个工作程序

自动程序控制系统可提供相应于下列六种客流状态的工作程序：

1）上行客流顶峰状态（JST）。

2）客流平衡状态（JPH）。

3）上行客流量大的状态（JSD）。

4）下行客流量大的状态（JXD）。

5）下行客流量顶峰状态（JXT）。

6）空闲时间的客流状态（JKK）。

上述 2）、3）、4）也可统称为客流非顶峰状态（JFT）。

2. 六个工作程序的切换方法

群控系统中工作程序的切换可以是自动的或人为的。只要将安装于底层大厅的群控系统

综合指示屏上的程序转换开关（KCT）转向自动选择位置，则系统中的电梯在运行时按照当时实际存在的客流情况，自动地选择最合适的工作程序，对乘客提供迅速而有规律的服务。如将程序转向六个程序中的某一程序，则系统将在这个工作程序连续运行，直至该转换开关转向另一个工作程序为止。

3. 六个工作程序的工作状况及其自动切换条件

（1）上行客流顶峰工作程序（JST） 这个程序（JST）的客流交通特征是：从下端基站向上去的乘客特别拥挤，通过电梯将大量乘客运送至大楼内各层，这时楼层之间的相互交通很少，并且向下外出的乘客也很少。

各台电梯轿厢在先后到达下端站（基站）后，被选为“先行”，这一先行梯的层门上方和轿内操纵箱上的“此机先行”灯燃亮并发出闪烁灯光信号和断续的钟响，直至电梯出发向上后灯灭钟不响。

该工作程序的切换条件是：当电梯轿厢从下端站（基站）向上出发时，如连续两台梯满载（超过额定载重量的80%）时，则上行客流顶峰被自动选择。如从下端基站向上出发的轿厢负载连续降低至小于额定载重量的60%时，则在一定时期内，上行客流顶峰工作程序被解除。

（2）客流平衡工作程序（JPH） 这个程序（JPH）的客流交通特征是：客流强度为中等或较繁忙程度，一定数量的乘客从下端基站到大楼内各层；另一部分乘客从大楼中各层到下端基站外出；同时还有相当数量的乘客在楼层之间上、下往返，上、下客流几乎相等。

该工作程序的切换条件是：当上行客流顶峰或下行客流顶峰工作程序被解除后，如有召唤信号连续存在，则系统转入客流非顶峰状态。在客流非顶峰状态下，如电梯向上行程的时间与向下行程的时间几乎相同，而且轿厢负载也相接近，则客流平衡工作程序被自动选择。

如若出现持续的不能满足向上行程的时间与向下行程的时间几乎相同的条件，则在相应的时间内客流平衡工作程序被自动解除。

（3）上行客流量大的工作程序（JSD） 这个程序（JSD）的客流交通特征是：客流强度是中等或较繁忙程度，但其中大部分是向上客流。

基本运转方式与客流平衡工作程序的情况完全相同，也是在客流非顶峰状态下，轿厢在上、下端站之间往复行驶，并对轿厢指令及楼层召唤信号按顺方向予以停层。因为向上交通比较繁忙，所以向上运行时间较向下运行时间要长些。

该工作程序的切换条件是：在客流非顶峰状态下，如电梯向上行程的时间较向下行程的时间长，则在相应的时间内，上行客流量大的工作程序被选择；若上行轿厢内的载荷超过额定载重量的60%，则该工作程序应在较短时间内被选择。

如若在该工作程序中出现持续的不能满足向上行程时间较向下行程时长的条件时，则在相应的时间内，上行客流量大的工作程序被解除。

（4）下行客流量大的工作程序（JXD） 这个程序（JXD）的客流交通特征及其切换条件正好与上行客流量大的工作程序相反，只不过将前述的向上换成向下。但该工作程序也属客流非顶峰范畴。

（5）下行客流顶峰工作程序（JXT） 这个程序（JXT）的客流交通特征是：客流强度很大，由各楼层向下端基站的乘客很多，而楼层间相互往来以及向上的乘客很少。

在该工作程序中，常出现向下的轿厢在高区楼层已经满载的情况，使低区楼层的乘客等待电梯的时间增加。为了有效地应付这种现象，系统将机群投入“分区运行”状态，即把大楼分为高楼层区和低楼层区两个区域，同时也将电梯平分为两个组，每组各两台电梯（例如A、C梯为高区梯；B、D梯为低区梯）分别运行于所属的区域内。高区梯优先应答高区内各层的向下召唤信号，同时也接受轿厢内乘客的指令信号。高区梯从下端基站向上出发后，顺途应答所有的向上召唤信号。

低区梯主要应答低区内各层的向下召唤信号，不应答所有的向上召唤信号。但也允许在轿厢指令的作用下上升至高区。低区梯从下端基站向上出发后，如无高区的轿厢指令存在，则在高区最高轿厢指令返回的作用下，反向向下。

无论高区梯、低区梯，当轿厢到达下端基站时，立即向上出发；当低区梯到达下端基站时，“此机先行”信号灯熄灭不亮。

该工作程序的切换条件是：当出现轿厢连续两台满载（超过额定载重量的80%）下降到达下端站时，或楼层间出现规定数以上的向下召唤信号数时，则下行客流顶峰被自动选择。

如下降轿厢的负载连续降低至小于额定载重量的60%时，则经过一定的时间，而且这时楼层的向下召唤信号数在规定数以下，则下行客流顶峰工作程序被解除。

但在下行客流顶峰工作程序中，当满载轿厢下降时，低楼层区内的向下召唤数达到规定数以上时，则分区运行起作用，系统将机群中的电梯分为两组，每组分别运行在高区和低区楼层区内。在分区运行情况下，如低楼层区内的向下召唤信号数降低到规定数以下时，则分区运行被解除。

(6) 空闲时间客流工作程序（JKK） 这个程序（JKK）的客流交通特征是：客流量极少，而且是间歇性的（例如假日、深夜、黎明）。轿厢在下端基站顺着到达先后被选为“先行”。

该程序的切换条件是：当电梯群控系统工作在上行客流顶峰以外的各个程序中如90～120s内没有出现召唤信号，而且这时轿厢内的载重小于额定载重量的40%时，则空闲时间客流工作程序被选择。

在空闲时间客流工作程序中，如在90s的时间内连续存在一个召唤信号，或在一个较短时间（约45s）内存在两个召唤信号，则空闲时间客流工作程序被解除。

如当出现上行客流顶峰状态时，空闲时间客流工作程序立即被解除。上述六个工作程序的自动转换是通过系统中的交通分析器件中的召唤信号计算器、台秒计算器、自动调整计时器、任选对象与元件等实现的。因此在电梯的群控系统中交通分析的优劣及其正确、可靠性等是至关重要的。

（二）机群系统的调度原则

当今电梯群控系统的调度原则可以分为两大类，其一是所谓的固定模式的“硬件”系统，即前面所述的六种客流工作程序状况的在两端站按时发车的调度系统和分区的按需要发车调度系统。20世纪60年代、70年代中期电梯产品中才逐渐应用这一调度系统，这类“硬件”模式的调度系统在近几年的电梯产品中已逐渐淘汰，几乎已绝迹。

在20世纪70年代后期开始至今的高级电梯产品中均已用各类微机处理器“微电脑”的无程序按需发车的自动调度系统。例如奥的斯电梯公司的Elevonic－301、401系统，瑞士迅达电梯公司的Miconic－V系统，均属此类。其中尤以瑞士迅达电梯公司的Miconic－V系统的“成本报价”原则——“人·秒综合成本”的调度原则最为先进。该系统不仅考虑了时间因素，还考虑了电梯系统的能量消耗最低及输送效率最大等因素，因此该系统较其它系统可提高输送效率20%，节能15%～20%，缩短平均候梯时间20%～30%。举例说明如下：

例如：已知层数为20，共4台电梯（A、B、C、D），速度为2.5m/s，群控系统为Miconic－V，若5层有乘客需向下。各台电梯的瞬间位置及其运行至5层所需的时间和各梯轿厢内的乘客数均示于图5－23内。

从图5－23可知：若A台→5层所需综合成本为：

Q_A＝1人×10秒＝10人·秒，Q_B＝10人×3秒＝30人·秒

Q_C＝8人×5秒＝40人·秒，Q_D＝12人×1秒＝12人·秒

从图5－23和上面的Q_A～Q_D的综合成本报价（对5层的召唤信号来说）可以看出：虽然A梯最远，运行至5层需10s，但其轿内只有1人，到5层楼接客只需“成本”为10人·秒，而其它三台梯虽离5层很近，但其轿厢内却有很多人，所需“成本”很高。因此比较结果，A梯的“成本”最低，这样就由A梯来应答5层的召唤信号。如按其它的群控调度系统，应是D梯来应答，因其最近，这样为了5层的一个召唤信号，轿厢内的12个人也均要在5层停留一下，影响到12个人的时间，这几个人将会有难以开口的意见。现在Miconic－V的群控调度系统能做到最小的“成本”是不容易的，但对16位微处理机来说，这是很方便的。

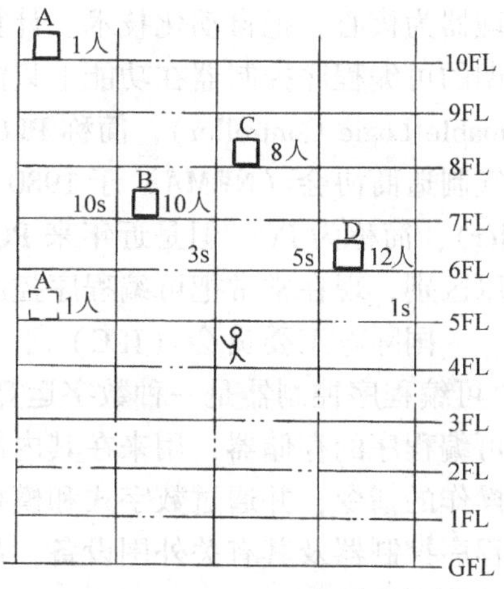

图5－23 “人·秒”综合成本调度原则示意图

从上述可知，当今用微机控制的多台电梯群控控制系统有：奥的斯电梯公司的Elevonic－401；迅达电梯公司的Miconic－V；三菱电梯公司的QS2100C和日立电梯公司的CIP3800及Kone电梯公司的MakeV系统等。纵观全貌，还是迅达电梯公司的Miconic－V系统较优。

思考题与习题

5－1 电梯参数主要有哪些？其型号的意义是什么？

5－2 电梯的机械安全系统有哪些装置？各起何作用？

5－3 交流双速集选控制电梯电气控制系统主要由哪些电路组成？各电路之间的关系如何？

5－4 电梯的厅、轿门是怎样实现自动关闭的？又是如何实现开、关门速度的改变的？

5－5 电梯门在关闭过程中是如何避免碰挤乘客或物品的？

5－6 轿厢指令是如何完成的？

5－7 厅外有人召唤电梯，电梯是如何应答的？

5－8 电梯是如何确定上行还是下行的？

5－9 电梯是如何实现起动加速控制的？

5－10 电梯停车前是如何减速的？

5－11 电梯是如何实现平层的？

5－12 以电梯轿厢停在底层，3层有人呼梯为例，进行电梯综合运行分析。

第六章　可编程序控制器

第一节　可编程序控制器概述

可编程序控制器是在继电器控制和计算机控制的基础上开发的产品，逐渐发展成以微处理器为核心，把自动化技术、计算机技术、通信技术融为一体的新型工业自动控制装置。早期的可编程序控制器在功能上只能进行逻辑控制，因而称为可编程序逻辑控制器（Programmable Logic Controller），简称 PLC。随着 PLC 技术的发展及控制功能不断增强，因此美国电气制造商协会（NEMA）于 1980 年将它正式命名为可编程序控制器（Programmable Controller），简称为 PC。但是近年来 PC 又成为个人计算机（Personal Computer）的简称，为了加以区别，现在常常把可编程序控制器简称为 PLC。

国际电工委员会（IEC）于 1987 年 2 月对可编程序控制器作了如下定义（第三稿）：“可编程序控制器是一种数字运算操作的电子系统，专为在工业环境下应用而设计。它采用可编程序的存储器，用来在其内部存储执行逻辑运算、顺序控制、定时、计数和算术运算等操作的指令，并通过数字式和模拟式的输入和输出，控制各种类型的机械或生产过程。可编程序控制器及其有关外围设备，都应按易于与工业控制系统联成一个整体，易于扩充其功能的原则设计”。

一、可编程序控制器的特点

1）抗干扰能力强、可靠性高。工业环境的干扰如电磁干扰、电源波动、温度湿度变化、机械振动等都可能影响微机的正常工作。而 PLC 有很强的抗干扰能力，在恶劣的工作环境下，它的平均无故障时间可达 5～10 万小时。实验测试表明，一般 PLC 产品可抗 1kV、1μs 的窄脉冲干扰。究其原因主要采取了以下措施：

①主机的输入、输出电源相互独立，避免了电源间的干扰。

②输入、输出采用光电隔离，提高了抗干扰能力。

③采用循环扫描工作方式。

④内部采用“监视器”电路，保证 CPU 可靠地工作。

⑤采用密封防尘抗振的外壳封装及内部结构，可适应恶劣环境。

2）模块化组合结构，使系统构成十分灵活，能根据各种要求组成不同的控制系统。对于同一个控制系统，只要用编程器在线或离线修改程序，就能变更控制功能。

3）编程语言简单易学，便于掌握。PLC 采用面向控制过程的编程语言，使用的是梯形图或简单的指令形式。梯形图与继电器原理图相类似，形象直观，容易掌握。没有微机基础的人也很容易学会，这有利于在工厂企业中进行推广使用。

4）可进行在线修改，柔性好。

5）体积小，维护方便。

二、可编程序控制器的应用和发展

自从20世纪60年代末，美国首先研制和使用PLC以后，世界各国特别是日本和德国也相继开发了各自的PLC。20世纪70年代中期出现了微处理器并被应用到PLC后，使PLC的功能日趋完善。特别是它的小型化、高可靠性和低价格，使它在现代工业控制中崭露头角。到20世纪80年代初，PLC的应用已在工业控制领域中占主导地位。据有关资料报导，全世界目前约有PLC生产厂180多家，2000年全世界PLC总销售额达86亿美元（其中小型机约占40%）。年产量约1778万台。PLC销售额的增长速度也是惊人的，据美国Frost&Sullivom市场信息公司报道，全世界PLC的销售台数从1990年的562万台增加到2000年的1778万台，PLC的销售额也从33亿美元增加到86亿美元。目前在世界先进工业国家中PLC已成为工业控制的标准设备，它的应用几乎覆盖了所有工业企业。国外专家预言，PLC技术将在工业自动化的三大支柱（PLC、机器人和CAD/CAM）中跃居首位。

我国在20世纪80年代初才开始使用PLC，目前从国外引进的PLC使用较为普遍的有日本OMRON公司C系列、三菱电机公司F系列、美国GE公司GE系列和德国西门子公司S系列等。与此同时，国内科研单位和工厂也在消化和引进PLC技术的基础上，研制了PLC产品。当然目前国内使用的PLC主要还是靠进口，但逐步实现国产化也是国内发展的必然趋势。

今后，PLC的发展将朝以下两个方向进行：一个是向超小型、专用化和低价格的方向发展；另一个是向大型、高速、多功能和分布式全自动网络化方向发展，以适应现代化的大型工厂企业自动化的需要。例如日本OMRON公司生产的C2000H高档PLC，可控制2048个I/O点，存储器容量32K字，基本指令执行时间为0.4～2.4μs，可组成双机系统（一个在“执行”状态，另一个在“热备”状态），具有运算、计数、模拟调节、显示、通信等功能，还能实现中断控制、过程控制、远程控制，以及与上位机或下位机进行数据通信和控制等。

三、可编程序控制器基本结构和工作原理

（一）基本结构

虽然PLC的生产厂家很多，产品型号也各不相同，但其基本结构和工作原理大致相同。图6－1所示为PLC的典型结构，图6－2所示为PLC的逻辑结构示意图，从图中可见，PLC

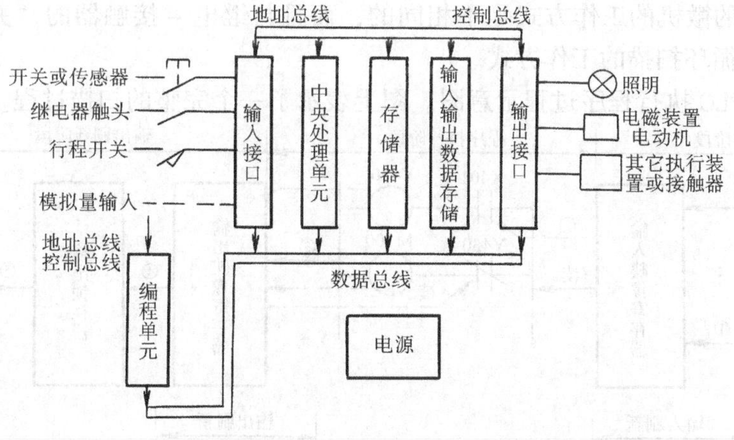

图6－1　PLC典型结构示意图

与一台普通的微型计算机的基本结构是相似的。

(1) CPU　即中央处理器，是 PLC 的核心部件，起着控制和运算的作用。它能够执行程序完成所需的各种操作，处理输入信号，发送输出信号等。目前小型 PLC 中多为 8 位 CPU，在高档机中已采用 16 位或 32 位 CPU。

(2) 存储器　用于存放程序和数据。它主要可分为两大类：随机存储器（RAM）；只读存储器（ROM，包括 E^2PROM）。

(3) 输入输出接口电路　它是 PLC 与外围设备之间联系的桥梁。输入接口电路接收的输入信号有开关量和模拟量（后者要经过 A/D 转换），这些可以是按钮、选择开关、行程开关、限位开关或传感器输出的量。为了防止电磁干扰进入 PLC 内部，输入/输出接口电路采用了光耦合电路和滤波。

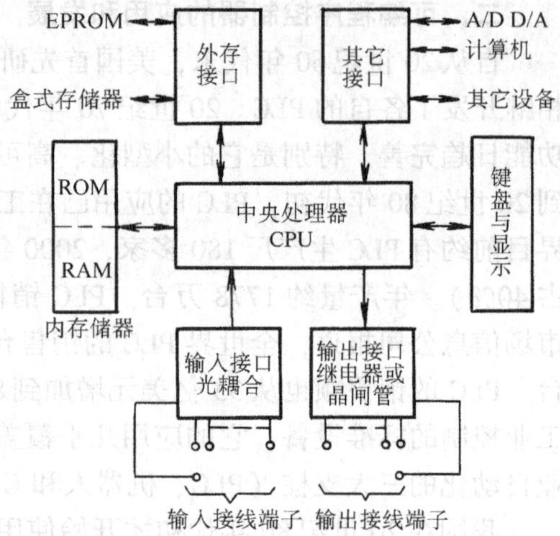

图 6－2　PLC 逻辑结构图

通常 PLC 的开关量输入接口按使用的电源不同有三种类型：直流 12～24V 输入接口、交流 100～120V 或 200～240V 输入接口、交直流（AC/DC）12～24V 输入接口。输入开关可以是无源触点或传感器的集电极开路晶体管。PLC 开关量输出接口按输出开关器件的种类不同常有三种形式：一种是继电器输出型，CPU 输出时接通或断开继电器的线圈，继电器的触点闭合或断开，通过继电器触点控制外部电路的通断；另一种是晶体管输出型，通过光耦合使开关晶体管截止或饱和导通，以控制外部电路；第三种是双向晶闸管输出型，采用的是光触发型双向晶闸管。按照负载使用电源不同，分为直流输出接口、交流输出接口和交直流输出接口。

通过接口电路向现场的执行部件输出相应的控制信号。执行部件有电磁装置、接触器和其它执行机构。

（二）工作原理

PLC 与一般的微机的工作方式是不相同的，而且与继电－接触器的“并行”方式也不一样，它是采用循环扫描的工作方式。

图 6－3 为 PLC 执行程序过程示意图。图上表示了一个完整的扫描过程。它分为输入采

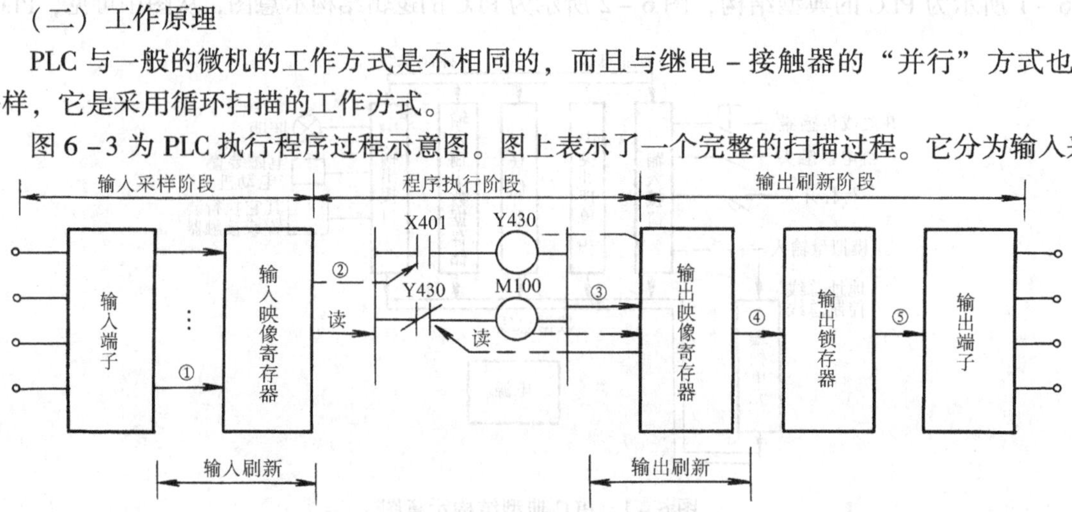

图 6－3　PLC 执行程序过程

样、程序执行和输出刷新三个阶段。

1. 输入采样阶段

在输入采样阶段，PLC 以扫描方式按顺序将所有输入端的输入状态采样并存入输入映像寄存器中，此时输入映像寄存器被刷新。接着进入程序执行阶段，在程序执行阶段或输出阶段，即使输入状态发生变化，输入映像寄存器的内容也不会改变，输入状态的变化只有在下一个扫描周期的输入采样阶段才能被读入。

2. 程序执行阶段

在程序执行阶段，PLC 对程序按顺序逐步进行扫描、执行。若程序用梯形图来表示，则总是按先上后下，先左后右的顺序进行。当遇到程序跳转指令时则根据跳转条件是否满足来决定程序是否跳转。当指令中涉及到输入、输出状态时，PLC 从输入映像寄存器和输出映像寄存器中读出，根据用户程序进行运算，运算的结果再存入输出映像寄存器中。对输出映像寄存器来说，其内容会随程序执行的过程而变化。

3. 输出刷新阶段

在所有指令执行完毕后，输出映像寄存器中所有输出继电器的状态转存到输出锁存器中，通过一定方式输出，驱动外部负载。

从上述可知，PLC 在一个扫描周期内，对输入状态的扫描只是在输入采样阶段进行。当 PLC 进入程序执行阶段后输入端将被封锁，直到下一个扫描周期的输入采样阶段才对输入状态进行新的扫描。这就是所谓集中采样，也就是 PLC 在一个扫描周期内，集中对输入状态扫描。

在用户程序中，如果对输出多次赋值，则最后一次有效。在一个扫描周期内，只是在输出刷新阶段将输出信息从输出映像寄存器中送出去，而在其它阶段，输出值一直保存在输出映像寄存器中，即采用集中输出的方式。

对于小型 PLC，其 I/O 点数较少，用户程序较短，一般采用集中采样、集中输出的工作方式，虽然在一定程度上降低了系统的响应速度，但使 PLC 工作时大多数时间与外设隔离，因而从根本上提高了系统的抗干扰能力，增强了系统的可靠性。而大中型 PLC，其 I/O 点数较多，控制功能强，用户程序较长，为提高系统响应速度，可以采用定期输入采样、输出刷新，或采用直接输入采样、直接输出刷新，或采用中断输入输出和智能化 I/O 接口等多种方式。

从上述分析看出，当 PLC 的输入端有一个输入信号发生变化到 PLC 输出端对该输入变化作出反响，需要一段时间，这种现象称为 PLC 输入/输出响应的滞后现象，这段时间就称为响应时间或滞后时间。对一般的工业控制，这种滞后是完全允许的。响应时间的大小主要与 PLC 的输入滤波的时间常数（输入延迟）、输出继电器的机械滞后（输出延迟）、PLC 循环扫描工作方式、PLC 对输入采样和输出刷新的特殊处理方式、用户程序中语句的安排等有关。响应时间是设计 PLC 控制系统时应了解的一个参数。

四、可编程序控制器的主要性能指标

各厂家的 PLC 产品虽各有特色，但其主要性能指标是相同的。

1）输入/输出（I/O）点数这是最重要的一项技术指标，是指 PLC 外部输入、输出端子数。

2）扫描速度以 ms/K 步为单位，即执行 1K 步指令所需的时间。1 步占 1 个地址单元。

3）存储容量通常用K字（KW）或K字节（KB）、K位来表示。这里1K = 1024。有的PLC用“步”来衡量，一步占用一个地址单元。它表示PLC能存放多少用户程序。

4）指令系统表示该PLC软件功能的强弱。指令越多，编程功能就越强。

5）内部寄存器（继电器）PLC内部有许多寄存器用来存放变量、中间结果、数据等，还有许多辅助寄存器可供用户使用。因此寄存器的配置也是衡量PLC功能的一项指标。

内部寄存器常冠以“继电器”的名称，目的是在概念上与继电－接触器控制电路相同，便于用户理解。例如输入输出继电器是与输入输出点对应的那部分内存单元，它决定了PLC可能配置的最多I/O点数。内部辅助继电器与中间继电器一样，合理使用可实现输入与输出之间的复杂的变换，它的数量也反映了PLC处理能力。

6）其它PLC除了主控模块外，还可配接实现各种特殊功能的高功能模块，例如A/D模块、D/A模块、高速计数模块、远程通信模块等。

五、可编程序控制器的编程语言

PLC是专为工业生产过程的自动控制而开发的通用控制器，编程简单是一个突出特点。它没有采用计算机的编程语言，而开发了面向控制过程、简单直观的PLC编程语言，有梯形图、语句表、控制系统流程图、逻辑表达式等几种。

1. 梯形图

梯形图是一种图形语言，它沿用了继电器的触头、线圈、串并联等术语和图形符号，并增加了一些继电－接触器控制没有的符号。这些图形符号称为编程元件，每一个编程元件有一个编号。不同厂家的PLC，其编程元件多少和编号方法各不相同，但基本的元件及功能相差不大。用这些图形符号来表示输入与输出的关系。梯形图与控制电路图相呼应，形象、直观且实用。

2. 语句表

语句表类似于计算机的汇编语言，用指令的助记符进行编程。一般的PLC可以使用梯形图编程，也可以使用语句表编程，并且梯形图和语句表可以相互转换，是一种应用较多的编程语言。

语句表由若干条指令语句组成，每条语句表示给CPU的一个操作指令。PLC的每一个功能由一条或几条指令语句来实现。指令语句相当于梯形图中的编程元件，是语句表程序的最小编程元素。

每个指令语句由操作码和操作数两部分组成。操作码用助记符表示，指示CPU要完成的某种操作功能，又称为编程指令，包括逻辑运算、算术运算、定时、计数、移位、传送等操作。操作数给出了操作码指定的某种操作的对象或执行操作所需的数据，通常为编程元件的编号或常数，如输入继电器、输出继电器、定时器、计数器、数据寄存器以及定时器、计数器的设定值等。

3. 控制系统流程图

把一个控制系统的各个动作功能按动作顺序以及逻辑关系用一个图描述出来就是系统的流程图，它类似“与”、“或”、“非”等逻辑图，也比较直观易懂。

4. 逻辑表达式

是用数学的方法来描绘电路的逻辑关系。

各厂家的PLC使用不同的编程语言，最多的是梯形图和语句表。但即使同一种编程语言在不同类型 PLC 上的表示方法也不尽相同，不能完全通用，在使用中应根据厂家提供的指令系统进行编程。

六、可编程序控制器的分类

PLC 的品种繁多，型号和规格也各不相同，故难以详细地进行分类。通常按 I/O 点数、结构形式、功能范围三方面来分类。下面介绍按 I/O 点数来分类的情况。

PLC 根据 I/O 点数不同可分为小型、中型和大型三种。

1. 小型机

I/O 的点数在 256 点及以下。这类 PLC 结构简单，大多为整体结构，如 OMRON 公司的 P 型机，主机为 CPU 单元，另有仅处理 I/O 功能的扩展单元。近来也出现模块式结构的小型机，如 CQM1 型机。

小型机特殊功能单元少，内存容量小（存放用户程序的内存仅几百～几千个字节），内部器件少，指令数也少（几十～100 多条）。

2. 中型机

I/O 点数在 256～2048 点（不含 256 点和 2048 点）。这类机由于 I/O 点数跨度大，故它们的结构采用模块式。不同功能的模块可组合成不同用途的 PLC。由于它们用于控制较为复杂的对象，故有较多的特殊功能模块，如可以进行模拟量控制、与上位机通信等。中型机的内存容量较大，用户内存可达 8K 字。指令也较为丰富，有可进行复杂运算和数据处理的指令。由于程序量大，要求扫描周期短，指令执行速度快。OMRON 公司的 C200H 就属此类机型。

3. 大型机

I/O 点数在 2048 点以上（包括 2048 点）。这类机不仅能进行大量的逻辑控制，还能实现多种、多路的模拟量控制，可进行组网，构成大规模的控制系统。

大型机也是模块结构，特殊功能模块更多，功能更强。如有 PID 单元，对模拟量输入进行 PID 处理，并产生相应的最优模拟输出、内存可达 32K 字，若需超过 32K 字时，可使用文件存储单元。大型机的指令更为丰富，如 OMRON 公司的 C2000H 有 174 条指令，执行基本指令时间仅 0.4～2.4μs。当然大型机功能完善、价格较高，故只应用在大型的复杂的自动控制系统中。

第二节　欧姆龙 C 系列可编程序控制器及其指令系统

目前国内外 PLC 的品种很多。大、中、小型 PLC 的功能虽然各有不同，但它们的工作原理基本相同。日本欧姆龙（OMRON）公司生产的 C 系列 PLC，具有设计合理、结构紧凑、工作稳定、性能价格比高等特点，因此在国内 PLC 应用中有很大影响，本节着重介绍 C 系列 P 型机的原理和使用技能。

一、OMRON C 系列 PLC 的结构部件

根据处理的信号性质和工作速度以及功能不同，OMRON C 系列 PLC 分为 P 型机、K 型机和 H 型机。各型号的 PLC 参数见表 6－1。从表 6－1 可以看出，H 型机属于高档机，功能比较齐全，K 型机与 P 型机相比，其功能相对较强，而 P 型机是一种新型的普通小型机。在一般情况下，P 型机的功能足以满足控制要求，而且价格较低，所以在使用中首先选择 P 型机。

表 6-1　C 系列 PLC 型号及参数

型号＼参数	最大 I/O 点数	编程容量 /字	数据存储容量 /字	指令条数	每条指令基本处理时间/μs
C2000H	2048	30.8K	6656	174	0.4～2.4
C1000H	1024	30.8K	4096	174	0.4～2.4
C500	512	6.6K	512	71	3～83
C200H	480	6.6K	2000	173	0.75～2.25
C120	256	2.2K	512	66	3～83
C40H	160				
C28H	148	2878	2000	130	0.75～2.25
C20H	140				
C60K/C60P	148/120				
C40K/C40P	124/80	1194	64	49/37	4～95
C28K/C28P	140/56				
C20K/C20P	100/36				
C20	140	1194	—	27	4～80

C 系列 P 型机的基本构成一般由主箱体、扩展箱体和编程器三部分组成。主箱体设有与编程器相连的接口（外围设备接口）、与 I/O 扩展单元相连的扩展口（扩展 I/O 单元或 I/O 链接单元插座）、输入端子、输出端子、高速计数端子、24V 直流输出端子、交流电源输入端、接地端、ROM 安装插座等。C20P 主箱体提供输入点 12 个，输出点 8 个；C28P 主箱体提供输入点 16 个，输出点 12 个；C40P 主箱体提供输入点 24 个，输出点 16 个；C60P 主箱体提供输入点 32 个，输出点 28 个。C28P 主箱体的前面板如图 6-4a 所示，正面靠右端设有输入、输出状态及工作情况指示器，指示器的显示内容和说明如图 6-4b 所示。

扩展箱体设有与 CPU 或 I/O 链接单元相连的接口插座。接口插座分为左右两个，可根据安装方便与否任意选用其中之一，并设有为选用左右接口 CPU 的 CPU 左右选择开关（请注意，开关选好后再上电，否则无效）。同样也有输入、输出端子，有 24V 直流输出端子，交流电源输入端和接地端。各种型号的扩展箱体都可作为主箱体输入、输出点数的扩展。C20P 扩展箱体前面板如图 6-5 所示。

编程器可直接插在主箱体上，用两个螺钉固定。也可以用加长电缆与 PLC 机相连，如图 6-6 所示。用电缆连接时，只能用于编程和监控方式，即只能在 PROGRAM 或 MONITOR 状态下运行。连接电缆不要靠近电源线，以防止干扰。如果要将梯形图程序直接送入 PLC 的内存中去，则必须采用图形编程器（如 GPC/CRT）。要是采用普通的简易编程器，那么必须首先把梯形图程序转换成指令表（助记符）语言，而后才可送入 PLC 的内存。图 6-7 所示是 3G2A6—PR015—E 简易编程器的表面结构图。它由数字键、CLR 键、操作键和指令键组成，供操作人员进行程序的输入、调试、维护和功能开发使用，编程器的具体使用方法将在后面详细介绍。

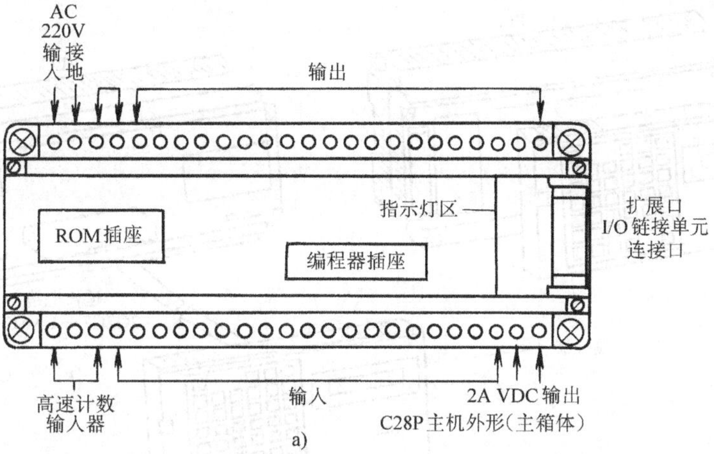

a)

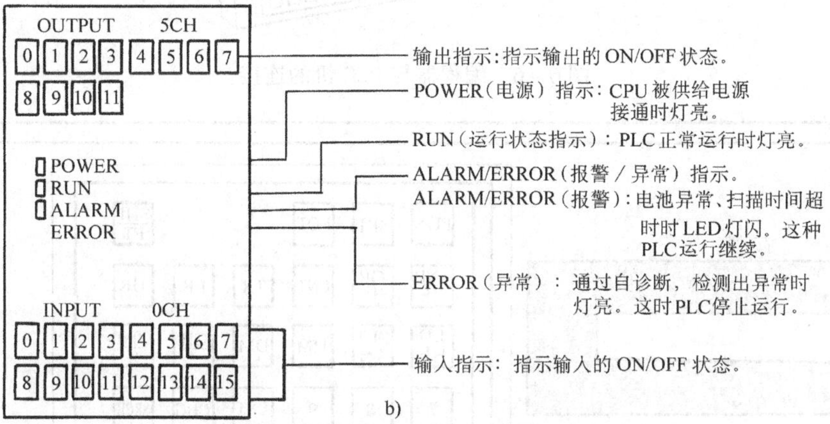

b)

图6－4 C28P主箱体及指示器面板结构图

a）C28P主箱体结构图 b）指示器面板图

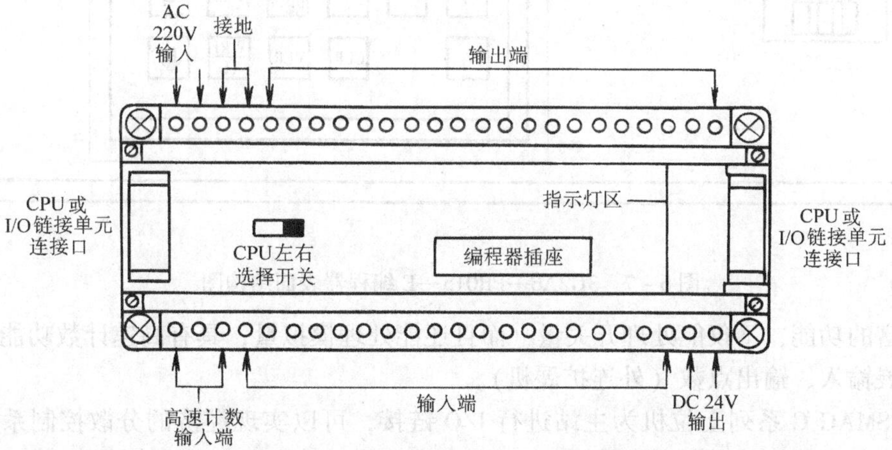

图6－5 C20P扩展箱体前面板

利用主箱体，扩展箱体可构成最大达2048点的精细控制系统（P型机最大为148点，其连接方法是：C60主箱体＋C60扩展箱体＋C28扩展箱体，共148点）。它不仅体积小，而

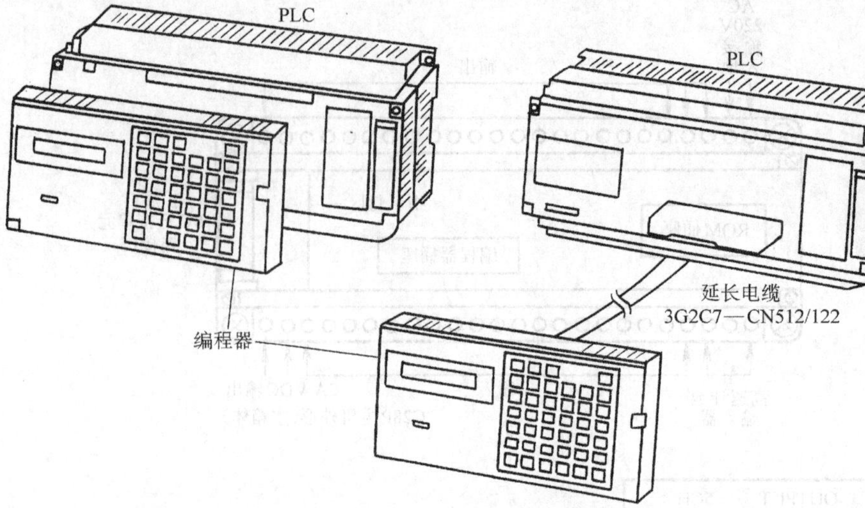

图 6-6　编程器与 PLC 机的连接

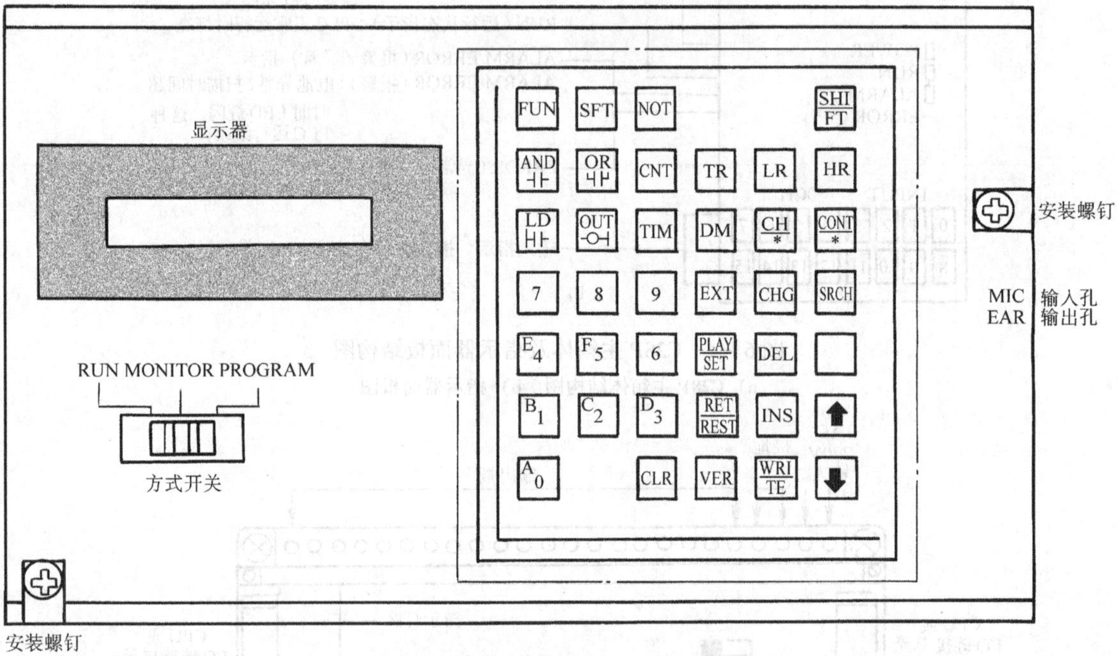

图 6-7　3G2A6—PR015—E 编程器表面结构图

且具有丰富的功能，不仅能处理开关量，而且还能处理模拟量；具有高速计数功能；根据控制要求扩展输入、输出点数（外连扩展机）。

以 SYSMAC C 系列上位机为主站进行 I/O 链接，可以实现经济的分散控制系统。连接 CPU 安装型的上位链接单元（具有 RS—232 通信功能），可由上位计算机进行监控和管理。交流电源采用了 AC100～240V 的宽范围电源，在其内部还装有输入用直流电源（DC24V）。

C 系列 PLC 具有丰富的通用外部设备，如编程器、PROM 写入器、打印机、盒式录音机等。

二、P 型机的通道分配

PLC 是以微处理器为核心的电子控制设备，在使用时可将 PLC 看成由继电器、定时器、计数器等器件组成的组合体。它与继电 - 接触控制的根本区别在于，PLC 是采用“软继电器”，用程序实现各种软器件之间的连接。

在上述器件中，无论是固体器件还是“软继电器”（或称内部继电器），都必须有规律地给予统一编号，以便加以识别。同时，由于 PLC 采用软件编程逻辑，许多器件，如计数器、定时器、内部辅助继电器等，都可以用“软继电器”取代。以下介绍这些继电器的类型、作用及编号方法。

1. 输入继电器

输入继电器（Input Relay —— IR）是 PLC 接收来自外部开关信号的“窗口”，每个输入继电器都与外部接线端子相连，并带有许多常开和常闭触点供编程时使用，如图 6 - 8 所示。输入继电器只能由外部信号驱动，不能被程序指令驱动。

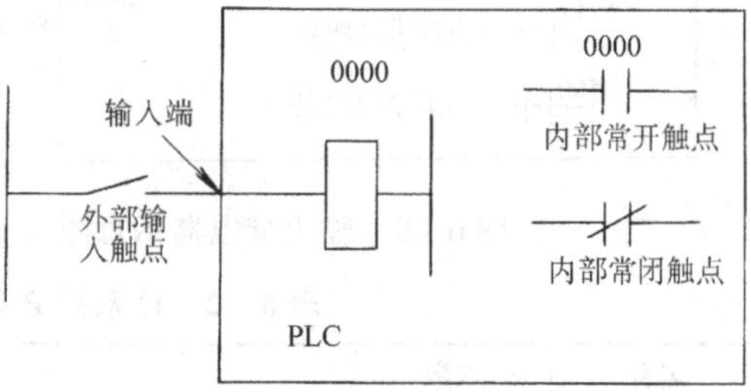

图 6 - 8　输入继电器示意图

根据 PLC 的型号和系统配置的不同，输入继电器点数是不同的，如 C20P 是 12 个，C28P 是 16 个，C40P 是 24 个，C60P 是 32 个。P 型机通过加接 I/O 扩展单元，可将输入点数（输入继电器个数）最多增加到 80 个。这 80 个继电器被分成 5 个通道（CH），每个通道分配一个通道号（00CH ~ 04CH），每个通道内有 16 个继电器，每个继电器有一个具体编号，即继电器号（00 ~ 15）。如某一个继电器的编号为 0312，前两位数 03 是通道号 03CH，后两位 12 是继电器号，都是用十进制数来表示，见表 6 - 2 输入继电器栏。

2. 输出继电器

输出继电器（Output Relay —— OR）是 PLC 用来传递信号到外部负载的器件。输出继电器有一个外部输出的常开触点，它是按程序的执行结果而被驱动的。在内部有许多常开、常闭触点供编程时使用，如图 6 - 9 所示。

和输入继电器一样，每 16 个输出继电器组成一个输出通道，分配一个通道号，每个通道内继电器的编号为 00 ~ 15。但是输出继电器每个通道内编号为 12 ~ 15 的这四个继电器没有相应的输出端子号，因此这四个继电器用来执行 PLC 的内部操作，作为内部辅助继电器使用，但不能用作输入继电器。因此每个通道的前 12 个继电器才能真正驱动负载，才有相应的输出端子。

根据 PLC 的型号和系统配置，输出继电器的个数也是不同的。如 C20P 是 8 个，C28P 是 12 个，C40P 是 16 个，C60P 是 28 个。

同样，P 型机通过加接 I/O 扩展单元后，可将输出继电器点数最多增加到 60 个，并将其分成 5 个通道，其通道号为 05CH ~ 09CH，见表 6 - 2 输出继电器栏。

3. 内部辅助继电器

内部辅助继电器（Inside Auxiliary Relay —— AR）实质上是一些存储单元，但它们能够作为继电器使用。这些继电器不能直接驱动外部负载，它可由 PLC 内各种继电器的触点驱动。其作用与继电 - 接触控制中的中间继电器相似。每个内部继电器带有若干对常开常闭触点供编程时使用。内部辅助继电器示意图如图 6－10 所示。P 型机共有 136 个内部辅助继电器，被分配到 9 个通道内，通道号为：10CH～18CH。其中第 18 通道内只有 00～07 这 8 个继电器，其余各通道内均是 16 个继电器，见表 6－2 内部辅助继电器栏。

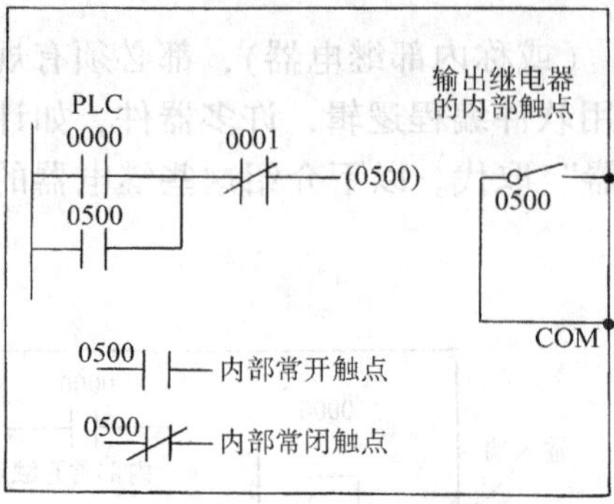

图 6－9　输出继电器示意图

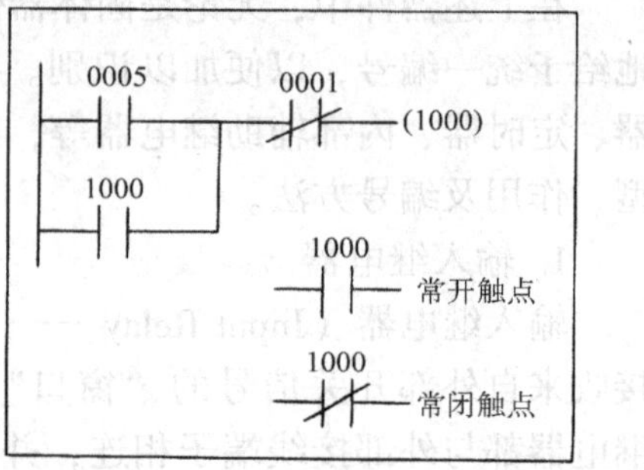

图 6－10　内部辅助继电器示意图

表 6－2　C 系列 P 型机 I/O 和内部通道继电器编号

名称	点数	继电器编号									
输入继电器	80	0000～0415									
		00CH		01CH		02CH		03CH		04CH	
		00	08	00	08	00	08	00	08	00	08
		01	09	01	09	01	09	01	09	01	09
		02	10	02	10	02	10	02	10	02	10
		03	11	03	11	03	11	03	11	03	11
		04	12	04	12	04	12	04	12	04	12
		05	13	05	13	05	13	05	13	05	13
		06	14	06	14	06	14	06	14	06	14
		07	15	07	15	07	15	07	15	07	15
输出继电器	60	0500～0915									
		05CH		06CH		07CH		08CH		09CH	
		00	08	00	08	00	08	00	08	00	08
		01	09	01	09	01	09	01	09	01	09
		02	10	02	10	02	10	02	10	02	10
		03	11	03	11	03	11	03	11	03	11
		04		04		04		04		04	
		05		05		05		05		05	
		06		06		06		06		06	
		07		07		07		07		07	

（续）

名称	点数	继电器编号									
内部辅助继电器	136	1000 ~ 1807									
		10CH		11CH		12CH		13CH		14CH	
		00	08	00	08	00	08	00	08	00	08
		01	09	01	09	01	09	01	09	01	09
		02	10	02	10	02	10	02	10	02	10
		03	11	03	11	03	11	03	11	03	11
		04	12	04	12	04	12	04	12	04	12
		05	13	05	13	05	13	05	13	05	13
		06	14	06	14	06	14	06	14	06	14
		07	15	07	15	07	15	07	15	07	15
		15CH		16CH		17CH		18CH			
		00	08	00	08	00	08	00			
		01	09	01	09	01	09	01			
		02	10	02	10	02	10	02			
		03	11	03	11	03	11	03			
		04	12	04	12	04	12	04			
		05	13	05	13	05	13	05			
		06	14	06	14	06	14	06			
		07	15	07	15	07	15	07			
保持继电器	160	HR000 ~ HR915									
		0CH		1CH		2CH		3CH		4CH	
		00	08	00	08	00	08	00	08	00	08
		01	09	01	09	01	09	01	09	01	09
		02	10	02	10	02	10	02	10	02	10
		03	11	03	11	03	11	03	11	03	11
		04	12	04	12	04	12	04	12	04	12
		05	13	05	13	05	13	05	13	05	13
		06	14	06	14	06	14	06	14	06	14
		07	15	07	15	07	15	07	15	07	15
		5CH		6CH		7CH		8CH		9CH	
		00	08	00	08	00	08	00	08	00	08
		01	09	01	09	01	09	01	09	01	09
		02	10	02	10	02	10	02	10	02	10
		03	11	03	11	03	11	03	11	03	11
		04	12	04	12	04	12	04	12	04	12
		05	13	05	13	05	13	05	13	05	13
		06	14	06	14	06	14	06	14	06	14
		07	15	07	15	07	15	07	15	07	15

4. 保持继电器

保持继电器（Hold Relay —— HR）之所以得名，是因为当电源出现故障停电时，这些继电器能保持它掉电时刻的通/断（ON/OFF）状态，即具有掉电保护功能。如果某些电气控制对象需要保持掉电前的状态，以使 PLC 在来电恢复工作后再现这些状态，就必须使用保持继电器。

P 型机共有 160 个保持继电器，分配到 10 个通道（0CH ~ 9CH），每个通道内有 16 个点，它们的编号为 HR000 ~ HR915。前一位十进制数为通道号，后两位十进制数为继电器触点编号。使用保持继电器时必须在其触点号前冠以 HR，如 HR001、HR812 等。

5. 暂存继电器

P 型机提供 8 个暂存继电器（Temporary Memory Relay —— TR），其编号为 TR0 ~ TR7。对于不能使用 IL 和 ILC 指令来编程的分支电路，可以使用暂存继电器。如从一个点分支出几个电路，而分支点之后要连接触点，这时必须使用暂存继电器。

同一程序段内，最多只能使用 8 个暂存继电器，而且编号可以不按顺序进行分配，但不得重复使用相同编号的暂存继电器号。而在不同的程序段内，同一个暂存继电器可重复多次使用。在使用暂存继电器时，必须在继电器号前冠以“TR”，如 TR0、TR1 等。

6. 数据存储继电器

数据存储继电器（Data Memory Relay —— DM）不能以单独的触点来使用，要以通道为单位来使用，因此不是所有的指令都能使用数据存储继电器（后续介绍），其通道号为 DM00 ~ DM63。

在掉电时，数据存储继电器保持掉电前的状态，即数据存储继电器具有掉电保护功能，当使用高速计数器（FUN98）时，数据存储继电器区的 DM32 ~ DM63 用作上、下限设置区域，所以这个区域不能再作其它用途，只能使用 DM00 ~ DM31。平时使用的通道号为 DM00 ~ DM63。在使用数据存储继电器时，编号前必须冠以 DM，例如 DM10、DM31 等。

7. 专用内部继电器

P 型机内有 16 个专用内部继电器（Special Relay —— SR）（1808 ~ 1907），用它们来监视 PLC 的工作情况。根据需要，它们可以被编程使用。

（1）时钟脉冲继电器　继电器 1900 产生周期为 0.1s 的脉冲，1901 产生周期为 0.2s 的脉冲，1902 产生周期为 1s 的脉冲。其占空比均为 1:1，如图 6 - 11 所示。

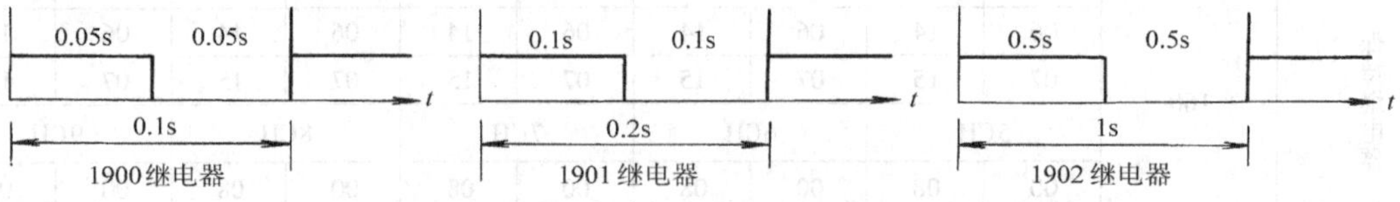

图 6 - 11　三个时钟脉冲继电器的波形图

（2）比较标志继电器　在执行 CMP 指令时，用 1905、1906、1907 三个继电器反映比较操作的结果。如果两个操作数比较的结果是第一个操作数大于第二个操作数时，则置 1905 为 ON；如果是第一个操作数等于第二个操作数时，则置 1906 为 ON（在算术运算过程中，如果其结果为 0 时，1906 也为 ON）；如果是第一个操作数小于第二个操作数时，则置 1907 为 ON。

（3）进位标志继电器 1904　此继电器根据算术运算的结果接通或断开。数值运算时，当有进位或借位时1904继电器为ON。

（4）电池失效指示继电器1808　当CPU的备份电池电压变低，这个继电器为ON，如果将这个继电器连接到外面的指示器（如LED）上，就可以在指示器上指示出电池的失效与否，以便提醒用户更换备份电池。

（5）其它专用继电器。

1）1809为常闭（OFF）继电器。P型机的扫描时间应不大于100ms。当扫描周期在100~130ms时，这个继电器为ON，这时CPU仍然工作；如果扫描周期大于130ms时，CPU就停止工作，这说明控制器在某处存在故障。

2）1810为常闭（OFF）继电器。当使用高速计数指令（FUN98）时，在硬置“0”端子0001收到复位信号时，它在一个周期内为ON。

3）1811、1812、1814为常闭（OFF）继电器，1813为常开（ON）继电器。把这些继电器连接到PLC外面的指示器（LED）上，就能监视PLC的工作状态。

4）1815继电器在程序启动的第一个扫描周期内接通，而后关闭。

5）1903继电器在算术运算结果不以BCD码形式输出时接通（ON）。

8. 定时器/计数器（TIM/CNT）

在P型机中，定时器TIM、高速定时器TIMH、计数器CNT、可逆计数器CNTR、高速计数器FUN98总共48个，它们的编号从00~47。在同一个程序段内，如果一个编号用作了定时器，就不能再用作计数器了，例如使用了TIM10，就不能再使用CNT10了。

当电源掉电时，定时器被复位，而计数器不被复位。即计数器有掉电保护功能，而定时器没有掉电保护功能。当使用高速计数器FUN98时，TIM/CNT47分配给高速计数器存储高速计数器的当前值，而不能再做其它用途了。

这里要说明两点：

1）当程序中使用高速计数器指令（FUN98）时，输入点0000作为高速计数器的输入端，输入点0001作为高速计数器的硬复位端（RESET），专用内部继电器1807点为软复位端。程序中没有高速计数器指令时，输入点0000和0001作为一般的输入点，它与别的输入点的区别只是它的输入响应速度快，但别的通道内的00和01点不能作为高速计数器的输入和复位端，因为它们的处理速度太慢。

2）对于输出继电器来讲，这些继电器一般是“真实”继电器。这些继电器一般有以下三种类型：功率晶体管型、双向晶闸管型和微型继电器型。

三、指令系统

根据用户控制要求，编写成程序输入到PLC中，然后PLC按照程序来进行工作。程序的编制就是用编程语言把一个控制任务描述出来。尽管国内外的PLC生产厂家采用的编程语言不尽相同，但控制过程的表达方式基本上有梯形图、指令表（指令码）、逻辑功能图和高级语言。而大部分PLC采用梯形图和指令表语言编程。本小节主要介绍OMRON PLC采用的梯形图和指令表语言编程方法。

（一）OMRON PLC的基本指令

本书中以下所介绍的按钮，均是不带锁的，除非有特殊说明。

1. 基本指令

LD、OUT、AND、OR、NOT和END这六种基本指令，对于任何控制程序都是不可缺少的。在编程时，除了 END 指令外，输入其它指令时，只要在编程器上按压相应的键即可。TIM、CNT 也是常用的基本指令。

（1）LD（LoaD）、LD NOT 指令

格式：××××　　LD　　××××

　　　　地址　　指令　　操作数（继电器触点号）

每条指令的第一部分一定是地址，由四位（××××表示四位数）十进制数组成；第二部分是指令符，由多个英文字母组成，表示一定的逻辑功能；第三部分是操作数，此处操作数为继电器的触点编号。对 P 型机来讲，地址码和操作数最多为四位十进制数。有时继电器号前还冠有英文字母，以表示继电器性质，如 HR000，表示保持继电器 0 通道中的 00 号继电器。

梯形图符号：如图 6－12 所示（图中的 0000 号触点）。

功能：开始一个逻辑行。即在程序中每一个逻辑行或者一个程序段的开始时，如果使用一个常开（ON）触点要使用 LD 指令；如果使用一个常闭（OFF）触点，要使用 LD NOT 指令（图中的 0001 号触点）。

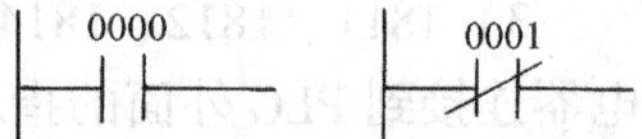

图 6－12　LD 指令梯形图

对于 LD 和 LD NOT 指令，其操作数的内容可为内部继电器 0000～1907、HR000～HR915、TIM00～47、CNT00～47。

（2）AND、AND NOT 指令

格式：××××　　AND　　××××

　　　　地址　　指令　　操作数

梯形图符号：如图 6－13 所示（图中 0000 触点）。

功能：若串联一个常开（ON）触点，即把原来保存在结果寄存器 R 中的逻辑操作结果同指定继电器内容相“与”，并把这一逻辑操作结果又存入结果寄存器 R 中。

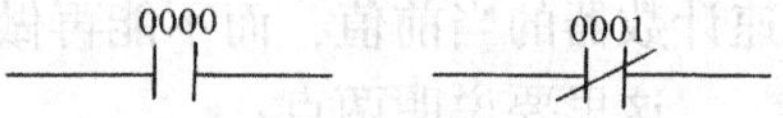

图 6－13　AND 指令梯形图

若串联一个常闭（OFF）触点，应使用 AND NOT 指令（梯形图中的 0001 触点）。该指令操作数的内容与 LD 指令的操作数相同。

（3）OR、OR NOT 指令

格式：××××　　OR　　××××

　　　　地址　　指令　　操作数

梯形图符号：如图 6－14 所示（图中的 0500 触点）。

功能：若并联一个常开（ON）触点，即把原来保存在结果寄存器 R 中的逻辑操作结果与指定继电器中的内容相“或”，并把这一逻辑操作结果存入结果寄存器 R 中。

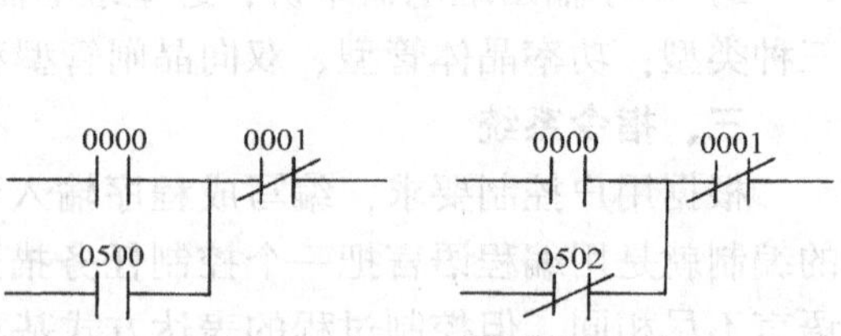

图 6－14　OR 指令梯形图

若并联一个常闭（OFF）触点，要用 OR NOT 指令，如梯形图中的 0502 触点。该指令的操作数内容与 LD 指令的操作数相同。

（4）OUT、OUT NOT 指令

格式：××××　　OUT　　××××

地址　　　指令　　　操作数

梯形图符号：如图 6－15 所示（图中 0500 触点）。

功能：该指令为线圈驱动指令，将逻辑操作的结果输出给一个指定的继电器。若将操作结果取反后再输出给一指定继电器，则要用 OUT NOT 指令。

图 6－15　OUT 指令梯形图

该指令的操作数内容为内部继电器、输出继电器 0500～1807、保持继电器 HR000～HR915、暂存继电器 TR0～TR7。

由上述可知，OUT 和 OUT NOT 指令除个别情况（支路）外，总是用来结束一个逻辑行，因此它总是和右母线相连（右母线可省略不画）。而 LD 和 LD NOT 总是开始一个逻辑行。

（5）END（FUN01）指令

格式：××××　　END　　（无操作数）

地址　　指令

梯形图符号如图 6－16 所示。

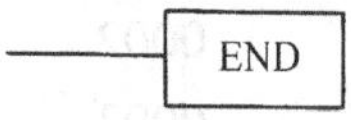

图 6－16　END 指令梯形图

功能：该指令为结束程序指令。每个完整的程序最后都必须有一条 END 指令。若没有 END 指令的程序，PLC 是不执行的，并且在编程器的显示屏上显示出错误信息“NOENDINST”。END 指令在编程器键盘上是没有对应按键的，使用时顺序按（FUN）、（0）、（1）、（WRITE）键即可。

例 1　将图 6－17 所示的梯形图转换成指令表语言。

按从上到下、从左到右的规则，其指令表语言如下所示：

程序：

地址	指令	操作数
0000	LD	0000
0001	OR	0500
0002	AND NOT	0501
0003	AND NOT	0502
0004	OUT	0500
0005	LD	0001
0006	OR	0501
0007	AND NOT	0500
0008	AND NOT	0502
0009	OUT	0501
0010	LD	0002
0011	OR	0502
0012	AND NOT	0500
0013	AND NOT	0501
0014	OUT	0502
0015	END	

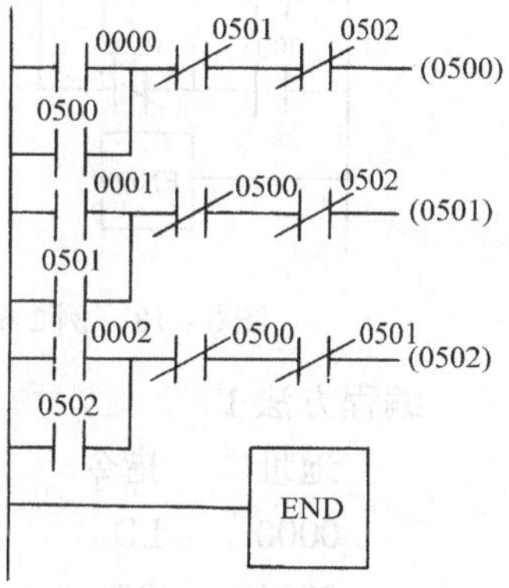

图 6－17　例 1 梯形图

2. AND LD 和 OR LD 指令

除了上述介绍的几种基本指令外。对于较复杂的控制电路，有时需要将两个程序段连接起来，这时就要用到 AND LD 和 OR LD 指令了。

(1) AND LD 指令

格式：××××　　AND LD　　（无操作数）

　　地址　　　指令

本指令无梯形图、无操作数。因为它只表示一种连接关系，所以该指令在梯形图中是隐含指令。

功能：它是将两个触点组串联起来的指令。即将结果寄存器的内容和堆栈寄存器的内容进行“与”操作，并把操作结果存入结果寄存器中。即实现所谓的“块与”功能。

下面给出两个例子来说明 AND LD 的使用方法。

例 2　将图 6－18 所示的梯形图语言转换成指令表语言。

程序：

地址	指令	操作数
0000	LD	0002
0001	OR	0003
0002	LD	0004
0003	OR NOT	0005
0004	AND LD	
0005	OUT	0500
0006	END	

例 3　将图 6－19 所示的梯形图语言转换成指令表语言。

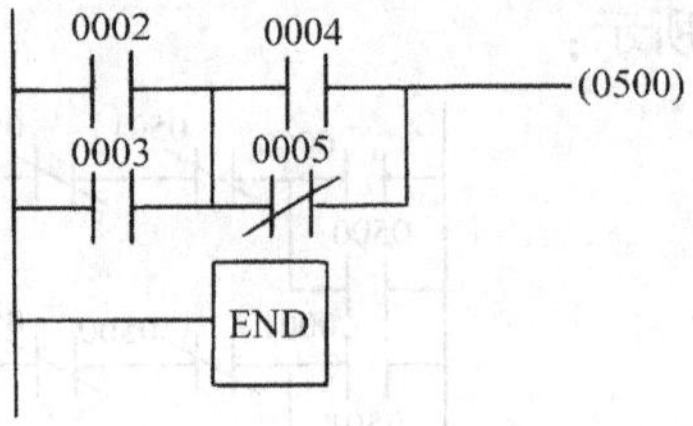

图 6－18　例 2 梯形图

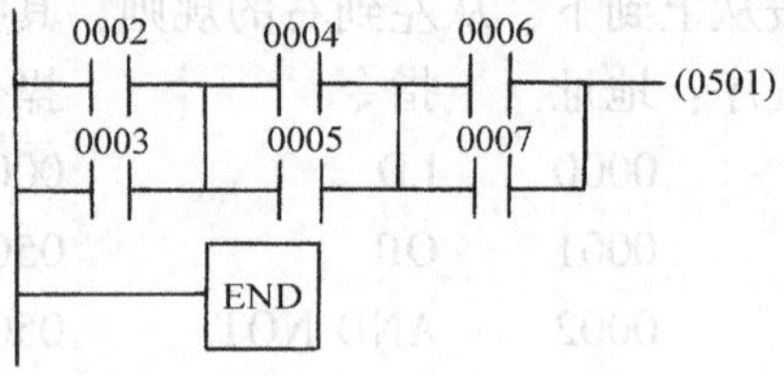

图 6－19　例 3 梯形图

编程方法 1

地址	指令	操作数
0000	LD	0002
0001	OR	0003
0002	LD	0004
0003	OR	0005
0004	AND LD	
0005	LD	0006
0006	OR	0007
0007	AND LD	
0008	OUT	0501
0009	END	

编程方法 2

地址	指令	操作数
0000	LD	0002
0001	OR	0003
0002	LD	0004
0003	OR	0005
0004	LD	0006
0005	OR	0007
0006	AND LD	
0007	AND LD	
0008	OUT	0501
0009	END	

在方法 1 中，AND LD 是分散使用的。这种编程方法在一段程序中，对 AND LD 指令使用的次数不作限制。而在方法 2 中是将 AND LD 集中使用，这也是允许的，但是这种方法在一段

程序内，AND LD 指令使用的次数最多不能超过八次。我们建议使用第一种编程方法。

（2）OR LD 指令

格式：××××　　OR LD　　（无操作数）

　　　地址　　　指令

功能：该指令是用于连接两个并联的程序段（触点组），即将结果寄存器的内容和堆栈寄存器的内容进行“或”操作，并把操作结果存入结果寄存器中，完成“块或”功能。

同样 OR LD 指令也无操作数，无梯形图。

例 4　将图 6－20 所示的梯形图语言转换成指令表语言。

程序：

地址	指令	操作数
0000	LD	0003
0001	AND	0005
0002	LD	0004
0003	AND NOT	0006
0004	OR LD	
0005	OUT	0500
0006	END	

例 5　将图 6－21 所示的梯形图语言转换成指令表语言。

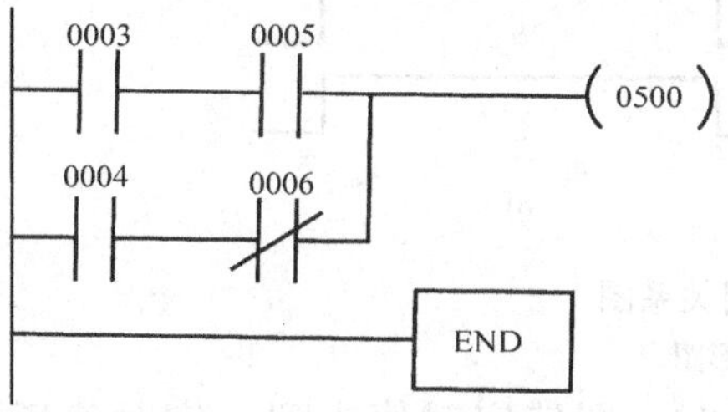

图 6－20　例 4 梯形图

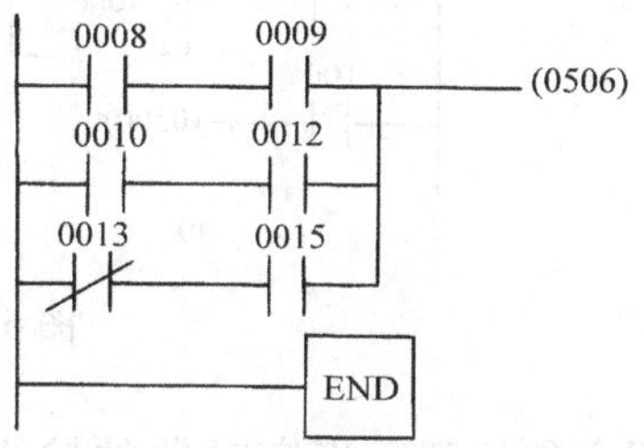

图 6－21　例 5 梯形图

编程方法 1

地址	指令	操作数
0000	LD	0003
0001	AND	0009
0002	LD	0010
0003	AND	0012
0004	OR LD	
0005	LD NOT	0013
0006	AND	0015
0007	OR LD	
0008	OUT	0506
0009	END	

编程方法 2

地址	指令	操作数
0000	LD	0003
0001	AND	0009
0002	LD	0010
0003	AND	0012
0004	LD NOT	0013
0005	AND	0015
0006	OR LD	
0007	OR LD	
0008	OUT	0506
0009	END	

对方法 1 来讲，OR LD 使用的次数无限制。对方法 2 来讲，OR LD 最多可使用八次。我们建议使用方法 1 编程。

3. 定时器（TIM）和计数器（CNT）指令

（1）定时器（TIM）和高速定时器（TIMH）指令　TIM 和 TIMH 都是减 1 延时导通定时器，它们的不同点是时间度量单位不同。TIM 的度量单位是 0.1s，其设定值在 0 ~ 999.9s 之间。TIMH 的度量单位是 0.01s，其设定值在 0 ~ 99.99s 之间。TIMH 在键盘上没有对应的键，使用时用 FUN15 实现。以下我们主要介绍 TIM 的编程方法。

格式：××××　TIM　××（编号）

#××××（定时值）

地址　指令　操作数

梯形图符号：如图 6－22 所示，此定时器的编号为 00，定时值为 0030（3s）。

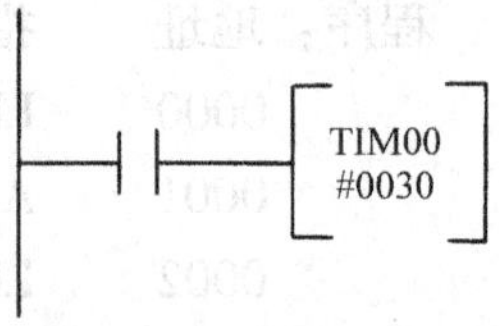

图 6－22　TIM 指令梯形图

功能：实现延时导通操作，相当于一个时间继电器。当定时器的输入端信号为 ON 时，它开始定时，时间设定值不断减 1。经过设定时间后，其当前值变为 0000 时，定时器输出为 ON。当定时器的输入为 OFF 时，该定时器被复位，当前值恢复到初始设定值，它的触点也同时被释放。图 6－23 说明了梯形图和波形图（时序图）的关系。

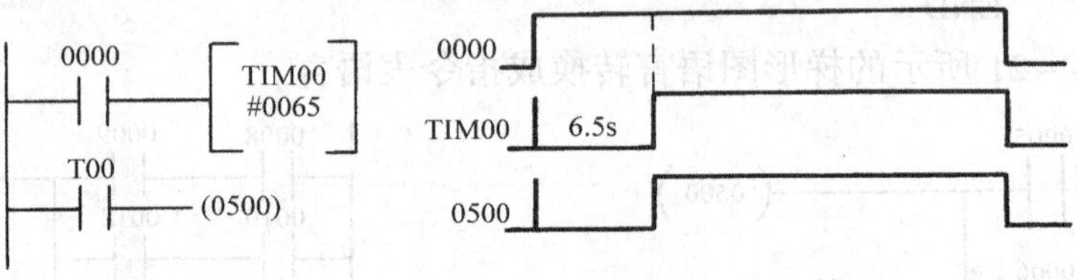

图 6－23　TIM 的时间关系图

a）梯形图　b）波形图

这里必须注意，当定时器的输入断电（OFF）时，即使定时值未到（定时值还没到 0000），定时器也要复位，从而丧失以前所记录的时间。也就是 TIM 无掉电保护功能。这里定时器的定时值是十进制数。

定时器的定时值除了设定值（十进制数）外，还可以是输入继电器、输出继电器、内部辅助继电器和保持继电器的通道内容。

例 6　设计一控制程序，使一台电动机运行 10min 后自动停车。起动和停止按钮各一个。根据控制要求，梯形图程序如图 6－24 所示，指令表语言程序如下。

地址	指令	操作数
0000	LD	0000
0001	OR	0500
0002	AND NOT	0001
0003	AND NOT	TIM00
0004	OUT	0500
0005	TIM	00 #6000
0006	END	

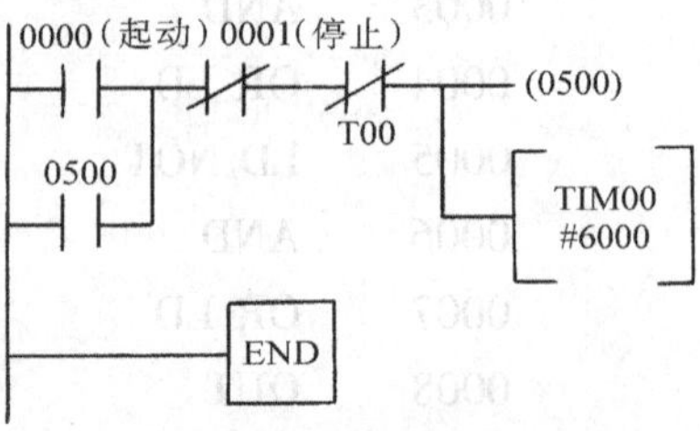

图 6－24　例 6 梯形图

(2) 计数器（CNT）和可逆计数器（CNTR）指令　计数器（CNT）和可逆计数器（CNTR）都是预置计数器。

1）计数器（CNT）指令。CNT 计数器是减 1 计数器。计数器的预置内容一般是四位十进制常数，但也可以是输入继电器、输出继电器、内部辅助继电器、保持继电器的通道内容。

格式：××××　　CNT　　××（编号）

　　　　　　　　　　　　#××××（计数器预置数内容）

　　地址　　　指令　　操作数

梯形图符号：如图 6－25 所示。

图 6－25　CNT 指令梯形图

功能：它是一个预置计数器，完成递减计数操作。当计数器的计数输入端（CP）从 OFF 变为 ON 时，计数器的值减 1，而且每变化一次才减 1。当计数值减为 0000 时，计数器本身触点为 ON。当计数器的复位端 R 为 ON 时，计数器复位，同时当前值返回到初始设置值。计数器的触点也同时释放（OFF）。当电源掉电时，计数器当前值保持不变，即只要复位信号（R）不到来，计数器永远不复位，这是计数器与定时器不同之处。所以计数器有掉电保护功能。当计数器的输入信号 CP 和复位信号 R 同时到达时，计数器复位，即复位优先。计数器的编程顺序是计数输入端、复位输入端、计数器线圈。

例 7　将图 6－26 所示的梯形图语言转换成指令表语言。

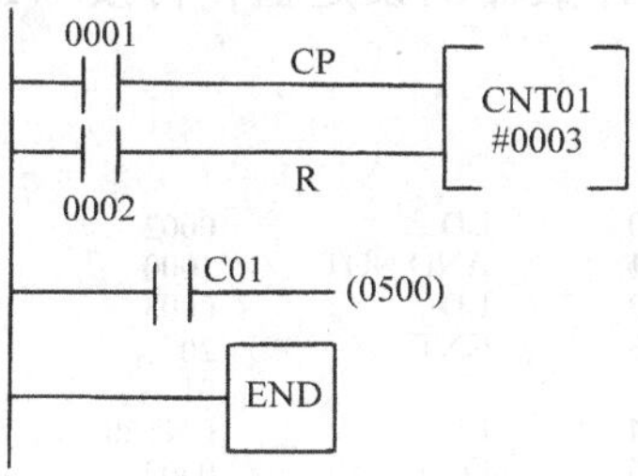

a)

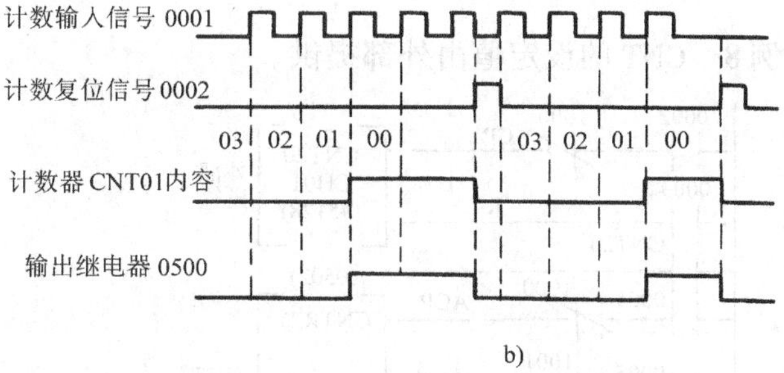

b)

0000	LD	0001
0001	LD	0002
0002	CNT	01
		#0003
0003	LD	CNT01
0004	OUT	0500
0005	END(01)	

c)

图 6－26　CNT 计数器的梯形图、波形图及指令表语言

a）梯形图　b）波形图　c）指令表语言

2）可逆计数器 CNTR 指令。CNTR 是一个可逆计数器，根据加（+）信号或减（－）信号的输入情况计数器进行加 1 或减 1 操作。

格式：××××　　CNTR　　××（编号）

#××××（设定值）

地址　　指令　　操作数

梯形图符号：如图 6－27 所示。

功能：CNTR 是一个环形计数器，当计数器的当前值是设置值时，再加 1 后计数器的当前值变为 0000。递增计数输入时，仅当可逆计数器的当前值为 0000 时，CNTR 为 ON。当计数器的当前值为 0000 时，再减 1 后计数器的当前值变为设置值。在递减计数时，仅当计数器的当前值为设定值时，计数器才为 ON，如图 6－28 所示（此处设定值为 3740）。当置“0”信号为 ON 或刚开始运行时，计数器的当前值复位到 0000。只要复位端信号为 ON，加 1 和减 1 对输入端的信号不起作用，当加信号（＋）和减信号（－）同时到达时可逆计数器不作任何计数。编程时可逆计数器 CNTR 用 FUN12 实现。

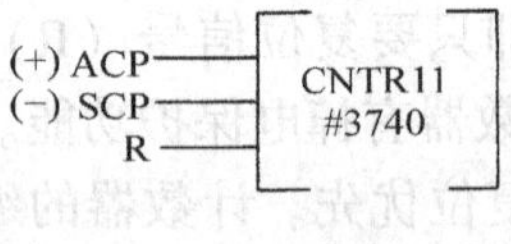

图 6－27　CNTR 指令梯形图

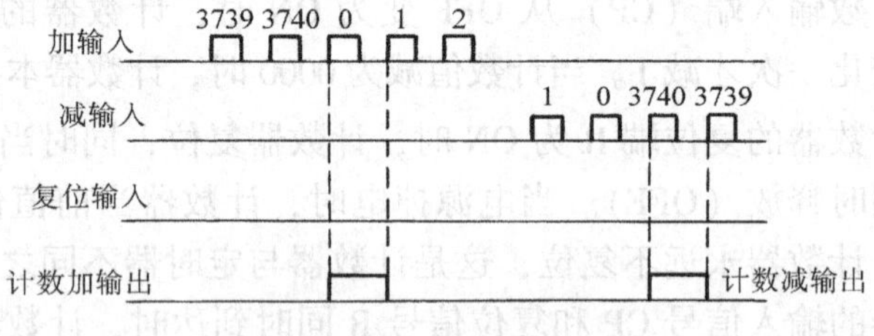

图 6－28　CNTR 计数图

CNT 和 CNTR 的设定值也可由外部部件来提供，在编程时要提供一个通道号，其编程方法是在编完计数器线圈后按 CLR 键，输入一个通道号作为计数器的设定值，再按 WRITE 键。

例 8　CNT 的设定值由外部提供。

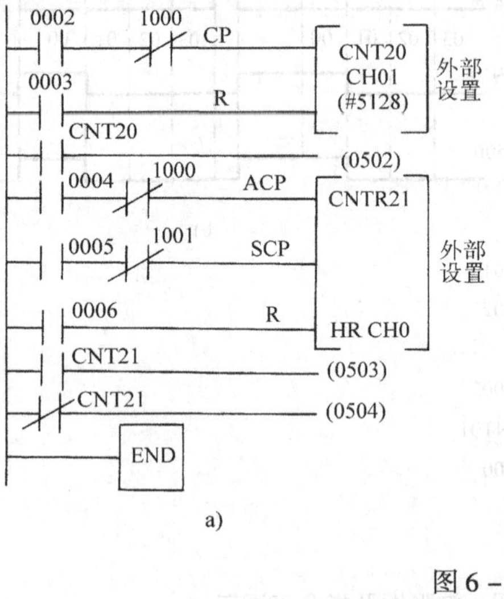

a)

0000	LD	0002
0001	AND NOT	1000
0002	LD	0003
0003	CNT	20
		01
0004	LD	CNT20
0005	OUT	0502
0006	LD	0004
0007	AND NOT	1000
0008	LD	0005
0009	AND NOT	1001
0010	LD	0006
0011	CNTR(12)	21
		HR0
0012	LD	CNTR21
0013	OUT	0503
0014	LD NOT	CNTR21
0015	OUT	0504
0016	END(01)	

b)

图 6－29　例 8 图

a）梯形图　b）指令表语言

本例中 CH01 的内容作为 CNT20 的设定值，CH01 的内容由外部部件提供。输入、输出和内部辅助继电器中的通道 00～17 以及保持继电器中的通道 0～9 的内容可作为计数器的设置值。

（二）OMRON PLC 机的专用指令

所谓专用指令，是指在传统的继电接触控制中难以实现甚至无法实现控制的功能指令。OMRON PLC 机的专用指令如下：

1. 支路（TR）

支路必须用 TR 指明其起点，用 LD 指令来开始一条支路，用 OUT 指令来结束一条支路。

2. 分支指令对（IL/ILC）

IL 指令总是和 ILC 指令配合使用的，主要用于有分支的程序。

在使用分支指令对 IL/ILC 时应该注意以下几点：

1）IL/ILC 必须成对出现，否则会出错，程序不予执行。

2）分支 IL 在前，分支结束指令 ILC 在后，不能颠倒，不能嵌套，要一一对应。

3）将这两条指令输入到 PLC 机时，IL 用 FUN（0）、（2），ILC 用 FUN（0）、（3）。

4）当 IL 的条件为 OFF 时，IL 和 ILC 之间的程序不予执行。若 IL 的条件为 ON，则与无 IL/ILC 相同。

5）一个 ILC 指令和多个 IL 指令配合使用，在程序执行检查时，在编程器的屏幕上显示出“IL - ILC ERR”。但这个错误不影响程序的正常执行，即 IL - IL/ILC 可以组合。

6）IL 前要有条件（触点），ILC 回路中不应有触点。

3. 跳转指令对（JMP/JME）

这对指令也是用于程序的分支，JMP/JME 必须成对出现。它的功能是根据当时条件来决定是执行它们之间的指令还是跳过它们之间的指令。

4. 保持指令（KEEP）

KEEP 相当于一个锁存继电器，可像使用一个继电器那样来使用一个锁存器。

5. 微分指令（DIFU/DIFD）

DIFU 和 DIFD 用于在满足条件时，产生一个扫描周期的脉冲。DIFU 是对输入信号上升沿微分，并把微分结果送到指定的继电器；而 DIFD 是对输入信号下降沿微分，并将微分结果送到指定继电器。

无论输入信号的脉冲宽度多长：所产生的输出时间段都是不变的（一个扫描周期）。DIFU 的输出是与输入信号上升沿同时的，而 DIFD 的输出是与输入信号下降沿同时的，它们相当于在不同时刻的按钮信号。DIFU 和 DIFD 在程序中出现的次数不能超过 48 次。

说明：①DIFU 和 DIFD 指令可实现循环扫描过程中某些指令只需执行一次的功能；②DIFU和 DIFD 同时使用时，在一个程序中最多可使用 48 次，否则编程器将显示“DIFOVER”，并把第 49 条 DIFU 或 DIFD 作废。

6. 传输指令（MOV）和反传输指令（MVN）

MOV 指令是把一个指定通道数据或一个四位十六进制常数（源）传送到另一通道中去，而 MVN 指令是将源通道的内容求反后再送到目的通道中去。因此 MOV 和 MVN 指令需要指定两个数据通道，一个是源通道或者常数，另一个是目的通道。

7. 比较指令（CMP）

CMP 指令用于一个通道的内容 CP1 与另一个通道的内容或四位十六进制常数 CP2 进行比较。

8. 串行移位指令（SFT）

该指令的功能是把一个指定通道的16位数据在一个连续的区域中按位移位，相当于一个串行移位寄存器。

9. 并行移位指令（WSFT）

WSFT是以通道（16位）为单位进行移位的。具功能是将指定的起始通道和结束通道的内容依次移动一个字，移动后起始通道内内容为零，结束通道中的原数据丢失。

10. 算术运算指令

（1）置位指令（STC（40））　STC指令把进位标志（1904）置为ON，本指令无数据区。

（2）复位指令（CLC（41））　CLC指令把进位标志（1904）置为OFF，本指令无数据区。该指令常用于ADD和SUB指令之前。

（3）加法指令（ADD（30））　将一个通道内的数据（S1）或四位十进制常数与指定通道内的数据（S2）相加，然后将结果输出到指定的通道D内，即S1 + S2 + 进位位 = D + 进位。

（4）减法指令（SUB（31））　将一个通道内的数据（S1）或四位十进制常数与指定通道内的数据（S2）相减，然后将结果输出到指定的通道D内，即S1 - S2 - 进位位 = D - 借位。

11. 数制转换指令

（1）十→二指令（BIN（23））

将4位十进制数（S通道内的数）转换成16位二进制数，并将结果传送到指定的目的通道D内。

（2）二→十指令（BCD（24））

将存放在源通道内的16位二进制数（S通道内的数）转换成4位十进制数，并将结果传送到指定的目的通道D内。

12. 译码指令（MLPX）

将源通道（S）的4位十六进制数的1位或几位分别译为1个或几个从0～15的十进制数，并按译码的结果将指定的通道（R、R+1、R+2等）对应的继电器置为ON。指定源通道从哪位开始译码及共有几位要译码的设置数由标志数Di的后两位决定。

13. 编码指令（DMPX）

功能：将源通道的内容为ON的最高一位所对应的位数（十进制数）编为四位二进制数，传送到目的通道（R）指定的四位（二进制数）中去。至于传送到哪一位，由标志数Di决定。

14. NOP指令

空操作指令，使某步操作不起作用。若在程序中预先插入一些NOP指令，在修改程序时可避免修改地址序号，达到简化编程的目的。

以上介绍的PLC机的基本指令和一些常用的专用指令，总的可分为下列几类：

1. 提供复杂逻辑条件的指令，形成特定的逻辑条件

1）利用下列指令构成复杂的逻辑回路：LD、LD NOT、OR、OR NOT、AND、AND NOT，另外还有OUT、TR、LD TR、AND LD、OR LD。

2）若涉及到计数、定时、处理判断时，则可用下列指令：定时—TIM、TIMH；计数—

CNT、CNTR、FUN98；处理运算—ADD、SUB、STC、CLC；判断—CMP。

2. 用于输出的指令

1）驱动单个负载：OUT、OUT NOT、KEEP。

2）同时驱动多个负载：MOV、MVN。

3）下列指令不但能同时驱动多个负载，而且还能使之按特定逻辑要求作规律性变化：SFT、WSFT、FUN98。

4）下列指令中的任一条指令的目的通道 D 可以使用输出继电器，并都可以用来驱动多个负载：ADD、SUB、BIN、BCD、MLPX、DMPX。

3. DIFU 和 DIFD 的多种用法

1）将长期作用变为瞬间作用，反映瞬态过程。

2）用作软件按钮。

3）在同一信号作用下，产生两个相互滞后的响应。

4）形成步进操作。

4. 提供选择不同控制方式的指令：IL/ILC、JMP/JME。

说明，本节介绍的各条指令其用法大都不止一种，介绍时也没有全面详列，请在今后的编程及操作过程中仔细实验，细心发掘。很多指令没有介绍，需要时请参阅有关手册。

第三节　三菱电机 F1 系列可编程序控制器及其指令系统

日本三菱公司的 PLC 主要有 F、F1、F2 系列，FX0、FX2 系列，A 系列等。F、F1、F2 系列是小型 PLC，整体式结构，其结构紧凑，体积小，重量轻，抗干扰能力和负载能力强，在我国应用较多。F1 系列又有 F1—12MR、F1—20MR、F1—30MR、F1—40MR、F1—60MR 等型号，本节只介绍 F1—40MR 型 PLC 机。

一、F1—40MR PLC 性能介绍和系统组成

1. F1—40MR PLC 性能简介

F1 系列 PLC 属于小型低档机，为整体式结构，包括基本单元（主机）、扩展单元、特殊单元三部分。F1—40MR 型号中：F1 系列，输入输出点数 40 点，M 表示基本单元，R 为继电器输出方式。

电源电压为 AC（220～240V）×（1±10%），50/60Hz，AC（110～120V）×（1±10%），50/60Hz。

输入开关量 24 点，输入电源 DC24V，由机内供给，输入电流小于 7mA/点。输入电源除可对主机的全部输入点供电外，还可用作从 +24V 端子供给传感器 0.1A 的电源。可配置 F2—6A—E 模拟量输入/输出装置。

输出开关量 16 点，负载电源可 AC＜250V，DC＜30V。最大负载电流 2A/点（阻性）。

在输入端有运行/停机（RUN/STOP）方式端子。将 RUN/STOP 方式选择开关 S 扳下，接通主机 RUN 端子，处于运行状态，执行程序。当 RUN 端断开时，PLC 处于停机状态，停止执行程序并切断全部输出。

F1 系列编程方式亦为梯形图、梯形图语句。共有基本指令 20 条、步进梯形指令 2 条、功能指令 90 条。程序容量为 1000 步。执行速度为平均 12μs/步。

2. 各类继电器的地址编号

F1系列各类继电器的地址编号见表6－3。

表6－3　F1系列PLC各类继电器的地址编号

继电器类型		符号	点数	继电器地址编号
辅助继电器		M	128	（10～17）0～（10～17）7，（20～27）0～（20～27）7
保持辅助继电器		M	64	（30～37）0～（30～37）7
输入继电器		X	24	（4～5）00～（4～5）07，（4～5）10～（4～5）13
输出继电器		Y	16	（4～5）30～（4～5）37
定时器	0.1～999s	T	24	050～057，450～457，550～557
	0.01～99.9s	T	8	650～657
计数器	0～999	C	30	060～067，460～467，560～567，662～667
	0～999999	C	2	660/661
状态寄存器		S	40	（60～64）0～（60～64）7
特殊继电器		SPM	15	070～074，076～077，470～473，570～571，574～575

F1系列具有15点特殊辅助继电器，其作用分别如下：

M70：运行监视。能随PLC的运行/停止而自动地呈通/断状态。M70触点可用于驱动功能指令等。

M71：初始化脉冲。M71只在M70刚接通时，给出一个脉冲执行周期。M71的触点用于对计数器、移位寄存器、状态指示器等进行初始化。

M72：0.1s时钟脉冲。用计数器对该触点的工作进行计数，可提供0.1～99.9s定时器。

M73：0.01s时钟脉冲。用计数器对该触点的工作进行计数，可提供0.01～9.99s定时器。

M74、M75：在PLC开机后始终处于接通状态。

M76：电池电压下降时接通。

M77：输出禁止。在程序中M77线圈工作时，所有输出继电器（Y）自动断开。此时其它继电器、定时器和计数器仍保持工作状态。

M470：选择内部计数和外部高速计数模式。C660和C661是一对计数器，组成6位十进制计数器，称为计数器对。C660作为3位低位数，C661作为3位高位数。M470断开时，C660/C661转为内部计数方式，此时计数速度取决于PLC执行周期，通常为几十赫兹。

M471：加/减计数选择。当M471接通时，C660/C661作加法计数，亦称正向计数。当M471断开时，C660/C661作减法计数，亦称反向计数。

M472：高速计数器起动信号。M472接通时，高速计数器开始计数。M472断开时，高速计数器停止计数。须注意，只有M470接通、使C660/C661设置成高速计数器时，M472才有效。

M473：标志。当计数器的现行值由999999再加1变为0（加法计数）或由0再减1变为999999（减法计数）时，M473接通。可用功能指令F670K110（或K10）复位。

M570：错误标志。在使用功能指令过程中，如果出现指令使用器件编号错误或线圈设定错误时，则M570接通，当设定正确时，M570断开。

M571：为进位标志；M572：为零位标志；M573：为借位标志。当对现行计数器执行比较功能指令时，若现行值大于设定值时，M571 接通。若现行值与设定值相等时，M572 接通。当现行值小于设定值时，M573 接通。

M574：状态转移禁止。在步进指令中，M574 接通时，所有的状态转移停止。

M575：状态转移起动。M575 接通时，状态开始自动转移。

数据寄存器 D：F1 系列 PLC 的内部提供 64 个数据寄存器，主要用于算术运算、数据比较和传送等，可存放二进制、八进制和十进制的数据。数据寄存器的编号为（八进制）：D700 ~ D707，D710 ~ D717，D720 ~ D727，D730 ~ D737，D740 ~ D747，D750 ~ D757，D760 ~ D767，D770 ~ D777。

功能指令线圈：F1 系列 PLC 提供近 90 条功能指令，主要用来实现输入输出的高速处理、算术运算、数据传送等，从而增加了 PLC 的功能，扩大了 PLC 的应用范围，而这些功能指令的实现是用功能线圈 F670 ~ F675 来完成的。其中 F671 ~ F675 为设定线圈，用于设定条件。F670 为执行线圈，用于设定功能。

二、F1 系列 PLC 的指令

（一）F1 系列 PLC 基本指令

F1 系列基本指令 20 条，其中有 16 条与 OMRON C 系列 P 型 PLC 基本相同。

1. LD 等 16 条指令

LD

LDI　即 LD NOT

OUT

AND

ANI　即 AND NOT

OR

ORI　即 OR NOT

ORB　即 OR LD

ANB　即 AND LD

END

MC　主控，即 IL

MCR　主控复位，即 ILC

CJP　条件转移，即 JMP

EJP　转移结束，即 JME

NOP

SFT 移位寄存器是由 16 个辅助继电器组合进行工作的，用其首位编号来代表各移位寄存器。两个以上移位寄存器串联时，则要对后级先进行编程，用前级移位寄存器的末位输出作后级移位寄存器的数据输入。其梯形图如图 6 - 30a 所示，程序格式如图 6 - 30b 所示。

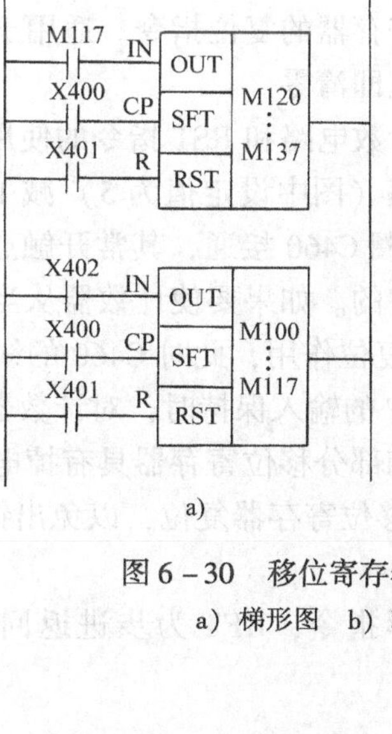

a)

0	LD	M117
1	OUT	M120
2	LD	X400
3	SFT	M120
4	LD	X401
5	RST	M120
6	LD	X402
7	OUT	M100
8	LD	X400
9	SFT	M100
10	LD	X401
11	RST	M100

b)

图 6 - 30　移位寄存器的串联使用

a）梯形图　b）程序格式

2. S 置位、R 复位指令

这两个指令用于输出继电器 Y、状态寄存器 S 和辅助继电器 M200 ~ M377 的置位和复位操作。S 为置位端使线圈接通，R 为复位端使线圈断电。这两条指令的用法如图 6 –31 所示。在图 6 – 31 中，一旦 X400 闭合，即使 X400 再断开，M200 仍保持接通状态。一旦 X401 闭合，即使它又断开，M200 还保持断开状态。可见这两条指令均有“记忆”功能。在 S 与 R 指令程序区间内可插入其他程序。在这两条指令程序之间没有插入其它程序，如果 X400 与 X401 同时闭合，优先执行 R 指令。

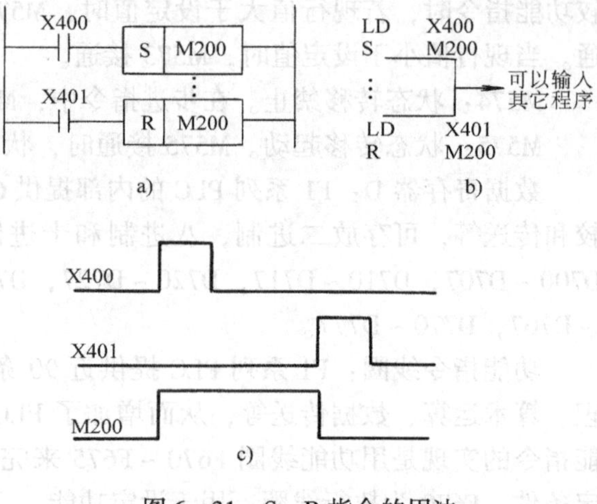

图 6 – 31　S、R 指令的用法

a）梯形图　b）程序格式　c）波形图

3. PLS 脉冲指令

PLS 脉冲指令又称微分输出指令，是用于辅助继电器 M100 ~ M377 的短时间的脉冲输出，如图 6 – 32b 所示，其脉冲宽度等于一个扫描周期。

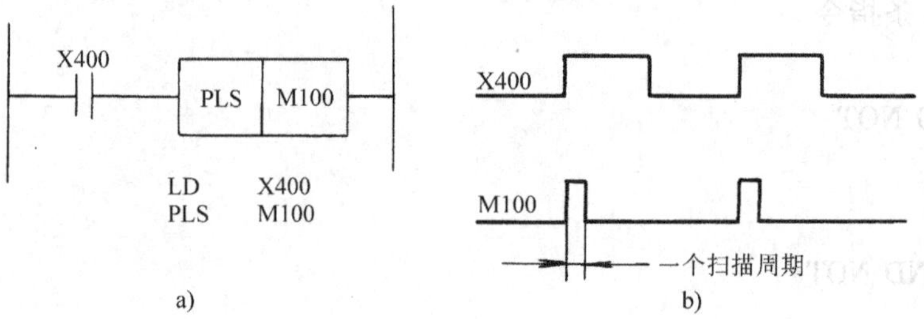

图 6 – 32　PLS 指令的用法

PLS 指令可用作计数器、移位寄存器的复位输入及 S、R 指令的输入、数据指令的输入等。

4. RST 复位指令

计数器和移位寄存器的复位指令。适用于将计数器的当前值回复到设定值或清除移位寄存器中所有位的信息即清零。

图 6 – 33 表示计数电路和 RST 指令的使用方法。当计数输入端触点 X401 每次从断开到接通时，计数器的值（图中设定值为 5）减 1，当 X401 通断 5 次后，则计数器的当前值为 0，此时计数器的线圈 C460 接通，其常开触点闭合，输出继电器 Y430 线圈接通，此后 C460 的状态值是连续保持的。如果要使计数器从当前值回到最初设定值，则要接通复位输入端的触点 X407，RST 起复位作用，此时 C460 的线圈断开，其常开触点断开。RST 指令总是优先执行的，因此当 RST 的输入保持时，对计数器或移位寄存器的输入不再接受。

所有的计数器和部分移位寄存器具有掉电保护功能。因此在开始运行前必须用初始化脉冲 M71 将计数器和移位寄存器复位，以免出错。

（二）步进指令

STL 为步进梯形指令，RET 为步进返回指令。STL/RET 指令与状态寄存器 S 结合使用，用于步进型顺序控制中。当 STL 不用时，状态寄存器 S 可被用作一般辅助继电器。

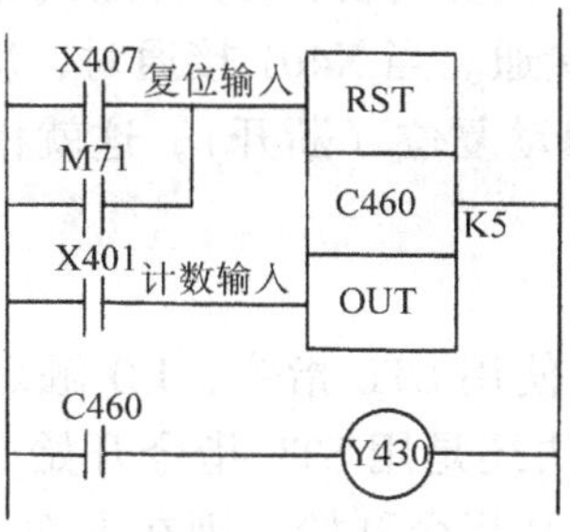

a)

0	LD	X407
1	OR	M71
2	RST	C460
3	LD	X401
4	OUT	C460
5	K	5
6	LD	C460
7	OUT	Y430

中间可以输入其它程序

b)

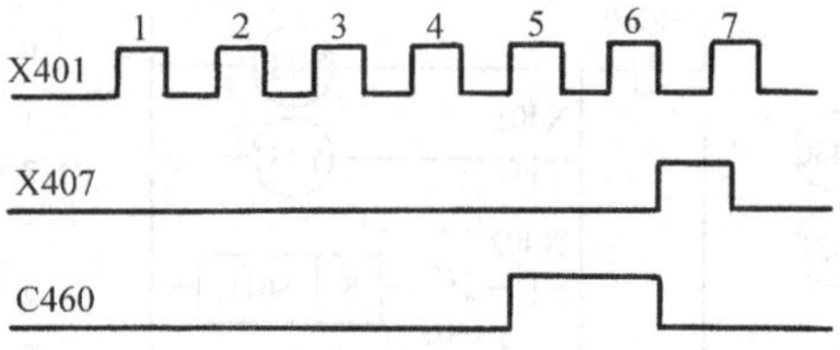

c)

图 6－33　计数器电路及 RST 指令的使用

a）计数器电路　b）程序格式　c）计数器波形图

使用步进指令时，用状态转换图设计步进梯形图，如图 6－34 所示。状态转换图中的每个状态表示顺序工作的一个操作，因此步进指令常用于控制时间和位移等顺序的操作过程。使用步进指令不但可以直观地表示顺序操作的流程，而且可以减少指令程序的条数和容易被

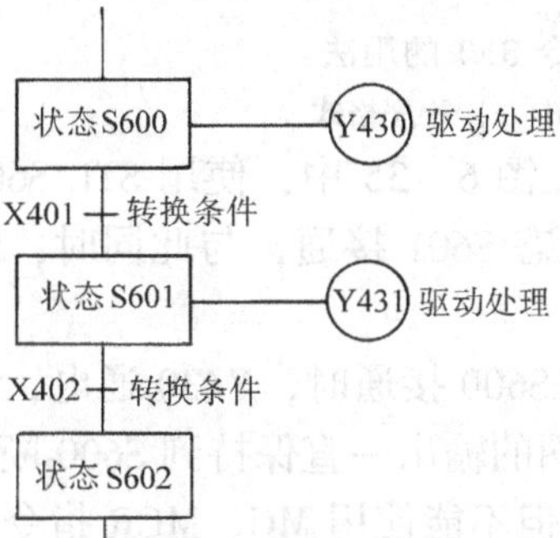

a)

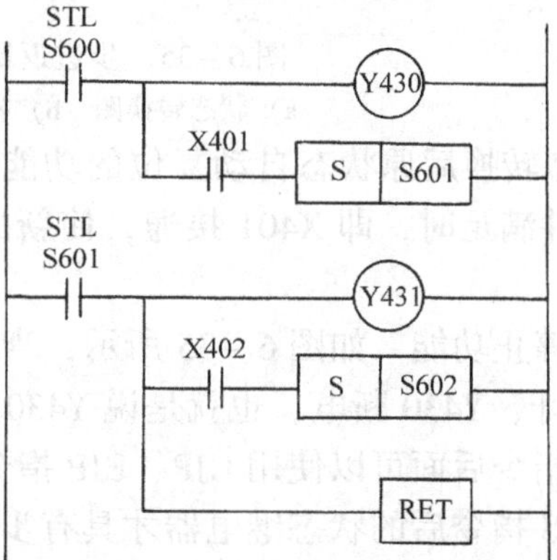

b)

0	STL	S600
1	OUT	Y430
2	LD	X401
3	S	S601
4	STL	S601
5	OUT	Y431
6	LD	X402
7	S	S602

c)

图 6－34　步进指令的用法

a）状态转换图　b）步进梯形图　c）程序格式

人们理解。

从状态图中可见，每一状态提供三个功能：驱动负载、指定转换条件、置位新状态。当步进触点 S600 接通时，输出继电器 Y430 线圈接通。当 X401 接通时，新状态置位（接通），步进触点 S601 也接通。这时原步进触点 S600 自动复位（断开），这就相当于把 S600 的状态转到 S601，这就是步进转换作用。

步进梯形指令的功能：

（1）步进指令具有主控功能　在梯形图中使用 STL 指令，LD 触点即移到 STL 触点之后，即原母线移到新母线上。如果后面的电路块还是用 STL 指令开始，则该电路块同样也应该连在新的母线上。如果下面的电路块是以 LD 指令开始，则在上面一个电路块的末尾写上 RET 指令，把 LD 点恢复到原来母线上。步进返回指令 RET 的用法如图 6－35 所示。

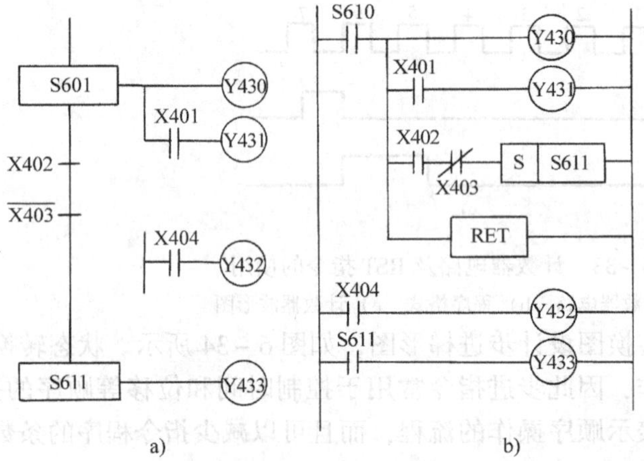

0	STL	S610
1	OUT	Y430
2	LD	X401
3	OUT	Y431
4	LD	X402
5	ANI	X403
6	S	S611
7	RET	
8	LD	X404
9	OUT	Y432
10	STL	S611
11	OUT	Y433

c)

图 6－35　步进返回指令 RET 的用法

a）状态转换图　b）梯形图　c）程序格式

（2）S 状态转换后原状态自动复位的功能　在图 6－35 中，使用 STL S600 指令使其接通，而转换条件满足时，即 X401 接通，使新的状态 S601 接通，与此同时，S600 即自动断开。

（3）执行停止功能　如图 6－35 所示，当 STLS600 接通时，Y430 通电，当转换到 S601 状态，S600 断开，Y430 断电，也就是说 Y430 线圈的输出一直保持到 S600 断开为止。

（4）步进指令后面可以使用 CJP、EJP 指令，但不能使用 MC、MCR 指令。

（5）使用 S 指令后的状态继电器才具有步进控制功能，这时除了提供步进常开触点外，还可提供普通的常开触点与常闭触点，但 STL 指令只适用于步进触点。

（6）如果不用 STL 步进触点时，状态继电器可作为普通辅助继电器 M 用，这时其功能与 M 相同。

（7）禁止重迭使用 STL 触点。在一个程序中，STL 指令对同一状态器 S 只能使用一次。如果重复使用。会出现即使 STL 触点断开，STL 触点后的输出线圈还一直保持通电的错误。

（三）功能指令

F1 系列 PLC 除了基本逻辑指令和步进指令外，还有 89 条功能指令。这些功能指令主要用于 PLC 机的某些特殊操作，如高速 I/O 处理、数据传送、算术运算、逻辑运算、比较、复位、高速计数及模拟量数据处理等。如果在熟练掌握了基本逻辑指令和步进指令的使用方法之后，再掌握功能指令的用法，那么编起程序来就得心应手了。

1. 功能指令的基本格式

与基本逻辑指令、步进指令不同，功能指令的本质实际上是一个个功能不同的子程序。也就是说，执行功能指令就是调用功能子程序。因此，功能指令并不增加新的指令助记符，而是采用功能线圈的形式。功能线圈由两部分组成：一部分是设定线圈，元件号为 F671 ~ F675（共 5 点），其后需要带一个由用户确定的设定常数，用于指明功能指令所需的一些条件或参数，这个设定常数可以是时间，也可以是 PLC 中数据寄存器 D700 ~ D777 的地址、地址偏移量或其它数据信息；另一部分是执行线圈，元件号只有 F670 一个，其后需要带一个执行常数，用于说明指令的内容和功能。这个常数用户无法改变，它由 PLC 机本身决定，实际上就是功能指令的代号。以后我们常用“F670 K × × ×”来表示某一功能指令。功能指令，除少数可以没有设定线圈外，一般都必须具有执行线圈。如“将 PLC 机输入点全部刷新”这一特殊操作，其功能指令可用 F670K100 代号来表示，它只有执行线圈，不需要设定线圈。在梯形图中，功能线圈仅作为输出线圈，它可以由 PLC 内部的 X、Y、M、T、C、S 等元件的一个或多个触点块来驱动。其梯形图的形式如图 6 – 36 所示；其程序表采用 OUT 指令形式。

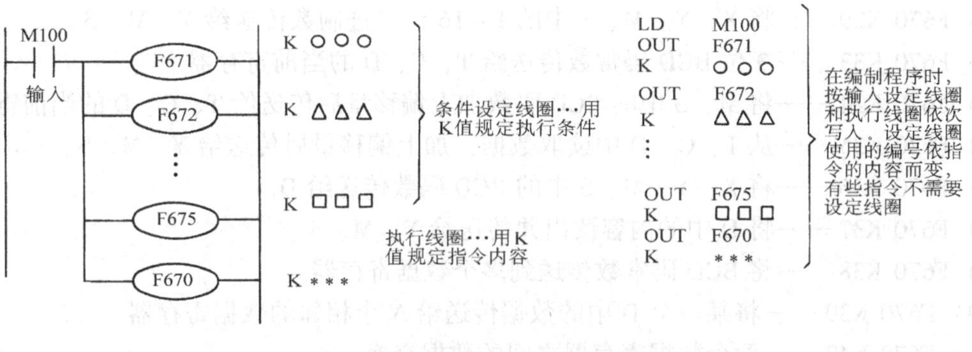

图 6 – 36　功能指令的基本格式

在编制功能指令的梯形图程序时，一般按输入触点、设定线圈、执行线圈的顺序给出。如果多次使用功能指令，且前面的设定条件相同，则后面的各功能指令的设定线圈可以省略。

2. PLC 中的数据格式

数据处理是功能指令的重要内容，因此这里简单介绍一下 PLC 机中的数据格式。

PLC 通常采用三种数据格式：二进制数（BIN）格式、二 – 十进制数（BCD）格式、八进制数（OCT）格式。

二进制数格式比较简单，它用“0”、“1”两个数字表示。在功能指令中，它可用几个连续的编程元件的状态来表示。例如：一个 8 位二进制数可用 X400 ~ X407 这八个输入元件，按从低到高顺序来表示。其状态接通为“1”，断开为“0”。最大可表示十进制数 128。

二 – 十进制数格式又叫 BCD 码格式。它由 0 ~ 9 这 10 个数字符号表示，在功能指令中常用 3 位或 6 位 BCD 码来表示一个数，而每一位 BCD 码又可用 4 位二进制数表示。如一个 3 位 BCD 码“139”可表示成一个 12 位二进制数“000100111001”。在 PLC 中我们可用 M100 ~ M113 共 12 个元件来表示 3 位 BCD 码。

八进制数格式比较灵活，它由 0 ~ 7 这八个数字表示。在八进制数格式中，每一位八进制数用 3 位二进制数表示，最大码数为 7。在编程时可以用连续的 8 个或 16 个元件来表示 3 位或 6 位八进制数，编程常数使用起始元件号。如在设定线圈中设定常数为 K400，则表示将用 Y400 ~ Y407 这 8 个元件从低到高表示 3 位八进制数，最大为 377，对应十进制数 255。

F1 系列 PLC 设有 D700 ~ D777 共 64 点的数据寄存器，具有掉电保护功能，专用于存储数字型数据。每一个数据寄存器可存放 12 位二进制数，使用功能指令可以对数据寄存器读出或写入数据。

3. 功能指令简介

限于篇幅，本书对功能指令不能一一详细介绍。此处把功能指令作一个简单的分类，并给出功能指令的主要功能，使读者对它有一个大致的了解。有兴趣的读者请查阅 F1 系列 PLC 机的有关编程手册。

（1）数据传送指令　共有 20 条，主要用于在 X、Y、M、T、C、D 等编程元件之间的数据传送或数据转换。

1）F670 K27 ——将设定线圈的设定常数 K 值传送到 Y、M、S 中，所传送的数一般为 BCD 码，传送位数为 1 ~ 3 位。

2）F670 K28 ——将一个 3 位八进制数传送给 Y、M、S。

3）F670 K29 ——将 X、Y、M、S 中的 1 ~ 16 位二进制数传送给 Y、M、S。

4）F670 K33 —— 3 位 BCD 码常数传送给 T、C、D 的当前寄存器。

5）F670 K34 ——将 M、S 中的 BCD 码数加上偏移量后传送给 T、C、D 的当前寄存器。

6）F670 K35 ——从 T、C、D 中读取数据，加上偏移量后传送给 Y、M、S。

7）F670 K36 ——将 X、Y、M、S 中的 BCD 码数传送给 D。

8）F670 K37 ——将 D 中的内容读出并传送给 Y、M、S。

9）F670 K38 ——将 BCD 码常数传送到多个数据寄存器。

10）F670 K39 ——将某一个 D 中的数据传送给 N 个相邻的数据寄存器。

11）F670 K49 ——两个数据寄存器之间的数据交换。

12）F670 K51 ——将 T、C、D 中的内容传送到另一个部分 T、C、D 中。当从 D 到 D 传送数据时，要给定传送源和传送目标的格式。

13）F670 K52 ——在数据寄存器间间接传送数据。根据设定常数设定的传送源地址，找到传送源中的内容，再把此内容作为地址，将此地址中的内容传送到目标元件中，实现（D）→D 的传送。

14）F670 K53 ——在数据寄存器间间接传送数据。

15）F670 K54 ——在数据寄存器间间接传送数据，实现（D）→（D）之间的数据传送。

16）F670 K104 ——将 M260 ~ M273 中的 BCD 码（3 位）传送给 C 的当前寄存器。

17）F670 K105 ——与 F670 K104 指令相反，将 C 的当前值传送到 M260 ~ M273。

18）F670 K109 ——将 6 位 BCD 常数传送给 M240 ~ M253 和 M260 ~ M273。

19）F670 K131 ——将 X、Y、M、S 中的 3 位 BCD 码转换为二进制数，并传送到 Y、M、S 中。

20）F670 K132 ——将 X、Y、M、S 中的二进制数转换为 BCD 码并传送到 Y、M、S 中，与 F670 K131 相反。

（2）数据比较指令　共9条，用于比较两个数据之间的大于、小于或等于关系。并用错误标志M570、进位标志M571、零标志M572、借位标志M573的状态来分别表示出错、大于、等于、小于的结果。

1）F670 K40——十进制常数与T、C、D当前值的比较。

2）F670 K41——从X、Y、M、S等元件输入的BCD数加上偏移量后得到一个和，再将此和与D、T、C的当前值相比较。

3）F670 K42——从X、Y、M、S等元件输入的BCD码数与C、D当前值的比较。

4）F670 K43——D、C、T当前值的区域比较。

5）F670 K44——6位D、C当前值的区域比较。

6）F670 K45——D、C当前值与另一个D、C当前值的比较。

7）F670 K106——两个3位计数器当前值的区域比较。

8）F670 K107——3位计数器当前值与M260～M273中BCD数的比较。

9）F670 K108——两个6位计数器当前值的区域比较。

（3）数据算术运算指令　共29条，用于两个数之间的加、减、乘、除运算。在加法运算中有时有进位CY，常用M571的状态表示，进位值也可参加运算；在减法运算中有时有借位BR，常用M573的状态表示，借位值也可参加运算；在乘法运算中，由于积的数值通常较大，所以常需要2个连续的数据寄存器来存放运算结果；在除法运算中通常有余数，所以运算结果的存放也常需要2个数据寄存器，一个存放商，一个存放余数；如果运算结果为零，仍用M572的状态来表示；如果出错，仍用M570的状态来表示。

1）F670 K55——含进位的3位BCD码加法运算。

2）F670 K56——含进位的6位BCD码加法运算。

3）F670 K57——3位BCD码，不含进位的两数据寄存器加法运算。

4）F670 K58——3位BCD码，含进位的两个数据寄存器加法运算。

5）F670 K59——6位BCD码，含进位的两个寄存器加法运算。

6）F670 K60——3位八进制数，不含进位的两个寄存器加法运算。

7）F670 K61——3位BCD码加1运算。

8）F670 K62——6位BCD码加1运算。

9）F670 K63——八进制数加1运算。

10）F670 K64——计数器当前值加1运算。只需要一个设定线圈。表示为C＋1→C。

11）F670 K66——3位BCD码，含借位的减法运算。

12）F670 K67——6位BCD码，含借位的减法运算。

13）F670 K68——3位BCD码，不含借位的两个数据寄存器减法运算。

14）F670 K69——3位BCD码，含借位的两个数据寄存器减法运算。

15）F670 K70——6位BCD码，含借位的两寄存器减法运算。

16）F670 K71——3位八进制数，不含借位的两个寄存器减法运算。

17）F670 K72——3位BCD码减1运算。

18）F670 K73——6位BCD码减1运算。

19）F670 K74——3位八进制数减1运算。

20）F670 K75——3位BCD码计数器当前值减1运算。

21）F670 K77——3 位 BCD 码乘法运算，需要 3 个设定线圈：被乘数地址、常数 K、目标地址。

22）F670 K78——6 位 BCD 码乘法运算。

23）F670 K79——3 位 BCD 码的两个数据寄存器乘法：表示为 D×D→D

24）F670 K80——6 位 BCD 码的两个数据寄存器乘法。

25）F670 K81——3 位 BCD 码除法运算。

26）F670 K82——6 位 BCD 码除法运算。

27）F670 K83——3 位 BCD 码的两个数据寄存器的除法。

28）F670 K84——6 位 BCD 码的两个数据寄存器的除法运算。

29）F670 K87——减法格式设置操作。它只有执行线圈，没有设定线圈。

（4）复位指令　共 13 条，用于对 Y、M、C、S 等元件的复位操作。

1）F670 K04——将监控定时器刷新。

2）F670 K10（K110）——复位 M473。

3）F670 K11（K111）——复位 6 位计数器 C660。

4）F670 K14——对进位标志 M571 置位。

5）F670 K15——对进位标志 M571 复位。

6）F670 K16——对零标志 M572 置位。

7）F670 K17——对零标志 M572 复位。

8）F670 K18——对借位标志 M573 置位。

9）F670 K19——对借位标志 M573 复位。

10）F670 K26（K103）——根据设定的始、末元件号，将 Y，M、S 同时复位。

11）F670 K46——用于数据寄存器的零值校验。

12）F670 K48——对指定的十进制位清零。

13）F670 K116——禁止来自 X401 的外部输入对 6 位计数器 C660 的复位。

（5）高速计数器操作指令　共 5 条，专用于 C660/C661 组成的 6 位 BCD 计数器操作。

1）F670 K117——将 M240～M253、M260～M273 中的自动再装入的比较数据，传送到计数器对的比较数据寄存器 D756、D757 中去。

2）F670 K118——使自动再装入有效。

3）F670 K119——设定高速输出表。

4）F670K 120——禁止独立高速输出。

5）F670 K121——允许同时高速输出。

（6）输入输出高速处理指令　共 9 条，用于输入、输出端子的刷新与检测处理。

1）F670 K00（K100）——将输入端子的 ON/OFF 状态立即传送到输入映像寄存器，对全部输入点刷新。

2）F670 K02（K102）——全部输出点刷新，将输出映像寄存器中的 ON/OFF 状态传送到输出锁存电路中，以待输出。

3）F670 K101——将 X400～X407 的输入点刷新。

4）F670 K112/F670 K113——这两条指令配合使用，用于对 X400 的输入端子的接通信号的上升沿检测和复位。

5）F670 K114/F670 K115 ——这两条指令也是配合使用的，用法与 F670 K112/F670 K113 完全一样，不同的是输入端子为 X401。

6）F670 K122 ——用于测量 X402 的脉冲信号宽度。

7）F670 K123 ——用于测量 X403 的脉冲信号宽度。

8）F670 K124 ——用于测量加在 X400 端子上的脉冲个数，上升沿有效。

9）F670 K125 ——用于测量加在 X401 端子上的脉冲个数，上升沿有效。

（7）模拟量操作指令　共 2 条，用于模拟信号的读写操作。

1）F670 K85 ——读模拟单元数据。

2）F670 K86 ——写模拟单元数据。

（8）其它操作指令

1）F670 K88 ——对指定的数据寄存器区作 BCD 码校验。如果检测出错，M570 接通。

2）F670 K130 ——移位寄存器移位操作。

三、F1 系列 PLC 的模拟量控制

工业控制系统中，除了开关量控制以外，还有大量的模拟量控制，如温度、湿度，压力、位移、速度、流量控制等。PLC 机本来是专为开关量逻辑控制而设计的，但为了不断满足模拟量控制的要求，绝大部分 PLC 机都增加了模拟量处理能力。

F1 系列小型 PLC 机为了实现模拟量处理功能，除增加了丰富的功能指令外，还开发了多种模拟量处理单元，如 F2—6A 模拟量处理单元、F2—30GM 脉冲输出单元、F2—32KM 可编程凸轮开关单元、F—4T—E 模拟定时器、F—20CM 位置控制器、F—20CP 位控编程板等。

利用 F—20CM 位置控制单元，可以实现位置控制功能。它内有一片 CPU，能接受位置传感器的脉冲信号和手动信号，将运动状态提供给 PLC 机，经 PLC 机运算、处理后，决定是否要减速或停车，并向调速装置发出向前、向后、高速、低速或停车命令。它最多可以实现 10 段共 400 步的连续定位控制。它还具有惯性补偿和精度判别功能。

利用 F2—30GM 脉冲输出单元能更好地实现位置控制功能。它有 7 个通用输入点和 7 个通用输出点，输出的脉冲序列不论是脉冲数还是脉冲频率都是可编程的。将其与步进电机或伺服电机驱动器相连，便可实现位置控制功能。除了定位控制指令之外，还有许多逻辑控制和顺序控制指令。它有 24 个初始化参数可由用户设定。例如，用户可以选择毫米、角度、英寸或脉冲数作为长度单位，可以设定脉冲频率、进给率、最大速度、最小速度、爬行速度、回零速度，可以选择原位地址、齿隙补偿量、脉冲输出方式等。运动参数可以由程序或数字拨码开关设定，也可以在运动过程中由 PLC 机改变，还可以用示教方式确定。用 F2—30GM 构成的位置控制系统框图如图 6－37 所示。

利用 F2—6A 模拟量输入/输出单元，能实现多种多样的模拟量控制功能。它有四个模拟输入通道，两个模拟输出通道，可接受四路模拟电压或电流的输入，可提供两路模拟电压或电流的输出。其通道号一般表示为 K□□□，其意义是：右边第一个数字，对于输出取“0”或“1”；对于输入取“0”、“1”、“2”或“3”。右边第二个数字，对于输出为“0”；对于输入为“1”。右边第三个数字表示根据连接主单元的扩展口是 000、400、500 而相应地确定其为“0”、“4”、“5”。输入/输出电压或电流量程和类型的选择，直接由单元面板上的手动旋钮来设定。输入、输出类型均有 0～5V、0～10V、0～20mA、4～20mA 几种，除

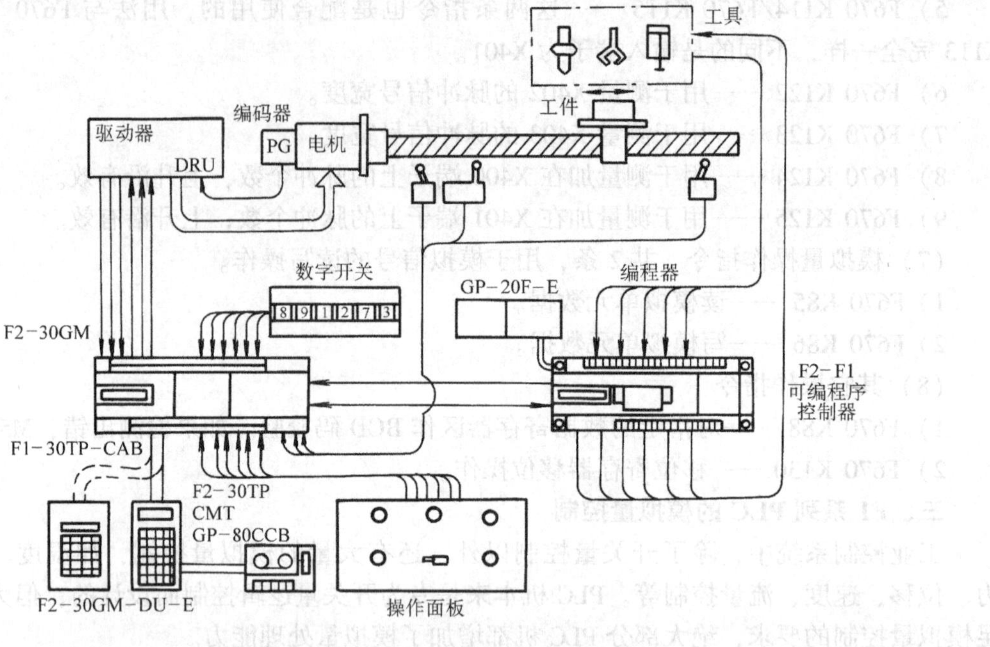

图 6-37　F2—30GM 位置控制系统框图

4～20mA 一档外，均可混合选用；增益为 0～255 连续可调；数据传送为 8 位二进制数（0～255，3 位 BCD 码数值）。

利用 F2—30RM 可编程凸轮开关单元，可代替 32 个凸轮开关，进行角位移控制。

F1 系列 PLC 机在有了功能指令和各种模拟量处理单元后，模拟量控制便显得很简单了。其工作原理是：PLC 通过模拟量控制单元，对输入的模拟量进行自动采样，并通过模拟量控制单元上的 A/D 接口随时将采得的模拟量转换为数字量，并存放在数据寄存器中；再由数据处理功能指令进行调用、传输、运算和处理，并将计算结果随时放在指定的数据寄存器中；最后再通过模拟量控制单元上的 D/A 接口而自动送出，并驱动执行元件，实现模拟量控制。其工作示意图如图 6-38 所示。

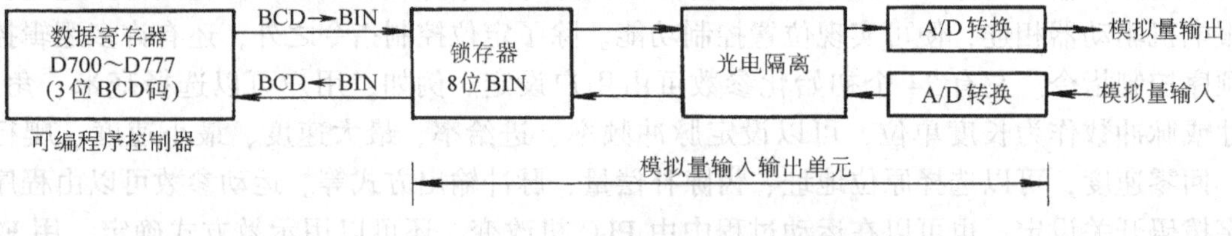

图 6-38　PLC 机的模拟量控制示意图

第四节　松下电工 FP1 系列可编程序控制器及其指令系统

一、FP1 系列 PLC 性能及系统配置

FP1 是日本松下电工生产的小型 PLC 产品，该系列的产品有 C14、C16、C24、C40、C56 和 C72 等多种规格，形成系列化。虽然 FP1 系列是小型机，但其拥有通常只能在大中型机中才具备的功能，因此其性能价格比高，并且结构紧凑，体积小，很适合在自动控制领

域中使用。

（一）FP1 系列小型机的主要性能

1）高速计数功能：主机内有高速计数器，可以输入频率高达 10kHz 的脉冲，并可同时输入两路脉冲。

2）输出功能：该主机可以输出频率可调的脉冲信号（晶体管输出型）。

3）中断管理功能：FP1 系列的 PLC 具有 8 个中断源的中断优先权管理。

4）脉冲捕捉功能：通过设置 FP1 小型机可以捕捉最小宽度 0.5ms 的输入脉冲。

5）输入延时滤波功能：可以对外部输入信号进行 1 ~ 128ms 的滤波。

6）手动拨盘式寄存器控制功能：该系列产品可以通过调节面板上 1 ~ 4 个的电位器使特殊寄存器 DT9040 ~ DT9043 中的数值在 0 ~ 255 之间变化，实现从外部进行输入设定。

另外 FP1 系列小型机还具有强制置位/复位功能、口令保护功能、固定扫描时间设定功能、时钟/日历控制功能。具有与 PC 机通信的 RS—232 和 RS422 接口，可以实现在 PC 机上编程调试。

FP1 的指令系统非常丰富，使用方便，除了能进行基本的逻辑运算外，还可以进行加、减、乘、除等四则运算。数据处理功能比较强大，除处理 8、16 位数字外，还可以处理 32 位数字，并能进行多种码制变换。另外还有中断、子程序调用、凸轮控制、高速计数、字符打印和步进指令等特殊功能指令。

FP1 的监控功能也很强大，可以实现梯形图监控，列表继电器监控，动态时序图监控等。

FP1 的技术性能见表 6 – 4。

表 6 – 4　FP1 系列 PLC 性能简表

项目	C14	C16	C24	C40	C56	C72
I/O 分配	8/6	8/8	16/8	24/16	32/24	40/32
最大 I/O 点数	54	56	104	120	136	152
扫描速度	1.6μs/步					
程序容量	900 步		2720 步		5000 步	
存储器类型	EEPROM		RAM（备份电池）/EPROM			
指令数	126		191		192	
输入继电器（X）	208 点					
输出继电器（Y）	208 点					
内部继电器（R）	256 点		1008 点			
特殊继电器（R）	64 点					
定时/计数器（T/C）	128 点		144 点			
数据寄存器（DT）	256 字		1660 字		6144 字	
系统寄存器（DT）	70 字					
索引寄存器（IX，IY）	2 字					
主控寄存器	16 点		32 点			
标记数	32 点		64 点			

（续）

项目	C14	C16	C24	C40	C56	C72
步阶	64		128			
子程序	8		16			
中断	—		9			
输入滤波时间	1～128ms					
中断输入	4		8			
模拟定时器	1		2		4	
串行通信	—		1CH—RS—232C			
日历时钟	—		有			
自诊断功能	“Watchdog”电池掉电，程序检查					
高速计数	X0、X1：为计数输入，可加/减计数。同时输入两路，计数频率最高为10kHz（单路输入时），X2：为复位输入					

（二）FP1系列PLC的构成

FP1系列PLC属于整体结构，其配置较齐全，除控制单元（主机）外，还包括有I/O扩展单元、智能单元、链接单元、编程工具等。可以根据需要方便地构成PLC控制系统。

（1）控制单元　控制单元设有与编程器、计算机相连的接口，与I/O扩展单元（或A/D、D/A转换单元）相连的扩展口，输入输出端子，电源输入输出端子。C14控制单元提供输入点8个，输出点6个；C16控制单元提供输入点8个，输出点8；C24控制单元提供输入点16个，输出点8个；C40控制单元提供输入点24个，输出点16个；C56控制单元提供输入点32个，输出点24个；C72控制单元提供输入点40个，输出点32个。

（2）扩展单元　包括E8、E16、E24、E40系列。E8、E16扩展单元有全部输入点，或全部为输出点，或I/O型。E24和E40只有I/O型。E8（I/O型）输入点4个，输出点4个；E16（I/O型）输入点8个，输出点8个；E24输入点16个，输出点8个；E40输入点24个，输出点16个。

（3）智能单元　包括FP1—A/D转换单元和FP1—D/A转换单元。

（4）链接单元　包括FP1 I/O链接单元，S1型C—NET适配器。

（5）编程工具　手持式FP编程器Ⅱ和NPST—GR编程软件。

二、P1系列PLC内部继电器及I/O编号

FP1系列PLC的内部寄存器（继电器）及I/O编号见表6－5，说明如下：

1）表6－5中的各寄存器或继电器的地址编号分为“位”寻址方式和“字”寻址方式两种。1个字有16位。继电器X、Y、R是按“位”寻址，其地址编号是用字地址号和位地址号合起来表示的，X、Y、R的编号最低位用十六进制数（位地址号）表示，第二位以上用十进制数（字地址号）表示。WX、WY、WR是按“字”寻址，其地址编号用十进制数（字地址号）表示。

WX3

F	E	D	C	B	A	9	8	7	6	5	4	3	2	1	0
X3F	X3E	X3D	……											X31	X30

表 6－5　FP1 寄存器 I/O 配置表

功能	符号	编号			功能说明
		C14、C16	C24、C40	C56、C72	
输入继电器	X（bit）	X0～X12F（208 点）			该继电器只能由外部信号驱动
	WX（word）	WX0～WX12（13 字）			
输出继电器	Y（bit）	Y0～Y12F（208 点）			该继电器输出 PLC 程序执行结果使外部设备动作
	WY（word）	WY0～WY12（13 字）			
内部寄存器（继电器）	R（bit）	R0～R16F	R0～R62F		该继电器不能提供外部输出，只能在 PLC 内部使用
	WR（word）	WR0～WR15	WR0～WR62		
	R（bit）	R9000～R903F			内部特殊继电器，用户不能用程序驱动，但其触点可以使用
	WR（word）	WR900～WR903			
定时器/计数器	T（bit）	T0～T99			定时器触点，是定时器指令 TM 的输出
	C（bit）	C100～C127	C100～C143		计数器触点，是计数器指令 CT 的输出
	SV（word）	SV0～SV127	SV0～SV143		定时器/计数器设定值寄存器
	EV（word）	EV0～EV127	EV0～EV143		定时器/计数器经过值寄存器
数据寄存器	DT（word）	DT0～DT255	DT0～DT1659	DT0～DT6143	数据寄存器用来存储 PLC 内部数据，其长度 1 个字（16bit）
		DT9000～DT9069			特殊数据寄存器具有特殊用途
索引寄存器	IX、TY	两个字			用于存放地址或常数的修正值

例如：WX3“字”输入继电器，其字地址号是 3，共有 16 位，每一位的位地址号分别为 0～F，每一位表示一个继电器，每个继电器的地址编号由字地址号和位地址号合起来表示。

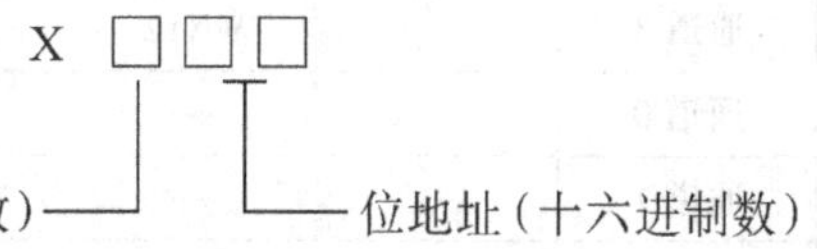

2）表中的内部特殊继电器（64 个）R9000～R903F 用于特殊目的，不能用于输出，但其触点用户可以使用。

表 6－6 给出了 FP1 系列 PLC 的 I/O 地址分配表。

表 6－6　FP1 系列 PLC 的 I/O 地址分配表

单元类型		输入编号	输出编号
控制单元	C14	X0～X7	Y0～Y4，Y7
	C16	X0～X7	Y0～Y7
	C24	X0～XF	Y0～Y7
	C40	X0～XF，X10～X17	Y0～YF
	C56	X0～XF，X10～X1F	Y0～YF，Y10～Y17
	C72	X0～XF，X10～X1F，X20～X27	Y0～YF，Y10～Y1F

（续）

单元类型			输入编号	输出编号
初级扩展单元	E8	输入类型	X30 ~ X37	—
		I/O 类型	X30 ~ X33	Y30 ~ Y33
		输出类型	—	Y30 ~ Y37
	E16	输入类型	X30 ~ X3F	—
		I/O 类型	X30 ~ X37	Y30 ~ Y37
		输出类型	—	Y30 ~ Y3F
	E24	I/O 类型	X30 ~ X3F	Y30 ~ Y3F
	E40	I/O 类型	X30 ~ X3F，X40 ~ X47	Y30 ~ Y3F
初级扩展单元	E8	输入类型	X50 ~ X57	—
		I/O 类型	X50 ~ X53	Y50 ~ Y53
		输出类型	—	Y50 ~ Y57
	E16	输入类型	X50 ~ X5F	—
		I/O 类型	X50 ~ X57	Y50 ~ Y57
		输出类型	—	Y50 ~ Y5F
	E24	I/O 类型	X50 ~ X5F	Y50 ~ Y5F
	E40	I/O 类型	X50 ~ X5F，X60 ~ X67	Y50 ~ Y5F
I/O 链接单元			WX7 ~ WX8	WY7 ~ WY8
FP1A/D 转换单元		通道 0	WX9	—
		通道 1	WX10	—
		通道 2	WX11	—
		通道 3	WX12	—
FP1D/A 转换单元		通道 0	—	WY9
		通道 1	—	WY10
		通道 2	—	WY11
		通道 3	—	WY12

三、P1 系列 PLC 的指令系统简介

FP1 指令较多，分为基本指令和高级指令两大类。其中基本指令有 80 条，分为基本顺序指令、基本功能指令、基本控制指令、比较指令五类。高级指令有 111 条，分为数据传送指令、算术运算指令、逻辑运算指令、数据比较指令、数据转换指令、数据移位指令、位操作指令及特殊指令。虽然不同厂家生产的 PLC 其指令系统不能通用，但区别主要是助记符指令所使用的字母不同，而功能基本相同，用法也大同小异，故此这里只介绍 FP1 部分基本指令的含义。

基本指令用于每个位变量的运算操作，即对某个继电器（变量）进行逻辑运算、定时、计数、移位、输入、输出等操作。

（一）基本顺序指令

ST：（Start）初始加载，开始逻辑运算，加载一常开触点。

ST/：（Start not）加载一常闭触点。

AN：（And）与操作，串联一个常开触点。

AN/：（And not）与非操作，串联一个常开触点。

OR：（Or）或操作，并联常开触点。

OR/：（Or not）或非操作，并联常闭触点。

OT：（Out）输出，将运算结果输出到指定的线圈。

NOT（/）：（Not）非操作：取反运算。

ORS：（Or stack）组或，多个指令块“或”运算。

ANS：（And stack）组与，多个指令块“与”运算。

PSHS：（Push stack）推入堆栈，存储该指令处的运算。

RDS：（Read stack）读出堆栈，读出由 PSHS 指令存储的运算结果。

POPS：（Pop stack）弹出堆栈，读出并清除由 PSHS 指令存储的运算结果。

DF：（Leading edge differential）上升沿微分指令。

DF/：（Trailing edge differential）下降沿微分指令。

KP：（Keep）保持，输出接通并保持。

SET：（Set）置位，使指定的输出置位并保持。

RST：（Reset）复位，使指定的输出复位。

NOP：（No operation）空操作。

ED：（End）程序结束。

（二）基本功能指令

TMR：（0.01s timer）0.01s 定时器指令。

TMX：（0.1s timer）0.1s 定时器指令。

TMY：（1s timer）1s 定时器指令。

CT：（Courter），计数器指令。

SR：（Shift register）左移位寄存器指令，16 位内部字继电器（WR）数据左移 1 位。

（三）基本控制指令

MC：（Master control relay）主控继电器开始指令。

MCE：（Master control relay end）主控继电器结束指令。

JP：（Jump）跳转指令。

LOOP：（Loop）循环跳转指令。

LBL：（Lable）标记，JP、LOOP 指令的目标。

SSTP：（Start step）步进过程开始指令。

NSTP：（Next step）激活下一个过程。

CSTP：（Clear step）清除过程指令。

STPE：（Step end）过程结束指令。

FP1 的基本指令还有子程序调用、中断控制、比较指令等，这里不再介绍，有兴趣的学生可以参考 FP1 的编程手册。

思考题与习题

6－1　PLC 三种类型的输出电路各用于什么类型的负载？

6－2　PLC 的工作方式与微机的工作方式有什么区别？为什么 PLC 的工作方式能提高其抗干扰能力？

6－3　写出图 6－39 所示梯形图对应的助记符指令。

6－4　梯形图如图 6－40 所示，试分别用 TR 指令和 IL/ILC 指令写出其对应的指令程序。

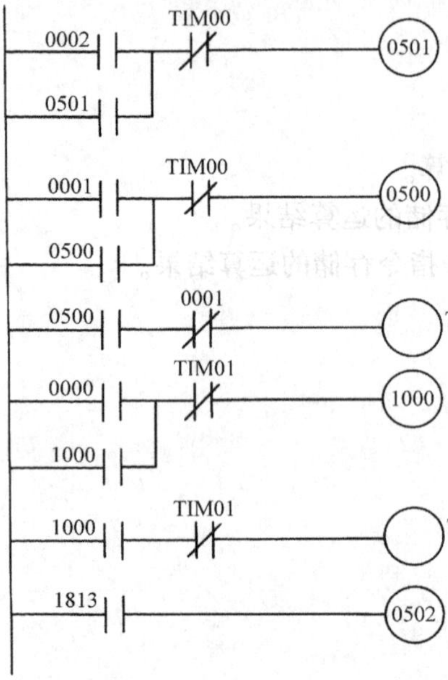

图 6－39　题 6－3 图

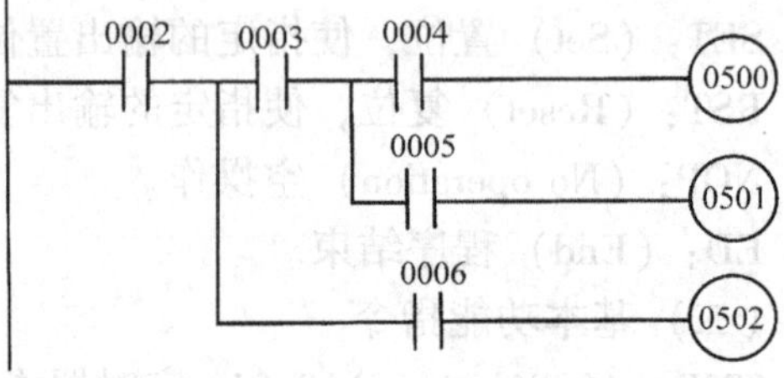

图 6－40　题 6－4 图

6－5　梯形图如图 6－41 所示，利用动作时序图说明输入 0002 与输出 0500 的关系。常开触点 1815 的作用是什么。

6－6　图 6－42 为计数控制梯形图，设输入 0001 为脉冲信号，问输入多少个脉冲时，输出 0505 将由“OFF”变为“ON”？

6－7　用 PLC 控制三相异步电动机 Y－△起动，试设计出控制梯形图并写出对应的指令。

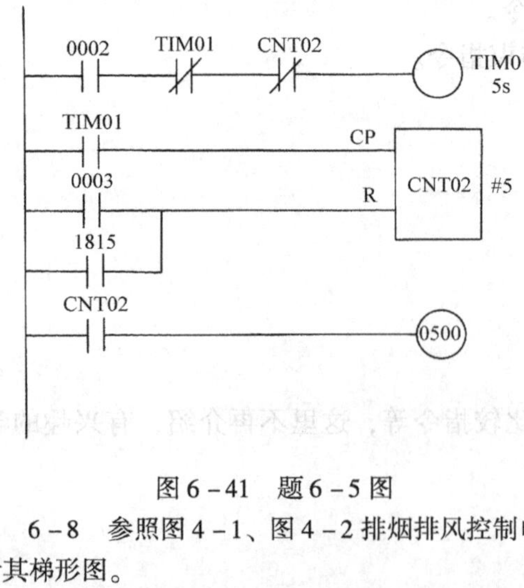

图 6－41　题 6－5 图

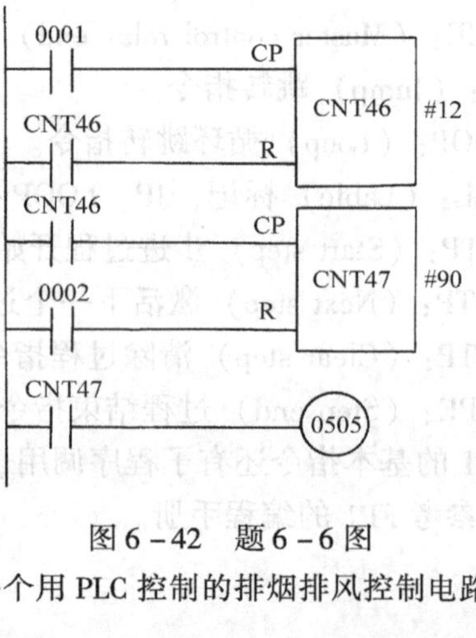

图 6－42　题 6－6 图

6－8　参照图 4－1、图 4－2 排烟排风控制电路，试设计一个用 PLC 控制的排烟排风控制电路，并设计其梯形图。

第七章　可编程序控制器的设计与应用

虽然 PLC 最早以工业控制器的身份问世的，但现在的 PLC 都是以微处理器为控制核心，具有很强的逻辑控制和运算能力，并且使用方便，操作简单，因此它不但在工业控制中得到应用，而且已经广泛应用在其它的领域。在建筑行业中 PLC 也得到广泛的应用。

第一节　可编程序控制器设计

一、PLC 控制系统设计

（一）PLC 控制系统设计的基本原则

1. 了解并列出系统的工艺要求和基本流程

在动手设计 PLC 控制系统之前，首先应了解系统的工艺要求和基本流程。包括的内容有：了解各控制对象的驱动要求，如驱动的电压（电流）、时间等；确定所控制的参数，并用流程图表达出各控制对象的动作顺序，相互之间的约束关系。

2. 确定合理的控制方案

拟定实现参数控制的具体方案，是单机控制还是多机控制，如果是多机控制是否需要通信等；同时还应考虑的问题有输入、输出参数的数量、类型，是否需要 A/D、D/A，定时器及计数器的个数和长度，PLC 的指令执行速度、内存容量等。

3. 保证系统工作安全可靠

所设计的系统应能在特定的现场条件下安全可靠地工作。

4. 系统从硬件结构上应尽量简单、经济、操作和维修方便，大部分的控制功能应尽可能地由 PLC 完成。

（二）PLC 控制系统设计的一般步骤

PLC 控制系统的设计包括硬件设计和软件设计。硬件设计包括 PLC 机型的确定，输入信号及输出信号的地址分配，控制台的设计制作及现场安装配线。软件设计包括编写、调试、修改控制程序。

PLC 控制系统设计的一般步骤：

1）仔细了解系统的控制功能及要求，如动作顺序、操作方式、输入输出信号的类型、信号报警及电源情况等。

2）根据被控设备情况及控制要求估计 I/O 点数。

3）选择 PLC 的机型。

4）控制功能的分配，哪些由硬件控制实现，哪些由软件编程控制实现。

5）分配 PLC 的 I/O 点编号地址，列出 I/O 分配表，设计外部接线图。

6）设计 PLC 的控制程序，与此同时可以进行控制台的设计制作及现场配线。

7）反复调试、修改控制程序，包括模拟调试和现场调试。一般先模拟调试没有问题，才进行现场调试。直至实现所有控制功能为止。

8）将完成的控制程序保存固化。

9）编制完整的技术文件如接线图、状态转移图、梯形图及其注释，使用说明等，交付使用部门。

二、编程方法

（一）编程的基本规则

1）由于 PLC 输入输出继电器、内部继电器、定时/计数器等触点可以多次重复使用，因此无需用复杂的程序结构来减少触点的使用次数。

2）梯形图中每一逻辑行都从左母线开始，线圈在最右边。触点不能在线圈的右边。这一点与继电器控制原理图中不同。

3）线圈不能直接与左母线相接。如果需要，可以通过 PLC 内部的特殊继电器的常开或常闭触点来接。如图 7－1 所示。

4）一般情况下，应尽量避免同一地址编号的继电器重复输出。

5）梯形图程序执行的顺序是从上到下，从左到右逐条逐行执行。所以编程时，应尽可能避免出现无法编程情况。如图 7－2 所示桥式电路就无法直接编程。

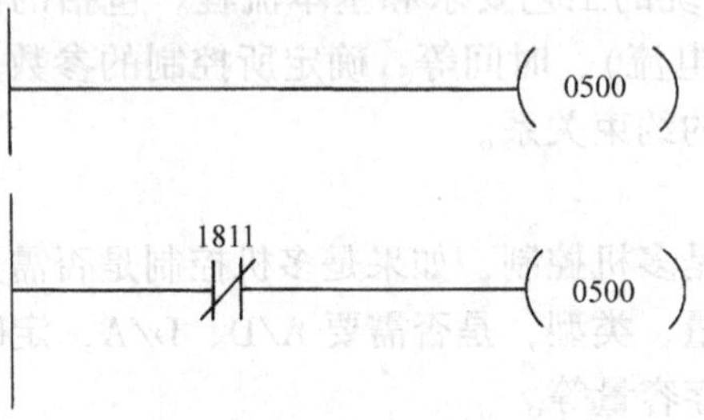

图 7－1　规则 3 的说明

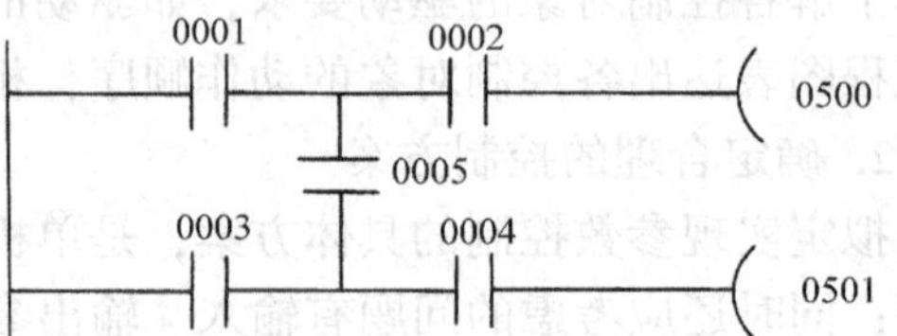

图 7－2　桥式电路

（二）编程基本技巧

1）串联触点较多的电路编在梯形图的上方，如图 7－3 所示。

2）并联触点较多的电路应放在左边，如图 7－4 所示。

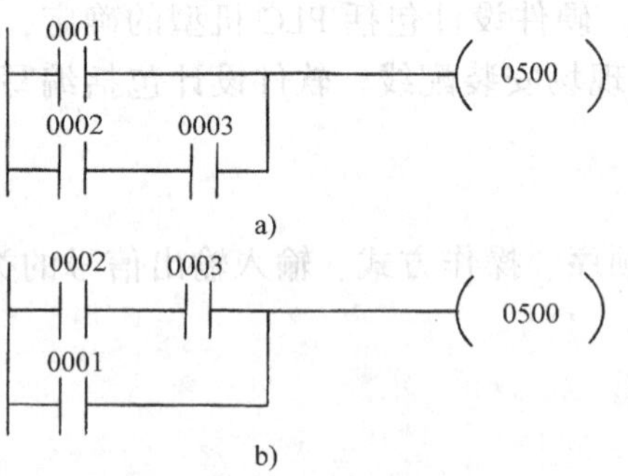

图 7－3　梯形图程序

a）电路安排不当　b）电路合理

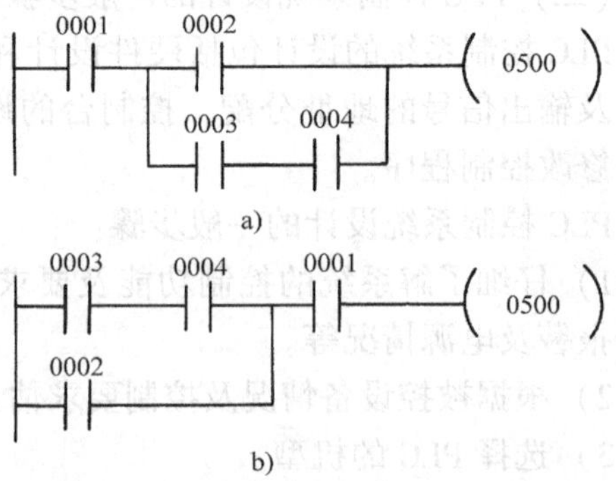

图　7－4

a）不合理　b）合理

3）桥式电路的编程。对图 7－2 所示桥式电路无法直接编程，此时可以采用等效的原则将其等效，如图 7－5 所示。

4）复杂电路的处理。有时对于一些结构复杂的电路可以采用多增加触点简化其结构，使其逻辑清晰，如图 7－6 所示。

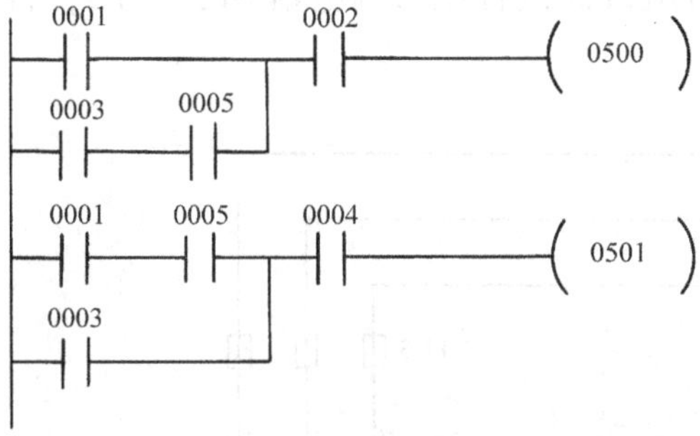

图 7－5　桥式电路的等效梯形图

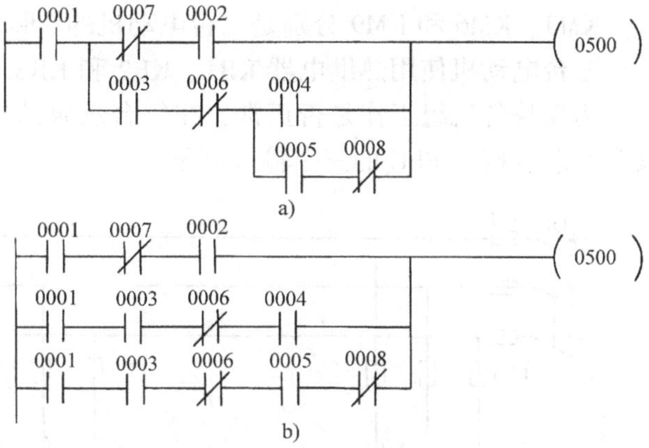

图　7－6

a）复杂梯形图　b）重新排列等效梯形图

第二节　可编程序控制器在民用建筑中的应用

一、PLC 在水塔供水系统控制中的应用

（一）控制要求

某居民住宅小区内生活水塔，高 47m，由设在水塔附近泵站中的三台水泵为其供水。水泵电动机功率为 33kW，额定电压 380V。水塔正常水位变化 2.15m，由安装在水箱内的上、下水位开关 S1 和 S2 进行控制。

对水泵的控制要求如下：

1）三台电动机均为减压起动，以减小起动电流的冲击，减压起动时间为 t_1。

2）三台电动机的起动时间应错开，上一台电动机全压运行 t_2 后，才允许下一台电动机开始起动。

3）三台电动机均设有过载保护。

4）设手动/自动方式转换开关 SAC。手动时，可由操作者分别起动每一台水泵，各水泵不进行联动；自动时，由上、下液位开关对水泵的起停自动控制，且起动时要联动。

5）三台水泵正常运行时采用两用一备，为防止备用泵长期闲置锈蚀，要求备用机组可在操作台上用按钮任意切换。

6）若运行中任一台水泵出现故障，备用机组应立即投入运行。

7）控制台上应有多台水泵的备用状态、运行、故障及上、下液位等信号指示。

（二）系统硬件设计

1. 主电路及控制电路的设计

各台水泵电动机均采用 Y－△起动方式，主电路如图 7－7 所示。每台电动机各由三个接触器控制，KM1、KM2 和 KM3 控制 M1；KM4、KM5 和 KM6 控制 M2；KM7、KM8 和

KM9 控制 M3。其中：

KM1、KM4 和 KM7 分别是三台电动机的电源接触器；

KM2、KM5 和 KM8 分别是三台电动机的 Y 形联结接触器；

KM3、KM6 和 KM9 分别是三台电动机的△形联结接触器；

三台电动机使用热继电器 KR1、KR2 和 KR3 分别进行过载保护。

为反映各机组工作是否正常，在每台水泵的压力出口处设置压力继电器 SP1 ~ SP3，将其常开触点接入 PLC 的三个输入端子。

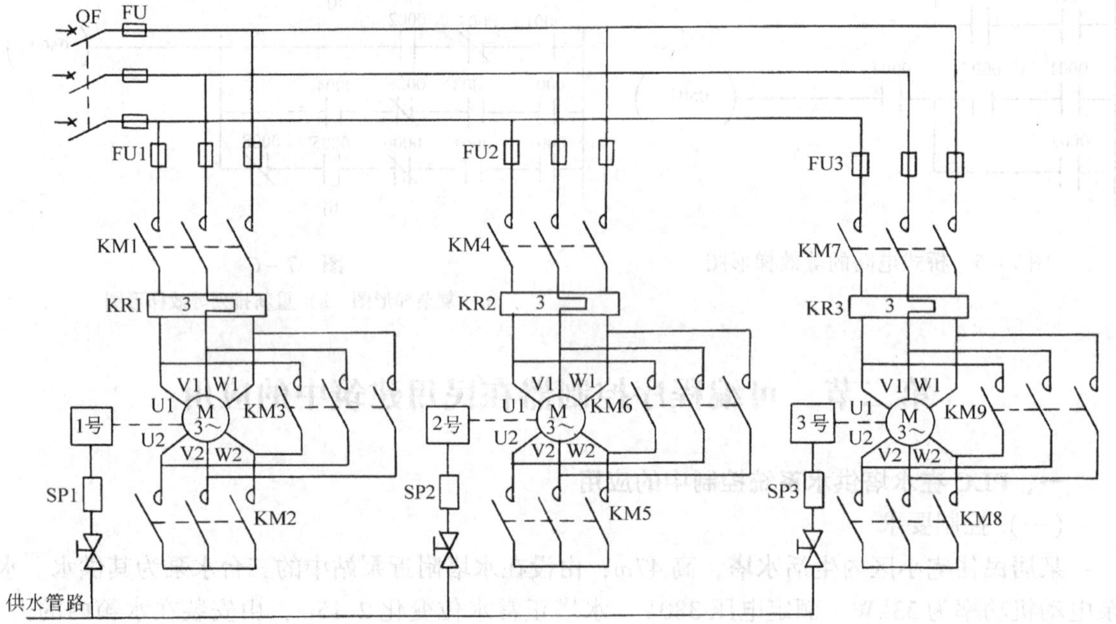

图 7－7　水塔供水系统主电路

2. PLC 的选择及 I/O 分配

根据上述控制要求，可以统计出现场输入信号共 19 个，输出信号 17 个，并考虑到以后的扩展，故选用 OMRON C 系列 PC 机 C60P。C60P PLC 共有输入 32 点，输出 28 点。

I/O 分配见表 7－1。

根据 I/O 分配表可以绘制水塔供水系统的电气原理图，如图 7－8 所示。

表 7－1　I/O 分配表

输　入		输　出	
名　　称	地址编号	名　　称	地址编号
1 号机组备用按钮 SRES1	0001	1 号电动机电源接触器 KM1	0501
2 号机组备用按钮 SRES2	0002	1 号电动机 Y 形联结接触器 KM2	0502
3 号机组备用按钮 SRES3	0003	1 号电动机△形联结接触器 KM3	0503
1 号机组手动起动按钮 SB1	0004	2 号电动机电源接触器 KM4	0504
2 号机组手动起动按钮 SB2	0005	2 号电动机 Y 形联结接触器 KM5	0505
3 号机组手动起动按钮 SB3	0006	2 号电动机△形联结接触器 KM6	0506

（续）

输入			输出	
名称		地址编号	名称	地址编号
手动/自动选择开关 SAC	手动	0007	3 号电动机电源接触器 KM7	0507
	自动	0008	3 号电动机 Y 形联结接触器 KM8	0508
水位上限接点 SU		0013	3 号电动机△形联结接触器 KM9	0509
水位下限接点 SD		0014	1 号备用泵指示	0606
1 号电动机热保护触点 FR1		0101	2 号备用泵指示	0607
2 号电动机热保护触点 FR2		0102	3 号备用泵指示	0600
3 号电动机热保护触点 FR3		0103	水位上限报警	0601
1 号水泵压力继电器 SP1		0104	水位下限报警	0602
2 号水泵压力继电器 SP2		0105	1 号机组故障指示	0603
3 号水泵压力继电器 SP3		0106	2 号机组故障指示	0604
1 号泵停止 ST1		0107	3 号机组故障指示	0605
2 号泵停止 ST2		0108		
3 号泵停止 ST3		0109		

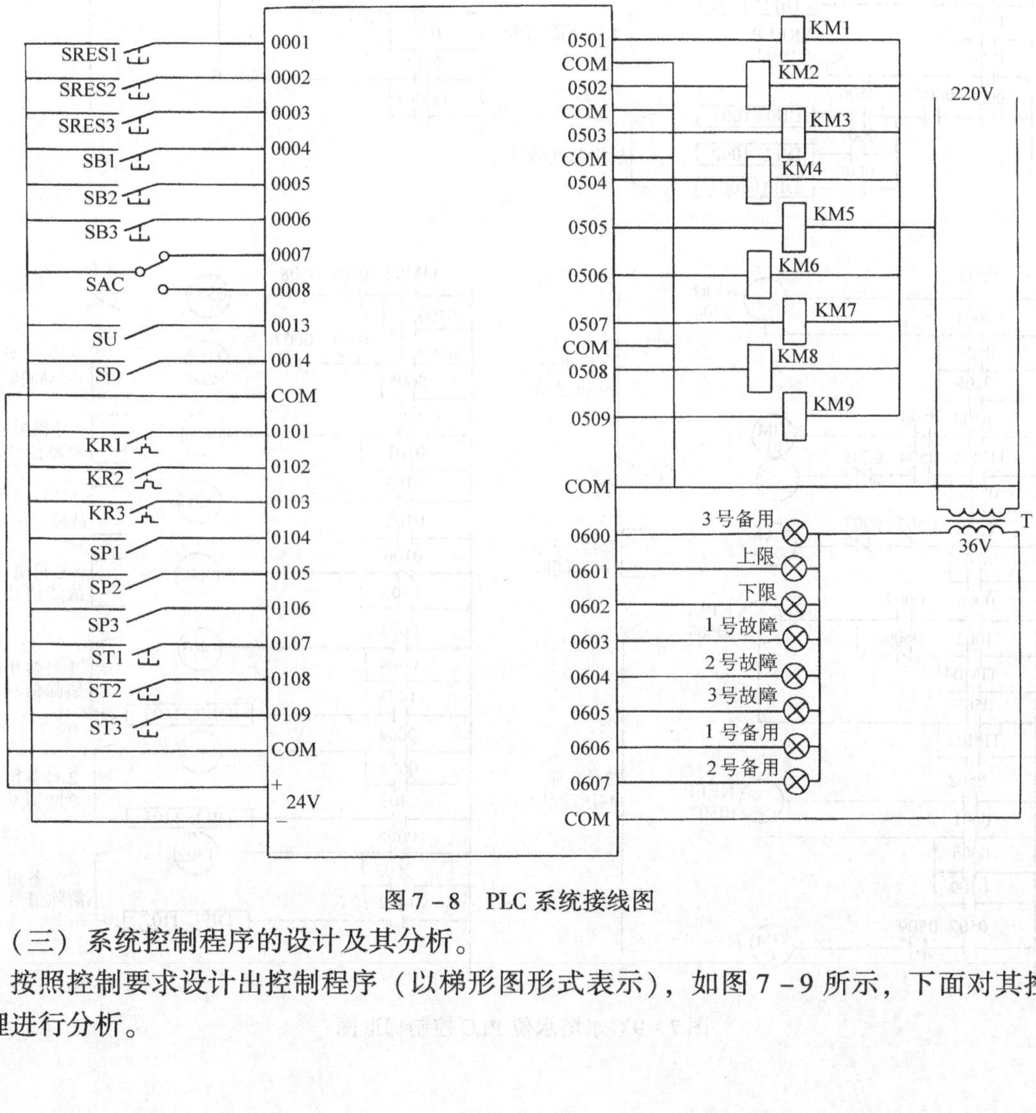

图 7－8　PLC 系统接线图

（三）系统控制程序的设计及其分析。

按照控制要求设计出控制程序（以梯形图形式表示），如图 7－9 所示，下面对其控制原理进行分析。

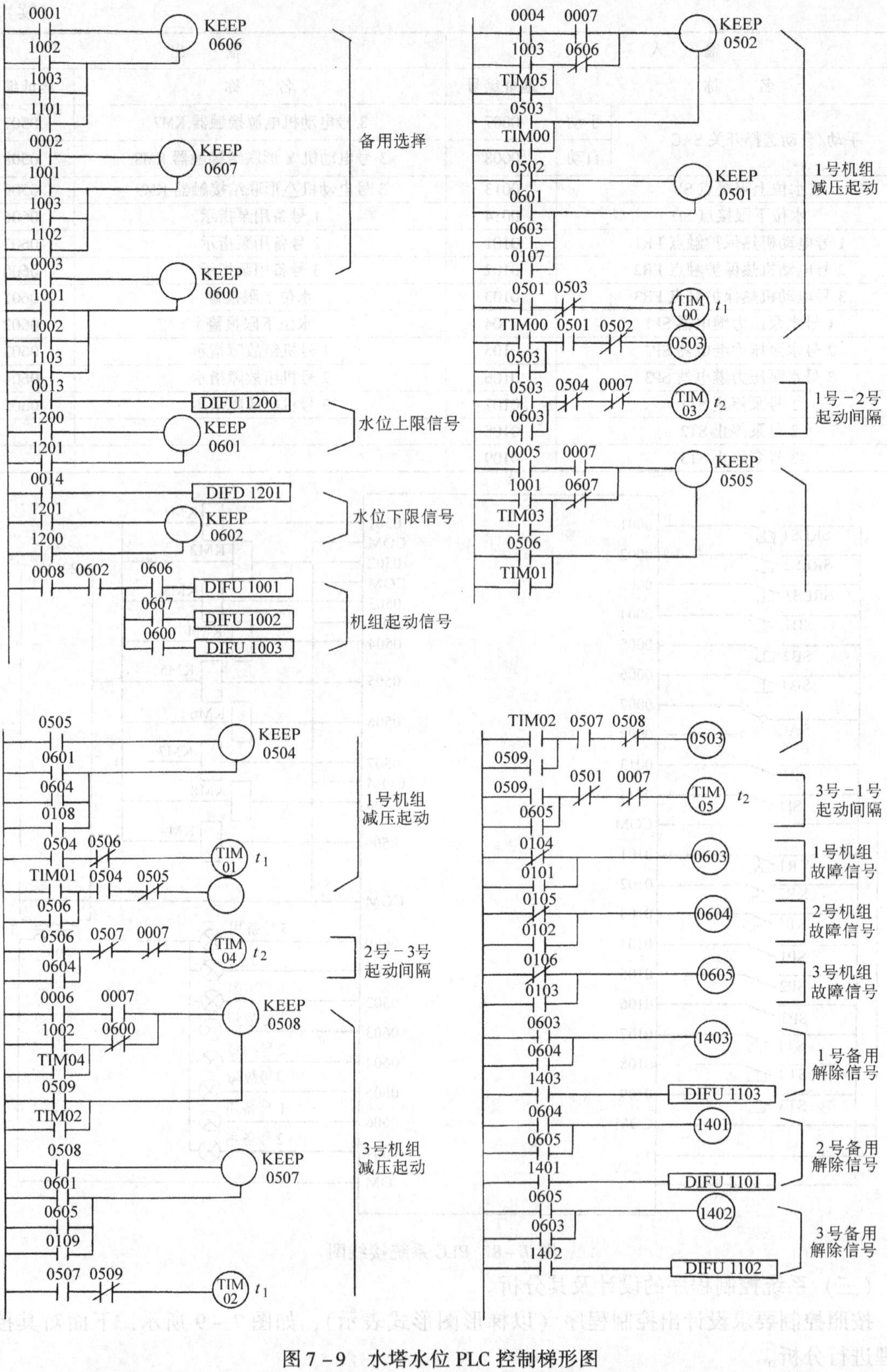

图 7－9　水塔水位 PLC 控制梯形图

1. 备用泵的选择

从 I/O 分配表或 PLC 控制原理图中可以看出，三台水泵的备用控制按钮分别接于 PLC 输入继电器 0001、0002 和 0003 端，当选择某一台水泵为备用泵时，可以按下相应的控制按钮，并且备用机组可以随时切换。

当选用 3 号水泵为备用时，则按下按钮 SRES3，PLC 输入点 0003 ON，由梯形图知，输出继电器 0600 ON，对应 3 号机组的备用指示灯亮，同时 0600 的常闭触点断开，禁止自动控制状态下输出继电器 0508（3 号机组的 Y 形联结接触器）ON；当需要 1 号泵作为备用时，按下相应按钮 SRES1，则输入继电器 0001 ON，使输出继电器 0606 ON，对应编号机组的备用指示灯亮。在下次起泵时，内部继电器 1001 ON 一个扫描周期，清除输出继电器 0607 和 0600，将以前的备用记忆清除。

2. 上、下水位指示

检测上、下水位液位开关 SU 和 SD 接在 PLC 的输入继电器 0013 和 0014 端，当水位上升到上限位置时，SU 闭合，则 0013 ON，在其前沿使内部继电器 1200 ON 一个扫描周期，因而使输出继电器 0601 ON，上限水位指示灯亮，发出上限位指示。并利用 0601 的触点发出有关的控制指令。当水位下降到下限位置时，SD 断开，使 0014 OFF，利用其下降沿，使内部继电器 1201 ON 一个扫描周期，因而使输出继电器 0602 ON，下限水位指示灯亮，发出下限位指示，并进行有关控制。

3. 机组的自动起动方式及信号

由控制要求 2）知，三台水泵的工作方式是两用一备，并且两台工作泵不能同时起动，因此必须规定各工作泵的起动顺序。规定三台水泵机组中以备用机组序号的后面一台为首先起动机组，见表 7－2。在梯形图控制程序中，用本台机组的备用信号作为下台机组的自动起动信号。

表 7－2　三台机组联动顺序

备用机组	首先起动机组	联动机组
1 号	2 号	3 号
2 号	3 号	1 号
3 号	1 号	2 号

如在自动工作方式下，输入点 0008 ON，若选择 3 号机组为备用，则 0600 ON，在水位下降到下限水位时，0602 ON，在其上升沿，内部继电器 1003 ON 一个扫描周期，而 1003 是用来首先起动 1 号机组。若选择 1 号机组为备用，则 06006 ON，在水位下降到下限水位（0602 ON）时，将使内部继电器 1001 ON 一个扫描周期，而 1001 则是用来首先起动 2 号机组。通理，当选用 2 号机组为备用时，将使 1002 ON 一个扫描周期，它作为 3 号机组的起动信号。

4. 机组的起动及联动

PLC 的 9 个输出继电器 0501～0509 分别对应控制三台水泵的 9 个接触器 KM1～KM9。即 0501、0504 和 0507 分别对应三台水泵的电源接触器 KM1、KM4 和 KM7；0502、0505 和 0508 分别对应电动机 Y 形联结接触器 KM2、KM5 和 KM8，而 0503、0506 和 0509 分别对应电动机△形联结接触器 KM3、KM6 和 KM9。三台水泵电动机起动时均要求为 Y－△起动，实际上就是使要起动的电动机的 Y 形联结接触器先接通一段时间（如控制要求为 t_1，在程序中使用三个定时器 TIM00、TIM01 和 TIM02 完成起动时间的控制），然后再将电动机 Y 形联结接触器断电，并使电动机△联结接触器接通。先起动的水泵全压运行 t_2 后，第二台水泵才能起动，t_2 使用 TIM03、TIM04、TIM05 延时实现。

下面以自动方式下，3 号机组备用为例分析程序控制过程。

由于 3 号机组备用，则按照表 7-2，1 号水泵先起动，等一段时间，2 号水泵再起动。即要求 PLC 的输出继电器 0501～0506（对应 KM1～KM6）ON 的顺序为：

0502 和 0501 先 ON（1 号泵 Y 起动）；经 t_1 时间，0502 OFF，0503 ON（1 号泵△运行）；再经 t_2 时间，0505 和 0504 ON（2 号泵 Y 起动）；经 t_1 时间，0505 OFF，0506 ON（2 号泵△运行）。

在水位到达低限水位时，1003 ON 一个扫描周期。

1003 ON→0502 ON（1 号水泵电动机 Y 联结）→0501 ON（电源接通）→1 号水泵电动机 Y 形接法起动，TIM00 起动定时$\xrightarrow{t_1}$0502 复位（OFF），0503 接通（ON），1 号水泵全压运行→TIM00 复位，而 TIM03 起动定时$\xrightarrow{t_2}$0505 ON（2 号水泵电动机 Y 联结）→0504 ON（电源接通）→2 号水泵 Y 形起动，TIM01 起动定时$\xrightarrow{t_1}$0505 复位（OFF），0506 接通（ON），2 号水泵全压运行→TIM03 复位。

应该注意到，在 2 号水泵全压运行后，即 0506 ON 时，TIM04 也被起动定时，但 t_2 定时到时，由于 3 号水泵已被选为备用，0600 ON，0600 的常闭触点断开，所以 3 号水泵电动机 Y 形联结接触器 0508 不能 ON。

1 号、2 号水泵备用的控制过程与此相似，读者可自己分析。

5. 机组的故障检测处理

当正在运行的机组出现故障时，应立即使该机组停止运行，并将备用机组投入运行，同时还应发出机组故障指示信号。

从 I/O 分配表中可以知道，PLC 输出点 0603、0604 和 0605 分别连接三台机组的故障指示灯。0603 对应 1 号机组故障指示灯，0604 对应 2 号机组故障指示灯，0605 对应 3 号机组故障指示灯。

使机组产生故障的原因可能有很多，在此只考虑两种情况：①机组发生长期过载，对应的热继电器 FR1 或 FR2 或 FR3 会动作，三个热继电器的常开触点分别接在 PLC 的输入点 0101、0102 和 0103；②机组正常运行时，水管出口压力不足，此时由三个压力继电器 SP1、SP2、SP3 分别对应检测，它们的常开触点分别接在 PLC 的输入点 0104、0105 和 0106。当压力正常时，压力继电器处在动作状态，即其常开触点处在闭合状态。

上述两种产生故障的条件任何一个满足，就认为有故障产生，应发出故障指示，且产生相应的控制动作。所以故障指示的逻辑表达式为：

$$0603=\overline{0104}+0101$$

$$0604=\overline{0105}+0102$$

$$0603=\overline{0106}+0103$$

根据三个逻辑表达式很容易编制出故障指示信号程序。下面分析程序故障处理过程。设 1 号、2 号机组工作，3 号机组备用。

当1号机组由于过载使热继电器FR1跳闸，使0101 ON→0603 ON→1号机组故障指示灯亮，0501复位（OFF）→1号水泵电源接触器断电，0503 OFF。

如果1、2号机组运行正常，水管出口压力也正常，则0501、0503、0504、0506都处在ON状态，而SP1、SP2的常开触点是闭合的，即0104、0105也处在ON状态，其常闭触点是断开的，所以0603、0604是OFF状态。当出现1号水管出口压力不足，SP1将释放，0104变成OFF，使0603 ON，发出故障指示，同时使0501、0503 OFF，1号机组停机。

其它工作机组出现故障的控制过程与此相似，不再赘述。

6. 故障时的备用自投

当工作机组出现故障时，除了上述的发出故障指示和故障机组停机外，还应使备用机组投入运行，但在备用机组投入运行之前，应先解除其备用状态。在程序中是通过内部继电器1401、1402、1403、1101、1102、1103来实现的。1403、1103用于解除3号泵的备用状态，1402、1102用于解除2号泵的备用状态，而1401、1101用于解除1号泵的备用状态。还是以3号泵备用为例说明其解除过程。

解除3号备用泵的备用状态的条件应是1号或2号泵出现故障，所以在程序中将表示1号泵和2号泵故障信号的0603和0604的常开触点并联起来，作为1403的触发条件。

当1号泵或2号泵出现故障，0603或0604 ON→1403 ON→1103接通一个扫描周期→0600 OFF→解除3号泵的备用状态。

备用泵的投入过程分两种情况：（以1号泵为例说明）

1）1号泵在起动过程中出现故障。由前面分析知，当3号泵备用，低限水位时，1号泵先起动，TIM00定时起动，如果在此时间出现故障，由于TIM00定时t_1时间还没有到，所以0503仍然是OFF状态，但由于0603与0503的触点是并联起来的，因此1号泵故障信号0603的接通，会使TIM03起动定时，经过t_2时间延时，0505、0504 ON，再经TIM01的t_1时间延时，0504 OFF，0506 ON，即2号泵起动至运行。当0506 ON时，将起动TIM04，进行t_2时间延时，由于3号泵已解除备用状态，0600已OFF，所以TIM04的定时到，使0508 ON，继而0507 ON，经t_1时间延时，0508 OFF，0509 ON，使3号泵自动投入Y形起动，然后再△形全压运行，完成备用投入控制过程。

2）1号泵在运行期间出现故障。设1、2号泵已投入运行，由上述4. 的分析知：正常时，PLC各输出继电器0501、0503、0504、0506全部处在ON状态，TIM03 OFF，TIM04也到达定时时间，由于3号泵处在备用状态，0600是处在ON状态，其常闭触点断开，所以0508不能接通，3号水泵也不能起动。如果1号水泵发生故障，0603 ON→1403 ON→1103产生解除备用脉冲信号→0600 OFF，由于TIM04已定时到，即TIM04的常开触点已闭合，所以0508 ON→0507 ON→3号水泵Y形起动，TIM02起动定时$\xrightarrow{t_1}$0508与0509相互切换，即0508 OFF，0509 ON→3号水泵△形全压运行，完成备用自投的控制过程。

7. 手动控制

将转换开关SAC置于手动位置，0007 ON，0008 OFF，手动工作方式建立，同时解除自动方式。此时可以通过按动手动控制按钮SB1或SB2或SB3，使0004或0005或0006 ON，这三个输入继电器的常开触点各自与0007的常开触点串联去分别控制0502、0505、0508，使三台水泵起动。由于手动方式不需要各个水泵之间相互联锁，所以用0007的常闭触点封锁 TIM03、TIM04 和 TIM05。

以上分析了水塔供水泵站的 PLC 控制原理和控制过程，虽然该例是以三台机组进行控制，但由于 PLC 的 I/O 留有一定裕量，所以很容易再进行扩展，构成泵群控制系统。

二、PLC 在空调机组中的应用

（一）空调机组工作过程简介

空调机组是建筑物内局部空气处理的大型成套设备。由于具有安装方便，施工迅速，操作简单等优点，在各种建筑物中得到广泛的使用。

图 7－10 是一种空调机组的原理示意图，按其功能，可以分为制冷和空气处理两大部分。

制冷部分主要由压缩机、冷凝器、膨胀阀和蒸发器组成，其功能是对室内的空气进行冷却，并除去空气中过多的水分，从而实现对空气的降温除湿目的。为了调节室内所需的热、湿负荷，将蒸发器的制冷管道分为两路，分别由两个电磁阀 1YV、2YV 控制。当 1YV 打开时，蒸发面积为总面积的 1/3；当 2YV 打开时，蒸发面积为总面积的 2/3；当 1YV、2YV 都打开，蒸发面积为全部的总面积。因此可以改变制冷量及除湿强度。

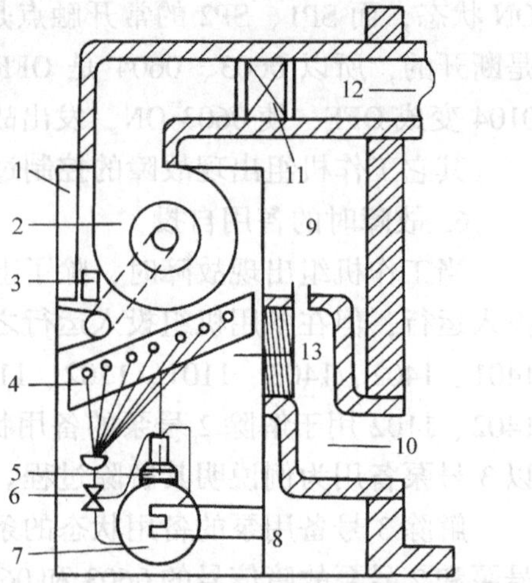

图 7－10　空调机组原理结构示意图

1—控制屏　2—通风机　3—电加湿器　4—蒸发器　5—压缩机　6—膨胀阀　7—冷凝器　8—冷却风　9—新风　10—回风　11—电加热器　12—送风　13—混合风

空气处理设备由新风采集口、回风口、空气过滤器、电加热器、电加湿器及风机组成。其主要任务是将新风与回风按一定比例混合经过过滤器过滤后，处理成所需的温度及湿度又送风口送到各个房屋。电加热器为三段电阻式加热器，安装在送风管道中；电加湿器是用电极直接加热水产生蒸汽，用喷管喷入空气中进行加湿。

（二）空调机组的控制要求

1. 夏季的控制要求

夏季空气温度高，湿度大，要求空调机组进行降温除湿。

1）蒸发器电磁阀 1YV、2YV 的接通数量可根据实际的要求控制，本系统中采用三段控制，先设定允许湿度的上下限为 H_{max} 和 H_{min}，当空气的湿度低于设定湿度的下限时，只将 1YV 接通；当空气的湿度在设定湿度之间时，只接通 2YV；当空气中的湿度大于设定湿度的上限时，将两个电磁阀 1YV 和 2YV 全部打开。

2）为了在控制湿度时保持送风温度基本不变，用一组电加热器 RH1 作精加热（又称冷加热）装置。当空气温度低于设定温度 T_g 时，将 RH1 接通，当高于设定温度时，将 RH1 断开。

3）在电加热器通电之前，应先将风机起动。

2. 冬季的控制要求

冬季温度低，湿度小，因此需要对空气进行加热、加湿。

（1）温度控制　预先设定冬季温度的上下限 T_{max} 和 T_{min}，当空气的温度低于设定下限时，应将三个加热器全部接通；当空气的温度在设定温度的上下限之间时，接通两组加热器，如 RH1 和 RH2；当空气的温度高于设定上限时，只需接通 1 组加热器，如 RH1。

（2）湿度控制　冬季采用电极式加热器 RW 对水加热产生蒸汽，用喷管喷出，对送风加湿。同样预先设定加湿的湿度值 H_g，当空气的湿度低于设定值，起动加湿器；当空气的湿度高于设定值，断开加湿器。

（3）动作顺序　先起动送风机，再起动加热器与加湿器。

（三）PLC 控制系统的设计

空调机组的主电路如图 7－11 所示。

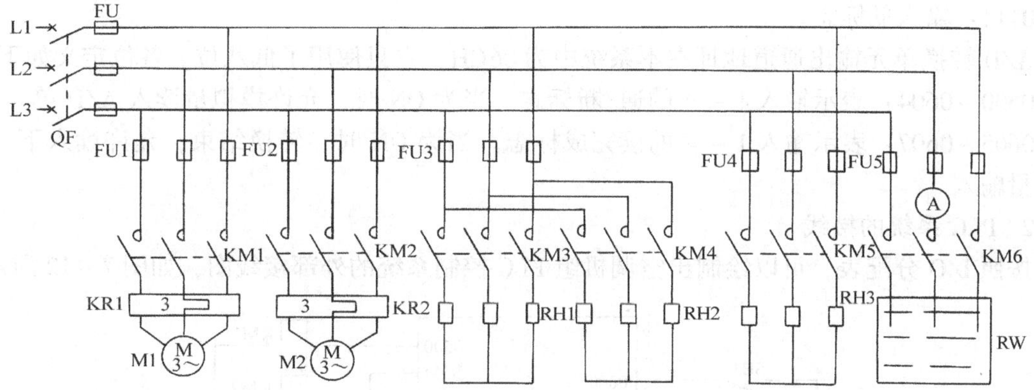

图 7－11　空调机组主电路

M1—风机　M2—压缩机　RH1～RH3—加热器　RW—加湿器

1. PLC 控制单元、A/D 转换单元及 I/O 分配

由图 7－11 可知，PLC 控制的接触器有 6 个，还要控制两个电磁阀 1YV 和 2YV，因此 PLC 的输出点需要 8 个，PLC 的输入信号主要为一些按钮、转换开关及热继电器的触点，共需 7 个。因此选用 OMRON C 系列 P 型机 C20P 即可满足要求。

由于该空调系统要求对温度和湿度进行控制，而温度和湿度均为模拟量，所以系统中还需要 A/D 转换单元。与 OMRON P 型机相配合的 A/D 转换单元有两种：C1K—AD（1 路模拟量输入）与 C4K—AD（4 路模拟量输入）。在此选用能转换 4 路模拟量的 C4K—AD 单元。

PLC 控制单元及 A/D 转换单元的 I/O 地址分配见表 7－3。

表 7－3　空调机组 PLC 控制系统的 I/O 分配表

	输入			输出	
	外部设备		地址编号	外部设备	地址编号
PLC 控制单元	机组起动按钮 SB1		0000	风机接触器 KM1	0500
	机组停止按钮 SB2		0001	压缩机接触器 KM2	0501
	转换开关 SAC	冬	0002	加热器 RH1 接触器 KM3	0502
		夏	0003	加热器 RH2 接触器 KM4	0503
	风机热保护触点 KR1		0004	加热器 RH3 接触器 KM5	0504
	压缩机热保护触点 KR2		0005	加湿器 RW 接触器 KM6	0505
	压力继电器触点 SP		0006	电磁阀 1YV	0506
				电磁阀 2YV	0507
A/D 转换单元	通道号		01	通道号	06

A/D 转换单元输入通道地址在本系统中定为 01CH，其 16 位的编号为 0100 ~ 0115。各位的定义如下：

0100 ~ 0107：AD 模拟量转换后对应的八位二进制数；

0108 ~ 0111：表示输入 1 ~ 4 的读标志；当某一路转换完成，其相应的读标志 ON。

0112、0115：不用；

0113：输入高标志；

0114：输入低标志。

A/D 转换单元输出通道地址在本系统中为 06CH，它只使用了低八位。各位定义如下：

0600 ~ 0604：表示输入 1 ~ 4 的通/断标志。当为 ON 时，允许模拟量读入 A/D 单元。

0605 ~ 0607：表示输入 1 ~ 4 的读完成标志。当为 ON 时，转换结束，允许读入下一路模拟量输入。

2. PLC 系统的接线

按照 I/O 分配表，可以绘制出空调机组 PLC 控制系统的外部接线图，如图 7 - 12 所示。

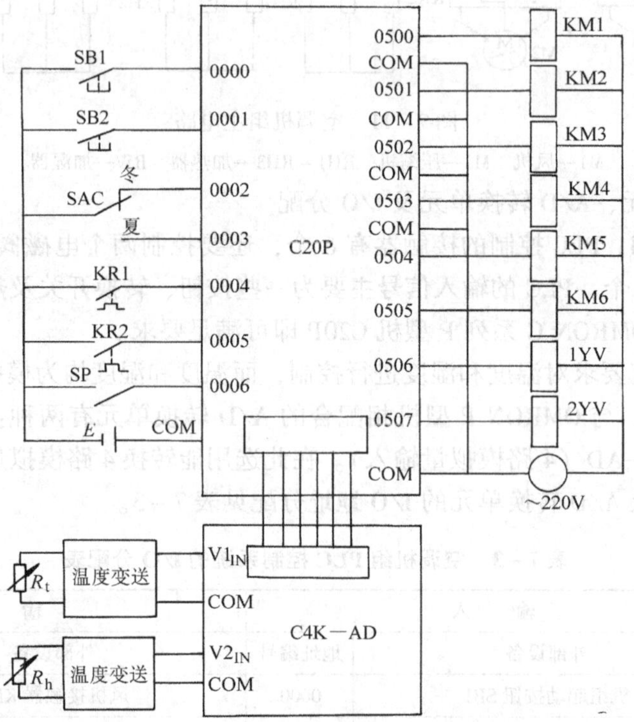

图 7 - 12　空调机组 PLC 控制系统接线图

3. 控制程序的设计与分析

设空调机组控制参数的温度和湿度上下限值在 PLC 内部对应的数字量为：

冬季参数：温度上限值 T_{max}——#S1

温度下限值 T_{min}——#S2

湿度设定置 H_g—— #S3

夏季参数：湿度下限值 H_{min}——#S4

湿度上限值 H_{max}——#S5

温度设定值 T_g——#S6

控制程序梯形图如图 7－13 所示。控制程序使用了分支指令 IL 与 ILC，温度、湿度的控制程序在分支指令之间，控制分支指令 IL 的输入触点是风机输出继电器 0500，也就是说只有风机起动之后，才能进行温度、湿度控制。风机的起动条件只有一个即发出机组起动指令（SB1 接通）使 0000 ON；风机的停止条件有两个：按下停机按钮或风机过载，程序中将 0002（与 SB2 对应）和 0004（与 KH1 对应）的触点并联起来去使输出继电器 0500 复位（OFF）。

按下起动按钮 SB1→0000 ON→0500 ON→风机起动。同时执行分支指令之间的程序。

温度、湿度模拟量信号接在 C4K—AD 单元的“输入 1”和“输入 2”两个端口，其控制转换的通断标志位是 0600 和 0601。定时器 TIM00 每隔 5s 使 0600 和 0601 ON 一次，即进行一次 A/D 转换，所以采样周期是 5s。

A/D 转换后的温度和湿度被送入内部继电器 1000～1007 中（即内部 10CH16 位继电器中的低 8 位），当转换结束后，0108 与 0109 分别 ON，利用数据传输 MOV 指令将转换结果存入 DM00 和 DM01 中。

冬季的控制：设转换开关 SAC 位于“冬”位置，此时 PLC 输入继电器 0002 ON，0003 OFF→0502 ON→加热器 RH1 工作。同时利用比较指令将采样到的当前温度值和湿度值与设定温度值的上限 T_{max}（#S1）、下限值 T_{min}（#S2）以及设定湿度值（H_g）进行比较，利用比较结果继电器 1905（大于标志）、1907（小于标志）去控制 0503、0504、0505 的通断。

例如：当温度 A/D 转换结束→0604 ON→将#S1（即 T_{max}）与 DM00（当前温度 T）比较：

若 $T_{max} < T$（即当前温度比设定温度上限还高），则比较结果 1905 OFF→1201 OFF，将不再进行下限的比较，0503 和 0504 OFF，RH2 和 RH3 不工作；

若 $T_{max} > T$（即当前温度比温度上限低），则 1905 ON→1200 ON→将#S2（T_{min}）与 DM00 比较：当 $T_{min} > T$（即当前温度比设定温度的下限还低），则 1905 ON，1907 OFF→0503、0504 ON→RH2 和 RH3 全部工作；当 $T_{min} < T$（即当前温度在设定温度上下限之间），则 1905 OFF，1907 ON→0503 ON，0504 OFF→只有 RH2 加入工作，RH3 不工作。

当湿度 A/D 转换结束→0605 ON→将#S3（即 H_g）与 DM01（当前湿度 H）比较：

若 $H_g > H$，则 1905 ON，1907 OFF→1203 ON，1204 OFF→0505 ON→加湿器 RW 投入工作；若 $H_g < H$，则 1905 OFF，1907 ON→1203 OFF，1204 ON→0505 OFF→加湿器 RW 不能投入工作，这样就实现了冬季加湿的功能。

夏季温度与湿度的控制与冬季的控制在控制方法上很相似，这里不再赘述，请读者自己分析。

从上述分析知，图 7－13 所给出的控制程序，温度、湿度采用的是分段控制，分段的数量多少，决定其控制精度的高低，如果将分段数目增加可以提高其控制精度，硬件接线不用再变，唯一付出的代价就是多编一点程序，并且变更控制方法很方便，只动软件，不动硬件，这充分显示了采用 PLC 控制的优越性。

三、PLC 在交流电梯中的应用

（一）概述

PLC 在电梯中的应用非常广泛，现以交流双速、轿内按钮 PLC 控制电梯为例说明其工作原理。图 7－14 所示电路原理图采用 OMRON C60P 型 PLC 取代电梯继电接触器控制电路原理图中的中间继电器。该型号 PLC 有 32 个输入点和 28 个输出点，共计 60 个点，输出点为继电器输出型。32 个输入点分为 0 和 1 两个通道，0 通道的 16 个点用 0000～0015 表示，1 通道的 16 个点用 0100～0115 表示。28 个输出点也分为 5 和 6 两个通道，5 通道有 12 个点，6 通道 16 个点，共计 28 个点，5 通道的 12 个点用 0500～0511 表示，6 通道的 16 个点用 0600～0615 表示。COM 表示输入和输出通道各有关点或点组的公用端。

随着电梯控制技术的进步，电路原理图 7－14 中的内外指令按钮和信号显示也采用新器件。指令按钮采用微动按钮开关和发光二极管作登记记忆显示。电梯运行方向和所在位置显示装置分别与操纵箱和召唤箱合并成一体化的新型操纵、运行方向、所在位置显示操纵箱，以及召唤、运行方向、所在位置显示召唤箱等。电梯机械部分的大部分零部件也作了更新换代，但对电气部分的影响较少，电梯机电两大部分的进步，使电梯的整机性能发生了跳跃式进步。

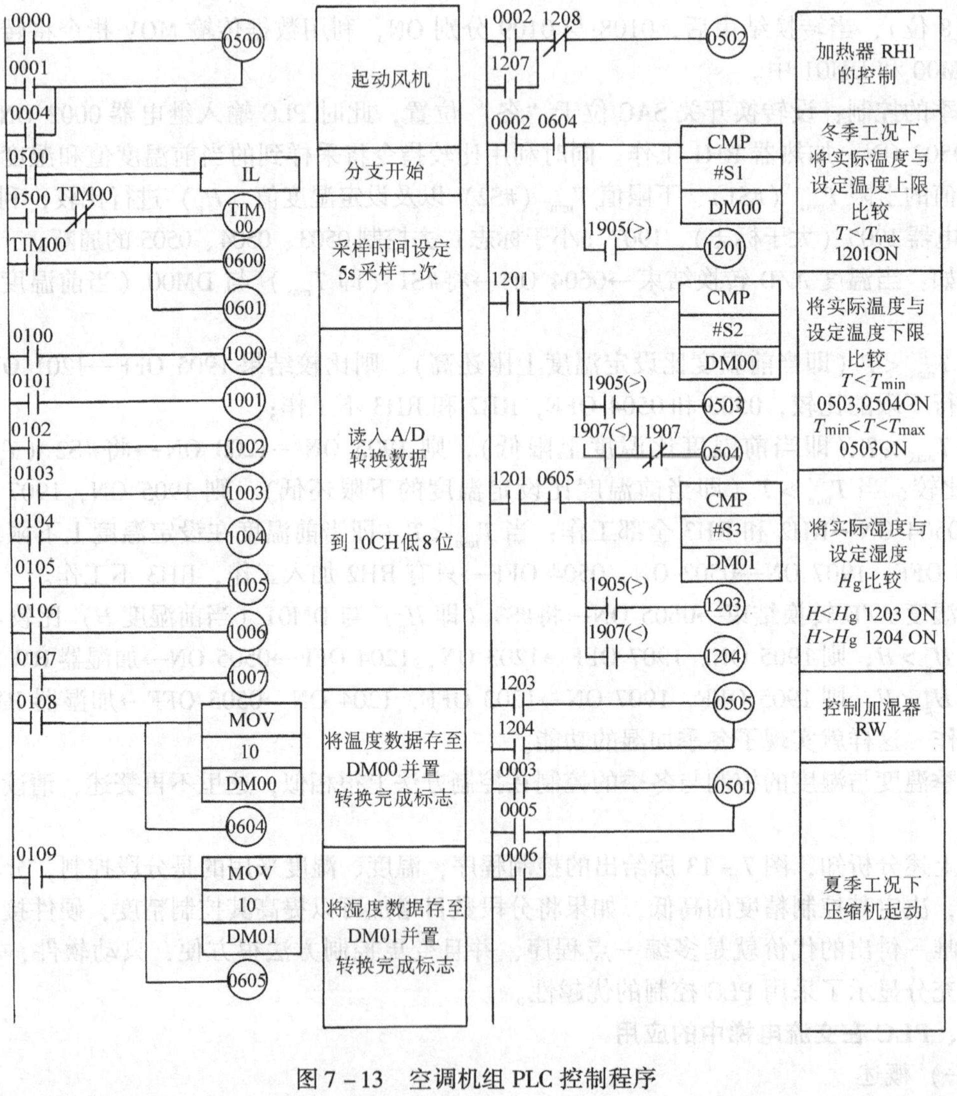

图 7－13　空调机组 PLC 控制程序

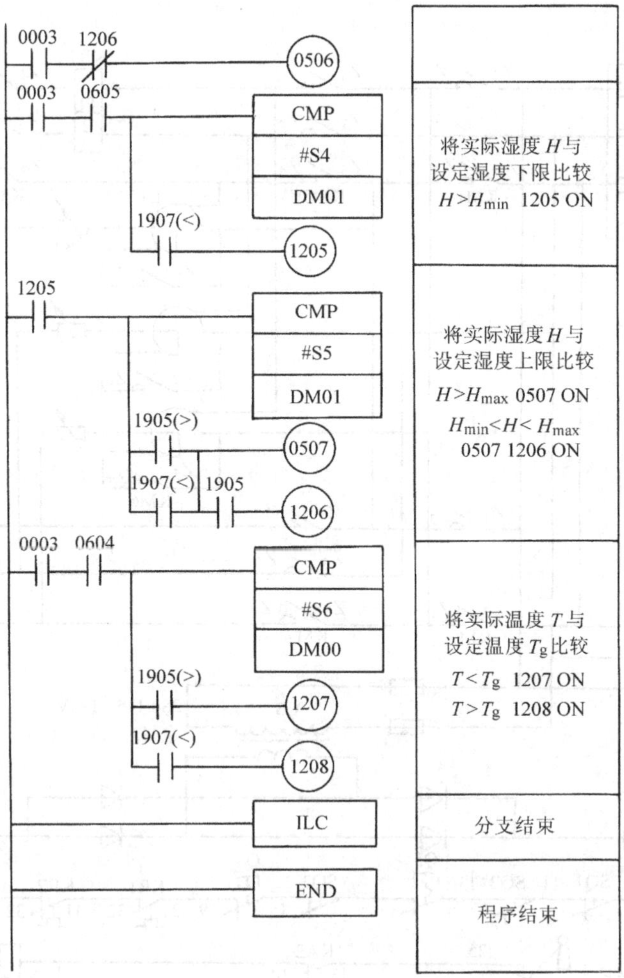

图 7－13　空调机组 PLC 控制程序（续）

电梯运行方向和位置显示，分别采用发光二极管和数码管显示电子电路，使维修费用大大降低。9 层站及以下电梯用一只数码管，10 层站以上用两只数码管。

电梯电气控制系统中的电梯位置显示采用数码显示电路。常用的数码显示电路有 BCD 码、格雷码、七段码等编译码电路结构之别，其中 BCD 码也称 8421 码。BCD 码和格雷码的真值表见表 7－4。

电路原理图 7－14 的电梯电气控制系统采用 BCD 编译码电路结构，其电路原理结构框图如图 7－15 所示。

七段码的编译码电路比较简单、直观，由 A、B、C、D、E、F、G 等七段组成的 8 字，分别组合点亮其中的某几段，就可显示所需数字，其电路结构原理框图与图 7－15 相仿。

采用 PLC 取代中间过程继电器控制的电梯电气控制系统，必须有与其电路原理图相配套的梯形图程序。电路原理图 7－14 的 PLC 梯形图程序如图 7－16 所示。

（二）交流双速、轿内按钮 PLC 控制电梯电路原理图 7－14 的控制原理

1. 司机下班关闭电梯的操作程序及下班关门电路

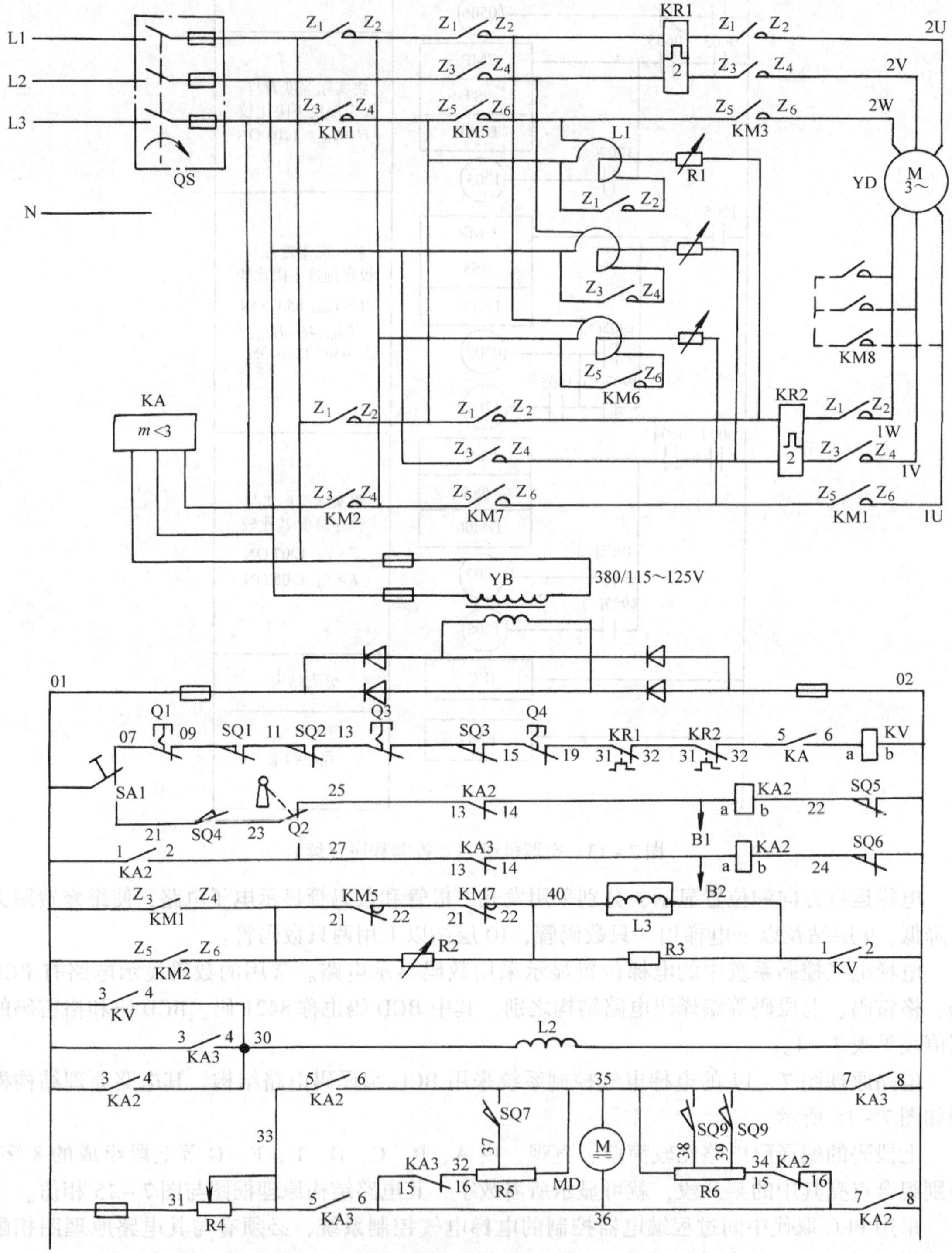

a)

图 7－14　交流双速、轿内按钮 PLC 控制电梯电路原理图

a）主拖动、直流控制电路、开关门控制电路

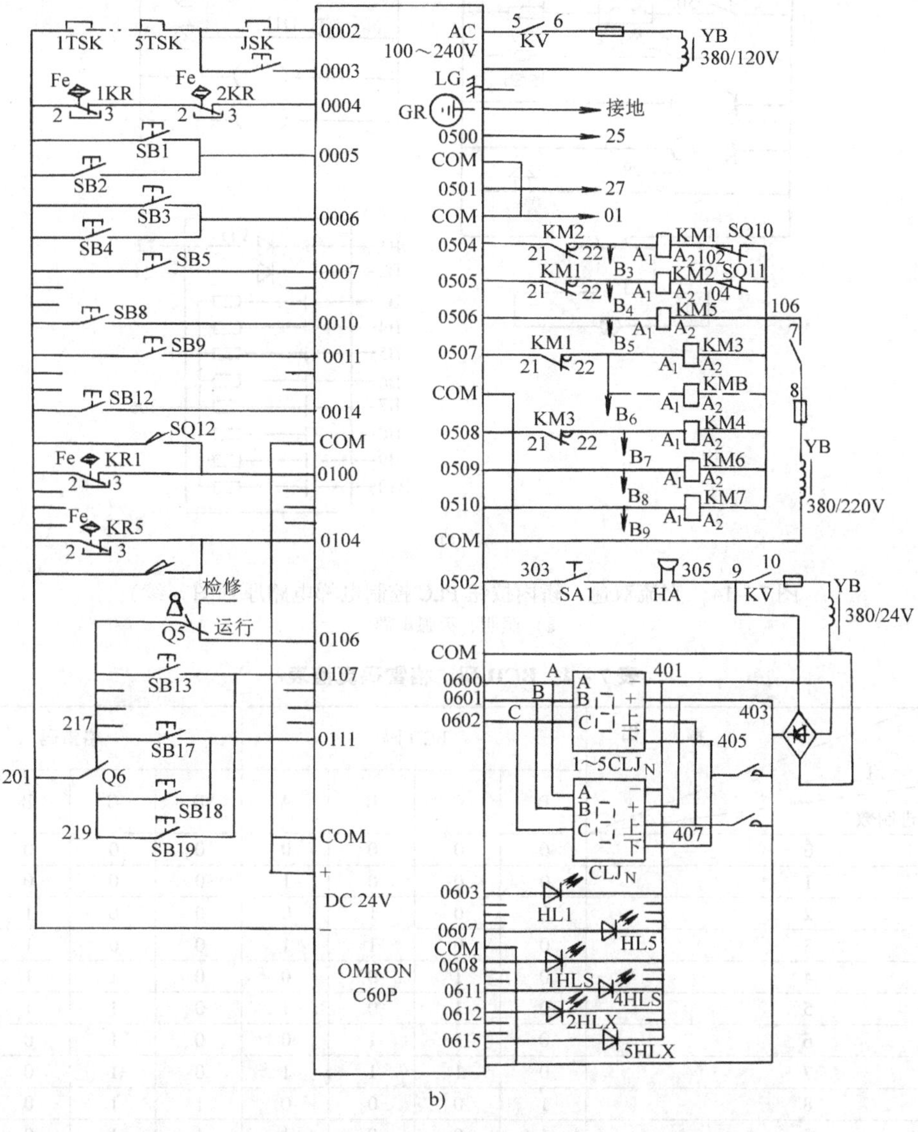

图 7-14 交流双速、轿内按钮 PLC 控制电梯电路原理图（续）

b）PLC 控制电路

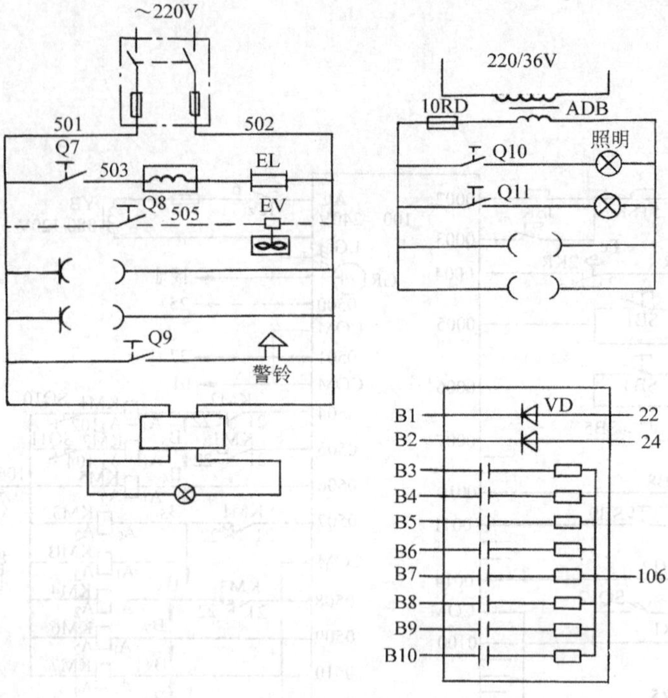

c)

图 7－14　交流双速、轿内按钮 PLC 控制电梯电路原理图（续）

c）照明、灭弧电路

表 7－4　BCD 码、格雷码真值表

真值 输出 十进制数	BCD 码				格雷码			
	D	C	B	A	D	C	B	A
0	0	0	0	0	0	0	0	0
1	0	0	0	1	0	0	0	1
2	0	0	1	0	0	0	1	1
3	0	0	1	1	0	0	1	0
4	0	1	0	0	0	1	1	0
5	0	1	0	1	0	1	1	1
6	0	1	1	0	0	1	0	1
7	0	1	1	1	0	1	0	0
8	1	0	0	0	1	1	0	0
9	1	0	0	1	1	1	0	1

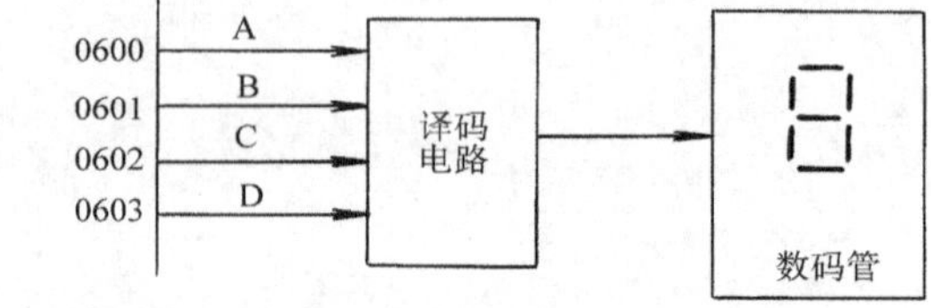

图 7－15　BCD 码、格雷码编译码电路结构框图

1）把电梯开到基站，固定在轿顶上的限位开关打板碰压固定在井道轿厢导轨上的厅外开关门控制开关 SQ4，使 21 和 23 接通。

2）扳动操纵箱下方暗盒内的照明灯开关 Q7 和控制开关 SA1。扳动 Q7 使照明灯 EL 熄灭。扳动 SA1 使 01 和 07 断开、01 和 21 接通，01 和 07 断开，YJ 线圈失电，YJ 控制的电路失电。

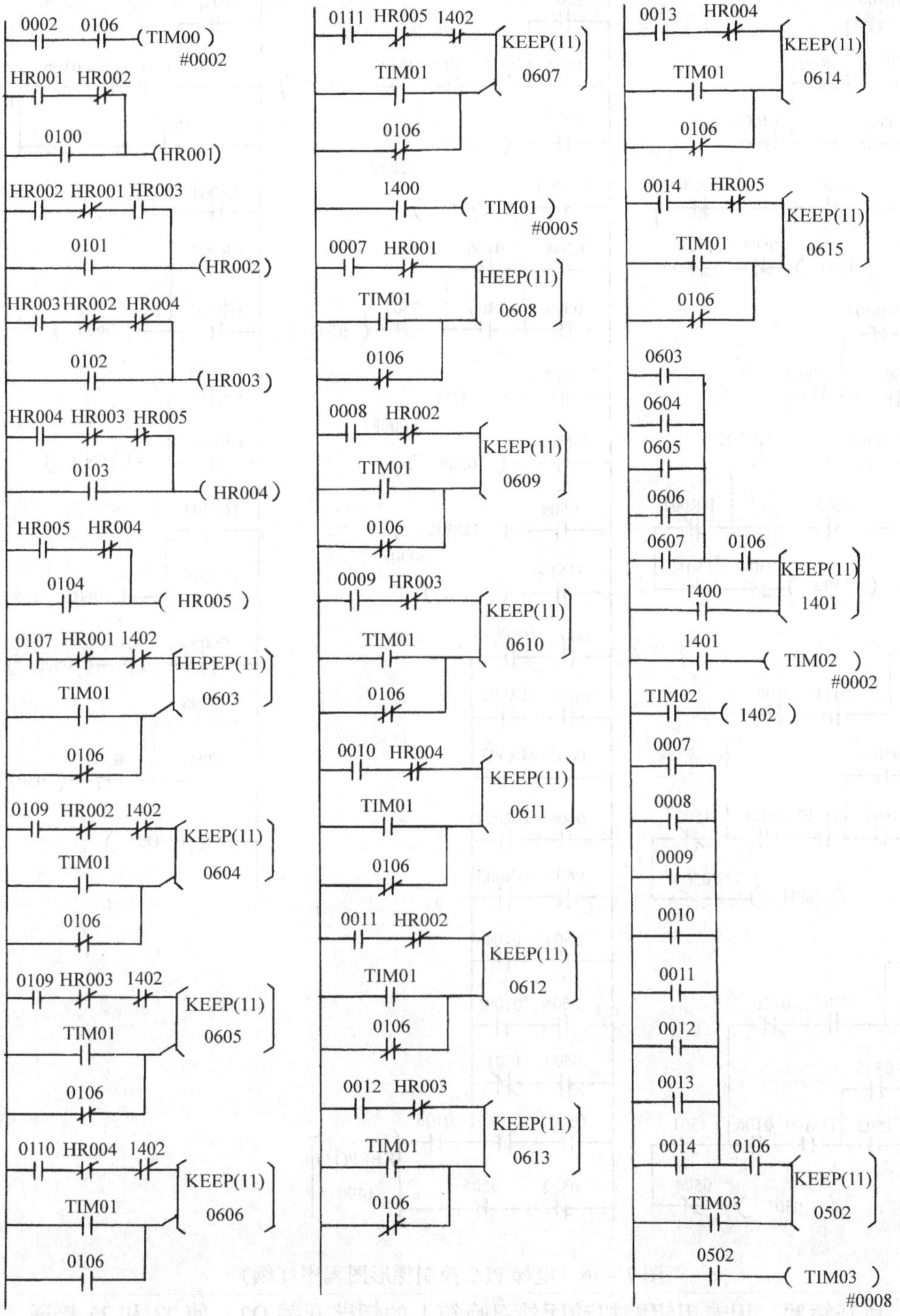

图 7－16　电梯 PLC 控制梯形图程序

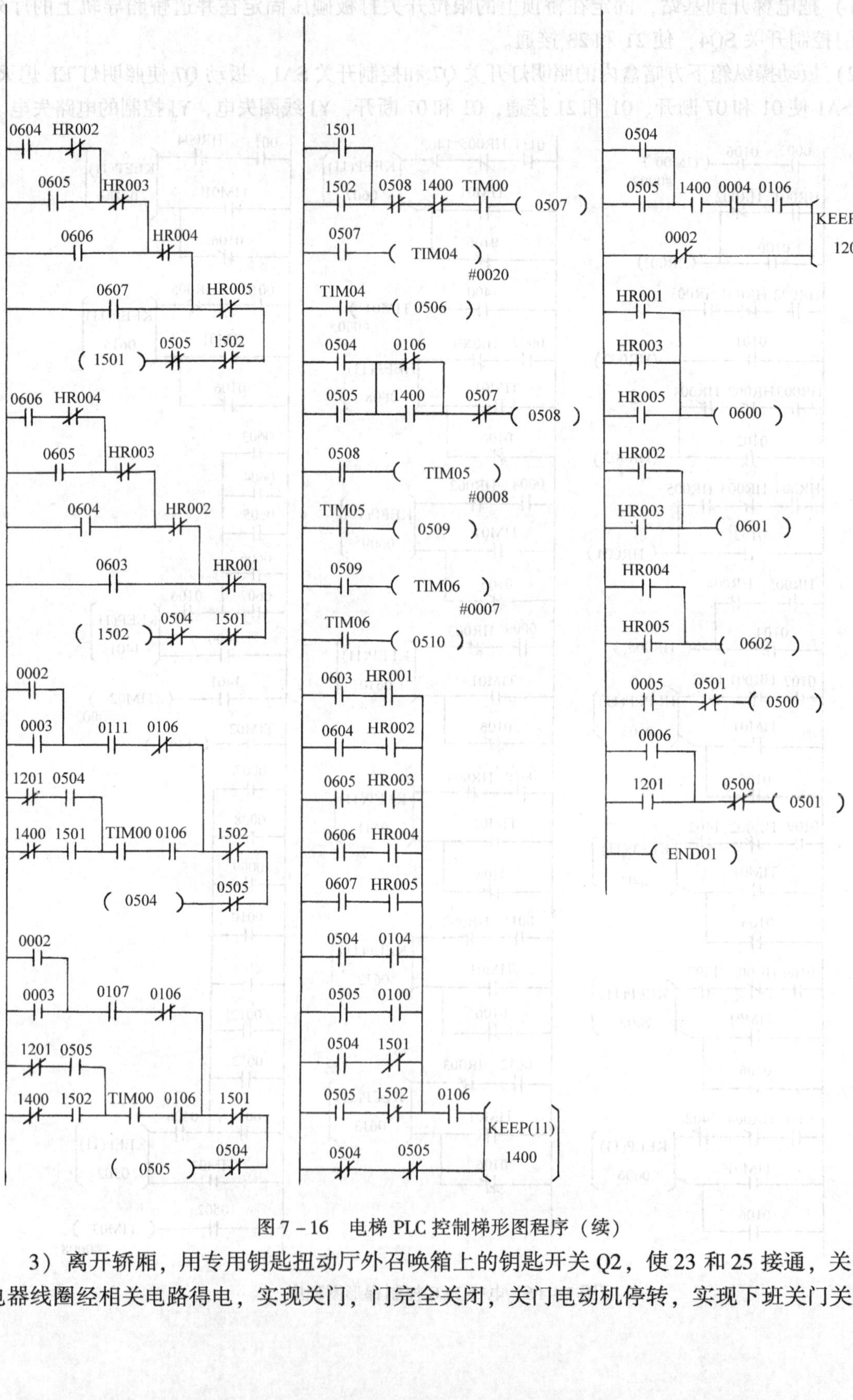

图 7－16　电梯 PLC 控制梯形图程序（续）

3）离开轿厢，用专用钥匙扭动厅外召唤箱上的钥匙开关 Q2，使 23 和 25 接通，关门继电器线圈经相关电路得电，实现关门，门完全关闭，关门电动机停转，实现下班关门关闭电梯。

2. 司机上班开放电梯的操作程序及上班开门电路

1）由于电梯停靠在1楼，01和21、21和23是接通的，司机只需用专用钥匙扭动Q2，使23和27接通，使开门继电器$KA2_{a-b}$得电，实现上班开门。

2）司机进入轿箱扳动操纵箱下方暗盒内的开关Q7和SA1，使照明灯EL燃亮，KV得电动作，KV控制的电路得电，电梯便处于开放待命状态。

3）处于1楼开放待命的电梯，位于轿顶上的换速隔磁板插入位于井道轿厢导轨上的换速传感器KR1，$KR1_{2-3}$闭合，梯形图中（以下省略）0100接通使HR001接通并保持动作状态导致0600接通，经电梯位置显示装置译码电路后，电梯位置数码显示装置显示1字。

3. 3楼厅外乘用人员见厅外召唤箱上电梯位置显示装置显示1字，获悉电梯已经开放，按召唤箱上的下行召唤按钮SB10，要求下行，则0012接通，使0502和0613同时接通。0502的接通使HA接通发出蜂鸣信号，TIM03经0.8s延时使0502断电，FM断电，0613接通并锁存使3楼下行召唤信号被登记。

4. 司机接受3楼厅外乘用人员召唤，开梯前往3楼接送乘用人员

司机听到蜂鸣信号，经查看，操纵箱上3HLX燃亮，司机开梯前往3楼接送乘用人员的操作及控制原理：

（1）点按操纵箱上对应3楼的主令按钮SB15作主令登记 3NLA按下，0109接通，0605接通，使HL3、1401、1501接通。HL3接通使3楼主令信号被登记；1401接通，TIM02接通，1402接通实现一次只能登记一个主令信号；1501接通电梯定上行方向。

（2）按下关门按钮SB1，0005接通，0500接通，关门继电器KA3接通，关门电动机MD通电运转，实现关门，门关妥后，0002接通，使TIM00接通。

1）电梯从1楼起动、加速、全速向3楼运行。

TIM00接通，使0504、0507同时接通。0504使上行接触器KM1通电，$KM1_{(Z5-Z6)}$的接通使L3接通以及$KM1_{Z1-Z4}$的接通，再加上0507的接通使KM3、KM8的接通共同使电动机YD经电抗器得电，电梯缓慢起动运行；0507还使TIM04接通，0506接通，接触器KM5接通，短接全部电抗，YD在全压下加速至全速，电梯以全速向3楼运行。

2）电梯到达3楼的上行换速点，自动把快速运行切换为慢速运行。

电梯由1楼向3楼运行过程中，位于轿顶上的换速隔磁板，依次插入位于井道轿厢导轨上的换速传感器KR2和KR3：

插入2楼的换速传感器时，KR2断电使$KR2_{2-3}$闭合，0101得电，HR002接通，0600、HR001断电、0601通电，电梯位置显示装置显示2字。

插入3楼的换速传感器时，KR3断电，0102接通，HR003接通，使0600、0601通电，1501、HR002断电，1400通电：

0600、0601通电电梯位置显示装置显示3字；

1400通电使TIM01通电、0507断电：TIM01通电，使0605、0613断电，使HL3、3HLX断电；0507断电一方面使KM3、KM8、TIM04、0506、KM5断电，YD快速绕组失电，另一方面使0508通电。而0508的通电一方面使慢速接触器KM4通电，YD慢速绕组得电，另一方面使TIM05通电，0509通电，KM6通电，短接部分电抗，经预定时间TIM06通电，0510通电，KM7通电，短接全部电抗，电梯进入平层前的慢速爬行段。

3）电梯在3楼平层时施闸停靠开门。

电梯到达3楼平层位置时，位于轿顶上的上下平层传感器1KR和2KR分别插入位于井道轿厢导轨上的平层隔磁板，1KR和2KR断电，$1KR_{2-3}$和$2KR_{2-3}$闭合，0004接通，1201接通一方面使0501接通，KA2接通，开门电动机MD通电，实现自动开门，另一方面使0504、KM1、L3、0508、KM4、TIM05、0509、KM6、TIM06、0510、KM7依次断电，YD断电，实现平层施闸停靠。

5. 乘用人员进入轿厢，司机问明准备前往层楼，开梯送乘用人员

若乘用人员准备前往2楼，司机先点按对应2楼的主令按钮SB14作主令登记，然后按下关门按钮SB2，门关妥电梯起动下行，下行的控制原理与上行时相仿。

6. 电梯机电系统发生故障，检修人员或司机控制电梯上下慢速运行

进入20世纪70年代后，国内生产的电梯均具有在轿内或轿顶点动控制电梯上下慢速运行的性能，以便检修人员安全方便地检修电梯。

由于电梯作检修慢速运行时，YD的实用功率比快速运行时少得多，因此不能把检修慢速运行当正常运行使用，否则曳引电动机YD容易发热甚至烧毁。

1. 轿内控制电梯作上下检修慢速运行的操作及控制原理

（1）按下关门按钮SB2，先关好厅轿门，门关妥后0002接通，TIM00接通。

（2）按下最高或最低层楼的主令按钮：

1）若准备慢速上行，按下对应最高层楼的主令按钮SB17，SB17接通，0111接通，0504接通，使KM1和0508接通，$KM1_{Z1-Z6}$接通，L3接通，$KM4_{Z1-Z6}$接通，使YD经电抗器得电，电梯起动上行。0508的接通还使TIM05接通，一方面导致0509、KM6接通，短接部分电抗，同时使TIM06接通，0510通电，KM7通电，短接全部电抗，电梯以慢满速向上运行，当司机或检修人员松开SB17时，电梯立即停靠。

2）若准备慢速下行，按下对应最低层楼的主令按钮SB13，其控制原理与上行时相仿。

2. 轿顶控制电梯作上下检修慢速运行的操作及控制原理

（1）按下轿顶检修箱上的关门按钮SB1，先关好厅轿门，门关妥后0002接通使TIM00接通。

（2）扳动轿顶检修箱上的运行、检修转换开关Q6，使其处于检修状态，切断201和217电路并接通201和219电路。

（3）按下轿顶检修箱上的慢上SB18或慢下按钮SB19，准备上行按下SB18，准备下行按SB19，其控制原理与在轿内按SB17或SB13时相仿。

思考题与习题

7－1　PLC控制系统的设计主要应从哪几个方面考虑？

7－2　指出图7－17所示梯形图的错误，并画出正确的梯形图。

7－3　将图7－18所示梯形图化简。

7－4　图7－9所示水塔水位PLC控制梯形图，试分析自动方式下，1号水泵备用，2号水泵起动，3号水泵联动的控制原理。

7－5　图7－13所示空调机组PLC控制程序中，试分析温度和湿度A/D转换的工作原理，其采样周期是多少？

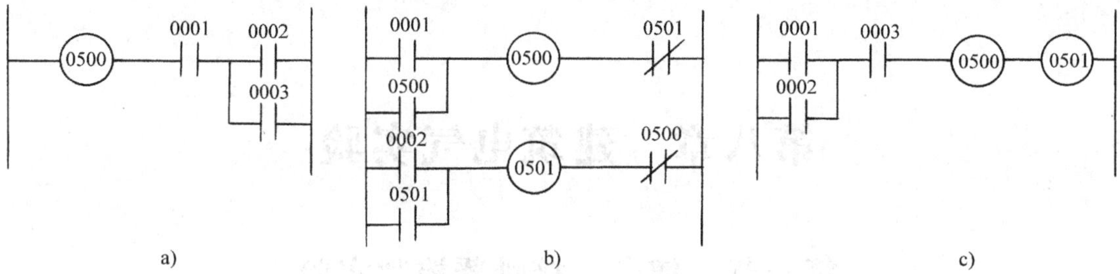

图 7-17　题 7-2 图

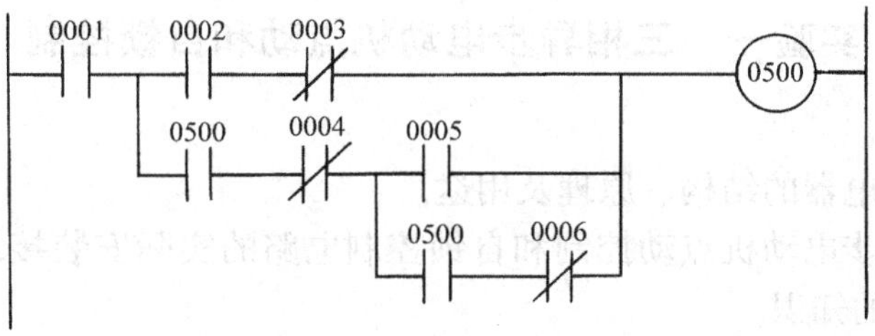

图 7-18　题 7-3 图

第八章　建筑电气实验

第一节　继电－接触器控制实验

实验一　三相异步电动机点动和自锁控制

一、实验目的

1. 熟悉常用低压电器的结构、原理及用途。

2. 通过对三相异步电动机点动控制和自锁控制电路的实际安装接线，掌握由电气原理图变换成安装接线图的知识。

3. 通过实验进一步加深理解点动控制和自锁控制的特点。

4. 初步熟悉电气电路的故障分析及排除故障的方法。

二、实验电路图

如图 8－1、图 8－2 所示。

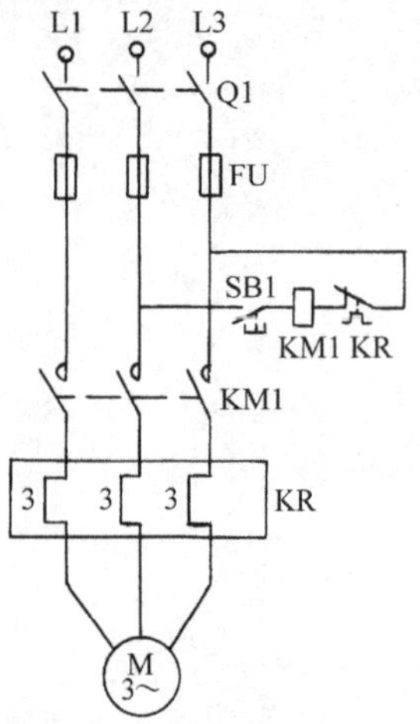

图 8－1　点动控制电路

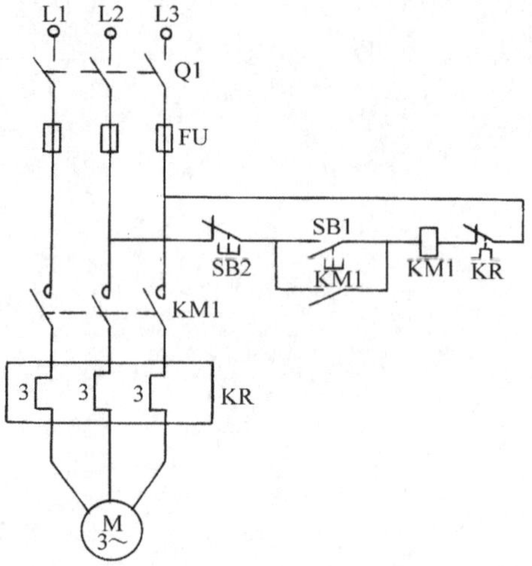

图 8－2　自锁控制电路

三、实验设备及电器元件

1. 三相交流电源　　一套
2. 三相刀开关　　一个
3. 熔断器　　三个
4. 三相笼型异步电动机　　一台
5. 交流接触器　　一个
6. 热继电器　　一个

7. 控制按钮　　二个
8. 电工工具及导线　　若干

具体型号可根据实验室情况由学生或指导老师自主选定。

四、实验步骤

1. 接线

按图 8－1 接线，先接主电路，再接控制电路。接控制电路时，尽量把触头接于线圈一边。

2. 通电

合电源，按 SB2，使电动机起动旋转，观察电动机旋转方向。松开 SB2，使电动机停转，实现点动控制。

3. 改接线

按图 8－2 将电路改接，按 SB2 起动电动机，松开 SB2 电动机不会停止，实现自锁控制。再按停止按钮 SB1，电动机自由停车。

4. 观察

1）观察实验用接触器结构、查看铭牌及主触头与辅助触头区别、外观、接法、作用。

2）观察热继电器结构、查看铭牌。

3）观察按钮结构、查看铭牌数据。

五、注意事项

1. 接线时，主电路用粗导线，控制电路用细导线。
2. 认清主触头与辅助触头，以及常开与常闭触头，不要接错。
3. 接好线，经检查无误后，方可合电源。
4. 操作不宜太频繁。

六、讨论

1. 点动控制与自锁控制主要区别是什么？
2. 以上电路能否对电动机实现过流保护、短路保护和欠压保护？
3. 交流接触器主、辅助触头有何区别？
4. 实验中发生什么故障？该如何处理？
5. 图中各个电器如 Q1、KM1、FR、FU、SB2、SB2 各起什么作用？已经使用了熔断器为何还要使用热继电器？已经有了开关 Q1 为何还要使用接触器 KM1？

实验二　三相异步电动机的正反转及 Y－△起动控制

一、实验目的

1. 了解空气阻尼式时间继电器结构、工作原理及使用方法。
2. 掌握三相异步电动机正反转的控制电路及 Y－△减压起动控制电路的工作原理；
3. 掌握接触器联锁（电气联锁）和按钮联锁（机械联锁）在电气控制电路中的作用。
4. 熟悉电气电路的故障分析及排除故障的方法。

二、实验电路图

图 8－3 为三相异步电动机正反转控制电路。

图 8－4 为三相异步电动机 Y－△减压起动控制电路。

三、实验设备及电器元件

1. 三相交流电源 一套
2. 三相笼型异步电动机 一台
3. 自动断路器 一个
4. 熔断器 五套
5. 交流接触器 三个
6. 空气阻尼式时间继电器 一个
7. 热继电器 一个
8. 控制按钮 三个
9. 电工工具及导线 若干

具体型号可根据实验室情况由学生或老师自主选定。

四、实验步骤

1. 接线

按图 8－3 接线，先接主电路，再接控制电路。

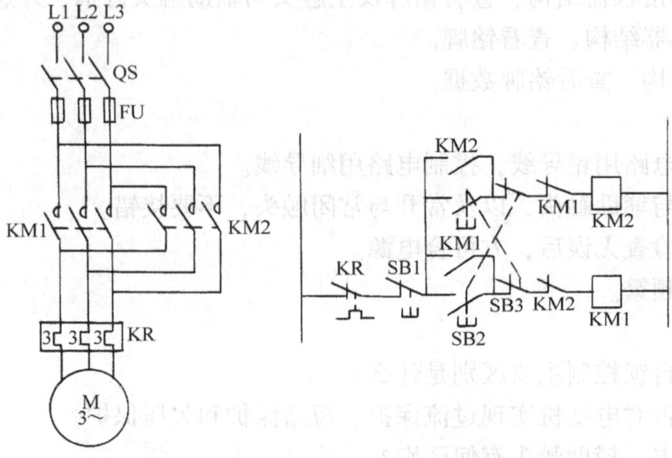

图 8－3　三相异步电动机正反转控制电路

2. 通电试验

接线检查无误后，按下列步骤进行通电试验：

1）合刀开关，接通三相交流 220V 电源。

2）按下 SB2 使电动机起动旋转，观察并记录电动机的转向，自锁和联锁触头的通断状态。

3）按下按钮 SB1，观察并记录电动机 M 的运转状态，自锁和联锁触头的通断状态。

4）再按下 SB3，观察并记录电动机 M 的转向，自锁和联锁触头的通断状态。

5）重新接通电源，按下 SB2 起动电动机，再很轻地按下 SB3，观察电动机状态有何变化。或先按 SB3 再按 SB2 观察。

6）重新通电，按下 SB2，再将 SB3 按下一半（即不按到底），分别观察电动机运转状态，自锁和联锁触点的通断状态。想想为什么？

7）再重新通电，同时按下 SB2 和 SB3，观察上述状态。

8）实验中出现不正常现象时，应断开电源，分析故障，如一切正常，可请指导教师人为地制造故障，由同学分析排除故障，再试验。

3. 改接线

按图 8－4 改接电路，检查无误后，通电试验。

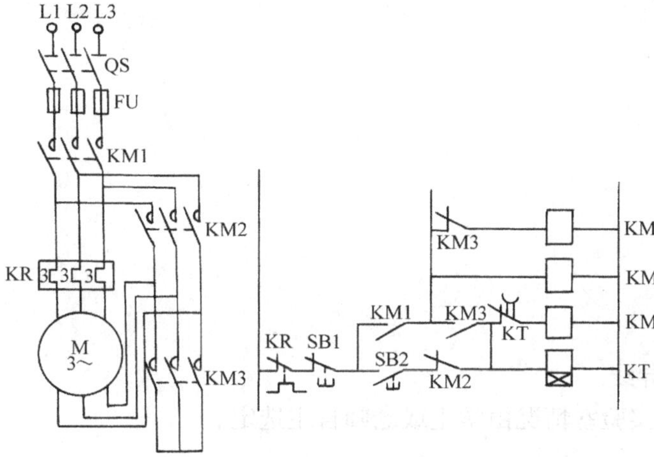

图 8－4　三相异步电动机 Y－△减压起动控制电路

1）按下起动按钮 SB1，电动机 M 作 Y 接法起动，经一定的延时时间，电动机自动按“△”接法正常运行。

2）调节时间继电器的延时螺钉，观察电动机从 Y 接法自动转为“△”接法的延时时间。

3）按下停止按钮 SB2，电动机 M 停止运转。

五、注意事项

时间继电器的触头有瞬动触头和延时触头，本实验所接触头为延时触头。延时时间长短调节应合适。

六、讨论

1. 在图 8－3 的实验中，自锁触头的功能是什么？

2. 在图 8－3 的实验中，联锁触头的功能是什么？

3. 在电动机减压起动实验中，时间继电器通电延时常开与常闭触头接错，电路会出现什么情况？

4. 实验中发生什么故障？该如何处理？

实验三　三相异步电动机能耗制动和反接制动控制

一、实验目的

1. 了解速度继电器的结构、工作原理及使用方法。

2. 熟悉三相异步电动机采用能耗制动的控制电路及接线方法。

3. 熟悉三相异步电动机采用反接制动的自动控制方法。

4. 了解能耗反接制动的停机效果。

二、实验电路

图 8－5 所示为三相异步电动机能耗制动控制电路。

图 8－6 所示为三相异步电动机反接制动控制电路。

三、实验设备及电器元件

1. 三相异步电动机　一台
2. 低压断路器　一个
3. 单相胶盖闸刀　一个
4. 熔断器　五个
5. 交流接触器　两个
6. 时间继电器　一个
7. 速度继电器　一个
8. 热继电器　一个
9. 滑线变阻器　一个
10. 控制按钮　两个
11. 直流电源　一套
12. 电工工具及导线　若干

具体型号可根据实验室情况由学生或老师自主选定。

四、实验步骤

1. 检查各电器元件的质量情况，了解其使用方法，重点弄清楚速度继电器的结构及工作原理。
2. 按图 8－5 接线，经检查后，合闸通电试验。

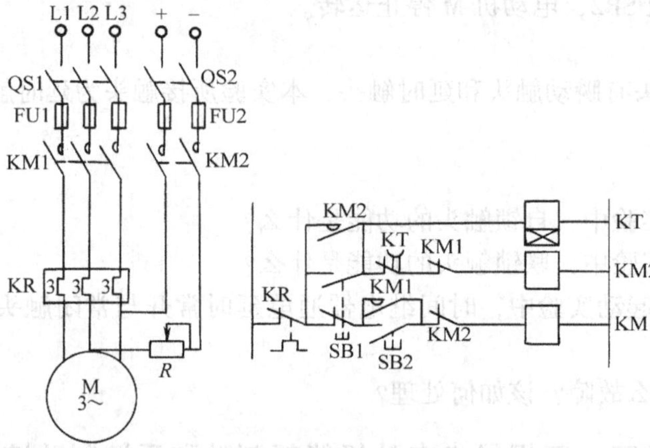

图 8－5　三相异步电动机能耗制动控制电路

3. 操作起动和停止按钮，观察电动机制动情况。
4. 调节滑线变阻器的阻值大小，观察制动效果。
5. 按图 8－6 接线，经检查后合闸通电试验。
6. 操作起动和停止按钮，观察电动机的制动情况。
7. 对比两种制动方式，并找出两者的优缺点。

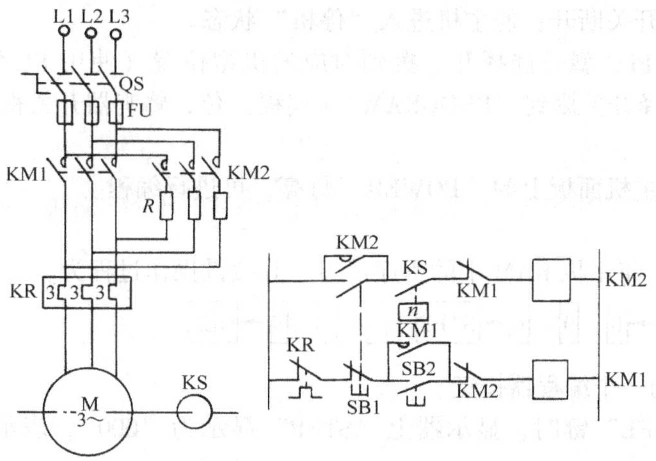

图 8－6　三相异步电动机反接制动控制电路

五、讨论

1. 时间继电器的延时长短对制动效果有什么影响？

2. 速度继电器选择的触头动作方向与电动机实际转向不同时，电路工作时将会出现什么现象？

3. 若停止按钮没有按到底，会出现什么情况？

4. 实验中曾发生何种故障？该如何处理？

第二节　可编程序控制器实验

实验四　F1 系列 PLC 的基本操作练习

一、实验目的

通过实际操作，熟悉 F1 主机及编程器面板上各部分的作用；初步掌握常用的操作方法。

二、实验内容

1. 编程操作（包括程序清零，程序写入与读出，程序修改等）。

2. 运行操作。

3. 监控操作。

4. EEPROM 的写/读操作。

三、实验步骤

1. 接线

在主机的输入端子上接模拟开关或按钮（本实验只需在“400”、“401”两个输入端接两个开关）；在电源端子“200V”与“0V”端接上 AC 220V 的电源线；在“RUN”与“COM”端接一个运行开关。

2. 编程准备

1）将编程器插入主机的编程器插口。

2）将主机运行开关断开，使主机进入“停机”状态。

3）将编程器的 PLC 型号选择开关拨到对应的机型位置（使用 F1 系列 PLC 时应拨到 F1/F2 位）；状态选择开关拨到“PROGRAM”（编程）位；蜂鸣器开关视需要拨到相应的位置。

4）接通电源，主机面板上的“POWER”灯亮，可进行编程。

3. 编程操作

（1）程序清零　将主机 RAM 中的程序清零，其按键操作过程为：

[CLEAR] → [STEP] → [0] [0] [0] → [STEP] → [9] [9] [9] → [DEL]

方框内为按下的一个编程器按键。

当最后按下“DEL”键时，显示器上“STEP”显示为“000”，表示 RAM 中的程序的已被清零。

（2）程序写入　将图 8－7 梯形图所示的程序写入主机 RAM 中。其按键操作过程如下：

[INSTR] → [指令] → [元素号或常数] → [WRITE]（返回至[指令]，循环）

在键入元素号时，其元素符号 X、Y、M、T、C……不要输，只需键入元素编号 400、100……

每写一条语句时，显示器上将显示出步序号、指令及数据。

注意：

1）每键入一条语句时，最后必须按一下“WRITE”键，此时键入才有效，步序号才自动加 1。

2）程序写完必须键入“END”指令，否则作为出错处理。

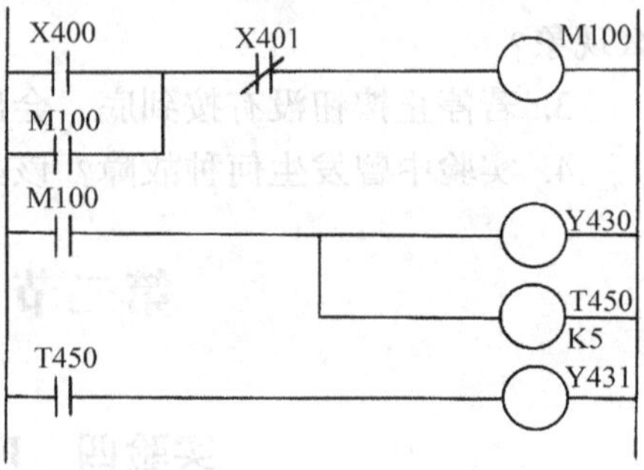

图 8－7　实验梯形图

（3）程序读出　将写入的程序读出进行校对。将某一步及以后程序读出的按键操作过程为：

[CLEAR] → [STEP] → [步序号] → [INSTR] → [STEP(+)或STEP(−)]（循环）

（4）搜索语句　如果要搜索程序中的某条语句，可用“SEARCH”键搜索。

在图 4－1 的程序中，若要搜索程序 OUT 450，其按键操作过程为：

[CLEAR] → [OUT] → [450] → [SEARCH] → [INSTR] → [STEP(+)或STEP(−)]（循环）

当按下“SEARCH”键时，显示器上显示出该语句的步序号；

当按下“INSTR"键时，显示器显出该语句。

反复操作“STEP（＋）”或“STEP（－）”键，便可继续搜索下一条或上一条语句。

（5）程序修改

1）插入语句。作为操作练习，在图8－7的程序中，假设在程序语句“OR 100”前插入一条语句“OR 402”，其操作为：

读出语句 OR 100 → 写入语句 OR 402 → INS

按下“INS”键后，语句即被插入，后面的语句步序号自动增1。按“STEP（－）”键，可看到语句已被插入。

2）删除语句。假设要将插入的语句“OR 402”删除，使程序复原，其操作为：

读出语句 OR 402 → DEL

按下“DEL”键，语句即被删除，后面的语句步序号自动减1。按“STEP（－）”键，可看到语句已被删除。

4. 运行操作

将程序通过编程器写入主机RAM后，按以下操作步骤运行程序；

1）将编程器上的状态选择开关拨到“MONITOR”（监控）位，将主机运行开关接通，此时，主机上的“RUN”灯亮，表示程序投入运行。如果主机面板上的“PROG · E”灯闪烁，表示程序有错，此时应进行程序检验。

2）将输入开关X400接通一下又断开（模拟起动按钮），可以看到主机上相应的400输入端指示灯闪亮一下，表示信号输入，程序结果是430号输出指示灯马上亮，再经过5s时间，431号输出指示灯亮。

将输入开关X401接通一下又断开（模拟停止按钮），则结果是430、431号输出指示灯同时熄灭。

如果运行结果与上述相符，说明程序运行正确。否则需进一步检查程序，此时应使主机回到“停机”状态；使编程器回到“编程”状态。

5. 监控操作

用编程器可以监视各元素或各指令的运行状态，此时应将主机置于运行状态，编程器置于运行监控状态。

（1）元素监控　其操作为：

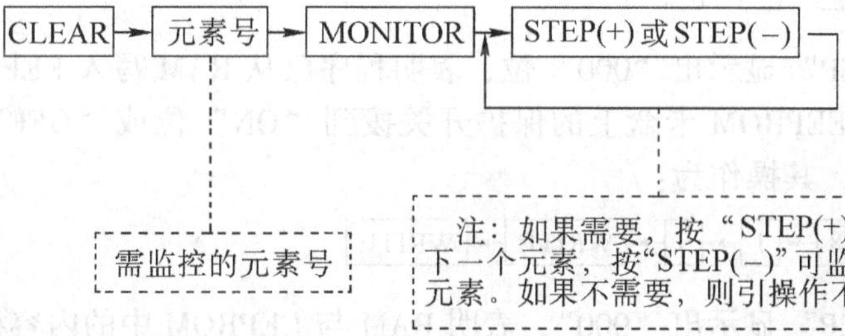

当被监控的元素是接通的，则按下“MONITOR”键后，编程器显示器上的“ON/OFF”灯亮。

对于图8－7的程序，从X400输入信号后，按照上述操作方法，分别对元素X400、X401、M100、T450等进行监控，观察显示器显示及变化。

在监控计时器T450时，为了便于观察计时器当前值的变化，可将计时器设定值改变为

30s。当计时器线圈未接通时，显示器上“DATA”显示出计时器当前值等于设定值。当计时器线圈接通时开始计时，显示的当前值逐渐减小，当减小到 00.0 时，计时完成，显示器上的“ON/OFF”灯亮。

（2）指令监控　其操作为：

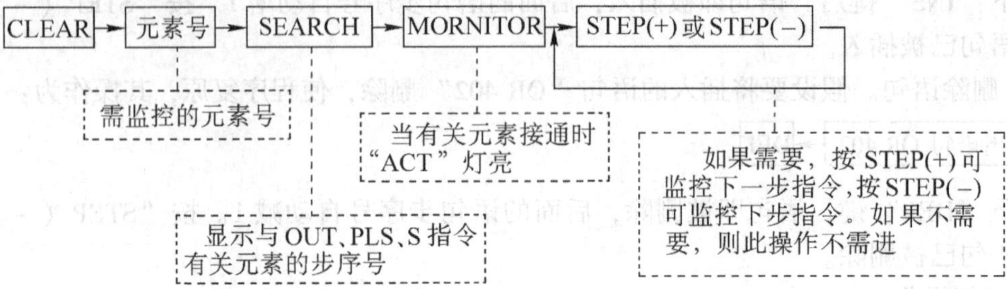

对图 8－7 程序中各条指令进行监控：

将输入开关 X400 接通一下，再进行指令的监控操作。若需先监控指令 OUT 100，其操作及显示如下：

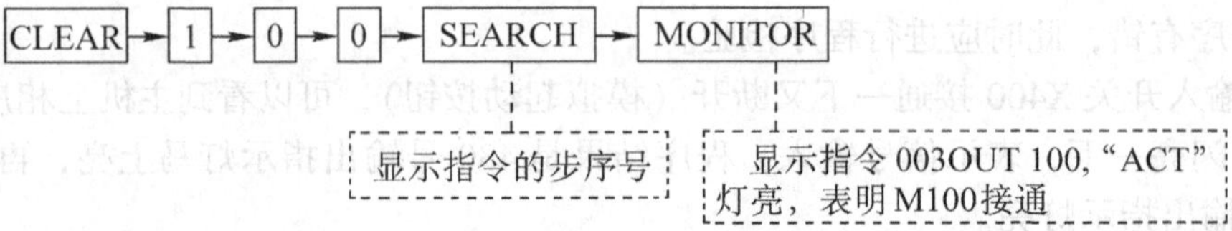

按 STEP（＋）键或 STEP（－）键，可以继续监视下一条指令或上一条指令的运行状态。

6. EEPROM 程序的写/读

用编程器可以实现 EEPROM 程序的写/读。操作前先将 EEPROM 卡盒插入主机面板中央的插座内，然后将编程器插上，接通电源，主机置于停机状态，编程器置于编程状态。

（1）写操作（程序从 RAM 传到 EEPROM）　将 EEPROM 卡盒上的保护开关拨到“OFF”位。将图 8－7 的程序从 RAM 写到 EEPROM 中，其操作为：

CLEAR → STEP → 8 → 0 → 9 → WRITE → WRITE

如果显示器上“STEP”显示出“000”位，表明程序已从 RAM 写入 EEPROM 中。

（2）比较操作　将 EEPROM 卡盒上的保护开关拨到“ON”位或“OFF”位。将 RAM 与 EEPROM 的内容比较，其操作为：

CLEAR → STEP → 8 → 1 → 9 → WRITE → WRITE

如果显示器上“STEP”显示出“000”，表明 RAM 与 EEPROM 中的内容相同。

（3）运行 EEPROM 的程序　断开 PLC 电源，取下编程器，将 EEPROM 卡盒上的保护开关置于“ON”，主机置于运行状态。运行 EEPROM 的程序，将输入开关 X400 接通一下又断开，观察程序运行情况，其结果应与前面运行 RAM 程序的结果一致，说明图 8－7 的程序已从 RAM 写到 EEPROM 中。

（4）将 RAM 中的程序清零后再比较　先断开 PLC 电源，取下 EEPROM，插上编程器，再接通电源，用编程器先将 ROM 中的程序清零。

再次断开电源，取下编程器，插上 EEPROM，再插上编程器，接通电源，用编程器再作一次比较操作。

STEP	
	000
INSTR	
	NOP
DATA	
	000

比较结束时，显示器“DATA”显示的数据闪烁，并显示出 RAM 中的语句。

表明 RAM 与 EEPROM 中的该步语句不同。按下“INSTR”键，显示器显示出 EEPROM 中的该步语句：

STEP	
	000
INSTR	
	LD
DATA	
	400

（5）读操作（程序从 EEPROM 传到 RAM）　将 EEPROM 卡盒上的保护开关拨到“ON”或“OFF”，用编程器进行读操作，其操作为：

CLEAR → STEP → 9 → 0 → 8 → WRITE → WRITE　……数据闪烁

读操作结束后，显示器上“STEP”显示出“000”，表明程序已从 EEPROM 读到 ROM 中。

该操作完后可再作一次比较操作，RAM 与 EEPROM 的内容应该是一致的。

四、实验报告内容

1. 写出图 8－7 程序运行的过程。
2. 写出对图 8－7 程序中的元素 M100、T450 进行监控的操作过程及监控时观察到的现象。
3. 说明对指令 OUT T450 监控和对指令 LD T450 监控有何不同。

实验五　彩灯控制程序

一、实验目的

1. 熟悉 PLC 的 I/O 连接。
2. 进一步熟悉 PLC 的基本指令。
3. 进一步熟悉移位寄存器的功能及编程、调试方法。

二、实验内容

1. 8 位彩灯的“追灯”控制程序。
2. “追灯”花样的控制。
3. 彩灯移位速度的控制。

4. 彩灯移位方向的控制。

三、实验步骤

1. 接线

在主机输入端 400～407 接八个输入开关或控制按钮，再接一个运行开关；

在输出端 430－437 接八只彩灯（每只彩灯的额定电流应小于 PLC 输出点的最大输出电源）；在 8 只彩灯（负载）的公共端与 PLC 输出“COM”端接上负载电源（电源电压应与负载要求的电压一致）。

2. 编程

按照图 8－8 所示的八路彩灯控制的梯形图，也可以自己编程，将程序写入主机 RAM 中。

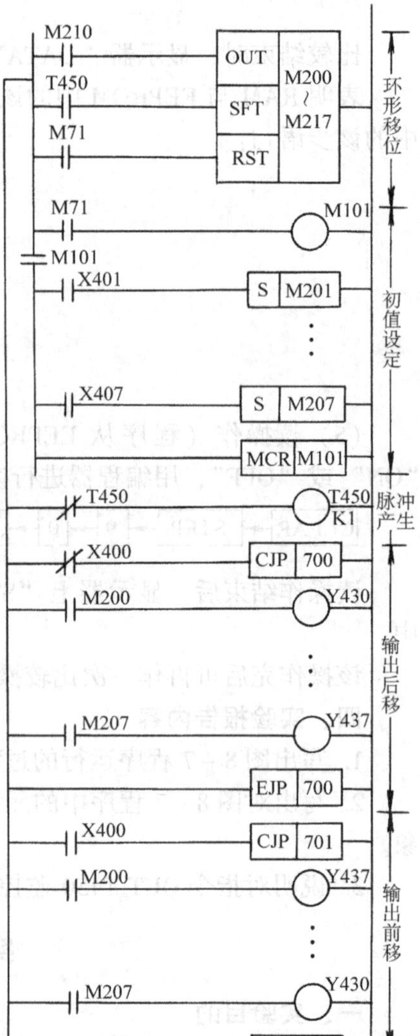

图 8－8　彩灯控制梯形图

3. 运行程序

投入运行前，先用输入开关 X401～X407 给移位寄存器任意设定一个初值。例如将 X401 接通，则运行开始时 M201 置“1”，“1”信号将从 M201 开始移位，输出的接通状态也将从 Y431 依次向后或向前移位，其移位方向由输入开关 X400 设定。

把 X400 接通，将程序投入运行，这时可观察到 Y430～Y437 8 个输出指示灯以及对应的 8 只彩灯从 Y431 的输出开始向后依次闪亮，并不断循环，形成“追灯”花样。

4. 改变移位寄存器的初值

改变移位寄存器的初值，可以使追灯得到不同的花样。

停止主机运行，将输入开关 X401 和 X402 同时接通，再将主机投入运行。运行开始，M201、M202 置“1”。以后，每一次移位都有两个输出点接通，因此，输出指示灯以及对应的彩灯每一次移位有两盏灯同时灯亮。

再停止主机运行，将输入开关 X401、X402、X403、X404 接通，再将 PLC 投入运行，观察输出移位的情况。

5. 改变移位速度

改变计时器 T450 的设定值，可改变移位速度。

将计时器设定值改为 0.5s，观察移位的速度，此时移位速度将变快。

6. 改变移位方向

F1 型 PLC 的移位寄存器只能后移，用输入开关 X400 以及跳转指令，可以控制彩灯的移动方向。

将 X400 断开，观察输出移位的方向。此时输出变为前移，彩灯移动方向改变。

7. 彩灯停止

彩灯工作中，将 PLC 运行开关关断，则彩灯熄灭，停止工作。再将 PLC 运行开关接通，彩灯又开始从头移位。

四、讨论

1. 分析图 8－8 中移位寄存器实现环形移位的原理。
2. 说明改变彩灯移位速度与移位方向的方法及原理。
3. 为什么移位寄存器的输入信号是 M210？如果改为 M217，结果会是什么？

实验六　三相异步电动机的正反停控制及 Y－△减压起动控制程序

一、实验目的

1. 进一步熟悉 PLC 的 I/O 连接。
2. 熟悉三相异步电动机正反停控制及其运行情况。

二、实验内容

1. 三相异步电动机正反停控制程序；
2. 三相异步电动机 Y－△减压起动控制程序。

三、实验步骤

1. 接线

按照图 8－9 所示的三相异步电动机正反停控制的主回路及 I/O 连接图接好线。

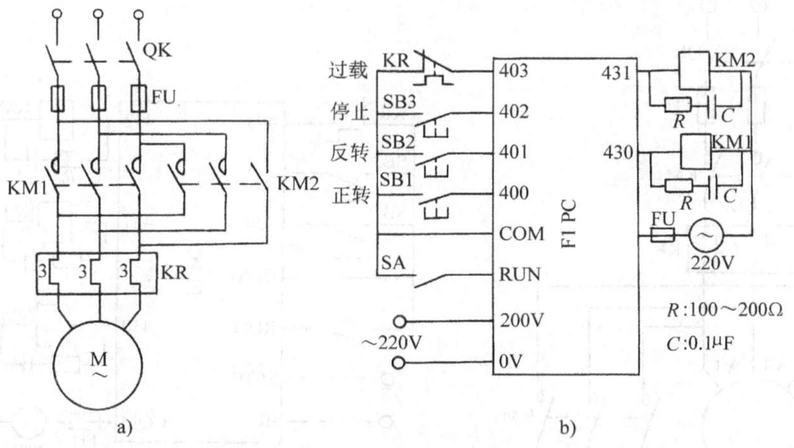

图 8－9　三相异步电动机正反停控制

a）主电路　b）PLC I/O 连接图

PLC 输出端接感性负载（如继电器、接触器、电磁阀）时，为了抑制电路断开时产生的电弧时 PLC 的影响，应在负载两端并联保护电路。对于交流负载，应在其两端并联 *RC* 吸收电路；对于直流负载，应在其两端并联续流二极管。在本实验中，PLC 输出接交流接触器，应在其两端并联 *RC* 吸收电路。

2. 编程

按照图 8－10 所示的三相异步电动机正反停控制梯形图，将程序写入主机。

3. 运行程序

按正转按钮 SB1，输出继电器 Y430 接通，电动机正转。

按停止按钮 SB3，输出继电器 Y430 断开，电动机停转。

按反转按钮 SB2，输出继电器 Y431 接通，电动机反转。

模拟电动机过载，将热继电器 FR 的触点断开，电动机停转。

将热继电器 FR 触点复位，再重复正、反、停操作。

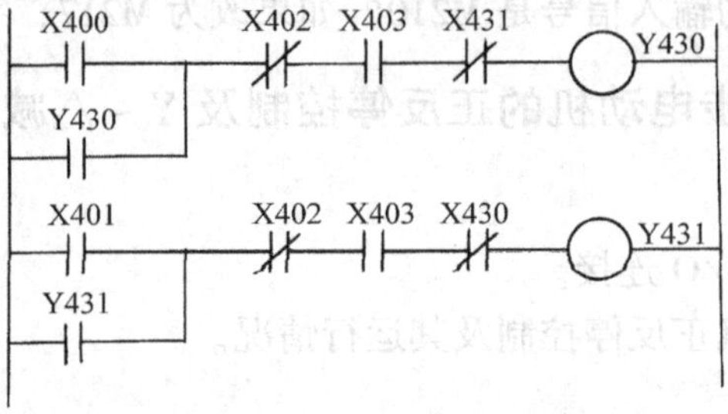

图 8－10　三相异步电动机正反停控制梯形图

4. 改接线

按照图 8－11 所示的三相异步电动机 Y－△减压起动控制的主回路及 I/O 连接图改接。

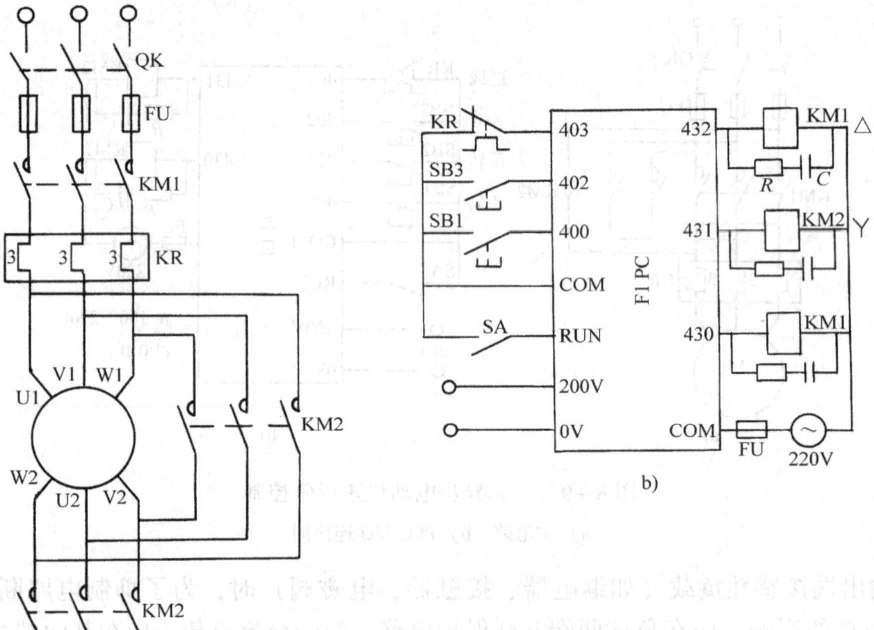

图 8－11　三相异步电动机 Y－△减压起动控制

a）主电路　b）PLC I/O 连接图

5. 重新编程

将原来程序清零，按照图 8－12 所示的三相异步电动机 Y－△减压起动控制的梯形图，将程序重新写入。

6. 运行程序

按起动按钮 SB1，输出继电器 Y430 接通，电动机定子绕组接成“Y”形减压起动，延时 3s（延时时间为电动机起动时间）后，输出继电器 Y431 断开，Y432 接通，电动机定子绕组接成“△”全压运行。

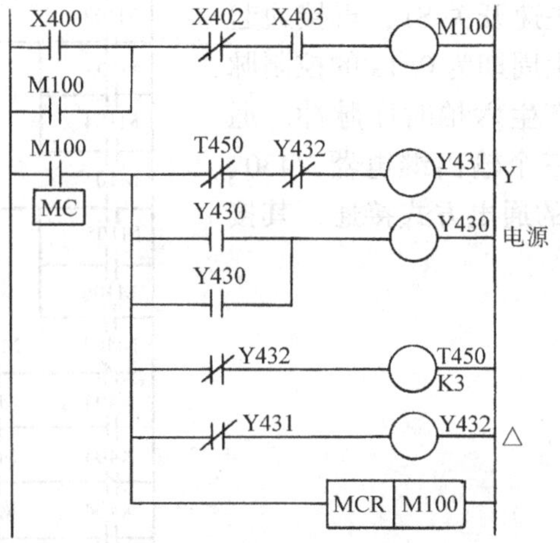

图 8－12　三相异步电动机 Y－△减压起动控制梯形图

按停止按钮 SB3，输出继电器 Y431、Y430 断开，电动机停转。

再按起动按钮，重新起动电动机。模拟电动机过载，将热继电器 FR 的触点断开，电动机停转。

将热继电器 KR 的触点复位，再重复起动、停止操作。

四、讨论

1. 图 8－9 所示梯形图中，如果将 X400 和 X401 的常闭触点去掉，会有什么不同？
2. 图 8－12 所示梯形图中，X403 为什么要接成常开，接成常闭行不行？为什么？

实验七　步进电动机控制程序

一、实验目的

1. 进一步熟悉 PLC 的 I/O 连接。
2. 熟悉三相步进电动机控制的编程方法及运行情况。

二、实验内容

1. 三相步进电动机的转速控制。
2. 三相步进电动机的正、反转控制。
3. 三相步进电动机的步数控制。

三、实验步骤

1. 接线

按照图 8－13 所示的三相步进电动机控制的 PLC I/O 连接图，先接好输入端的连线，输出端暂时不接负载，等程序运行成功后再带载运行。

2. 编程

按照图 8－14 所示的三相步进电动机控制的梯形图，将程序写入主机 RAM 中。

3. 运行程序

（1）转速控制　接通快速开关 S1，再接通起动开关 S0。脉冲控制器产生周期为 0.1s 的控制脉冲，使移位寄存器移位，产生六拍时序脉冲。通过三相六拍环形分配器使三个输出继电器 Y430、Y431、Y432 按照单双六拍的通电方式接通，其接通顺序为：

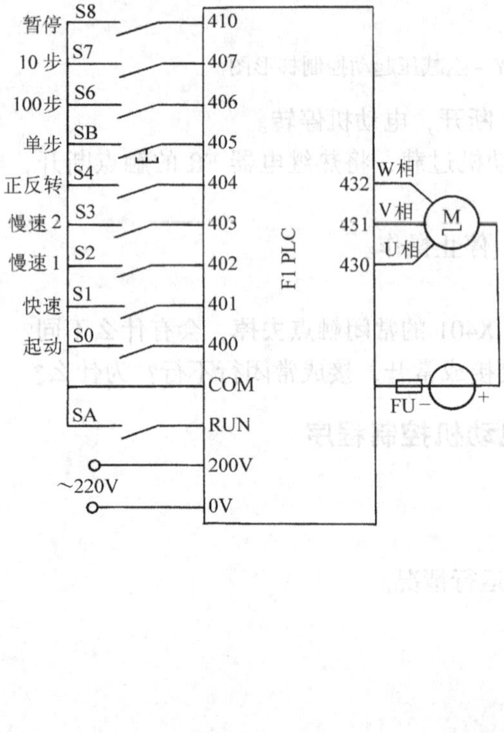

图 8－13　三相进电动机控制的 PLC I/O 接线图

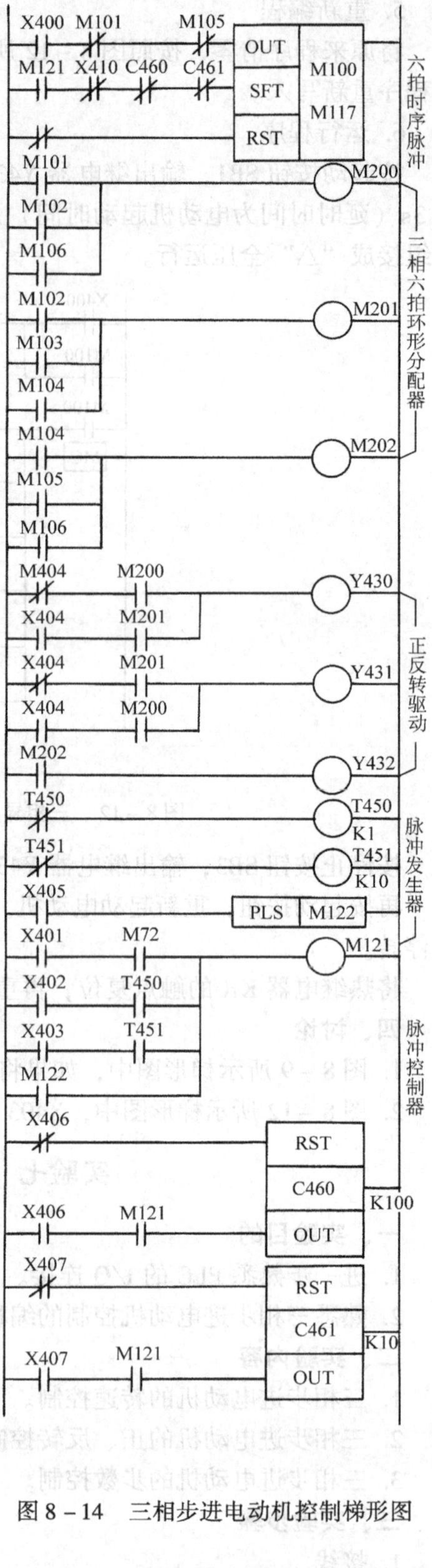

图 8－14　三相步进电动机控制梯形图

Y430 ⟶ Y430、Y431 $\xrightarrow{0.1s}$ Y431 $\xrightarrow{0.1s}$ Y431、Y432
↑ 0.1s ← Y432、Y430 $\xleftarrow{0.1s}$ Y432 $\xleftarrow{0.1s}$ ┘

由 PLC 的输出指示可以观察到上述过程。该过程对应于步进电动机的通电顺序为：

A $\xrightarrow{0.1s}$ A、B $\xrightarrow{0.1s}$ B $\xrightarrow{0.1s}$ B、C $\xrightarrow{0.1s}$ C $\xrightarrow{0.1s}$ C、A
↑ ← 0.1s ┘

该通电顺序对应于步进电动机的正转。

断开输入开关 S1、S0；接通慢速 1 开关 S2，再接通起动开关 S0。脉冲控制器产生周期为 1s 的控制脉冲，输出继电器 Y430、Y431、Y432 接通顺序不变，但间隔时间增长为 1s。

断开输入开关 S2、S0；接通慢速 2 开关 S3，再接通起动开关 S0。脉冲控制器产生周期为 10s 的控制脉冲，输出继电器 Y430、Y431、Y432 接通顺序不变，但时间间隔增长为 10s。

（2）反转控制　断开输入开关 S3、S0；接通正反转开关 S4，再重复上述快速、慢速 1、慢速 2 的实验。此时，三个输出继电器的接通顺序为：

Y431 ⟶ Y431、Y430 ⟶ Y430 ⟶ Y430、Y432
↑ ← Y432、Y431 ⟵ Y432 ⟵ ┘

由 PLC 的输出指示观察上述过程。该过程对应于步进电动机的通电顺序为：

B ⟶ B、A ⟶ A ⟶ A、C ⟶ C ⟶ C、B
↑ ← ┘

通电顺序与前面的通电顺序正好相反，它对应于步进电动机的反转。

（3）步数控制　将全部输入开关断开，然后接通步数控制开关（若选择 10 步控制，则接通 S7；若选择 100 步控制，则接通 S6）；接通起动开关 S0，使移位寄存器的数据输入端接通。

设转速控制选择为慢速 1，则接通 S2，起动脉冲控制器，六拍时序脉冲及三相六拍环形分配器开始工作，计数器开始计数。当走完预定步数时，计数器动作，其动断触点断开移位寄存器的移位输入端，六拍时序脉冲、三相六拍环形分配器及正反转驱动停止工作，步进电动机停转。

（4）带负载运行　按照图 8－13 的 PLC I/O 连接图，在输出端接上步进电动机及直流电源。若选用 36 BF02 型三相反应式步进电动机，其电压为 27V，每相静态电流为 0.5V。步进电动机三相绕组首端为三要同颜色引出线，三相绕组公共末端为另一要异色引出线。

按照运行程序中所述的方法将程序重新运行一遍。此时可观察到步进电动机运行的情况。

四、讨论

根据图 8－13 所示的 I/O 连接图及图 14 所示的梯形图，分析三相步进电动机实现转速控制、正反控制及步数控制的原理。

实验八　三层楼电梯控制程序

一、实验目的

1. 进一步熟悉 PLC 的 I/O 连接。

2. 熟悉三层楼电梯采用轿外接按钮控制的编程方法及运行情况。

二、实验内容

1. 楼层呼叫指示控制。

2. 楼层呼叫电梯升降运行控制。

三、实验步骤

1. 熟悉采用轿外按钮的电梯工作原理及控制要求

轿外按钮控制方式是电梯的一种较简单的自动控制方式。电梯由安装在各楼层厅门口的呼叫按钮进行操纵，其操作内容为呼叫（召唤）电梯、指令运行方向和停靠楼层。

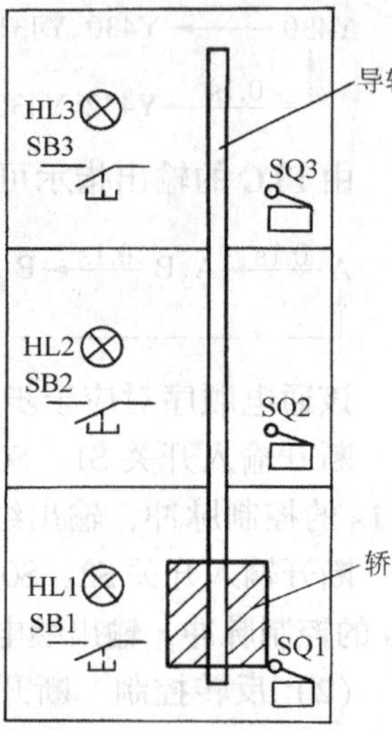

图 8－15　三层楼电梯工作示意图

图 8－15 是三层楼电梯工作示意图。电梯上、下由一台电动机驱动；电动机正转，驱动电梯上千；电动机反转，驱动电梯下降。每层设有呼叫按钮 SB1～SB3、呼叫指示灯 HL1～HL3 和到位行程开关 SQ1～SQ3。

电梯上升途中只响应上升呼叫，下降途中只响应下降呼叫，任何反方向呼叫均无效。当呼叫被响应时，呼叫指示灯亮。

电梯动作要求见表 8－1。

表 8－1　三层楼电梯轿外按钮控制的动作要求

序号	输　入		输　出	
	原停楼层	呼叫楼层	运行方向	运行结果
1	1	3	升	上升到 3 层停
2	2	3	升	同上
3	3	3	停	呼叫无效
4	1	2	升	上升到 2 层停
5	2	2	停	呼叫无效
6	3	2	降	下降到 2 层停
7	1	1	停	呼叫无效
8	2	1	降	下降到 1 层停
9	3	1	降	同上
10	1	2、3	升	先升到 2 层暂停 2s 后，再升到 3 层停
11	2	先 1 后 3	降	下降到 1 层停（运行中，后发反方向呼叫信号无效）
12	2	先 3 后 1	升	上升到 3 层停（运行中，后发反方向呼叫信号无效）
13	3	2、1	降	先降到 2 层暂停 2s 后，再降到 1 层停
14	任意	任意	任意	各楼层间运行时间必须小于 10s，否则自动停车

2. 熟悉 PLC 的控制程序

（1）I/O 设备及 I/O 点编号的分配　见表 8－2。

表 8－2　I/O 分配

输入设备	输入点编号	输出设备	输出点编号
SB1	401	HL1	431
SB2	402	HL2	432

（续）

输入设备	输入点编号	输出设备	输出点编号
SB3	403	HL3	433
SQ1	501	上升接触器	531
SQ2	502	下降接触器	532
SQ3	503	注：上升、下降接触器即电动机下、反转接触器	

（2）程序　三层楼电梯轿外按钮控制的梯形图如8－16所示。梯形图程序包括楼层呼叫指示及升降运行控制两部分。

1）楼层呼叫指示

0、6、20逻辑行分别为1、2、3层呼叫指示逻辑。

①0行：

当电梯原停楼层为2、3时，1层呼叫，则X401接通，使M101接通并自保，Y431接通，1层呼叫指示灯亮，呼叫有效。

当电梯原停楼层为1时，X501断开，使Y431断开，1层呼叫指示灯不亮，1层呼叫无效。

当电梯上升时，1层呼叫为反向呼叫。此时，因Y531接通，使M131接通（33逻辑行），Y431断开，1层呼叫无效。

当电梯原停楼层为2层，X502接通，若3层先呼叫，则M103接通，使M131接通（33逻辑行），Y431断开，1层呼叫无效。

②20行：

当电梯原停楼层为1、2时，3层呼叫，则X403接通，使M103接通并自保，Y433接通，3层呼叫指示灯亮，呼叫有效。

当电梯原停楼层为3时，X503断开，使Y433断开，3层呼叫指示灯不亮，3层呼叫无效。

当电梯下降时，3层呼叫为反向呼叫。此时，因Y532接通，使M133接通（37逻辑行），Y433断开，3层呼叫无效。

当电梯原停楼层为2时，X502接通，若1层先呼叫，则M101接通，使M133接通（37逻辑行），Y433断开，3层呼叫无效。

③6行：

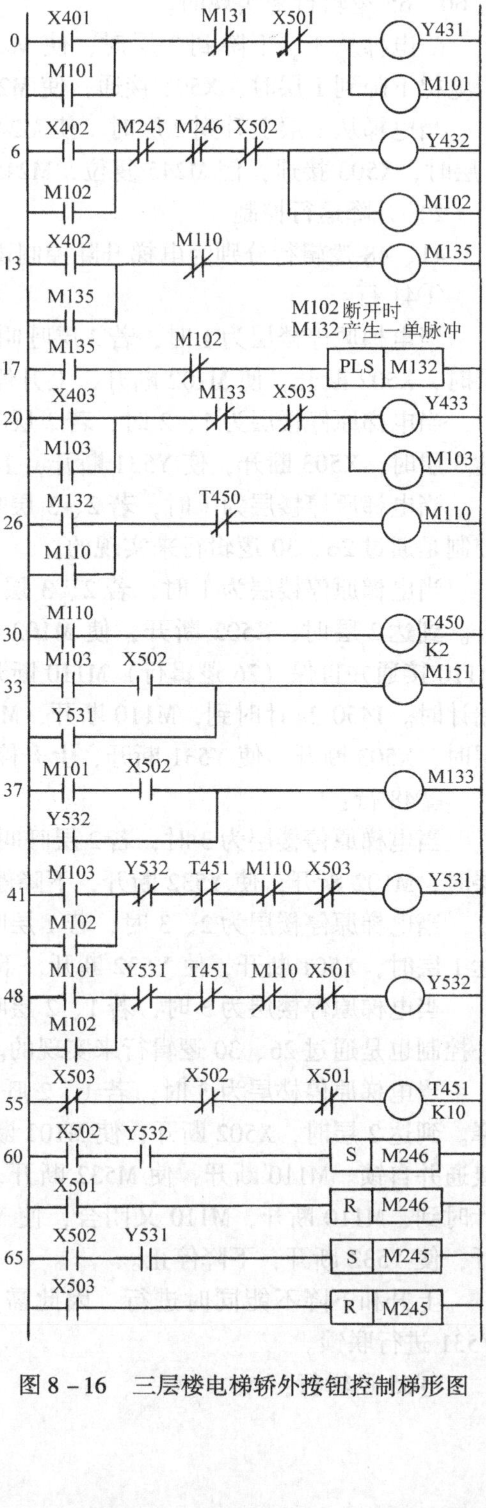

图8－16　三层楼电梯轿外按钮控制梯形图

当电梯原停楼层为1、3时，2层呼叫，则X402接通，使M102接通并自保，Y432接通，2层呼叫指示灯亮，呼叫有效。

当电梯原停楼层为2时，X502断开，Y432断开，2层呼叫指示灯不亮，2层呼叫无效。

当电梯从3层下降到2层后继续下降时，2层呼叫为反向呼叫，此时呼叫应无效；当电梯从1层上升到2层后继续上升时，2层呼叫为反向呼叫，此时呼叫应无效。这一控制是通过60、65逻辑行来实现的。

当电梯从3层下降到2层时，使M246置位，M246断开，Y432断开，1层呼叫无效。当电梯下降到1层时，X501接通，使M246复位，M246闭合，此时2层呼叫才有效。

当电梯从1层上升到2层时，使M245置位，M245断开，2层呼叫无效。当电梯上升到3层时，X503接通，使M245复位，M245闭合，此时2层呼叫才有效。

2）升降运行控制

41、48逻辑行分别为电梯升降控制逻辑。

①41行：

当电梯原停楼层为1时，若2层呼叫，则M102接通，使Y531接通，电梯上升。到达2层时，X502断开，使M102断开，上升停止。

当电梯原停楼层为1、2时，若2层呼叫，则M103接通，使Y531接通，电梯上升。到达3层时，X503断开，使Y531断开，上升停止。

当电梯原停楼层为1时，若2、3层呼叫，则先升2层暂停2s后，再升到3层停，这一控制是通过26、30逻辑行来实现的。

当电梯原停楼层为1时，若2、3层呼叫则M102、M103接通，使Y531接通，电梯上升。到达2层时，X502断开，使M102断开，M102闭合，M132接通一个扫描周期，使M110接通并自保（26逻辑行）M110断开，使Y531断开，上升停止；M110闭合，T450开始计时。T450 2s计时到，M110断开，M110又闭合，使Y531又接通，电梯再上升。到达3层时，X503断开，使Y531断开，上升停止。

②48行：

当电梯原停楼层为3时，若2层呼叫，则M102接通，使Y532接通，电梯下降。到达2层时，M102断开，使Y532断开，下降停止。

当电梯原停楼层为2、3时，若1层呼叫，则M101接通，使Y532接通，电梯下降。到达1层时，X501断开，使Y532断开，下降停止。

当电梯原停楼层为3时，若1、2层呼叫，则先降到2层暂停2s后，再降到1层停。这一控制也是通过26、30逻辑行来实现的。

当电梯原停楼层为3时，若1、2呼叫，则M101、M102接通，使Y532接通，电梯下降。到达2层时，X502断开，使M102断开，M102闭合M132接通一个扫描周期，使M110接通并自锁。M110断开，使M532断开，下降停止；M110闭合，T450开始计时。T450 2s计时到，M110断开，M110又闭合，使Y532又接通，电梯再下降。到达1层时，X501断开，使Y532断开，下降停止。

上升和下降不能同时进行，因此需在Y531和Y532的控制逻辑中分别设置Y532和Y531进行联锁。

③55逻辑行：

该逻辑行为楼层间运行的定时控制逻辑。当电梯在楼层间运行时，X503、X502、X501均闭合，T451 计时。T451 10s 计时到，T451 断开，使 Y531 或 Y532 断开，升、降停止。

3. 接线

按照表 8-2 所示的 I/O 分配，在 PLC 输入端上接 SB1 ~ SB3，SQ1 ~ SQ3（或接模拟开关），输出端可不接输出设备，而用输出指示灯的状态来模拟输出设备的状态。

4. 编程

按照图 8-16 所示的梯形图，将程序写入主机 RAM 中。

5. 运行程序

按照表 8-1 三层楼电梯轿外按钮控制的动作要求，顺序运行程序，进行程序的调试。

例如调试序号 1 的程序时，其方法为：

接通 SQ1（X501 接通），表示电梯原停楼层为 1，接通一下 SB3（X403 接通一下），表示呼叫楼层为 3，则 Y433 接通，表示 3 层呼叫指示灯亮；Y531 接通，表示电梯上升。

断开 SQ1（X501 断开），表示电梯已离开 1 层。接通 SQ3（X503 接通），表示电梯已到达 3 层，则 Y433 断开，表示 3 层呼叫指示灯熄；Y531 断开，表示电梯上升停止。

仿照上述方法，顺序调试其它动作。

四、讨论

1. 根据梯形图控制原理的分析，给每个逻辑行的功能加注释。
2. 按照调试的顺序说明运行的结果（写出输出的状态）。

参 考 文 献

1 王俭，龙莉莉编．建筑电气控制技术．北京：中国建筑工业出版社，1998

2 赵明，许翏编．工厂电气控制设备．北京：机械工业出版社，1999

3 李仁主编．工厂电气控制设备．北京：机械工业出版社，1983

4 袁涤非主编．电器控制．北京：中国轻工业出版社，1993

5 庞传贵，李陆峰编．建筑工厂工程各类水泵电气控制图集．北京：中国水利水电出版社，2000

6 赵连玺，樊伟梁，赵小玲编．建筑应用电工．北京：中国建筑工业出版社，2000

7 吴国政主编．电梯原理使用维修．北京：电子工业出版社，1999

8 李秧耕主编．电梯基本原理及安装维修全书．北京：机械工业出版社，2001

9 陈家盛编．电梯结构原理及安装维修．北京：机械工业出版社，2000

10 彭利标，徐耀生，王芯编．可编程控制器原理及应用．西安：西安电子科技大学出版社，1999

11 余雷声主编．电气控制与 PLC 应用．北京：机械工业出版社，1998

12 王晓光等编．可编程序控制器原理及应用．北京：机械工业出版社，1994